과학적 설명의 여러 측면 ②

그리고 과학철학에 관한 다른 논문들

나남
nanam

한국연구재단 학술명저번역총서
서양편 316

과학적 설명의 여러 측면 ②
그리고 과학철학에 관한 다른 논문들

2011년 3월 15일 발행
2011년 3월 15일 1쇄

지은이_ 칼 구스타프 헴펠
옮긴이_ 전영삼 · 여영서 · 이영의 · 최원배
발행자_ 趙相浩
발행처_ (주) 나남
주소_ 413-756 경기도 파주시 교하읍
       출판도시 518-4
전화_ (031) 955-4600 (代)
FAX_ (031) 955-4555
등록_ 제 1-71호(1979.5.12)
홈페이지_ http://www.nanam.net
전자우편_ post@nanam.net
인쇄인_ 유성근(삼화인쇄주식회사)

ISBN 978-89-300-8536-6
ISBN 978-89-300-8215-0(세트)
책값은 뒤표지에 있습니다.

'한국연구재단 학술명저번역총서'는 우리 시대 기초학문의 부흥을 위해
한국연구재단과 (주) 나남이 공동으로 펼치는 서양명저 번역간행사업입니다.

과학적 설명의 여러 측면 ②

그리고 과학철학에 관한 다른 논문들

칼 구스타프 헴펠 지음

전영삼 · 여영서 · 이영의 · 최원배 옮김

나남
nanam

Aspects of Scientific Explanation
and other Essays in the Philosophy of Science
by Carl G. Hempel

과학적 설명의 여러 측면 ②
그리고 과학철학에 관한 다른 논문들

차 례

과학적 설명의 여러 측면 ① 그리고 과학철학에 관한 다른 논문들	차 례

7

일러두기

1. 본문이나 각주에 나오는 대괄호(〔 〕) 안의 내용은 헴펠의 원문에 있는 것들이 대부분이나, 간혹 이해를 돕기 위해 옮긴이가 삽입한 것도 있다.
2. 본문에 1), 2), 3)…으로 표시된 주석은 원저자의 것이고, *, **…로 표시된 주석은 옮긴이의 것이다. 원주에 대한 옮긴이 주가 필요한 경우에는 그 원주의 마지막 문단 아래 '〔역주〕'라고 표시하고 해당 내용을 기재했다.
3. 강조의 의미로 사용된 원문의 이탤릭은 고딕으로 표시하였다.

제 4 부

과학적 설명

제9장

역사학에서 일반법칙의 기능†

1. 물리과학과 달리 역사학은 과거의 특정 사건에 대한 기술(記述, *description*)에 관심을 둘 뿐 그런 사건을 지배하는 일반법칙(*general law*)을 탐구하는 데는 관심이 없다는 견해가 꽤 널리 퍼져 있다. 이것이 일부 역사가의 주된 관심사를 특징짓는 것이라고 한다면, 아마 이 견해를 부인하기란 힘들 것 같다. 하지만 이것이 과학적인 역사탐구에서 일반법칙이 담당하는 이론적 기능을 진술한 것이라고 한다면, 이는 분명 받아들이기 힘들다. 아래의 논의는 이 점을 뒷받침하기 위한 시도이다. 이를 위해 다음과 같은 점을 자세히 보이기로 한다. 일반법칙은 역사학이나 자연과학에서 아주 비슷한 기능을 하고 있고, 역사탐구에서 빼놓을 수 없는 도구이다. 아울러 사회과학에서 쓰이는 다양한 절차들은 자연과학과 대비되는 사회과학의 특징으로 종종 생각되기도 하지만, 일반법칙이 그런 다양한 절차들의 공통토대를 형성하고 있다.

여기서 우리는 일반법칙을 보편조건문(*universal conditional*) 형태의 진술로 이해한다. 그것은 적절한 경험적 발견 결과에 의해 입증되거나 반입증될 수 있다. '법칙'이란 말은 문제의 진술이 당시의 증거에 의해 실제로 잘 입증되었다는 느낌을 준다. 이런 점은 우리 목적에는 적합

---

† 이 논문은 *The Journal of Philosophy* 39, pp. 35~48 (1942)에 처음 실린 것을 약간 수정한 것이다. 편집자의 허락을 받아 여기에 다시 실었다.

하지 않으므로, 우리는 '일반법칙' 대신 '보편형태의 가설'이나 간단히 '보편가설'(*universal hypothesis*)이란 말을 쓸 것이며, 필요하다면 만족스러운 입증조건을 따로 기술할 것이다. 이 논문에서 우리는 보편가설은 다음 형태의 규칙성을 주장하는 것이라고 가정한다. 특정 유형의 사건 *C*가 일정 장소와 시간에서 일어나는 경우에는 언제나 특정 유형의 사건 *E*가 앞의 사건이 발생한 장소와 시간과 일정한 방식으로 연관되어 어떤 장소와 시간에서 일어날 것이다. 〔'원인'(*cause*)과 '결과'(*effect*)라는 말을 암시하기 위해 'C'와 'E'라는 기호를 골랐으며, 이들 용어는 대개 위에서 살펴본 유형의 법칙에 의해 서로 연관되는 사건에 적용된다.〕

2.1　자연과학에서 일반법칙이 하는 주된 기능은 대개 **설명**과 **예측**이라는 형태로 사건들을 연관 짓는 것이다.

특정 유형의 사건 *E*가 일정 시간에 일정 장소에서 발생한 것을 설명하는 일은 통상적으로 *E*의 원인이나 결정적 요인을 제시하는 것으로 이루어진다. 가령 C_1, C_2, $\cdots$, C_n이라는 유형의 사건들이 설명되어야 할 사건의 원인이라는 주장은, 어떤 일반법칙에 따라 그 사건들이 *E*라는 유형의 사건을 규칙적으로 동반한다는 진술에 해당한다. 그러므로 문제의 사건에 대한 과학적 설명은 아래와 같은 것으로 이루어진다.

⑴ 일정 사건들 C_1, C_2, $\cdots$, C_n이 일정 시간과 장소에서 발생했음을 주장하는 진술들,

⑵ 보편가설들,

　　이 진술들은 다음과 같은 성격을 지닌다.

　⒜ 두 부류〔즉 일정 사건들이 발생했음을 주장하는 진술과 보편가설이라는 두 부류〕의 진술이 경험적 증거에 의해 꽤 잘 입증되었으며,

　⒝ 두 부류의 진술로부터 사건 *E*가 발생했음을 주장하는 문장

이 논리적으로 연역될 수 있다.

물리학의 설명에서 (1)은 최종사건이 발생하는 데 필요한 초기조건 (*initial condition*)과 경계조건(*boundary condition*)을 기술해 준다. 일반적으로 우리는 (1)은 설명되어야 할 사건의 **결정조건**(*determining condition*)을 진술한다고 말하는 반면, (2)는 그 설명이 바탕을 두고 있는 일반법칙을 포함한다고 말한다. 일반법칙은 (1)에서 기술한 유형의 사건이 일어날 때는 언제나 설명되어야 할 유형의 사건이 발생할 것이라는 진술을 함축한다.

예시: 설명해야 할 사건을 추운 날 밤에 자동차 라디에이터가 얼어 터진 일이라고 하자. (1)에 나오는 문장들은 다음과 같은 초기조건과 경계조건을 진술할 것이다. 그 차는 밤새도록 길에 주차되어 있었다. 쇠로 된 라디에이터에는 물이 가득 차 있었고, 라디에이터는 뚜껑이 꽉 닫혀 있었다. 그날 밤 기온은 저녁 때 화씨 39도〔섭씨 영상 3.88도〕였다가 새벽에는 화씨 25도〔섭씨 영하 3.88도〕까지 내려갔다. 기압은 정상이었다. 라디에이터 재질이 견딜 수 있는 압력은 얼마얼마였다. (2)에는 다음과 같은 경험법칙이 포함될 것이다. 정상적인 기압에서 기온이 화씨 32도〔섭씨 0도〕 이하일 경우 물은 언다. 화씨 39.2도 이하에서 물의 부피가 일정하거나 감소한다면, 기온이 내려감에 따라 물의 압력은 증가한다. 물이 얼 경우에도 압력이 증가한다. 끝으로 여기에는 물의 압력 변화가 기온과 부피의 함수임을 말해주는 어떤 양적(*quantitative*) 법칙이 포함되어야 한다. 이들 두 유형의 진술로부터 지난 밤 라디에이터가 터졌다는 결론이 논리적 추론에 의해 연역될 수 있으며, 이것으로 우리가 고려한 사건에 대한 설명이 이루어진다.

2.2 앞에서 사용한 기호 'E', 'C', 'C_1', 'C_2'는 사건의 유형이나 성질

을 나타내지 개별 사건을 나타내는 것이 아님을 명심해야 한다. 왜냐하면 어느 경험과학에서든 기술과 설명의 대상은 언제나 주어진 장소와 시간에서, 또는 일정한 시간에 주어진 경험적 대상(가령 어떤 차의 라디에이터나 태양계, 특정한 역사적 인물 등)에서 일정 유형의 사건(가령 기온이 화씨 14도까지 떨어졌다거나 월식, 세포분열, 지진, 고용의 증가, 정치적 암살)이 발생한다는 것이기 때문이다.

(예를 들어 1906년의 샌프란시스코 지진이나 카이사르의 암살과 같은) 개별 사건에 대한 **완전한 기술**(*complete description*)이라고 하는 것은 그 사건이 일어난 시간까지 그 지역이나 그 대상이 지녔던 모든 속성에 대한 진술을 필요로 할 것이다. 그런데 그런 일은 결코 완전하게 달성될 수 없다.

같은 이유로 개별 사건이 지닌 **모든** 특징을 보편가설에 의해 다 설명한다는 의미에서 개별 사건에 대한 **완전한 설명**(*complete explanation*)이란 있을 수 없다. 물론 특정 장소와 시간에서 일어난 일에 대한 설명이 좀더 구체적이고 포괄적인 모습을 띨 수는 있다.

하지만 이 점에서도 역사학과 자연과학 사이에는 아무런 차이가 없다. 둘 다 그 주제를 일반개념에 의해 설명할 수밖에 없다. 역사학이 연구대상의 '독특한 개별성을 파악'할 수 있는 정도는 물리학이나 화학과 다를 바 없다.

3. 다음 사항은 과학적 설명에 대한 앞의 연구에서 어느 정도 직접적으로 따라 나오는 것들로, 여기서 논의할 문제와 연관해 아주 중요한 것들이다.

3.1 어떤 사건들이 설명되어야 할 사건의 원인이라고 말할 수 있으려면, 앞서 말한 대로 '원인'과 '결과'를 연결하는 일반법칙을 제시할 수 있어야 한다.

3.2 원인과 결과라는 말을 쓰든 쓰지 않든, 과학적 설명이 이루어

지려면 2.1의 (2)에서 말한 경험법칙을 적용해야 한다.[1]

3.3 보편적인 경험적 가설을 설명의 원리로 사용한다는 점에서 진정한 설명과 사이비 설명(pseudo-explanation)이 구분된다. 가령 엔텔레키(entelechy)*가 어떻게 작용하는지를 말해주는 법칙을 제시하지도 않은 채, 유기체가 보이는 행동의 어떤 특징을 엔텔레키에 의해 설명한다거나 주어진 인물의 '역사적 소명'이나 '타고난 운명' 또는 이와 비슷한 개념에 의해 그 사람의 업적을 설명하는 것은 사이비 설명이다. 이런 유형의 설명은 법칙이라기보다 비유에 근거를 두고 있다. 그런 설명은 생생한 정서적 호소력을 줄 뿐, 사실적 연관성에 대한 통찰을 주지는 못한다. 그것은 테스트가능한 진술로부터의 연역을 모호한 유비와 직관적 '그럴듯함'으로 대치한 것이며, 따라서 과학적 설명이라고 할 수 없다.

과학적 설명은 모두 객관적으로 점검되고 수정될 수 있다. 이에는 다음과 같은 것이 포함된다.

(a) 결정적 조건을 진술하는 문장에 대한 경험적 테스트
(b) 설명이 근거하고 있는 보편가설에 대한 경험적 테스트
(c) (1)과 (2)의 진술로부터 설명되어야 할 사건을 기술하는 문장

---

1) 모리스 만델바움(Maurice Mandelbaum)은 역사학에서의 관련성과 인과에 대한 아주 명료한 분석에서(*The Problem of Historical Knowledge*, New York, 1938, 7, 8장), 사건에 대한 '인과적 분석'이나 '인과적 설명'과 위에서 진술한 의미에서 그 사건을 지배하는 과학법칙의 확립 사이에는 차이가 있다는 주장을 하는 것 같다. 그는 "인과적 분석에 근거해야만 과학법칙을 정식화할 수 있다"고 주장한다. 하지만 "과학법칙은 완전한 인과적 설명을 대신할 수는 없다"고 말한다(*l.c.*, p. 238). 위에서 설명한 이유 때문에 이런 구분은 정당화될 수 있을 것 같지 않다. '인과적 설명'은 모두 '과학법칙에 의한 설명'이다. 왜냐하면 경험법칙을 거론하지 않고는 결코 사건들 사이의 인과적 연관성에 관한 주장을 과학적으로 뒷받침할 수 없기 때문이다.

* 이 개념에 대한 자세한 논의는 아래 나오는 11장 3절 참조.

이 따라 나온다는 의미에서, 그 설명이 논리적으로 결정적인지
여부에 대한 탐구

4. 이제 **과학적 예측**에서 일반법칙의 기능을 아주 간단히 진술할 수
있다. 아주 일반적으로 말해, 경험과학에서 예측은 다음 두 가지로부
터 어떤 미래사건(예를 들어, 미래 어떤 날의 행성과 태양의 상대적 위
치)에 관한 진술을 도출하는 것이다. 그 두 가지란 (1) 이미 알려진
(과거나 현재의) 어떤 조건(예를 들어, 과거나 현재의 행성의 위치와 운
동량)을 기술하는 진술과 (2) 적절한 일반법칙(예를 들어, 천체역학의
법칙)이다. 그러므로 과학적 예측의 논리적 구조는 2.1에서 기술한 바
있는 과학적 설명의 논리적 구조와 똑같다. 특히 모든 경험과학에서는
설명을 할 때뿐만 아니라 예측을 할 때에도 보편적인 경험적 가설이
개입된다.

설명과 예측 사이의 통상적 구분은 주로 둘 사이의 화용론적
(*pragmatic*) 차이에 근거한다. 설명의 경우 최종사건은 이미 일어난 것
으로 알려져 있고 그 사건의 결정적 조건을 찾아야 하는 반면, 예측의
경우 사정은 정반대이다. 이 경우 최초조건이 주어져 있고, 이의 '결과'
— 전형적인 경우 이는 아직 일어나지 않았다 — 가 결정되게 된다.

설명과 예측의 구조가 같다는 점에 비추어 볼 때, 2.1에서 규정한
것처럼 완전한 설명이라면 예측 기능도 가진다고 할 수 있다. 설명에
진술된 초기조건과 보편가설로부터 최종사건을 도출할 수 있다면, 실
제로 그 사건이 일어나기 전에는 초기조건과 일반법칙에 대한 지식을
근거로 그 사건을 예측할 수도 있을 것이다. 예를 들어 일식을 설명할
때 천문학자가 끌어댈 초기조건과 일반법칙은 일식이 일어나기 전에는
일식을 예측할 수 있는 충분한 토대가 될 것이다.

하지만 이런 예측적 성격(3.3의 ⓒ에서 말한 테스트가 이 점을 드러내
줄 것이다)을 드러낼 만큼 완전하게 설명이 진술되는 경우는 아주 드물

다. 어떤 사건의 발생에 대한 설명이 불완전한 경우도 자주 있다. 가령 우리는 불붙은 담배꽁초가 건초더미에 떨어졌기 '때문에' 농가가 다 타 버렸다고 하거나, 널리 퍼져 있던 인종적 편견을 이용했기 '때문에' 어떤 정치운동이 크게 성공했다는 설명을 듣게 된다. 이와 비슷하게 라디에이터가 터진 경우에도 통상적인 설명은 추운 곳에 차를 세워 두었고 라디에이터에 물이 가득 차 있었다는 사실을 지적하는 것으로 그친다. 이와 같은 설명에서는, 진술된 조건이 '원인'이나 '결정요인'이라는 성격을 띠도록 하는 일반법칙이 완전히 (때로 아마 '당연한 것으로' 여겨져) 생략된다. 게다가 (1)에서 나열한 결정적 조건도 불완전하다. 이 점은 앞의 예에서 드러나지만, 라디에이터가 터진 경우의 분석에서도 드러난다. 자세히 보면 알 수 있듯이, 결정적 조건과 보편가설을 훨씬 더 자세하게 진술하더라도 밤새 그 라디에이터가 터졌다는 결론을 연역할 수 있으려면 그것들은 여전히 더 보강되어야 한다.

어떤 사례의 경우에는 주어진 설명이 불완전하다는 점이 큰 문제가 아니라고 할 수도 있다. 우리는 원할 경우, 그 설명을 완전하게 만들 수 있다. 왜냐하면 우리는 이 맥락에 적합한 결정적 조건과 일반법칙이 어떤 것인지를 알고 있다고 할 수 있기 때문이다.

하지만 설명의 불완전성이 큰 문제가 아니라고 간단히 치부해 버릴 수 없는 '설명'도 흔히 있다. 이런 상황이 지닌 방법론적 결과는 나중에 (특히 5.3과 5.4에서) 논의할 것이다.

5.1 앞의 논의는 다른 경험과학 분야의 설명뿐만 아니라 **역사학에서의 설명**에도 적용된다. 역사적 설명 또한 문제의 사건이 '우연의 문제'가 아니라 일정한 선행조건(*antecedent condition*)이나 동시조건(*simultaneous condition*)에 비추어 예상될 수 있었음을 보이는 데 목적이 있다. 여기서 말하는 예상은 예언이나 계시가 아니라, 일반법칙에 기반을 두는 합리적이고 과학적인 예상이다.

만약 이 견해가 옳다면, 대부분의 역사가들이 역사적 사건을 실제로 설명하면서도 역사학이 일반법칙에 의존한다는 점은 부인한다는 사실이 이상해 보인다. 이 점은 아래 분석 과정에서 분명하게 될 것이지만, 이런 상황을 해명하려면 역사학에서의 설명을 더 면밀히 연구해 보아야 한다.

5.2 어떤 경우에는 역사적 설명의 배후에 놓여 있는 보편가설이 꽤 명시적으로 진술되기도 한다. 예를 들어 국가기관은 〔한번 만들어지면〕 스스로 지속되고 팽창하는 경향이 있음을 설명해 주는 다음 글에서 고딕으로 표시된 대목이 그렇다.

> 정부의 활동이 확대됨에 따라, 정부 기능이 지속되고 확장되기를 원하는 사람들도 점점 더 많아진다. 직업을 가진 사람은 그것을 잃지 않으려 하고, 어떤 기술에 익숙한 사람은 변화를 싫어하며, 어떤 종류의 권력행사에 익숙해져 있는 사람은 자신의 지배권을 포기하지 않으려 하며, 만약 가능하다면 더 큰 권력을 행사하고자 하고, 그에 따라 더 많은 특권을 지니고자 한다. …
>
> 그러므로 정부기관과 부처는 일단 한번 만들어지면 비판에 맞서 스스로의 성을 쌓게 될 뿐만 아니라, 영향력을 넓히는 식으로 움직이게 된다.[2]

하지만 역사학이나 사회학에서 제시되는 대부분의 설명을 보면, 설명에 전제된 일반적 규칙성이 명시적으로 진술되는 경우는 거의 없다. 적어도 두 가지 이유를 들어 이 점을 설명할 수 있을 것 같다.

첫째, 문제의 보편가설이 개인심리학이나 사회심리학과 관련되는 경우가 자주 있고, 개인심리학이나 사회심리학은 일상경험을 통해 우리가 잘 알고 있다고 가정되기 때문이다. 그래서 그런 가설들은 암암

---

2) Donald W. McConnell et al., *Economic Behavior* (New York, 1939), pp. 894~895 (헴펠의 강조).

리에 당연한 것으로 간주된다. 이 점은 4절에서 특징지은 상황과 아주 비슷하다.

둘째, 때로는 배후에 있는 가정을 우리가 가진 모든 경험적 증거에 맞도록 명시적으로 정확히 정식화하기가 아주 어렵기 때문이다. 제시된 설명이 적합한지를 검토할 때, 그 설명이 근거하고 있는 보편가설이 무엇인지를 재구성해 본다면 큰 시사점을 얻을 수 있을 것이다. 특히 '그래서', '따라서', '그 결과', '왜냐하면', '당연히', '분명히' 등의 말은 대개 어떤 일반법칙이 암암리에 전제되어 있음을 시사한다. 그런 표현은 초기조건과 설명되어야 할 사건을 묶어주기 위해 사용된다. 하지만 후자〔즉 설명되어야 할 사건〕가 진술된 조건의 '귀결'임이 '자연스럽게' 예상된다고 할 수 있으려면, 적절한 일반법칙이 전제되어야 한다. 예를 들어 "계속된 가뭄과 모래바람으로 자신들의 생존이 점차 위협받게 되었고 캘리포니아가 그들에게 훨씬 더 나은 삶의 터전을 마련해 주는 것으로 보였기 '때문에' 미시시피 서부 지역(Dust Bowl)의 농부들이 캘리포니아로 이주하게 되었다"는 진술을 생각해 보자. 이 설명은 더 나은 삶의 터전을 갖춘 지역으로 인구가 이동하는 경향이 있다고 하는 보편가설에 의존하고 있다. 그러나 이 가설을 모든 관련증거에 의해 잘 입증된 일반법칙의 형태로 정확히 진술하기는 어렵다. 마찬가지로 대다수 사람들의 불만이 점차 커지고 있다거나 당시의 일정한 조건을 들어 어떤 혁명의 발생을 설명할 경우에도 일반적 규칙성이 가정되고 있음은 분명하다. 하지만 혁명을 초래하려면 정확히 불만이 어느 정도여야 하며, 구체적으로 어떤 형태여야 하는지, 그리고 환경조건은 어떠해야 하는지 등을 정확히 진술해 내기란 어렵다. 계급투쟁이나 경제적 또는 지리적 조건, 어떤 집단이 지닌 기득권, 과시적 소비 경향 등을 통해 역사적 설명을 제시하는 경우에도 똑같은 이야기를 할 수 있다. 이런 설명은 모두 보편가설[3]을 가정하고, 이를 통해 개인이나 집단 생활의 어떤 특징을 다른 것과 연결 짓는다. 그러나 그런 경우라 할지라도 우리는 주어진 설명에 암암리에 가정되어 있는 가설의 내용을 아주 대략적으로 재구성할 수 있을 뿐이다.

5.3 방금 말한 설명유형은 통계적 성격을 지닌 현상을 포괄하며, 따라서 이런 설명에서는 확률가설(*probability hypothesis*)만 가정하면 되므로 '배후에 놓여 있는 일반법칙'을 묻는 것은 잘못된 전제에 근거하고 있다고 주장할지도 모르겠다. 사실 역사학에서 제시되는 어떤 설명은 일반적인 '결정론적' 법칙, 즉 보편조건문 형태의 법칙이라기보다는 확률가설에 토대를 두고 있다고 해석할 수 있고, 그런 해석을 정당화할 수 있을 것 같다. 이런 주장은 다른 경험과학의 분야에서 제시되는 여러 설명에도 똑같이 적용될 수 있을 것 같다. 예를 들어 토미가 형보다 2주 뒤에 홍역에 걸렸는데 그가 홍역을 앓는 다른 사람과는 접촉한 적이 전혀 없다면, 우리는 그가 형으로부터 홍역에 감염되었다고 설명할 것이다. 이런 설명의 이면에는 일반가설이 있다. 하지만 그때의 일반가설이 "전에 홍역을 앓은 적이 없는 사람은 누구나 홍역을 앓고 있는 사람과 접촉하면 예외 없이 홍역에 걸린다"는 식의 일반법칙이라고 말하기는 아주 어렵다. 우리는 접촉을 통해 홍역에 걸렸을 확률이 높다고 주장할 수 있을 뿐이다.

역사학에서 제시되는 많은 설명도 이런 식으로 분석할 수 있을 것 같다. 완전하고 명시적으로 정식화할 경우, 그것은 일정한 초기조건과 일정한 확률가설4)을 진술해 줌으로써, 확률가설에 비추어 볼 때

---

3) 오해의 소지가 있기는 하지만, 대체로 어떤 **개념**을 이용해 설명하는 것은 실제로는 경험과학에서 그 개념을 포함하는 **보편가설**에 의해 설명하는 것이다. 경험적으로 테스트될 수 있는 가설에서 아무런 기능도 하지 못하는 개념 ― 가령 생물학에서 '엔텔레키'나 역사학에서 '종족의 역사적 운명'이나 '절대이성의 자기전개'와 같은 것 ― 을 포함하는 '설명'은 인식적 내용이 전혀 없는 단순한 비유일 뿐이다.

4) 질셀은 흥미로운 논문 E. Zilsel, "Physics and the Problem of Historico-Sociological Laws"(*Philosophy of Science*, Vol. 8, 1941, pp. 567~579)에

초기조건에 의해 설명되어야 할 사건이 발생할 확률이 높다는 것을 말해줄 것이다. 그러나 역사학에서의 설명이 인과적인 것으로 이해되든 확률적인 것으로 이해되든, 초기조건과 특히 보편가설은 대개 명료하게 제시되지 않으며, 정확히 어떤 것이 보충되어야 하는지도 분명하지 않다는 점은 여전히 사실이다. (예를 들어 확률가설의 경우, 기껏해야 연관된 확률값을 아주 대략 알 수 있을 뿐이다.)

5.4 역사적 사건에 대한 설명 형태의 분석은 대부분 위에서 말한 의미에서의 설명이 아니라, 아마 **설명 스케치**(*explanation sketch*)라고 불릴 수 있을 것 같다. 그런 설명 스케치는 적합하다고 생각되는 법칙과 초기조건을 다소 모호하게 제시하며, 온전한 설명이 되려면 '채워질' 필요가 있다. 이를 채우려면 경험적 탐구가 추가로 필요한데, 그런 탐구의 방향을 제시해 주는 것이 바로 설명 스케치이다. (설명 스케치는 역사학 밖에서도 흔히 볼 수 있다. 예를 들어 정신분석학에서의 여러 설명도 이런 예가 된다.)

설명 스케치가 완전한 설명의 경우만큼 경험적으로 테스트될 수 있는 것은 분명 아니다. 하지만 과학적으로 받아들일 만한 설명 스케치와 사이비 설명(또는 사이비 설명 스케치) 사이에는 차이가 있다. 과학적으로 받아들일 만한 설명 스케치가 되려면 좀더 구체적인 진술로 채워져야 한다. 그러나 어디에서 그런 진술을 찾을 수 있을지는 설명 스케치에 의해 제시된다. 그리고 구체적인 조사를 통해 그런 방향제시가 맞다는 사실이 입증되거나 그것이 근거 없는 것으로 드러날 수 있다. 예를 들어 구체적 조사를 통해, 제시된 형태의 초기조건이 실제로 적합한 것으로 드러날 수 있다. 아니면 만족스런 설명이 되기 위해서는

서 특정 역사법칙은 모두 물리학의 '거시법칙'(*macro-laws*)과 비슷한 통계적 성격을 지닌다고 주장한다. 하지만 위의 주장은 특정 역사법칙에만 국한되지 않는다. 왜냐하면 역사학에서의 설명은 대부분 역사학 이외의 분야에서 온 법칙에 근거하고 있기 때문이다(이 논문의 8절 참조).

아주 다른 본성을 지닌 요인들을 고려해야 한다는 사실이 드러날 수도 있다.

설명 스케치에서 필요한 채우기 과정을 통해 대개 연관된 정식화의 정확성이 점차 높아지게 된다. 그러나 이 과정의 어느 단계에서건 이런 정식화는 어떤 경험적 의미를 지니게 된다. 그런 정식화를 테스트하기에 적합한 증거가 어떤 것일지 그리고 그런 정식화를 입증해 줄 발견 결과가 어떤 것일지가 적어도 대략적이나마 드러난다. 반면 비경험적인 설명이나 설명 스케치의 경우에는 ─ 가령 어떤 종족의 역사적 운명이나 역사적 정의의 원리를 거론하는 경우에는 ─ 경험적으로 무의미한 용어를 사용하기 때문에, 그런 정식화에 영향을 미칠 탐구가 어떤 것일지 그리고 제시된 설명을 입증하거나 그것이 근거 없음을 보여줄 증거가 될 탐구가 어떤 것일지가 전혀 드러나지 않는다.

5.5 주어진 설명의 건전성을 평가하고자 할 때, 우리는 먼저 그 설명이나 설명 스케치를 구성하고 있는 논증을 되도록 완전하게 재구성해야 한다. 특히 배후에 놓여 있는 설명가설이 무엇인지를 파악하고, 그것의 범위와 경험적 토대를 평가하는 일이 중요하다. '그래서', '따라서', '왜냐하면' 등과 같은 표현 아래 담겨 있는 가정을 찾아내게 되면, 대개는 제시된 설명의 토대가 굳건하지 못하다거나 쉽게 받아들일 수 없는 것임이 드러난다. 많은 경우 이런 절차를 통해, 실제로는 한 사건이 지닌 일부 특성만을 대략 설명해 놓고도 마치 그 사건이 지닌 여러 가지 사항들을 자세히 설명한 것처럼 주장하는 것은 잘못임이 드러나게 된다. 예를 들어 한 집단이 거주하고 있는 지리적 또는 경제적 조건을 들어, 그 집단이 지닌 예술이나 도덕률의 특성을 설명할 수도 있을 것이다. 하지만 이를 인정한다고 해서, 그 집단의 예술적 업적이나 도덕체계가 자세히 설명되었다는 의미는 아니다. 왜냐하면 그것은 당시의 일반적인 지리적 또는 경제적 조건에 대한 기술만 가지고서도 특정한 일반법칙에 의해 그 집단이 지닌 문화생활의 어떤 측면을 자세

히 설명할 수 있다는 것을 함축하기 때문이다.

초기조건에서 진술되어야 하는 여러 가지 중요한 요소 가운데 유달리 어느 한 요소를 골라낸 다음, 문제의 현상이 바로 그 요소에 의해 '결정'되며, 그것에 의해 설명될 수 있다고 주장하는 것도 이와 비슷한 오류이다.

때로 역사학에서 어떤 특정 학파의 설명이나 해석을 지지하는 사람들은 자기 학파의 대표자가 역사적 예측에 성공했다는 점을 들어 그들의 접근방법을 옹호하기도 한다. 어떤 이론이 예측에서 성공을 거두었다는 것은 확실히 그 이론이 건전하다는 점을 보여주는 좋은 증거이다. 하지만 실제로 그 이론에 의해 성공적인 예측이 이루어진 것인지를 분명히 하는 일이 중요하다. 그 이론을 만든 사람의 이론적 시각이 예측에 영향을 미치기는 했지만 실제로 그 이론만으로는 그런 예측을할 수 없는 기가 막힌 추측인 경우도 종종 있다. 그래서 아주 형이상학적인 역사 '이론'을 지지하는 사람들도 역사발전에 대해 건전한 느낌을 가질 수 있으며, 자기 이론의 용어를 사용해 — 비록 그 예측이 자기 이론에 의해 얻어질 수는 없을지라도 — 올바른 예측을 할 수 있다. 그러한 사이비 입증 사례에 대해 경각심을 갖게 하는 것이 바로 3.3에서 테스트 ⓒ의 기능 가운데 하나이다.

6. 우리는 지금까지 경험적 탐구의 다른 분야 못지않게, 역사학에서도 과학적 설명은 적절한 일반가설이나 이론 — 이것들은 체계적으로 관련된 가설들의 체계이다 — 에 의해서만 이루어질 수 있다는 점을 보여주고자 했다. 이 논제는 역사학에서의 진정한 설명은 사회과학이나 자연과학에서 쓰는 특징적 방법과는 아주 다른 방법, 즉 **감정이입의 이해방법**(*the method of empathic understanding*)에 의해 이루어진다는 견해와 뚜렷이 대조된다. 이에 따르면, 역사가는 스스로가 설명하고자 하는 사건과 관련된 사람들의 처지에 있다고 생각하고, 그 사람

들이 행위한 상황과 그 사람들의 행위에 영향을 미친 동기를 되도록 완전하게 깨달으려고 노력한다. 이러한 영웅과의 상상적인 자기동일시를 통해 역사가는 이해에 다다르게 되고, 그래서 그가 관심을 두고 있는 사건을 적절히 설명할 수 있게 된다는 것이다.

역사학에서 일반인뿐만 아니라 전문가들도 이러한 감정이입의 방법을 자주 사용한다는 점은 분명하다. 그러나 이것이 그 자체로 설명은 아니다. 도리어 이것은 본질적으로 발견을 하는(heuristic) 방안이다. 이것은 논의하고 있는 사례에서 설명원리로 쓰일 수 있는 심리학적 가설을 시사해 주는 역할을 한다. 대략 말해 이런 기능의 배후에 놓여 있는 생각은 다음과 같다. 역사가는 주어진 조건과 그의 영웅이 지녔던 특정 동기에서 자신이라면 어떻게 행위할지를 깨달으려고 시도한다. 그는 자신의 발견 결과를 일반규칙으로 잠정적으로 일반화하고, 이를 관련된 사람들의 행위를 설명할 때 설명원리로 사용한다. 이런 절차는 때로 발견을 하는 데 도움을 줄 수 있다. 하지만 이것이 역사적 설명의 건전성을 보장해 주는 것은 아니다. 역사적 설명의 건전성은 이해방법을 통해 암시될 수도 있는 그 일반화가 실제로 정당한 것이냐에 달려 있다.

더구나 역사적 설명에 이런 방법을 꼭 써야 하는 것도 아니다. 가령 편집증에 걸린 역사적 인물의 역할을 역사가가 스스로 느껴 보지 못할 수도 있다. 하지만 역사가는 비정상 심리학의 원리들을 통해 그 사람의 행동을 설명해 낼 수 있다. 그러므로 역사가가 자신을 역사적 인물과 동일시할 수 있는지 여부는 그의 설명이 옳은지 여부와 상관없다. 중요한 것은 연관된 일반가설이 건전한가 하는 점이지, 그 가설이 감정이입에 의해 제시되었는지 아니면 엄격한 행동주의적 절차에 의해 제시되었는지의 문제가 아니다. '이해의 방법'이 호소력을 지니는 이유는 아마 대부분 그것을 통해 문제의 현상이 우리에게 '그럴듯하다'거나 '자연스럽게' 비치는 경향이 있기 때문인 것 같다.5) 이 점은 때로 설득력 있는 비유를 사용해 이루어지기도 한다. 그러나 이렇게 해서 얻는 '이해'는 과학적 이해와 명확히 구분되어야 한다. 다른 경험과학 분야에서도 그렇지만, 역사학에서도 현상에 대한 설명은 그 현상을 일반적인 경험법칙 아래 포섭하는 것으로 이루어진다. 이것이 건전한지는 그것이 우리 상상력에 호소하고 있는지, 그것이 시사적인 비유를 통해 제시되었는지, 또는 그것이 그럴듯해 보이는지 여부가 아니라 — 이것들은 모두 사이비 설명에서도 일어날 수 있다 — 오로지 그 설명이 초기조건과 일반법칙이라는 경험적으로 잘 입증된 가정에 의존하는지 여부에 달려 있다.

7.1 지금까지 우리는 역사학에서의 설명과 예측 및 이른바 이해에서 일반법칙이 어떤 중요성을 지니는지를 논의했다. 이제 역사적 탐구에서 보편가설을 포함하는 다른 절차들을 간단히 살펴보기로 하자.

어떤 특정 접근방법이나 이론에 의해 이른바 **역사적 현상을 해석**(interpretation)하는 일은 설명이나 이해와 밀접히 연관되어 있다. 역사학에서 실제로 제시하는 해석은 문제의 현상을 과학적 설명이나 설명 스케치 아래 포섭하는 것이거나 또는 문제의 현상을 어떠한 경험적 테스트에 의해서도 수정할 수 없는 어떤 일반이념(idea) 아래 포섭하려는 시도이다. 전자의 경우, 해석은 분명히 보편가설에 의한 설명이다. 후자의 경우, 그것은 사이비 설명에 해당한다. 그것은 정서적인 호소력을 지니고 생생한 그림 같은 연상작용을 불러일으킬 수는 있겠지만, 현상에 대한 이론적 이해를 증진시키지는 못한다.

7.2 비슷한 식의 이야기가 역사적 사건의 '의미'(meaning)를 파악해

---

5) 이런 종류의 그럴듯함에 대한 비판으로는 Zilsel, *l.c.*, pp. 577~578과, 같은 저자의 "Problems of Empiricism", *International Encyclopedia of Unified Science*, Vol. II, 8(Chicago: University of Chicago Press, 1941), 7절과 8절 참조.

내는 절차에도 적용된다. 이것이 지닌 과학적 의의는 다른 사건이 문제의 그 사건과 '원인' 또는 '결과'로 적절히 연관되는지를 결정하는 데 있다. 적절한 연관성이 있다는 진술은 다시 보편가설을 포함하는 설명이나 설명 스케치라는 형태를 가정한다. 이 점은 다음 절에서 좀더 분명히 볼 수 있다.

7.3   어떤 사회제도에 대한 역사적 설명에서는, 그 제도가 어떻게 **발달**해서 지금에 이르게 되었는지에 대한 분석을 크게 중시한다. 이런 접근방법을 비판하는 사람들은 이런 종류의 단순한 서술은 진정한 설명이 아니라고 주장한다. 이 주장은 앞서의 논의에 의해 약간 다른 형태로 제시될 수 있다. 분명히 어떤 제도의 발전에 대한 설명은 단순히 시간상 그보다 앞선 **모든** 사건에 대한 서술이 아니라, 그 제도를 형성하는 데 '관련된' 사건들만 포함한다고 생각된다. 그리고 어떤 사건이 그런 발전과 관련이 있는지 여부는 가치판단의 문제가 아니라, 그 제도의 발생에 대한 인과적 분석에 의존하는 객관적 문제이다.[6] 사건에 대한 인과적 분석은 그 사건에 대한 설명을 제시하는 것이고, 이는 일반가설에 대한 언급을 필요로 한다. 이 때문에 관련성에 관한 가정도 일반법칙에 대한 언급을 필요로 하며, 결과적으로 제도의 역사적 발전에 관한 적절한 분석도 일반법칙에 대한 언급을 필요로 한다.

7.4   마찬가지로 역사학을 포함해 경험과학에서 **결정**(*determination*)이나 **의존**(*dependence*)이란 개념을 사용하는 것도 일반법칙에 대한 언급과 관계가 있다.[7] 예를 들어 우리는 기체의 압력은 온도와 부피에

---

6) 이 점에 대한 자세하고 명료한 설명을 보려면 만델바움의 책 6~8장 참조.

7) 만델바움에 따르면, 물리과학과 대조적으로 역사학은 "특정 사건이 하나의 사례가 되는 법칙을 정식화하는 데 관심이 있는 것이 아니라 사건들 사이의 실제적인 결정관계에 따라 사건들을 기술하는 데, 즉 사건들을 변화의 산물이자 변화의 추동력으로 보는 데 관심이 있다"(*l.c.*, pp. 13~14). 유사한 경우나 일반적인 규칙성을 언급하지 않고 두 특정 사건만을 면밀히 검토해 보면 한 사건이 다른 사건을 초래했거나 결정했다는 점이 드러난다는 이런 견

의존한다고 말하거나, 보일의 법칙에 따라 온도와 부피가 압력을 결정
한다고 말한다. 그러나 배후에 놓여 있는 법칙이 명시적으로 진술되지
않는다면, 일정 양(量)이나 특성 사이에 의존관계나 결정관계가 있다
는 주장은 기껏해야 어떤 불특정한 경험법칙에 의해 그것들이 연관되
어 있다는 주장에 해당할 뿐이다. 그리고 그것은 〔사실 별 내용이 없
는〕 실제로 아주 빈약한 주장이다. 예를 들어 우리가 (쇠막대의 길이와
온도라는) 두 가지 계측 양을 연관 짓는 어떤 경험법칙이 있다는 것만
을 알고 있다고 해보자. 우리는 그 두 가지 가운데 어느 하나의 변화
가 다른 하나의 변화를 수반하게 될지조차 확신할 수 없고(왜냐하면 서
로 다른 변수 값에 대해, '의존하는' 또는 '결정되는' 양의 값이 동일한 법
칙도 있을 수 있기 때문이다), 변수 가운데 하나가 특정 값을 가질 때
다른 하나도 언제나 오직 한 값과 연관될 것이라는 점만을 말할 수 있
다. 이것은 분명히 많은 사람들이 역사적 분석에서 결정이나 의존이란
말을 할 때 주장하고자 하는 것에 훨씬 못 미치는 것이다.

  그러므로 경제적(또는 지리적 아니면 어떤 다른 유형이든) 조건이 인
간사회의 모든 다른 측면의 발전과 변화를 '결정한다'는 거대한 주장
은, 인간문화에서 정확히 어떤 종류의 변화가 경제적 (지리적 등등)
조건의 변화에 따라 규칙적으로 일어나는지를 말해주는 명시적 법칙에
의해 뒷받침되지 않는 한, 설명적 가치를 전혀 지니지 못한다. 구체적
법칙을 확립해야만 이런 일반적 논제는 과학적 내용을 지닐 수 있고,
경험적 테스트에 비추어 수정될 수 있으며, 설명적인 기능을 할 수 있
다. 과학적 설명과 이해의 진보를 추구한다면, 가능한 한 아주 정확하

해는 유지될 수 없다는 점을 이미 흄이 지적한 바 있다. 이런 논제는 일반법
칙에 분명히 의존하고 있는 결정 개념의 과학적 의미와 맞지 않을 뿐만 아
니라, 결정이나 산출이라는 의도한 관계가 있음을 보여주게 될 객관적 기준
을 제공하지도 못한다. 따라서 일반법칙을 거론하지 않고 경험적인 결정을
말하는 것은 인식적 의미가 전혀 없는 비유를 사용하는 것이다.

게 그런 법칙을 정교하게 다듬어 나가야 할 것이다.

8. 이 논문에서 발전시킨 생각은 '**역사학에 고유한 법칙**'의 문제와 전적으로 무관하다. 그것은 역사법칙과 사회학의 법칙이나 다른 법칙을 구분하는 특정한 방식을 전제하지 않는다. 또한 그것은 경험적 증거에 의해 잘 입증되면서도 어떤 의미에서 역사적인 성격을 띤 경험법칙을 찾을 수 있다는 가정을 함축하지 않으며 그것을 부정하지도 않는다.

하지만 역사가들이 설명이나 예측, 해석, 적절하다는 판단 등등을 할 때 명시적으로나 암묵적으로 거론했던 보편가설은, 일상경험에 대한 과학 이전 단계의 일반화가 아닌 이상, **다양한** 분야의 과학적 탐구에서 온 것이라는 점은 말해둘 필요가 있을 것 같다. 역사적 설명의 배후에 놓여 있는 보편가설 가운데 많은 것들은 예를 들어 심리학 법칙이거나 경제학 법칙, 사회학 법칙으로 분류될 것이며, 아마 여기에는 역사법칙이라고 분류될 수 있는 것도 있을 것이다. 게다가 역사적 탐구가 물리학이나 화학 및 생물학에서 확립된 일반법칙에 의존하는 경우도 흔히 있다. 예를 들어 군대가 식량부족이나 악천후, 질병 때문에 패배했다는 설명은 대개 암암리에 그런 가정에 근거해 있다. 역사에서 사건의 시기를 파악할 때 나이테를 이용하는 것은 생물학적 규칙성을 적용한 것이다. 문서나 그림, 동전이 진품인지를 테스트하는 다양한 방법에는 물리학 이론과 화학 이론이 이용된다.

마지막 두 예는 이 맥락과 연관해 또 한 가지 점을 말해준다. 그것은 역사가가 과거에 대한 '순수한 기술' — 설명이나 관련성이나 결정에 관한 진술을 제시하지 않고 — 에 탐구를 국한시킨다 하더라도, 그는 일반법칙을 계속 이용할 수밖에 없다는 점이다. 왜냐하면 그의 탐구대상은 — 자신이 직접 점검해 보는 것이 영원히 불가능한 — 과거이기 때문이다. 그는 간접적 방법, 즉 자신의 현재 자료와 과거 사건의 자료를 연관 짓는 보편가설을 사용하는 간접적 방법으로 지식을 확립해

야 한다. 연관된 어떤 규칙은 아주 익숙한 것이어서 언급할 필요가 없
다고 느껴지기 때문에 이런 사실이 다소 모호해진다. 그리고 과거 사
건에 관한 지식을 얻기 위해 사용되는 여러 가지 가설과 이론을 역사
의 '보조과학'이라고 폄하하는 버릇 때문에 다소 모호해지는 면도 얼마
간 있다. 역사학에서 일반법칙의 중요성을 부인하지는 않지만 최소화
하려는 경향이 있는 일부 역사가들은 아마도 '진정한 역사법칙'만이 역
사학의 관심거리라는 생각에 영향을 받았을 것이다. 그러나 (모호하기
는 하지만 특정한 의미에서) 역사법칙을 발견한다고 해서, 역사학이 방
법론적으로 다른 분야의 과학적 탐구로부터 자율성과 독립성을 얻게
되는 것은 아니라는 점을 일단 깨닫게 되면, 역사법칙의 존재 문제는
어느 정도 중요성을 잃게 될 것이다.

　이 절에서 제시한 주장은 과학이론의 두 가지 폭넓은 원칙의 특수한
예일 뿐이다. 첫째, 경험과학에서 '순수기술'과 '가언적 일반화와 이론
구성'을 분리하는 것은 근거가 없다는 점이다. 과학적 지식을 구성할
때 이 두 가지는 떨어질 수 없도록 연결되어 있다. 둘째, 과학적 탐구
의 서로 다른 영역들을 뚜렷이 구분해 주는 경계선을 긋고 각 영역의
자율적 발전을 모색하는 것은 근거가 없을 뿐만 아니라 소용없는 일이
라는 점이다. 역사탐구에서 보편가설 ― 이 가운데 적어도 압도적인
다수는 전통적으로 역사학과는 구분되었던 영역들에서 온 것이다 ―
을 폭넓게 쓸 수밖에 없다는 점은 이른바 경험과학의 방법론적 통일성
이라는 것이 지닌 여러 측면 가운데 하나일 뿐이다.

제10장

설명의 논리 연구 †1)

1. 서 론

우리가 경험하는 세계의 현상을 설명하는 일, 단지 '무엇?'이라는 물음이 아니라 '왜?'라는 물음에 대답하는 일은 경험과학의 가장 중요한 목적 가운데 하나이다. 이 점에 대해 꽤 일반적인 동의가 있기는 하지만, 과학적 설명의 기능과 본질적 성격을 두고서는 상당한 견해차가

† 이 논문은 아래 실렸던 것을 약간 수정하여 재수록한 것으로, 출판사의 허락을 받았다. *Philosophy of Science*, vol. 15, pp. 135~175, 1948, The Williams and Wilkins Co., Baltimore 2, Md., U.S.A.

1) 이 글은 폴 오펜하임 박사와의 논의를 통해 나왔다. 이것은 그와 함께 써서 발표한 것이며, 그의 허락을 받아 여기에 재수록하였다. 우리가 한 작업을 조목조목 나누기란 어렵다. 하지만 IV부 내용과 전체의 최종형태는 내 책임이다.

  II부에 나오는 몇 가지 생각들은 우리 두 사람의 친구였던 쿠르트 그렐링 박사가 처음 제시한 것이다. 그는 편지로 진행된 논의에서 그런 생각을 우리에게 제안했다. 그렐링과 그의 아내는 이후 제2차 세계대전 동안 나치 테러에 희생되고 말았다. 뒤에서 명시적으로 다시 말하겠지만, 이 글에 대한 그렐링의 공헌 가운데 적어도 일부나마 여기에 포함시켜 놓음으로써, 우리는 이 주제에 대한 그의 생각이 완전히 잊히는 일이 없기를 바란다는 그의 바람이 실현되기를 바란다.

  루돌프 카르납, 허버트 파이글, 넬슨 굿맨, 콰인 교수 등이 자극이 될 만한 논의와 건설적인 비판을 해주어 폴 오펜하임과 내게 아주 많은 도움이 되었다.

존재한다. 이 글은 이러한 문제에 대해 새로운 시사점을 제공하려는
시도이다. 이를 위해 우선 과학적 설명의 기본형태에 대해 기초적인
탐구를 해보고, 그런 다음 법칙이란 개념과 설명논증의 논리적 구조를
좀더 엄밀히 분석해 볼 것이다.

 기초적인 탐구는 I부에 나온다. II부는 창발(emergence)* 개념에 대
한 분석을 담고 있다. III부에서는 설명에 대한 친숙하고 기초적인 분
석에서 제기되는, 특이하고도 납득하기 어려운 몇 가지 논리적 문제들
을 좀더 엄격한 방식으로 제시하고 명료화하고자 한다. 끝으로 IV부에
서는 이론이 지닌 설명력이라는 문제를 다룬다. 먼저 이 개념을 명시
적으로 정의하고, 간단한 논리적 구조를 지닌 과학언어에 맞는 형식적
이론을 개발할 것이다.

I부 과학적 설명에 대한 기초적 탐구

 2. **몇 가지 예시.** 수은 온도계를 뜨거운 물에 갑자기 집어넣었더니,
수은주가 일시적으로 내려갔다가 재빨리 올라갔다. 이 현상을 어떻게
설명할 수 있을까? 온도의 상승이 처음에는 온도계의 유리관에만 영향
을 미쳤다. 유리관은 팽창했고, 그에 따라 안에 있는 수은이 차지하는
공간이 더 넓어지게 되었고, 그래서 그것의 표면적은 줄어들었다. 하
지만 열전도에 의해 온도상승이 수은에까지 미치자 수은은 팽창하였
고, 수은의 팽창계수가 유리의 팽창계수보다 훨씬 크기 때문에 그 결
과 수은주가 상승했다. 이 설명은 두 가지 종류의 진술로 이루어져 있
다. 첫 번째 종류의 진술은 설명해야 할 현상보다 먼저 일어났거나 혹

---

 * 이 글 II부에서 드러나듯이, 여기서 말하는 창발의 개념은 상위차원의 설명
   수준에서 나타나는 특정한 성질은 하위차원의 설명수준에서 나타나는 성질
   에 의해 설명되거나 예측될 수 없다는 의미로 사용되고 있다.

은 동시에 일어난 어떤 조건들을 제시한다. 우리는 이들을 간단히 선행조건(*antecedent condition*)이라 부르기로 하겠다. 이 예에서 선행조건은 온도계가 수은이 들어 있는 유리관으로 되어 있다는 사실, 그리고 온도계를 뜨거운 물에 집어넣었다는 사실 등이다. 두 번째 종류의 진술은 일정한 일반법칙을 표현하고 있다. 여기에는 수은과 유리가 열에 의해 팽창한다는 법칙이 포함되고, 유리의 열전도성은 낮다는 진술이 포함된다. 적절하고 완전하게 정식화할 경우, 이 두 가지 진술집합은 우리가 논의하고 있는 현상을 설명해 준다. 그것들은 수은주가 처음에는 내려갔다가 그다음에는 올라갈 것이라는 귀결을 함축한다. 우리는 논의하고 있는 사건을 일반법칙 아래 포섭함으로써, 즉 그 사건이 일반법칙에 따라 특정한 선행조건이 실현되어 발생했음을 보임으로써 설명한다.

또 하나의 예를 생각해 보자. 노 젓는 배에 타고 있는 관찰자가 보기에 물속에 잠겨 있는 노 부분은 위로 굽어 보인다. 이 현상은 일반법칙 — 주로 굴절법칙과 물은 공기보다 광학적으로 밀도가 더 높은 매질이라는 법칙 — 과 어떤 선행조건 — 노의 일부가 물속에 있고 일부는 밖에 있으며 그 노는 실제로 곧은 나무로 되어 있다는 사실 — 에 의해 설명된다. 그러므로 여기서도 또한 "왜 그 현상이 일어나는가?"라는 물음은 "어떤 일반법칙에 따라 그리고 어떤 선행조건에 의해 그 현상이 일어나는가?"를 의미한다고 볼 수 있다.

지금까지 우리는 특정 시간과 특정 장소에서 일어나는, 특정 사건에 대한 설명만을 생각했다. 하지만 일반법칙을 두고서도 '왜?'라는 물음을 제기할 수 있다. 바로 앞의 예에 대해 다음과 같은 물음을 제기할 수도 있다. 왜 빛의 전파는 굴절법칙에 맞는가? 이에 대해 고전물리학은 빛의 파동설로, 즉 빛의 전파는 일정한 형태의 파동현상이며 그런 형태의 파동현상은 모두 굴절법칙을 만족한다는 진술로 대답한다. 우리는 일반적인 규칙성을 다른 더 포괄적인 규칙성, 즉 더 일반적인 법

칙 아래 포섭하여 설명한다. 마찬가지로 우리는 지구 표면 가까이에서
자유낙하하는 물체에 대해 갈릴레오의 법칙이 타당하다는 점을 이보다
더 포괄적인 법칙 ― 즉 뉴턴의 운동법칙과 중력법칙 ― 과 특정 사실
에 관한 몇 가지 진술 ― 즉 지구의 질량과 반경에 관한 진술 ― 로부터
연역해 내어 설명한다.

　3. **과학적 설명의 기본형태.** 앞에서 본 본보기 사례들로부터 이제 과
학적 설명이 지닌 몇 가지 일반적인 특징을 추려내 보기로 하자. 우리
는 설명을 두 가지 주요 구성요소, 즉 피설명항(*explanandum*)과 설명
항(*explanans*)[2]으로 나눈다. 피설명항이란 설명해야 할 현상을 기술하
는 문장(그 현상 자체가 아니다)이다. 설명항이란 그 현상을 설명하기
위해 끌어온 문장들의 집합이다. 앞서 보았듯이 설명항은 두 개의 하
위집합으로 나누어진다. 하나는 특정한 선행조건을 진술하는 문장들
C_1, C_2, …, C_k의 집합이고, 다른 하나는 일반법칙을 나타내는 문장들
L_1, L_2, …, L_r의 집합이다.

　제시된 설명이 건전하려면, 설명의 구성요소는 일정한 적합성 조건
을 만족시켜야 한다. 그 조건은 논리적 조건과 경험적 조건으로 나누
어질 수 있다. 아래 논의를 위해서는 이런 요건을 약간 모호한 형태로
정식화하더라도 문제가 없다. III부에서 이 기준을 좀더 정확하게 서
술할 것이다.

I. 논리적인 적합성 조건

　(R1) 피설명항은 설명항의 논리적 귀결이어야 한다. 바꾸어 말해

---

2) 이 두 표현은 라틴어 'explanare'에서 나온 것으로, 아마 좀더 통상적인 용
　어인 'explicandum'과 'explicans'보다 나은 것 같아 채택하였다. 후자의 용
　어는 의미의 해명이나 분석 맥락에서 쓰기 위해 남겨 두었다. 이런 의미의
　해명(*explication*)에 대해서는 Carnap(1945a), p.513 참조.

설명항에 들어 있는 정보로부터 피설명항을 논리적으로 연역할 수 있어야 한다. 그렇지 않을 경우 설명항은 피설명항에 대한 적합한 근거가 되지 못하기 때문이다.

(R2) 설명항은 일반법칙을 포함해야 하며, 이들 법칙은 피설명항을 도출하는 데 실제로 필요한 것이어야 한다. 하지만 설명항은 법칙이 아닌 진술을 적어도 하나 포함해야 한다는 것을 건전한 설명이 갖추어야 할 필요조건으로 삼지는 않을 것이다. 설명항에 들어 있는 모든 진술이 일반법칙이라 하더라도, 그것을 설명으로 여기고자 하는 경우도 분명히 있기 때문이다. 천체역학의 법칙들로부터 이중성(二重星)*의 운동을 지배하는 일반적인 규칙성을 도출하는 경우가 그런 사례이다.

(R3) 설명항은 경험적 내용을 지녀야 한다. 즉 설명항은 적어도 원리상 실험이나 관찰에 의해 테스트될 수 있어야 한다. 이 조건은 (R1)에 암묵적으로 들어 있다. 피설명항은 경험적 현상을 기술한다고 가정되기 때문에, 설명항은 경험적 성격을 지닌 귀결을 적어도 하나 함축해야 한다는 사실이 (R1)으로부터 따라 나오며, 이 사실 때문에 그것은 테스트가능성과 경험적 내용을 지니게 된다. 그렇지만 이 점을 특별히 언급할 필요가 있다. 4절에서 보게 되듯이, 자연과학과 사회과학에서 설명이라고 제시해 온 논증 가운데는 이 요건을 위반하는 것도 있기 때문이다.

---

* 우주에서 별들은 태양처럼 단독으로 존재하지 않고, 두 개, 세 개, 또는 여러 개가 무리를 이루어 존재하는 경우가 많다. 그 중에서 두 개의 별이 서로 영향을 끼치면서 같이 존재하는 것을 '이중성'이라고 한다.

II. 경험적인 적합성 조건

(R4) 설명항을 이루는 문장들은 참이어야 한다.

　건전한 설명의 경우, 설명항을 이루는 진술은 사실적으로 정당해야 한다는 조건을 분명히 만족시켜야 한다. 그러나 설명항이 참이어야 한다기보다는 설명항이 당시에 구할 수 있는 모든 관련증거에 의해 잘 입증되어야 한다고 규정하는 것이 더 적절하다고 볼 수도 있다. 하지만 이런 규정은 바람직하지 않은 결과를 낳고 만다. 어떤 현상이 과학의 초기 단계에서 어떤 설명항에 의해 설명되었다고 가정하자. 그런데 그 설명항은 당시 지녔던 증거에 의해서는 잘 뒷받침되었지만, 좀더 최근의 경험적 발견 결과에 의해서는 높이 반입증되었다고 해보자. 이 경우 우리는 그 설명이 원래는 올바른 설명이었지만 부정적 증거가 발견된 이후에는 올바른 설명이 아니라고 말해야 할 것이다. 이는 건전한 통상적 용법과는 맞지 않아 보인다. 통상적 용법에 따르면, 제한된 애초의 증거에 근거해 볼 때 설명항이 참이고 그 설명이 건전할 확률이 아주 높았지만, 지금의 좀더 풍부한 증거에 비추어 보면 그 설명항은 참이 아닐 확률이 높으며, 따라서 그 설명은 올바른 설명이 아니고 올바른 설명이었던 적도 없다고 말할 것이다.[3] (6절 처음에 나오는, 법칙이 참이어야 한다는 요건에 관해서도 같은 이야기를 할 수 있고, 그런 예를 들 수 있을 것이다.)

---

3) (1964년에 추가) 요건 (R4)는 올바른 또는 **참인 설명**이라고 부를 수 있는 것이 무엇일지를 규정해 준다. 따라서 설명논증의 논리적 구조를 분석할 때는 이 요건을 무시해도 된다. 사실 7절에서 그렇게 하게 되는데, 거기에서는 **잠재적 설명**(*potential explanation*)이라는 개념이 도입된다. 이런 구분 및 이와 연관된 구분에 관해서는 이 책에 실려 있는 "과학적 설명의 여러 측면"의 2.1절 참조.

지금까지 설명이 지닌 몇 가지 특징을 살펴보았는데, 이를 도식으로 요약한다면 다음과 같다.

$$
\text{논리적 연역}
\begin{cases}
\left.
\begin{array}{ll}
C_1,\ C_2,\ \cdots,\ C_k & \text{선행조건의 진술} \\
L_1,\ L_2,\ \cdots,\ L_r & \text{일반법칙}
\end{array}
\right\} \text{설명항} \\[2ex]
\hline
\left.
\begin{array}{ll}
E & \text{설명해야 할 경험적 현상의 기술}
\end{array}
\right\} \text{피설명항}
\end{cases}
$$

여기서 네 가지 필요조건을 포함해, 똑같은 형식적 분석이 과학적 설명뿐만 아니라 과학적 예측에도 적용된다는 점을 주목해 두자. 이 둘의 차이는 화용론적인 성격의 차이이다. 만약 E가 주어져 있다면, 즉 우리가 E로 기술된 현상이 이미 일어났음을 알고 있고 적절한 진술 집합이 이후에 제시되었다면, 〔그것을〕 문제의 현상에 대한 설명이라고 말한다. 만약 후자의 진술들이 주어지고, 기술하는 현상의 발생에 앞서 E가 도출되었다면, 〔우리는 그것을〕 예측이라고 말한다. 따라서 미리 고려했는데 설명항이 문제의 사건을 예측할 수 있는 토대의 역할을 할 수 없었다면, 그것은 특정 사건에 대한 설명으로 썩 적합하다고 할 수 없다. 결국 이 논문에서 설명이나 예측의 논리적 특성에 관해 이야기되는 것은 모두 비록 설명이나 예측 어느 하나만 언급했다 하더라도 둘 다에 적용될 것이다. [4]

하지만 특히 과학 이전 단계의 논의에서 통상적으로 제시되는 많은 설명은 이런 잠재적 예측력을 지니고 있지 않다. 가령 우리는 차바퀴 하나가 고속주행 중에 빠져 버렸기 '때문에' 차가 길에서 전복되었다고

---

[4] (1964년에 추가) "과학적 설명의 여러 측면"의 2.4절과 3.5절에서 이 주장을 훨씬 더 자세하게 검토하였고, 어떤 단서 하에 다시 주장하였다.

말한다. 이런 정보만 가지고는 그 사고를 예측할 수 없음이 분명하다. 왜냐하면 설명항에는 예측을 할 수 있게 하는 일반법칙이 명시적으로 나와 있지 않으며, 예측에 필요한 선행조건도 적절히 진술되어 있지 않기 때문이다. 제번스(W. S. Jevons)의 견해를 들어서도 같은 점을 보일 수 있다. 제번스에 따르면, 설명은 모두 사실들 사이의 유사성을 지적해 주는 것이며, 어떤 경우에는 이 과정에 법칙이 전혀 필요하지 않을 수도 있다. 즉 "마치 우리가 유성(shooting stars)이 혜성의 일부와 같은 것임을 보여 유성의 출현을 설명하는 것처럼, 설명은 동일성 이상의 것을 전혀 포함하지 않아도 된다."[5] 그러나 분명히 마찰의 결과로 열과 빛이 발생한다는 것을 지배하는 법칙을 전제하지 않는 이상, 이런 동일성만으로는 유성 현상에 대한 설명이 되지 못한다. 유사성의 관찰이 설명적 가치를 지니는 이유는 적어도 암암리에나마 일반법칙에 대한 언급이 거기에 포함되어 있기 때문이다.

여기서 예로 든 형태의 불완전한 설명논증 가운데는 '명백하다'는 이유로 설명항의 일부를 빼버리는 경우도 있다. 또한 불완전한 설명논증 가운데는 빠진 부분이 명백하지는 않지만, 적절히 노력하면 적어도 불완전한 설명항을 보충해 피설명항이 엄밀하게 도출되도록 만들 수 있다고 가정하는 경우도 있다. 어떤 경우에는 이런 가정이 정당화될 수 있을 것 같다. 설탕을 뜨거운 차에 넣었기 '때문에' 설탕이 녹았다고 말할 때가 그런 예일 것이다. 하지만 만족될 수 없는 경우도 분명히 많이 있다. 예술가의 작품에 나타난 어떤 특이성을 특정 형태의 신경증의 산물이라고 설명할 때, 이런 관찰에는 중요한 단서가 포함되어 있을 수 있다. 하지만 일반적으로 그것이 그 예술가의 작품이 그런 특이성을 보일 것임을 잠정적으로 예측하는 데 충분한 토대가 될 수는 없다. 이런 경우, 불완전한 설명은 제시된 선행조건과 설명해야 할 현

---

5) Jevons(1924) p. 533.

상 사이에 어떤 긍정적 상관관계가 있음을 시사해 줄 뿐이고, 완전한 설명논증을 얻으려면 어떤 탐구가 추가로 필요한지를 말해줄 뿐이다.

지금까지 살펴본 설명 유형은 때로 인과적 설명(*causal explanation*)이라 일컬어진다.[6] E가 특정 사건을 기술한다고 할 때, 문장 C_1, C_2, $\cdots$, C_k로 기술되는 선행상황들이 합쳐져서 그 사건을 '야기했다'(*cause*)고 말할 수 있다. 이때 이 말은 법칙 L_1, L_2, $\cdots$, L_r로 표현되는 일정한 경험적 규칙성이 존재하며, 이것들이 C_1, C_2, $\cdots$, C_k에 의해 표현되는 종류의 조건이 발생할 때는 언제나 E로 기술된 종류의 사건이 발생할 것임을 함축한다는 의미이다. L_1, L_2, $\cdots$, L_r과 같은 진술은 사건이 지닌 특정한 성격 사이에 일반적이고 예외 없는 연관성이 성립한다는 주장이다. 그것을 통상적으로 인과법칙 또는 결정론적 법칙(*deterministic law*)이라 부른다. 그것은 이른바 통계법칙(*statistical law*)과는 구분되어야 한다. 통계법칙은 장기적으로, 주어진 조건의 집합을 만족하는 모든 사례들 가운데 일정 비율은 특정 유형의 사건을 수반한다는 것을 주장한다. 어떤 과학적 설명의 경우, 법칙 가운데 일부가 통계법칙의 성격을 띠어 법칙 아래 피설명항을 '포섭'하는 경우도 있다. 이런 형태의 포섭이 지닌 논리적 구조에 대한 분석은 어려운 특수 문제를 야기하게 된다. 이 글에서는 연역적 유형의 설명만을 검토할 것이다. 그런데 연역적 유형의 설명은 대부분의 현대과학에서뿐만 아니라 통계법칙을 거론해야만 좀더 적절한 설명이 이루어지는 분야에서도 중요하다.[7]

---

6) (1964년에 추가) 또는 인과적 설명은 여기서 논의하고 있는 연역적 형태의 설명 가운데 한 가지이다. "과학적 설명의 여러 측면"의 2.2절 참조.

7) 과학에서의 설명과 예측이 지닌 일반적 특성에 관한 앞의 서술은 결코 새로운 것이 아니다. 이 서술은 단지 많은 과학자와 방법론자들이 인식해 온 몇 가지 근본적인 점들을 명시적으로 요약하고 진술한 것일 뿐이다.

그래서 예를 들어 밀은 다음과 같이 말한다. "개별 사실은 원인을 지적함으로써, 즉 그 사건의 발생이 하나의 사례가 되는 인과법칙(들)을 진술함으

4. 물리과학 이외의 과학에서의 설명. 동기나 목적을 거론하는 접근방법들. 우리가 지금까지 살펴본 과학적 설명은 물리과학에 나오는 사례의 연구에 기초해 있다. 하지만 이렇게 얻은 일반원리들은 이런 영역 밖에도 마찬가지로 적용된다.[8] 그래서 실험동물이나 인간이 피험자가 되는 여러 가지 행위유형은 심리학에서 일반법칙이나 일반적인 학습이론 또는 일반적인 조건화 이론 아래 포섭되어 설명된다. 여기서 말하는 규칙성이 대개 물리학이나 화학에서처럼 정확히 일반적으로 진술되기는 어렵다 할지라도, 이런 설명이 지닌 일반적 성격은 앞에서 규정한 것과 분명히 일치한다.

이제 사회학적이고 경제학적인 요인들을 포함하고 있는 예를 하나 생각해 보기로 하자. 1946년 가을 미국 목화 거래소에서 가격폭락이

로써 설명된다고 일컬어진다." 그리고 "자연의 법칙이나 일양성은 그 법칙 자체가 하나의 사례에 불과하고 그 법칙을 연역하게 해주는 또 다른 법칙(들)을 지적함으로써 설명된다고 일컬어진다"(Mill(1858), Book III, Chapter XII, section 1). 이와 비슷하게 제번스―설명의 일반적 특성에 관한 그의 견해가 앞에서 비판적으로 논의되었다―는 "설명에서 가장 중요한 과정은 관찰사실이 일반법칙이나 경향의 한 사례임을 보이는 것이다"(Jevons(1924), p.533)라고 강조했다. 듀카스는 같은 점을 다음과 같이 표현했다. "설명은 본질적으로 설명되어야 할 사실이 이미 알려진 어떤 연관법칙을 따르는 결과사례의 선행사례임을 보여줄 사실의 가설을 제공하는데 있다"(Ducasse(1925), pp.150~151). 포퍼는 Popper(1935) 12절과 이의 개정판 Popper(1945), 특히 25장과 그 장의 각주 7에서 설명과 예측의 근본구조에 대한 명쾌한 분석을 제시했다. 설명을 일반이론 아래 포섭하는 것으로 특징짓는 최근 흐름으로는 가령 Hull(1943a) 1장에 나오는 헐의 간결한 논의를 참조하라. 설명의 어떤 측면에 대한 명료하고 초보적인 검토는 Hospers(1946)에 나와 있으며, 지금 이 연구의 I, II부에서 논의되는 과학적 설명의 여러 가지 본질적 특성에 관한 간결한 논의를 위해서는 Feigl(1945), pp.284 이하를 참조하라.

8) 사회과학, 특히 역사학에서의 설명이라는 주제에 관해서는 다음 글들이 여기서 논의되는 간단한 논의를 보충하고 확장하는 데 도움을 줄 것이다. Hempel(1942), Popper(1945), White(1943), 그리고 Beard and Hook(1946)에 나오는 논문 "Cause"와 "Understanding".

있었다. 이때 가격이 엄청나게 큰 폭으로 하락해서 뉴욕, 뉴올리언스, 시카고 등의 거래소가 일시적으로 거래를 중단해야 했다. 이 사건의 발생을 설명하기 위해 신문들은, 뉴올리언스에 있는 대규모 투기꾼들이 자신들의 보유물량이 너무 커지는 것이 두려워 그것을 처분하기 시작했고, 뒤이어 소규모 투기꾼들이 허둥지둥 이에 동조하게 됨에 따라 대폭락을 기록하게 되었다고 추적했다. 이 논증의 장점을 평가하기 전에, 여기에 제시된 설명도 선행조건에 관한 진술과 일반적 규칙성에 관한 가정을 포함하고 있음을 주목해 두자. 선행조건에는 첫 번째 투기꾼이 목화를 대량매집하고 있었다는 사실, 상당한 물량을 보유한 소규모 투기꾼이 있었다는 사실, 그리고 특정 방식으로 작동하는 목화 거래소 제도가 존재했다는 사실 등이 포함된다. 이 설명이 근거하고 있는 규칙성이 어떤 것인지는—비교적 통속적인 설명에서 자주 그렇듯이—명시적으로 나와 있지 않다. 하지만 여기에는 분명히 어떤 형태의 수요공급의 법칙이 함축되어 있어서, 이를 통해 실제로 수요에 변동이 없다는 조건 아래 공급이 크게 증가했다는 것을 들어 목화 가격의 하락을 설명하고 있다. 더구나 자신의 경제적 지위를 유지하거나 개선하려고 하는 개인들의 행위에 일정한 규칙성이 있다는 점도 전제하고 있다. 그런 법칙을 현재 아주 만족스러울 정도로 정확히 일반적으로 정식화하기란 어려우며, 따라서 여기에 제시된 이 설명은 분명히 불완전하다. 하지만 의도는 틀림없이 그 현상을 경제적이고 사회심리적인 규칙성의 일반형태로 통합해서 설명하는 데 있다.

이제 언어학 분야에서 따온 설명논증으로 넘어가 보자.[9] 북부 프랑스에서는 영어 ‘*bee*’와 동의어가 아주 여러 개 사용되고 있는 데 반해, 남부 프랑스에서는 근본적으로 그런 단어가 오직 하나 존재한다. 이 차이에 대해 다음과 같은 설명이 제시되었다. 라틴 시대에 남부 프랑

---

9) 이 예는 Bonfante(1946) 3절에서 따온 것이다.

스에서는 'apicula'라는 단어를 사용했고, 북부에서는 'apis'라는 단어를
사용했다. 후자는 북부 프랑스에서 음운탈락(*phonologic decay*) 과정
때문에 단음절 단어 'é'가 되었고, 단음절은 특히 자음 요소를 거의 포
함하지 않을 경우 제거되는 경향이 있었다. 왜냐하면 그런 단어들은
쉽게 오해를 불러오기 때문이다. 그래서 혼동을 피하기 위해 다른 단
어가 선택되었다. 하지만 'apicula'는 'abelho'로 환원되었고, 이는 아
주 분명해서 그냥 유지되었고 결국 'abille'라는 형태로 표준어가 되기
까지 했다. 이 설명도 앞 절에서 규정한 의미에서 불완전하다. 하지만
여기에도 분명히 일반법칙뿐만 아니라 특정한 선행조건에 대한 언급이
들어 있다. 10)

　이런 예는 생물학이나 심리학, 그리고 사회과학에서의 설명이 물리
과학에서의 설명과 같은 구조를 지닌다는 견해를 지지해 주는 경향이
있다. 하지만 인과적 설명 형태는 물리학이나 화학 이외의 영역, 특히
의도적 행위를 연구하는 영역에는 근본적으로 적절하지 않다는 견해가
꽤 널리 퍼져 있다. 이런 견해를 뒷받침하기 위해 제시된 몇 가지 이
유를 잠깐 살펴보기로 하자.

　그런 이유 가운데 가장 잘 알려진 것은 인간 개인이나 집단의 활동
을 포함하는 사건은 독특한 유일성(*uniqueness*)과 반복불가능성을 지
니며, 이 때문에 인과적 설명을 할 수 없다는 생각이다. 왜냐하면 인

---

10) 앞의 두 예에서 설명논증은 분명히 어떤 규칙성에 근거해 있다. 하지만 의
　　도된 법칙 ― 현재로서는 이를 명료하게 진술하기가 어려운데 ― 이 통계적인
　　성격의 것이라기보다는 인과적 성격의 것이라고 자신 있게 주장하기는 어렵
　　다. 사회학이 발달함에 따라 발견될 규칙성은 모두 혹은 대부분 통계적 형
　　태의 것일 수도 있다. 이 점에 관해서는 Zilsel(1941) 8절과 (1941a)에 나
　　오는 시사적인 관찰결과들을 참조. 하지만 이 문제가 우리가 여기서 주장하
　　고자 하는 요지, 즉 물리과학에서뿐만 아니라 사회과학에서도 어떤 현상에
　　대한 설명과 이론적 이해를 위해서는 일반적 규칙성 아래 포섭하는 것이 필
　　수적이라고 하는 주장에 영향을 주는 것은 아니다.

과적 설명은 일양성(*uniformity*)에 의존하고 있어서, 논의되는 현상이 반복가능하다는 점을 전제하기 때문이다. 이 논증은 또한 실험방법은 심리학과 사회과학에는 적용될 수 없다는 주장을 지지하는 데 사용되기도 한다. 그런데 이 논증은 인과적 설명의 논리적 구조를 오해하고 있다. 심리학이나 사회과학에서뿐만 아니라 물리과학에서도 개별 사건은 모두 독특한 성격을 그대로 지닌 채 다시 반복되지는 않는다는 의미에서 유일하다. 그럼에도 불구하고 개별 사건은 인과적 형태의 일반법칙에 맞을 수 있고, 그래서 그것들에 의해 설명될 수 있다. 왜냐하면 인과법칙은 특정 유형의 사건, 즉 일정한 성질을 가진 사건은 무엇이나 어떤 성질을 가진 또 다른 사건에 의해 수반된다는 것을 주장할 뿐이기 때문이다. 예를 들어 마찰을 포함하는 사건의 경우에는 언제나 열이 발생한다. 이런 법칙을 테스트하고 적용하는 데 필요한 것은 선행 성질들을 지닌 사건들의 재발생일 뿐, 즉 이런 성질들의 반복일 뿐 개별 사례들의 반복은 아니다. 그래서 이 논증은 결정적이지 못하다. 하지만 이 점은 우리가 제시한 이전 분석과 관련해 한 가지 중요한 사실을 강조할 필요가 있음을 보여준다. 우리가 단일 사건에 대한 설명이라고 말할 때, '사건'이란 말은 특정 시공간이나 일정한 개별 대상에서 복합적인 어떤 특성의 발생을 가리키는 것이지, 대상의 **모든** 특성이나 그 시공간 영역 안에 진행된 모든 것을 가리키는 것이 아니다.

여기서 언급할 필요가 있는 둘째 논증[11]에 따르면, 주어진 상황에서 인간의 반응은 그 상황뿐만 아니라 그 사람의 이전 역사에도 의존하기 때문에, 인간행동에 대한 과학적 일반화 즉 설명원리를 확립하기란 불가능하다. 그러나 행위가 행위자의 과거 역사에 의존한다는 것을 고려하는 일반화는 왜 불가능할 수밖에 없는지를 보여줄 선험적 이유란 전혀 없다. 주어진 논증은 너무 많은 것을 '증명하며', 그래서 〔그

---

11) 예를 들어 Knight(1924), pp. 251~252에서 나이트가 제시하는 이 논증을 참조.

런 결론이〕 따라 나오는 것이 아니라는 점은 가령 자기이력*이나 탄성
피로(*elastic fatigue*)**와 같은 물리현상이 존재한다는 점을 볼 때 명
백하다. 여기서 특정 물리효과의 양은 포함된 체계의 과거 역사에 의
존하지만, 그럼에도 불구하고 이에 대해 일정한 규칙성을 확립할 수
있다.

　셋째 논증에 따르면, 의도적 행위를 포함하는 현상에 대한 설명은
동기를 거론해야 하고, 그래서 인과적 분석이라기보다는 목적론적 분
석이어야 한다. 예를 들어, 목화 가격의 폭락에 대한 앞서의 설명을
완전하게 진술하려면 대규모 투기꾼들의 동기를 문제의 사건을 결정하
는 요인 가운데 하나로 제시해야 한다는 것이다. 그래서 우리는 목적
추구를 거론해야 한다는 것이다. 이 논증에 따르면, 이 때문에 물리과
학과는 아주 다른 설명형태를 도입해야 한다. 분명히 인간행위에 대해
제시되는 많은 — 대개는 불완전한 — 설명은 목적과 동기를 언급하고
있다. 그러나 이 점 때문에 인간행위의 설명은 물리학이나 화학의 인
과적 설명과는 근본적으로 달라야 하는가? 자연스레 제시되는 한 가지
차이는 동기에 의한 행위의 경우, 미래가 현재에 영향을 주는 듯이 보
이는데, 과학의 인과적 설명에서는 이런 점을 찾아볼 수 없다는 것이
다. 그러나 일정한 목표에 도달하고자 하는 바람 때문에 어떤 사람이
행위를 하게 되었을 경우, 그 사람의 현재 행위를 결정짓는 것이 그
목적을 달성하고자 하는, 아직 실현되지도 않은 미래 사건일 수는 없
다. 왜냐하면 그 목적이 실제로는 결코 달성될 수 없는 것일 수도 있
기 때문이다. 도리어 대략 말해 그것은 (a) 행위 이전에 존재하는, 특

---

*　자기이력(磁氣履歷, *magnetic hysteresis*): 강자성체(强磁性體)를 자화시킬
　경우, 자화의 세기가 외부자기장 자화력뿐만 아니라 그것이 전에 받은 자화
　경과에도 관련되는 현상.

**　극한 탄성강도 이하의 작은 힘을 가했을 때 변형되거나 파괴되지 않는 물질
　이더라도 같은 힘을 반복해서 가하면 어느 한순간에 변형되거나 파괴되는
　현상.

정한 목적을 달성하고자 한다는 그 사람의 바람이며, (b) 마찬가지로 행위 이전에 존재하는, 그러그러한 행위과정이 바라는 결과를 가져올 것 같다는 그 사람의 믿음이다. 따라서 결정적인 동기와 신념은 동기에 의한 설명(motivational explanation)의 선행조건들 가운데 하나로 분류되어야 하며, 이 점에서 동기에 의한 설명과 인과적 설명 사이에는 형식 면에서 아무런 차이가 없다.

동기는 외부 관찰자가 직접 관찰할 수 없다는 사실도 이 두 가지 종류의 설명〔즉 인과적 설명과 동기에 의한 설명〕이 근본적으로 다르다는 점을 뒷받침해 주지는 못한다. 왜냐하면 물리적 설명에서 제시되는 결정적 요인도 직접 관찰이 불가능한 경우가 자주 있기 때문이다. 예를 들어 금속으로 된 두 개의 구(球)가 지니는 상호인력을 설명할 때 반대의 전하(electric charge)를 끌어들이는 경우가 그렇다. 그런 전하가 있다는 사실을 직접 관찰할 수는 없지만, 여러 가지 형태의 간접 테스트를 통해 그 점을 확인할 수 있으며, 그것으로 설명 진술이 경험적 성격을 지닌다는 점을 충분히 보증할 수 있다. 마찬가지로 어떤 동기가 존재하는지는 간접적 방법에 의해서만 확인될 수 있다. 그 방법에는 문제의 그 사람이 하는 언어적 발화나 잘못 쓰거나 잘못 말한 것 등에 대한 언급이 포함될 수도 있다. 하지만 이런 방법이 받아들일 수 있을 정도로 분명하고 정확하게 '조작적으로 결정되어' 있다면, 동기에 의한 설명은 물리학에서의 인과적 설명과 본질적으로 다르지 않다.

동기에 의한 설명이 안고 있는 잠재적 위험은 이 방법이 예측력이 없이 손쉽게 구성되는 사후설명일 수 있다는 점이다. 어떤 행위는 때로 그 행위가 이루어지고 난 뒤에야 추측할 수 있는 동기에 의해 설명되기도 한다. 이런 절차가 그 자체로 반대할 만한 것은 아니다. 하지만 이것이 건전하려면 (1) 동기를 거론하는 문제의 가정이 테스트될 수 있어야 하고, (2) 적절한 일반법칙이 있어서 가정된 동기에 설명력을 부여할 수 있어야 한다. 이런 요건을 무시하게 되면 때로 동기에 의한 설명은 인식적 의미를 잃고 만다.

행위자의 동기를 통해 어떤 행위를 설명하는 일은 때로 목적론적 설명의 특수 형태로 생각되기도 한다. 앞서 지적한 바 있듯이, 제대로 정식화될 경우 동기에 의한 설명은 인과적 설명의 조건에 들어맞는다. 그러므로 '목적론적'이란 말을 통해 설명이 비인과적 성격을 지니고 있음을 함축한다거나 또는 현재가 미래에 의해 특이하게 결정됨을 함축한다면, 그 말은 잘못된 명칭이다. 그러나 이 점을 명심한다면 '목적론적'이란 말은 이 맥락에서 인과적 설명을 가리킨다고 볼 수 있고, 이때 그 인과적 설명에서는 행위자의 동기가 선행조건 가운데 일부가 된다.[12]

이런 유형의 목적론적 설명은 훨씬 더 급진적인 형태의 목적론적 설명과는 구분되어야 한다. 어떤 학파는 그런 형태의 목적론적 설명이 특히 생물학에서는 없어서는 안 된다고 주장한다. 이처럼 급진적인 형태의 목적론적 설명에서는 가령 유기체가 어떤 특성을 지니게 된 이유를 그 특성이 어떤 목적과 의도를 위한 것인지를 들어 설명한다. 앞에서 검토했던 사례들과는 대조적으로, 여기서 이 목적은 문제의 유기체가 의식적으로나 잠재의식적으로 추구하는 것이라고 가정되지 않는다. 가령 의태(mimicry) 현상에 대해 때로 다음과 같은 설명을 제시한다. 의태현상은 그것을 지닌 동물로 하여금 자신을 쫓는 다른 동물로부터 탐지되는 것을 막아 보호해 주는 역할을 하며, 그래서 그 종(種)을 보존시켜 주는 경향이 있다. 이런 유형의 목적론적 가설이 잠재적 설명력을 지닌다고 할 수 있을지를 평가하기 전에, 그런 가설의 의미를 먼저 분명히 해보기로 하자. 만약 그 가설이 말하는 것이 우주가

---

12) 심리학 이론에 나오는 동기 개념에 대한 자세한 논리적 분석으로는 Koch (1941) 참조. Rosenblueth, Wiener, Bigelow(1943)에는 현대물리학과 생물학의 관점에서 목적론적 행위를 논의하는 흥미로운 내용이 담겨 있다. 동기가 된 이유에 의한 설명의 논리는 이 책의 글 "과학적 설명의 여러 측면" 10절에서 더 자세히 다루어진다.

창조될 때부터 가설에 나오는 그런 목적이 내재되어 있다(*inherent*)는 뜻이라고 한다면, 그것은 분명히 경험적으로 테스트될 수 없고, 따라서 3절에서 말한 요건 (R3)〔설명항은 경험적 내용을 지녀야 한다는 요건〕을 위반하게 된다. 하지만 생물학적 특성의 목적에 관한 주장이 목적론적 용어를 포함하지 않는 진술로 번역될 수 있는 경우도 있다. 그 경우 그 진술은 그런 특성이 유기체의 생존이나 종의 보존에 어떤 핵심적인 기능을 한다는 주장이 될 것이다.[13] 이런 주장 — 또는 이와 비슷하게, 만약 이런 특성이 없고 다른 것들은 모두 똑같다면, 그 유기체나 종은 살아남지 못했을 것이라는 주장 — 이 정확히 무엇을 의미하는지를 진술하려고 하면 상당한 어려움이 따르게 된다. 하지만 이것들을 여기서 지금 논의할 필요는 없다. 왜냐하면 목적론적 형태로 된 생물학적 진술을 생물학적 특성이 지닌 생명보존 기능을 서술하는 진술로 적절히 번역할 수 있다고 하더라도, 다음 두 가지는 분명하기 때문이다. (1) 목적이란 개념의 사용은 그 맥락에서 본질적인 것이 아니다. 왜냐하면 '목적'이란 말을 문제의 진술에서 완전히 빼도 되기 때문이다. (2) 목적론적 가정은, 이제 경험적 내용을 지니게 되었지만, 통상적인 맥락에서 설명원리로 쓰일 수 없다. 예를 들어 어떤 나비 종이 특정 유형의 색깔을 지닌다는 사실은 이런 유형의 색깔을 지님으로써 천적의 탐지로부터 자신을 보호하는 결과를 낳는다는 진술로부터 추론될 수 없으며, 따라서 그것에 의해 설명될 수도 없다. 뿐만 아니라 사람의 혈액에 적혈구가 있다는 것도 이들 혈구가 산소동화에 특정 기능을 하며 이 기능이 생명을 유지하는 데 본질적이라는 진술로부터 추론될 수 없다.

생물학에서 목적론적인 고려를 계속 하는 이유 가운데 하나는 아마

---

13) 이런 노선에 따라 생물학에서 목적론적 진술을 분석하는 작업은 Woodger (1929), 특히 pp. 432 이하를 참조. 카우프만도 Kaufmann(1944), 8장에서 본질적으로 같은 해석을 옹호하고 있다.

도 목적론적 접근방법이 자기발견을 하는 도구로 유익하기 때문인 것 같다. 목적론적 지향, 즉 자연에서의 목적에 대한 관심에서 시작된 생물학적 탐구를 통해 중요한 결과를 얻은 경우도 자주 있었다. 그런데 그런 결과는 비목적론적 어휘로 진술될 수 있고, 생물학적 현상들 사이의 인과적 연관성에 대한 우리의 지식을 증진시켜 주었다.

목적론적 고려를 하게 되는 또 다른 요인은 그것이 의인화된 성격을 지니고 있기 때문이다. 목적론적 설명을 보고 우리는 문제의 현상을 실제로 '이해했다'고 느끼는 경향이 있다. 왜냐하면 그것은 의도에 의해 설명이 되고 있는데, 우리는 우리 자신의 경험을 통해 의도적 행위를 잘 알고 있기 때문이다. 하지만 여기서 감정이입적으로 익숙하다는 느낌을 준다는 심리적 의미의 이해와, 설명해야 할 현상을 어떤 일반적인 규칙성의 특수 사례로 제시한다는 이론적 또는 인식적 의미의 이해를 구분하는 것이 중요하다. 설명이란 친숙하지 않은 무엇을 우리에게 친숙한 생각이나 경험으로 환원하는 것이라는 주장을 자주 한다. 하지만 이는 사실 오해의 소지가 많다. 왜냐하면 과학적 설명 가운데는 이런 심리적 결과를 실제로 지닌 것도 일부 있지만, 이것이 결코 보편적인 것은 아니기 때문이다. 물체의 자유낙하는 중력법칙보다 더 친숙한 현상이라고 말할 수 있다. 그런데 중력법칙에 의해 자유낙하가 설명된다. 분명히 상대성 이론의 기본개념들은 많은 이들에게 이 이론이 설명하는 현상보다 훨씬 덜 친숙하다고 생각될 것이다.

방금 보았듯이 설명항이 '친숙하다는 것'은 설명이 건전하기 위한 필요조건도 아니며 충분조건도 아니다. 이 점은 제안된 설명항이 놀라울 정도로 친숙해 보이지만 자세히 보면 단지 비유에 지나지 않는 것으로 드러나거나, 테스트가능성이 없거나, 아니면 일반법칙을 전혀 포함하고 있지 않아서 결국 설명력이 없는 여러 사례를 보면 알 수 있다. 그런 사례 가운데 하나는 생물학적 현상을 엔텔레키(*entelechy*)나 생명력(*vital force*)에 의해 설명하고자 하는 신생기론의(*neovitalistic*)* 시도이다. 여기서 중요한 점은 ― 때로 이야기되듯이 ― 엔텔레키가 볼 수 없는 것이라거나 아니면 직접 관찰될 수 없다는 것이 아니다. 왜냐하면 그 점은 중력장의 경우에도 마찬가지이지만 그런 장을 거론하는 것이 여러 가지 물리현상을 설명하는 데 꼭 필요하기 때문이다. 이 두 사례의 결정적 차이는 물리적 설명은 (1) 비록 간접적이라 하더라도 중력장에 관한 주장을 테스트할 수 있는 방법을 제공해 주며, (2) 중력장의 강도와 그 안에서 움직이는 대상들의 움직임에 관한 일반법칙을 제공해 준다는 점이다. 엔텔레키에 의한 설명은 이 두 조건과 유사한 어떤 조건도 만족시키지 못한다. 첫 번째 조건을 만족시키지 못한다는 점은 (R3)의 위반을 나타낸다. 그것은 엔텔레키에 관한 모든 진술을 경험적으로 테스트할 수 없게 만들고, 그래서 경험적 의미가 없도록 만든다. 두 번째 조건을 지키지 못한다는 것은 (R2)의 위반을 포함하게 된다. 이 때문에 엔텔레키라는 개념은 설명력을 지니지 못한다. 왜냐하면 설명력은 개념에 들어 있는 것이 아니라 일반법칙에 들어 있는 것이기 때문이다. 개념은 일반법칙 안에서 일정한 기능을 한다. 따라서 신생기론의 설명이 친숙하다는 느낌을 불러일으킬지 몰라도 그것이 이론적 이해를 제공해 준다고 할 수는 없다.

친숙함과 이해에 관한 앞서의 관찰결과는 인간행위를 설명하거나 이해하기 위해서는 행위자의 성격에 대한 감정이입적 이해가 필요하다고 하는 학자들의 견해에도 비슷한 방식으로 적용될 수 있다.[14] 이처럼 자신의 심리적 기제에 의해 다른 사람을 이해하는 것은 이론적 설명을 제시해 줄지도 모를 일반적인 심리학적 원리를 찾아내는 방안으

---

* 생기론은 생명현상의 배후에는 생명력이 있다고 주장하는 이론이다. 반면 신생기론은 생명현상에 관한 완전한 유물론적 설명은 불가능하다고 주장하는 이론이다.

14) 앞에서 대략 설명한 일반원리에 근거해 이런 견해를 좀더 자세하게 논의하고 있는 것으로는 Zilsel(1941), 7, 8절과 Hempel(1942), 6절 참조.

로 유익하게 쓰일 수도 있다. 하지만 과학자가 감정이입의 상태를 지
닌다는 점은 인간행위를 설명하거나 과학적으로 이해하는 데 필요한
필요조건도 아니고 충분조건도 아니다. 그것은 필요조건이 아니다.
왜냐하면 일반원리를 확립하거나 적용하는 과학자들은 피험자를 감정
이입적으로 이해하지 못하더라도 과학자 자신의 문화와는 아주 다른
문화에 속하는 사람들의 행위나 정신이상자의 행위를 일반원리에 의해
설명하거나 예측할 수 있기 때문이다. 그리고 감정이입은 건전한 설명
을 보증하기에 충분하지도 않다. 왜냐하면 강한 감정이입의 느낌이 존
재하지만 우리가 주어진 인물을 완전히 잘못 판단하는 경우도 있을 수
있기 때문이다. 게다가 질셸이 지적한 바 있듯이, 감정이입은 양립불
가능한 결과를 낳기도 한다. 가령 어떤 도시의 주민들이 오랫동안 격
심한 폭격을 받은 경우, 우리는 감정이입의 의미에서 그 사람들의 사
기가 떨어졌으리라고 생각할 수 있다. 하지만 우리는 마찬가지로 그
사람들이 끈질긴 저항정신을 갖게 되었다고 생각할 수도 있다. 이런
유형의 논증은 때로 아주 확신을 주는 것처럼 보인다. 하지만 그것은
사후에 제시된 것이며, 법칙이나 이론 형태로 테스트가능한 설명원리
에 의해 보충되지 않는 한 인식적 의미를 지니지 못한다.

　따라서 설명항이 친숙하다고 해서 — 그것이 목적론적 어휘를 사용
해서 그렇든, 신생기론의 비유를 사용해서 그렇든, 아니면 다른 수단
을 사용해서 그렇든 — 제안된 설명이 인식적 의미와 예측력을 지니는
것은 아니다. 게다가 어떤 생각이 친숙하다고 여겨지는 정도는 사람마
다 다르고 때에 따라 달라서, 이런 종류의 심리적 요인이 제안된 설명
의 가치를 평가하는 기준이 될 수 없음은 분명하다. 일반법칙 아래 피
설명항을 포섭해야 한다는 점이 건전한 설명이 갖추어야 할 결정적 요
건이라는 사실은 여전히 유효하다.

II부 창발 개념에 관하여

5. 설명의 수준. 창발(*emergence*)**의 분석.** 앞에서 보았듯이, 한 현상을 일반성의 정도가 서로 다른 여러 법칙에 의해 설명할 수 있다. 우리는 가령 행성의 위치변화를 케플러의 법칙 아래 포섭하여 설명할 수 있고, 또한 운동법칙과 결합해서 훨씬 더 포괄적인 중력의 일반법칙으로부터 도출하여 그것을 설명할 수도 있다. 끝으로 그것을 앞에 나온 여러 법칙들을 ― 약간 수정하여 ― 설명해 줄 일반 상대성 이론으로부터 연역하여 설명할 수도 있다. 마찬가지로 압력이 일정할 때 온도가 올라가면 기체가 팽창한다는 것을 기체법칙에 의해 설명할 수도 있고, 좀더 포괄적인 열 운동론(*kinetic theory of heat*)에 의해 설명할 수도 있다. 열 운동론은 기체법칙을 설명해 주며, 그러므로 방금 말한 현상을 (1) 기체의 미시 움직임(좀더 구체적으로 말하면, 기체분자의 위치분포와 속도)에 관한 일정한 가정과 (2) 방금 말한 미시적 특성과 기체의 온도나 압력, 부피 등과 같은 기체의 거시적 특성을 연관 지어 주는 일정한 거시-미시 원리에 의해 간접적으로 설명해 주기도 한다.

이러한 의미에서 대개 설명수준을 여러 가지로 구분해 왔다. 15) 관찰가능한 특성들을 서로 직접 연결하는 일반법칙 아래 어떤 현상을 포섭〔해 설명〕하는 것이 첫 번째 수준을 이룬다. 그보다 더 높은 수준에서는 어떤 포괄적인 이론의 맥락에서 기능하는, 어느 정도 추상적인 이론적 구성물을 사용해야 한다. 앞의 예가 보여주듯이, 높은 수준의 설명이란 개념은 아주 다른 성격을 지닌 절차들까지 포괄한다. 이 가운데 가장 중요한 것은 어떤 현상을 그 현상의 미시구조에 관한 이론에 의해 설명하는 것이다. 열 운동론, 물질의 원자 이론, 빛에 대한

---

15) 이런 생각을 분명하고 간결하게 표명한 것으로는 Feigl (1945), pp. 284~288 참조.

전자기 이론과 양자 이론, 유전에 관한 유전자 이론 등이 이런 방법의 예이다. 어떤 사람은 우리에게 현상 내부의 작동원리에 대한 통찰을 얻게 해주는 것은 미시이론뿐이므로 미시이론을 발견해야만 그 현상을 진정 과학적으로 이해했다고 할 수 있다고 주장하기도 한다. 그 결과 미시이론을 전혀 이용할 수 없는 사건은 실제로는 이해되지 못한 것으로 종종 비치기도 했다. 이런 의미에서 설명되지 못한 현상들의 이론적 지위에 대한 관심이 창발론(the doctrine of emergence)의 뿌리 가운데 하나라고 할 수 있다.

일반적으로 말해, **창발**이란 개념은 어떤 현상을 '새로운' 것으로 특징짓기 위해 사용된다. 이것은 그 현상이 일어나는 체계 — 이 맥락에서 때로 '전체'라고 일컬어지기도 한다 — 의 공간적 부분이나 다른 성분에 관한 정보에 근거해 볼 때 그 현상의 발생이 예상 밖이라는 심리적 의미뿐만 아니라,[16] 그것이 설명될 수 없다거나 예측될 수 없다는 이론적인 의미에서 새롭다는 것을 나타낸다. 예를 들어 상온과 대기압에서 투명한 액체라고 하는 물의 특성이나 갈증을 해소할 수 있다는 물의 특성은 물의 화학성분인 수소와 산소의 성질에 관한 지식으로부터 예측될 수 없다는 근거에서 창발적(emergent)이라고 생각된다. 반대로 그 복합물의 무게는 창발적이라고 하지 않는다. 왜냐하면 그것은 성분들의 단순한 '결과물'일 뿐이며, 그 복합물이 형성되기 이전에도 간단한 덧셈을 통해 예측될 수 있기 때문이다. 이러한 창발 개념의 배후에 놓여 있는 설명과 예측에 대한 견해는 여러 가지 세밀한 관찰을 필요로 하며, 이에 따라 창발 개념도 바뀔 필요가 있다.

⑴ 첫째, '전체' w가 지닌 특성 가운데 어떤 특성이 창발적인가 하는 물음을 던지려면, w의 부분이나 성분이 무엇인지를 먼저 밝혀야 한다. 예를 들어, 벽을 구성하는 벽돌을 부분이라고 이해할 경우 벽돌

---

16) 참신성(novelty)이라는 개념의 논리적 의미와 심리적 의미에 관해서는 또한 Stace(1939)를 참조.

벽의 부피는 부분들의 부피로부터 덧셈에 의해 추리될 수 있다. 하지만 그 벽을 구성하는 분자들의 부피로부터 벽의 부피를 추리할 수는 없다. 따라서 어떤 대상 w의 특성 W가 창발적인지 여부를 묻기 전에, 우리는 먼저 '…의 부분'이란 말이 무엇을 의미하는지를 진술해야 한다. 이를 위해서는 특정 관계 Pt를 정의하고, w와 Pt 관계에 있는 것들만 w를 구성하는 부분으로 간주한다고 규정하면 된다. 'Pt'는 (건물과 관련해) '…의 구성요소인 벽돌'이나 (어떤 물리적 대상에 대해) '…에 포함되어 있는 분자'나 또는 (화학복합물과 관련해 또는 어떤 물질적인 대상과 관련해) '…에 포함되어 있는 화학원소'나 (유기체와 관련해) '…의 세포' 등의 의미로 정의될 수 있다. '전체'라는 말은 여기서 다양한 내포 없이 단순히 다른 것과 Pt라는 구체적 관계에 있는 임의의 대상 w를 가리키기 위해 사용된다. 각각의 경우에 부분이라는 개념이 관계 Pt의 정의에 의존한다는 점을 강조하기 위해, 우리는 때로 논의 중인 특정 관계 Pt에 의해 결정되는 부분을 가리켜 Pt-부분이란 말을 쓰기로 한다.

(2) 이제 두 번째 비판 논지를 살펴보기로 하자. 단순히 전체가 지닌 어떤 특성의 발생이 부분들의 온갖 속성에 대한 지식으로부터 추론될 수 없을 경우 그 특성을 창발적이라고 간주한다면, 그렐링이 지적한 바 있듯이, 어떠한 전체도 창발적 특성을 지닐 수 없다. 앞에 나온 예를 들자면, 수소의 속성에는 산소와 결합될 경우 투명한 액체라는 복합물을 형성한다는 속성이 포함된다. 따라서 물이 투명한 액체라는 것은 물의 화학성분이 지닌 일정한 속성으로부터 추론될 수 있다. 그러므로 창발 개념이 공허하지 않으려면, 모든 경우에 속성들의 집합 G를 구체화하고, 다음 조건을 만족할 경우 대상 w의 특성 W는 G와 Pt에 비추어 창발적이라고 불러야 한다. 그 조건이란 G에 포함되어 있는 속성과 관련된 모든 Pt-부분을 완전히 규정하더라도 w에서 W의 발생을 추론할 수 없어야 한다는 것이다. 다시 말해 G에 있는 모든 속성

에 대해 w의 어느 부분에 그것이 적용되는지를 말해주는 특정 진술로
부터도 w에서 W의 발생을 추론할 수 없어야 한다는 것이다. 분명히
어떤 특성의 발생이 어떤 속성들의 집합에서 보면 창발적이지만, 다른
집합에서 보면 창발적이지 않을 수 있다. 창발론자가 염두에 두는 속
성들의 집합은 대개 명시적으로 언급되지는 않지만, 사소하지 않은 것
으로 이해되어야 할 것이다. 즉 각각의 구성성분들의 속성이 합쳐져서
탐구되는 특성을 지닌 전체를 형성한다는 것을 논리적으로 함축하지
않는 것으로 이해되어야 한다. 지금까지 규정한 의미에서 창발의 사례
라고 할 수 있는 간단한 예로는, 집합 G가 부분들의 어떤 단순속성에
국한되어 공간적 관계나 다른 관계가 배제되는 경우를 들 수 있다. 그
래서 여러 개의 전기 배터리를 가진 체계의 전동력은 관계 개념을 통
해 배터리들이 어떤 식으로 서로 연결되어 있는지에 대한 기술이 없다
면 그 성분의 전동력만으로부터는 추론될 수 없다.[17]

 (3) 끝으로, 부분에 관한 구체적 정보에 근거해 어떤 대상이 주어
진 특성을 지닐지를 예측할 수 있느냐 여부는 분명히 우리가 쓸 수 있
는 일반법칙이나 이론이 무엇인지에 달려 있다.[18] 그래서 황산에 일

17) 이런 점에서 현재의 논의는 게슈탈트(Gestalt, 형태) 이론의 기본쟁점과도 연
관이 있다. 예를 들어 "전체는 부분들의 합 이상이다"라는 주장은 예측을 위
해서는 부분들 사이에 성립하는 어떤 구조적 관계에 관한 지식을 필요로 하
는 전체의 특징을 말하는 것으로 이해될 수 있다. 이 점에 관한 더 자세한
논의로는 Grelling and Oppenheim (1937~1938) 과 (1939) 참조.
18) 당시 이용가능한 이론에 대한 언급을 통해 창발을 논리적으로 분석하는 일
은 그렐링과 최근 Henle (1942)에 의해 이루어졌다. 그 결과 헨레의 정의에
따르면 다음 조건을 만족할 때 어떤 현상은 창발적인 것으로 규정된다. 그
조건이란 당시에 받아들여진 이론에 의할 때, 그 현상이 일어나기 전에 이
용가능한 자료에 근거해서는 그 현상이 예측될 수 없어야 한다는 것이다.
창발을 이렇게 해석할 경우에는, 부분이나 구성요소의 특성에 대한 언급은
전혀 없다. 헨리의 예측가능성 개념은 당시의 자료와 이용가능한 이론에 근
거해 형성할 수 있는 '가장 간단한' 가설로부터의 도출가능성을 함축한다는
점에서 우리 논의에 암묵적으로 들어 있는 그 개념(그리고 이는 이 논문의

부가 잠겨 있는 구리 조각과 아연 조각을 연결하는 선에 전류가 흐른 다는 것은, 이용가능한 이론 안에 배터리의 작동원리에 관한 어떤 일 반법칙이나 좀더 포괄적인 물리화학의 원리들을 포함시키지 않는다 면, 구리, 아연, 황산이 지닌 중요한 속성들의 집합에 관한 정보만으 로는 설명될 수 없다. 반면 그 이론 안에 그런 법칙이 포함된다면, 전 류의 발생을 예측할 수 있다. 어떤 물질의 광학활성(optical activity) — 이는 또한 앞서 (2)에서 했던 지적의 좋은 예가 되는데 — 도 또 하나 의 예가 된다. 예를 들어 천골젖산(sarco-lactic acid)의 광학활성, 즉 그것이 용액상태에서 직선 편광선의 편광면을 회전시킨다는 사실은 천 골젖산을 구성하는 원소가 지닌 화학적 특성에 근거해 예측될 수 없 다. 도리어 천골젖산의 분자를 구성하는 원자들의 관계에 관한 일정한 사실들을 알아야 한다. 중요한 점은 문제의 분자가 반대칭적인(asym- metric) 탄소원자, 즉 4개의 서로 다른 원자나 집단을 지닌 원자를 포 함하고 있다는 사실이다. 그래서 이러한 관계정보가 제시되고, 나아 가 분자에 반대칭적인 탄소원자가 있을 경우 용액의 광학활성을 함축 한다는 법칙이 현재 이론에 포함되어 있다면, 그 용액의 광학활성을 예측할 수 있다. 만약 그 이론 안에 이런 미시-거시 법칙이 포함되어 있지 않다면, 그 현상은 그 이론에 상대적으로 창발적이다.

전류의 흐름이나 앞에 나온 광학활성과 같은 현상은 적어도 관찰되 기 전에는 예측될 수 없다는 의미에서, 바꾸어 말해, 어떤 현상이 처 음 발생하기 이전에 구할 수 있는 정보에 기초해서는 그 현상을 예측

III부에서 명시적으로 제시될 것이다)과는 다르다. 창발 개념과 이에 대한 헴펠의 분석에 대한 여러 가지 시사적 논의는 베르크만의 논문 Bergmann (1944)에 들어 있다. 창발 개념은, 적어도 이 개념이 적용되는 일부 영역에 서는, '간단한' 법칙에 의해 예측할 수 없음을 가리키기 위한 것이라는 생각 은 각주 1에서 언급한 편지글에서 그렐링도 주장한 바 있다. 하지만 가설의 단순성이라는 개념에 의거하게 되면 상당한 난점을 야기하게 된다. 사실 현 재로서는 이 개념에 대한 만족스런 정의가 없다.

하는 데 필요한 법칙을 세울 수 없다는 의미에서 절대적으로 창발적이라는 식의 논증이 가끔 제시되곤 한다. [19] 하지만 이 견해는 유지될 수 없다. 과학은 때로 주어진 시점에서 이용가능한 자료에 근거해 일반화를 하며, 이 일반화를 이용해 이전에 한 번도 일어난 적이 없는 사건의 발생을 예측할 수도 있다. 그래서 당시 알려진 화학원소의 특성이 보이는 주기율을 근거로 이를 일반화하여 멘델레예프*는 1871년 새로운 원소의 존재를 예측하였고, 그 원소의 여러 성질뿐만 아니라 그 복합물이 지닌 여러 성질까지도 정확히 진술할 수 있었다. 문제의 그 원소, 게르마늄은 1886년에야 발견되었다. 똑같은 점을 보여주는 좀더 최근의 예로는 원자폭탄을 개발하고 일정 조건 아래에서 그것이 폭발할 경우 엄청난 양의 에너지를 낼 것임을, 그 사건 이전에 확립한 이론적 원리에 근거해 예측한 일을 들 수 있다.

  그렐링이 주장하였듯이, 어떤 특성의 발생을 예측할 수 있는지 여부는 당시 이용가능한 이론적 지식에 달렸다는 통찰은, 일부 창발론자의 말로 표현할 때 전체의 특성은 부분들이 지닌 상응하는 특성들의 단순한 결과물일 뿐이고 덧셈에 의해 후자로부터 얻을 수 있다고 하는 사

---

19) 브로드는 그의 책, Broad (1925) 2장에서 창발론의 핵심을 명료하게 설명하고 비판적으로 논의하면서, 부분들의 특성에 근거해 전체의 특성을 예측하는 데 있어 합성 '법칙'의 중요성을 강조하고 있다(*op. cit*, pp. 61 이하 참조). 하지만 그는 위에서 규정한 그 견해를 지지하며, 그것을 특히 다음과 같은 주장으로 드러내고 있다. "만약 우리가 가령 염화은(*silver-chloride*)과 같은 화학복합물의 화학적(그리고 여러 가지 물리적) 성질을 알고자 한다면, 바로 그 특정 화합물의 샘플을 반드시 연구해야만 한다. … 화학복합물을 일반적으로 연구하고, 그 복합물이 가진 성질을 그것을 구성하는 원소들의 성질과 비교해 화합물의 일반법칙을 발견하고자 하고, 이를 통해 개별 원소의 성질이 알려졌을 때 모든 화학복합물의 성질을 예측하고자 하는 것은 쓸데없는 일이라는 점이 핵심이다"(p. 64). 원소의 주기율표에 의해 바로 이런 식의 성과를 거둘 수 있었다는 점은 앞에서 언급한 바 있다.

* 멘델레예프(Dmitri Ivanovich Mendeleev, 1834~1907). 러시아의 화학자로 주기율표를 발표하였다.

례에도 똑같이 적용된다. 그래서 물분자의 무게마저도 물을 구성하는 원자들의 무게로부터 도출될 수 없고, 그것이 가능하려면 전자가 후자의 수학적 함수임을 나타내 주는 어떤 법칙의 도움을 받아야 한다. 이 함수가 덧셈함수여야 한다는 점은 결코 자명하지 않다. 그것은 경험적 일반화이며, 상대성 물리학이 보여주었듯이 그것은 그렇게 엄밀하게 올바른 것도 아니다.

어떤 현상이 예측가능하냐의 물음은, 그 예측을 하는 데 쓸 수 있는 이론이 무엇인지가 구체화되지 않는 이상, 제대로 제기될 수 없는 물음이다. 이 점을 깨닫지 못했기 때문에, 어떤 현상은 절대적으로 설명 불가능하다고 하는 신비한 성질을 지녔으며 그것의 창발적 지위는, 모간이 표현했듯이, '자연의 경건함'(natural piety)으로 받아들여져야 한다는 잘못된 믿음을 갖게 된 것이다. 앞의 논의를 통해, 창발이라는 개념 안에 들어 있는 그런 함축은 근거 없는 것임이 드러났다. 어떤 특성의 창발은 어떤 현상에 내재하는 존재론적 특성이 아니며, 도리어 그것은 주어진 시점에서 우리 지식의 한계를 시사해 준다. 그러므로 그것은 상대적 성격을 지닐 뿐 절대적 성격을 지니지 못한다. 오늘날 이용가능한 이론에 비추어 볼 때 창발적이던 것이 내일이면 창발적 지위를 잃어버릴 수도 있다.

앞의 논의에 비추어, 다음과 같이 **창발을 재정의**할 수 있다. 대상 w에서 특성 W의 발생이 이론 T와 부분관계 Pt 및 속성들의 집합 G에 상대적으로 창발적이라는 것은, w에 있는 W의 발생이 G 안에 있는 모든 속성과 관련된 w의 Pt-부분의 규정으로부터 이론 T에 의해 도출될 수 없다는 의미이다.

이 정식화는 특정 유형의 **사건**, 즉 대상 w에서 어떤 특성 W의 발생이 창발적이라는 말이 무슨 뜻인지를 분명하게 해준다. 창발을 사건이 아니라 **특성**에 귀속시키는 경우가 자주 있다. 창발이라는 개념의 이런 용법은 다음과 같이 해석될 수 있다. 특성 W는 임의의 대상에서 그 특성의 발생이 방금 말한 의미에서 창발적이라면, T, Pt 및 G에 상대적으로 창발적이다.

창발의 인식적 내용에 관한 한, 생명현상은 창발적이라는 창발론자의 주장은 대략 다음과 같은 진술을 생략해서 표현한 것이라고 할 수 있다. 당시의 물리·화학적 이론으로는 유기체를 이루는 원자와 분자가 지닌 물리적·화학적 특성에 관한 자료에 근거해 일정한 구체적인 생물학적 현상을 설명할 수 없다. 마찬가지로 마음이 창발적 지위를 갖는다는 논제도 다음을 주장하는 것으로 여겨질 수 있다. 오늘날의 물리적·화학적·생물학적 이론으로는 문제의 유기체를 구성하는 세포나 분자, 원자가 지닌 물리적·화학적·생물학적 특성에 관한 자료에 근거해 모든 심리현상을 충분히 설명할 수 없다. 그러나 이렇게 해석할 경우 생물학적·심리학적 현상의 창발적 성격은 사소한 것이 되고 만다. 왜냐하면 다양한 생물학적 현상을 기술하기 위해서는 오늘날의 물리학과 화학 어휘에는 없는 용어들이 필요하기 때문이다. 그러므로 우리는 모든 구체적인 생물학적 현상들이 물리·화학적 용어만으로 기술될 수 있는 초기조건에 근거해 오늘날의 물리·화학 이론에 의해 설명될 수 있다고, 즉 연역적으로 추론될 수 있다고 예상할 수는 없다. 따라서 생명현상은 창발적이라는 주장을 좀 덜 사소한 것으로 해석하기 위해서는, 설명하는 이론에 현재 받아들여지는 물리·화학적인 법칙 이외에 생물학적 '수준'을 연관시켜 주는 법칙도 포함시켜야 한다. 즉 그런 법칙에는 분자구조를 기술하는 데 필요한 것들을 포함해 일정한 물리·화학적 용어들이 들어 있을 뿐만 아니라, 생물학의 어떤 개념들도 들어 있을 것이다. 비슷한 관찰결과가 심리학의 경우에도 적용된다. 생명과 마음은 창발적 지위를 지닌다는 주장을 이런 의미로 해석한다면, 그것은 대략 다음과 같은 진술로 요약될 수 있을 것이다. 미시구조 이론에 의한 설명은 모두 생물학과 심리학에서 연구되는 대부분의 현상에는 지금으로서는 쓸모가 없다. [20]

그러면 이런 주장은 창발론의 핵심을 잘 나타내 주는 것 같다. 이렇게 수정한 형태의 창발 개념은 더 이상 절대적인 예측불가능성 ― 이 개념은 어떤 논리적 오해를 포함하고 있고 그것을 조장한다는 점에서 비판받을 수 있을 뿐만 아니라 또한 신생기론의 견해와 마찬가지로 과학적 탐구를 질식시키는 자포자기하는 태도를 조장한다는 점에서도 비판받을 수 있다 ― 을 함축하지 않는다. 분명히 대다수의 현대 과학자들이 고전적인 절대적 창발론을 버리게 된 것은 바로 창발론이 이론적으로 성과가 없었다는 점과 더불어 바로 이런 성격을 지니고 있었기 때문이다. [21]

III부 법칙과 설명에 대한 논리적 분석

6. **일반법칙이란 개념의 문제.** 이제 과학적 설명의 특징에 대한 일반적인 탐구에서 벗어나 그것이 지닌 논리적 구조를 좀더 면밀히 검토해 보기로 하자. 우리가 본 대로, 어떤 현상에 대한 설명은 법칙이나 이론 아래 그 현상을 포섭하는 것으로 이루어진다. 그러면 법칙이란 무엇인가, 또 이론이란 무엇인가? 이들 개념의 의미는 직관적으로 분명

---

20) Tolman(1932)에 나오는 다음 구절은 이런 해석을 뒷받침해 준다고 할 수 있다. "… '행태-행위'(*behavior-acts*)는, 비록 분명히 물리학과 생리학의 근저에 있는 분자적 사실과 완전히 일대일로 대응될 수 있지만, '몰의'(*molar*) 전체로서 나름의 일정한 창발적 성질을 지닌다. … 나아가 행태-행위가 지닌 이러한 몰의 성질은 현재의 지식으로는, 즉 행태와 생리학적 상관자 사이에 성립하는 여러 가지 경험적 대응관계가 해명되기 전에는 물리학과 생리학의 근저에 놓여 있는 분자적 사실에 대한 지식만으로는 알 수 없다"(같은 책, pp. 7~8). 이와 비슷하게 헐도 몰의 이론과 분자 이론의 구분을 이용해, 후자 형태의 이론은 현재의 심리학에 없다는 점을 지적하고 있다. (1943a), pp. 19 이하, (1943), p. 275 참조.

21) 과학자의 이런 태도는 가령 Hull(1943a), pp. 24~28에서도 볼 수 있다.

한 듯해도, 이들을 명시적으로 적절히 정의하려고 하면 상당한 어려움에 부딪히게 된다. 이 절에서는 법칙 개념이 지닌 몇 가지 기본적인 문제를 기술하고 분석할 것이다. 다음 절에서는 이렇게 해서 얻은 제안을 기초로, 간단한 논리적 구조를 지닌 형식화된 모형언어에 대해 법칙과 설명을 정의해 보고자 한다.

여기서 법칙 개념은 참인 진술에만 적용된다고 이해될 것이다. 법칙은 참이어야 한다기보다 잘 입증되어야 한다고 하는 대안이 그럴듯해 보이기는 하지만, 이는 부적절한 것 같다. 그것은 상대적인 법칙 개념을 낳게 되고, 이는 '문장 S는 증거 E에 비추어 볼 때 법칙이다'는 식으로 표현될 것이다. 이는 과학이나 방법론적 탐구에서 통상적으로 쓰는 법칙 개념과는 맞지 않는다. 예를 들어 우리는 태양에서 행성까지의 거리에 대한 보데의 일반 식*은, 보데가 그것을 제안했던 1770년대 당시의 천문학적 증거에 비추어 볼 때는 법칙이었으나, 해왕성이 발견되고 태양과 해왕성 사이의 거리가 결정되고 난 뒤에는 법칙이 아니게 되었다고 말하지는 않을 것이다. 도리어 우리는 제한된 원래 증거로는 그 식이 법칙일 가능성이 높았지만, 좀더 최근의 추가정보에 비추어 볼 때 그 확률은 크게 줄어들어 보데의 식은 일반적으로 참이 아니며, 따라서 법칙이 아님이 거의 확실하게 되었다고 말할 것이다. 22)

참이어야 한다는 점 외에도 법칙은 여러 가지 추가조건을 만족시켜

---

* 보데(Johann Elert Bode, 1747~1826). 독일의 천문학자로 행성과 태양 사이의 거리에 관한 '보데의 법칙'을 발표하였다.

22) 법칙이 참이어야 한다는 요건은 주어진 경험진술 S가 결코 법칙임이 명확히 알려질 수 없다고 하는 귀결을 갖게 된다. 왜냐하면 S의 참을 긍정하는 문장은 S에 해당하고, 따라서 임의의 주어진 시간에서 이용가능한 실험증거에 비추어 어느 정도 높은 확률이나 입증도를 가질 수 있을 뿐이기 때문이다. 이 점에 관해서는 Carnap(1946) 참조. 여기서 쓰고 있는 의미론적 진리 개념에 대한 탁월하면서도 너무 전문적이지 않은 설명을 보려는 독자들은 Tarski(1944) 참조.

야 한다. 그 조건들은 법칙이 참이어야 한다는 사실적 요건과 독립해
서 연구될 수 있다. 왜냐하면 그것들은, 사실적으로 참이든 거짓이든
상관없이 논리적으로 가능한 모든 법칙을 가리키기 때문이다. 굿맨[23]
이 제안한 용어를 사용해, 우리는 한 문장이 참이라는 점을 빼고는 일
반법칙이 지닌 모든 특성을 지니고 있을 경우, 그것을 **법칙적**(*lawlike*)
이라고 말할 것이다. 따라서 모든 법칙은 법칙적 문장이지만, 그 역은
성립하지 않는다.

그래서 법칙 개념을 분석하는 문제는 법칙적 문장이란 개념을 해명
하는 작업으로 환원된다. 우리는 경험적 내용을 지니고 있는 경험과학
의 법칙적 문장뿐만 아니라 "장미는 장미이다"와 같은 분석적인 일반
진술도 법칙적 문장의 집합에 포함시킬 것이다.[24] 설명 맥락에서 허
용되는 법칙적 문장은 반드시 첫 번째 유형이어야 한다고 규정할 필요
는 없다. 도리어 우리는 경험적 사실을 설명하는 데 쓰이는 법칙의 전
체 ─ 비록 각각의 단일 법칙은 그렇지 않더라도 ─ 가 사실적 성격을
지닌다는 점이 보장되도록 설명을 정의할 것이다.

법칙적 문장의 특징은 무엇인가? 우선 법칙적 문장은 '붉은가슴울새
의 알은 모두 녹색 빛이 도는 푸른색이다', '쇠는 모두 전도체이다',
'기압이 일정할 때, 온도가 상승함에 따라 기체는 팽창한다' 등처럼 보
편형태의 진술이다. 이들 예가 보여주듯 법칙적 문장은 대개 보편적일
뿐만 아니라 조건문 형태를 띤다. 법칙적 문장은 '만약 일정한 조건들
의 집합 C가 실현되면, 보편적으로 또 다른 일정한 조건들의 집합 E
가 실현된다'는 식의 주장을 한다. 따라서 법칙적 문장을 기호로 표현

---

23) Goodman(1947), p. 125.

24) 이런 절차는 Goodman(1947)에 나오는 굿맨의 접근방식에서 시사점을 얻은
  것이다. 법칙 개념을 자세히 분석하면서 라이헨바흐도 법칙적 진술이라는 개
  념에 분석문장과 종합문장이 모두 포함되는 것으로 이해한다. Reichenbach
  (1947), 8장 참조.

하는 표준적인 형태는 보편조건문이다. 그러나 조건진술은 모두 조건
진술이 아닌 형태로 전환될 수 있기 때문에, 조건문 형태라는 점이 법
칙적 문장이 되는 데 핵심적인 것이라고 생각할 필요는 없다. 하지만
법칙적 문장은 반드시 보편적 성격을 지녀야 한다고 간주할 것이다.

그러나 보편적 형태여야 한다는 요건만으로는 법칙적 문장을 특징
짓기에 충분하지 않다. 예를 들어 주어진 바구니 b에는 일정 시간 t에
여러 개의 빨간 사과가 들어 있고 그 외에는 아무것도 들어 있지 않다
고 해보자.[25] 그러면 다음 진술

(S_1) 시간 t에 바구니 b에 들어 있는 사과는 모두 빨갛다

는 참이고 보편형태이다. 하지만 이 문장을 법칙이라고 여기지는 않을
것이다. 예를 들어 우리는 그 바구니에서 임의로 꺼낸 특정 사과가 빨
갛다는 사실을 그 법칙 아래 포섭하여 설명하고자 하지는 않을 것이
다. 그러면 S_1과 법칙적 문장을 구분해 주는 점은 무엇일까? 두 가지
사실, 즉 유한한 범위라는 점과 특정 대상을 거론한다는 점이 자연스
레 떠오르는데, 이들을 차례로 살펴보기로 하자.

첫째, 문장 S_1은 결과적으로 유한한 수의 대상에 관한 주장을 하고
있으며, 이는 법칙 개념과 대개 연관되는 보편성 주장과는 상충하는
것 같다.[26] 하지만 케플러의 법칙은 법칙적이라 생각되지만 유한한

---

25) 이 예가 보여주는 난점은 Langford(1941)에 간결하게 진술되어 있다. 그는
이를 사실의 보편문과 인과적 보편문을 구분하는 문제라고 불렀다. 이 점에
대한 추가 논의와 예를 위해서는 또한 Chisholm(1946), 특히 pp. 301 이하
참조. 굿맨이 Goodman(1947), 특히 3부에서 이 문제에 대한 체계적인 분
석을 제시하고 있다. 여기서 논의되는 특정 요지와 연관되는 것은 아니지
만, Lewis(1946), 8장에 나오는, 반사실적 조건문에 대한 면밀한 분석 및
반사실적 조건문과 자연법칙의 관계는 이 절에서 제기된 여러 가지 문제들
에 대한 중요한 정보를 담고 있다.

수의 행성 집합만을 거론하고 있는 것이 아닌가? 우리는 다음과 같은 문장도 기꺼이 법칙적 문장으로 여길 수 있지 않은가?

  (S_2) 이 냉장고의 얼음판에 있는 16개의 얼음조각은 모두 10°C 이하의 온도를 지닌다.

이 점을 인정할 수도 있다. 하지만 S_1과 다른 것들, 즉 S_2나 케플러의 법칙 사이에는 근본적인 차이가 있다. 후자들도 범위가 유한하기는 하지만, 그것들은 범위가 무제한인 좀더 포괄적인 법칙의 귀결이라고 알려져 있는 반면, S_1은 그렇지 않다는 점에서 서로 다르다.

  따라서 최근 라이헨바흐[27]가 제안한 절차를 채택해 우리는 근본법칙(*fundamental law*)과 파생법칙(*derivative law*)을 구분할 것이다. 어떤 진술이 보편적 성격을 지니고 어떤 근본법칙으로부터 따라 나온다면, 그것은 파생법칙이라 불릴 것이다. 근본법칙이란 개념은 좀더 분명히 규정될 필요가 있다. 이제 우리는 근본법칙과 근본적인 법칙적 문장은 모두 범위가 제한되지 않아야 한다는 조건을 만족시켜야 한다고 말할 수 있다.

  하지만 유한한 집합의 대상에 관한 주장을 하는 진술은 모두 근본적인 법칙적 문장이 될 수 없다고 한다면 이는 분명 지나치다. 왜냐하면 그렇게 되면 '붉은가슴울새의 알은 모두 녹색 빛이 도는 푸른색이다'와 같은 문장도 〔근본적인 법칙적 문장에서〕 배제될 것이기 때문이다. 왜냐하면 — 과거, 현재, 그리고 미래의 — 붉은가슴울새의 알의 집합은

---

26) 법칙은 유한한 영역에 국한되지 않는 것으로 이해되어야 한다는 견해는 몇 가지 예만 든다면, Popper(1935), 13절과 Reichenbach(1947), p. 369에 표명되었다.

27) Reichenbach(1947), p. 361. 하지만 두 가지 형태의 법칙에 대해 나중에 제안될 우리의 정의와 용어법은 라이헨바흐의 것과 일치하지 않는다.

아마도 유한할 것이기 때문이다. 하지만 그래도 이 문장과 가령 S_1 사이에는 근본적인 차이가 있다. 붉은가슴울새 알의 집합이 유한하다는 점을 확립하려면 경험적 지식이 필요하다. 반면 문장 S_1이 직관적으로 법칙적이지 않은 것으로 생각될 경우, '바구니 b'와 '사과'라는 말은 시간 t에 그 바구니에 있는 사과의 집합이 유한하다는 점을 함축하는 것으로 이해된다. 그래서 그것을 구성하고 있는 용어의 의미만으로도 ― 추가적인 사실정보가 없어도 ― S_1은 유한한 범위를 갖는다는 점을 함축한다. 따라서 근본법칙은 범위가 제한되지 않아야 한다는 조건을 만족해야 한다고 말할 수 있다. 하지만 일정 표현의 '의미'에 의해〔적용범위가 유한하다는 점을〕함축한다는 말을 한다는 점에서, 우리가 규정한 조건은 아주 모호하며 나중에 수정되어야 할 것이다. 하나만 언급하고 가자면, '천왕성의'는 행성 천왕성이라는 성질을 의미한다고 할 때, '모든 천왕성의 대상은 구형이다'와 같은 후보도 여기에 제시된 규정에 따를 경우 근본적인 법칙적 문장의 집합에서 부적절하게 배제되고 만다. 실제로 이 문장은 보편형태이지만, 범위가 제한되지 않아야 한다는 조건을 만족시키지는 못한다.

법칙적 문장의 일반적 특징을 찾는 작업에서 이제 문장 S_1이 시사해주는 두 번째 단서를 살펴보기로 하자. 그 문장은 범위가 제한되지 않아야 한다는 조건을 위반할 뿐만 아니라, 특정 대상, 즉 바구니 b를 언급하고 있다는 특성을 지니고 있다. 이것도 법칙이 지닌 보편적 성격을 위반하는 것 같다. [28] 여기서 거론되는 제한도〔파생법칙에는 적용되지 않고〕근본적인 법칙적 문장에만 적용되어야 할 것이다. 왜냐하면 달에서 자유낙하하는 물리적 대상에 관한 참인 일반진술은, 특정 대상〔즉 달〕을 언급하고 있기는 하지만, 파생적이기는 해도 여전히 법

---

28) 물리학에서, 법칙은 특정 대상을 지칭해서는 안 된다는 생각은 물리학의 일반 법칙은 특정한 시공간점을 거론해서는 안 되며 시공간적 좌표는 차(difference)나 미분 형태로만 나와야 한다는 격언으로 표현되곤 한다.

칙일 것이기 때문이다.

따라서 근본적인 법칙적 문장은 보편적 형태여야 하고 또한 본질적으로 — 즉 어떤 방식으로도 제거할 수 없게 — 특정 대상에 대한 지칭을 포함해서는 안 된다고 규정하는 것이 합당해 보인다. 그러나 이것으로도 충분하지 않다. 사실 바로 이 점에서 특히 심각한 어려움이 자연스레 제기된다. 다음 문장을 생각해 보자.

(S_3)   시간 t에 바구니 b에 있는 사과(apple) 이거나 산화제 2철(ferric oxide)의 표본인 것은 모두 빨갛다.

만약 우리가 'x는 t에서 b에 있는 사과이거나 산화제 2철의 표본이다'의 동의어로 특수한 표현 'x는 사과제 2철(ferple) 이다'를 사용한다면, S_3의 내용은 다음 형태로 표현될 수 있다.

(S_4) 사과제 2철인 것은 모두 빨갛다.

이렇게 얻은 이 진술은 보편형태이고, 특정 대상에 대한 지칭을 전혀 포함하지 않으며, 또한 범위가 제한되지 않아야 한다는 조건도 만족시킨다. 하지만 분명히 S_3이 그렇듯이 S_4도 근본적인 법칙적 문장이라고 할 수 없다.

'사과제 2철'이 우리 언어에서 정의된 용어인 이상, 다음과 같은 규정, 즉 정의된 용어를 제거한 다음에 남는 근본적인 법칙적 문장이 특정 대상에 대한 지칭을 본질적으로 포함해서는 안 된다는 규정을 세운다면 이런 어려움을 쉽게 벗어날 수 있다. 하지만 이런 해결방식은 '사과제 2철'이나 또는 다른 이런 종류의 용어가 논의하고 있는 언어에서 원초술어라면 아무 소용이 없다. 이런 점을 생각해 볼 때, 근본적인 법칙적 문장에 나올 수 있는 술어 — 즉 성질이나 관계를 나타내는 용

어 — 를 일정하게 제한해야 한다는 점이 드러난다. 29)

한 가지 자연스런 생각은 근본적인 법칙적 문장에 나올 수 있는 술어는 성격상 순수하게 보편적이어야 — 우리 식으로 말해 순수하게 질적(qualitative)이어야 — 한다고 보는 것이다. 바꾸어 말해, 〔술어의〕의미에 대한 진술이 특정 대상이나 시공간적 위치를 언급해서는 안 된다는 것이다. 그래서 '부드러운', '녹색의', '…보다 따뜻한', '…만큼 긴', '액체의', '전기를 띤', '여성의', '…의 아버지' 등의 용어는 순수한 질적 술어인 반면, '에펠 탑보다 높은', '중세의', '달의', '극지방의', '명나라의' 등은 그렇지 않다. 30)

---

29) 굿맨은 위의 문장 S_3과 S_4를 통해 이 점을 보여주었다. 그는 또한 법칙적 문장에 나올 수 있는 술어에 대해 어떤 제한을 가할 필요가 있음을 강조했다. 이들 술어는 본질적으로 굿맨이 투사가능하다고 부른 술어와 같다. 굿맨은 투사가능성의 정확한 기준을 세우는 일과 반사실적 조건문을 해석하는 문제, 그리고 법칙 개념을 정의하는 문제가 서로 밀접하게 연관되어 있어서 실제로는 이것들이 한 가지 문제의 여러 측면일 가능성이 있다고 보았다. 그의 논문 Goodman(1946)과 Goodman(1947) 참조. 투사가능성을 분석하는 한 가지 방안을 카르납이 Carnap(1947)에서 제안했다. 굿맨의 논평 Goodman(1947a)는 카르납의 제안에 대한 비판적 관찰을 포함하고 있다.

30) 법칙은 보편적 형태여야 할 뿐만 아니라 또한 순수하게 보편적인 술어만을 포함해야 한다는 주장을 포퍼가 Popper(1935, 14, 15절)에서 했다. 이와는 다른 '순수한 질적 술어'라는 표현은 카르납의 용어인 '순수한 질적 성질'과의 유비를 위해 선택되었다. Carnap(1947) 참조. 순수한 보편적 술어에 대한 위의 규정은, 술어의 의미에 대한 진술이 특정 대상에 대한 언급을 포함해서는 안 된다고 하는 좀더 간단하고 아마도 좀더 통상적인 규정보다 나아 보인다. 이 정식화는 너무 제한적일 수도 있다. 왜냐하면 '파란색의'나 '뜨거운'과 같은 순수한 질적 용어의 의미를 진술하기 위해서는 문제의 성질을 가지는 어떤 특정 대상을 예로 언급할 필요가 있다고 주장할 수도 있기 때문이다. 어떠한 특정 대상도 선택될 필요가 없다는 점이 요지이다. 파란색의 대상이나 뜨거운 대상들로 이루어진 논리적으로 무제한적인 집합에 속하는 대상은 모두 그 역할을 할 수 있다. 하지만 '에펠 탑보다 높은', '시간 t에 바구니 b의 사과인', '중세의' 등의 의미를 해명하기 위해서는 제한된 대상집합 안에 있는 하나의 특정 대상을 언급해야만 한다.

순수한 질적 술어가 아닌 술어를 근본적인 법칙적 문장에서 배제하게 되면, 범위가 제한되지 않아야 한다는 조건도 저절로 만족된다. 왜냐하면 순수한 질적 술어는 유한한 외연을 필요로 하지 않기 때문이다. 사실 범위가 제한되지 않아야 한다는 조건을 위반한, 앞에서 본 문장들은 모두 명시적으로든 암묵적으로든 특정 대상에 대한 언급을 포함하고 있다.

하지만 지금 제시한 규정은 순수한 질적 술어라는 개념이 모호하다는 문제를 안고 있다. 주어진 술어의 의미가 특정 대상에 대한 언급을 필요로 하는지의 물음에 대해 언제나 한 가지 대답만을 할 수 있는 것은 아니다. 왜냐하면 자연언어가 용어의 의미를 명시적으로 정의해 주거나 명확하게 해명해 주는 것은 아니기 때문이다. 따라서 법칙이란 개념을 자연언어가 아니라 도리어 형식화된 언어 ― 이를 모형언어 L 이라 하자 ― 와 연관 지어 정의해 보는 것이 합당해 보인다. 이 언어는 잘 규정된 논리적 규칙체계에 의해 지배되고, 그 안에서 모든 용어는 원초적인 것으로 규정되거나 아니면 원초용어에 의해 명시적으로 정의되어 도입되는 것들이다.

이처럼 잘 정해진 체계를 거론하는 일은 논리적 탐구에서 흔한 일이고, 그것이 사실 일정한 논리적 구분을 위한 정확한 기준을 개발하고자 하는 맥락에서는 아주 자연스럽다. 하지만 이것 자체로 우리가 논의하고 있는 특정 어려움을 극복하기에 충분한 것은 아니다. 왜냐하면 L에서 정의된 술어 가운데 그 술어의 정의항에 어떤 개체 이름이 반드시 나타난다면, 그것은 모두 순수한 질적 술어가 아니라고 쉽게 특징지을 수 있지만, 그 언어의 원초용어의 경우에는 우리 문제가 그대로 남기 때문이다. 원초용어의 의미는 그 언어 안의 정의에 의해 결정되는 것이 아니라 도리어 해석에 대한 의미론적 법칙에 의해 결정되기 때문이다. 왜냐하면 우리는 L의 원초용어를 파란색의, 딱딱한, 고체의, 더 따뜻한 등과 같은 속성으로 해석하는 것은 허용하지만, 나폴레

옹의 후손이나 극지방의 동물이나 그리스 조각이라는 속성으로 해석하는 것은 허용하고 싶지 않기 때문이다. 이 어려움은 허용가능한 해석과 허용불가능한 해석을 구분해 줄 엄밀한 기준을 마련하고자 할 때에도 똑같이 부닥치게 된다. 그러므로 순수하게 질적인 속성을 적절히 정의하는 문제가 여기서 다시 제기된다. 즉 메타언어의 개념들을 적절히 정의해, 그 안에서 원초용어에 대한 의미론적 해석을 정식화하는 문제가 다시 제기되는 것이다. 우리는 의미론적인 메타언어의 정식화, 즉 메타 메타언어를 가정〔또한 그 언어의 정식화인 메타 메타 메타언어 등등을 가정〕함으로써 이 어려움을 잠시 피할 수는 있지만, 언젠가는 형식화되지 않은 메타언어에서 멈추어야 한다. 왜냐하면 그것을 위해 순수한 질적 술어를 규정지을 필요가 있고, 이것은 우리가 처음 시작했던 비형식화된 언어에서와 똑같은 문제를 야기할 것이기 때문이다. 만약 순수한 질적 술어를 특정 대상을 언급하지 않고 술어의 의미를 명시적으로 제시할 수 있는 술어로 규정한다면, 의도한 의미를 드러낼 수는 있다. 하지만 그것은 순수한 질적 술어의 의미를 정확하게 해명하고 있지 못하며, 순수한 질적 술어를 적절히 정의하는 문제는 여전히 남는다.

하지만 여기서 말한 의미에서 순수하게 질적이며, 근본적인 법칙적 문장을 정식화하는 데 쓰일 수 있다고 일반적으로 인정될 수 있는 술어가 많이 있다는 데는 조금도 의심의 여지가 없다. 몇 가지 예는 앞에서 나왔고, 그런 목록을 쉽게 확장할 수 있다. 순수한 질적 술어라는 말을 할 때, 앞으로 우리는 이런 종류의 술어를 염두에 둘 것이다.

다음 절에서는 좀더 단순한 논리적 구조를 지닌 모형언어 L을 기술할 것이다. 그 언어의 원초용어는 방금 제시된 의미에서 질적인 것이라 가정될 것이다. 그런 다음 이 언어에 대해, 이 절에서 제시된 그런 일반적 준수사항을 고려해 법칙과 설명 개념을 정의할 것이다.

7. 모형언어에서 법칙과 설명에 대한 정의. 모형언어 L의 구문론에 관해 우리는 다음과 같은 가정을 하겠다. L은 동일성 기호 없는 낮은 수준의 함수계산*의 구문론적 구조를 지닌다. 부정 기호, 선언(선접), 연언, 조건언(함축) 기호, 개체변항에 대한 보편양화 기호와 존재양화 기호 외에, L의 어휘에는 개체상항('a', 'b', …), 개체변항('x', 'y', …), 임의의 원하는 만큼의 유한한 개수의 항을 지닌 술어 등이 포함된다. 마지막 것에는 특히 개체들의 성질을 표현하는 1항술어('P', 'Q', …)와 개체들 사이의 2항관계를 표현하는 2항술어('R', 'S', …)가 포함된다.

간단히 하기 위해 우리는 술어가 모두 원초적이거나, 즉 L에서 무정의이거나 아니면, 이후에 개발될 기준이 문장에 적용되기 전에, 그 문장에 포함되어 있는 정의된 술어는 모두 원초용어에 의해 제거될 수 있다고 가정한다.

L에서 문장을 형성하는 구문론적 규칙과 논리적 추론을 위한 구문론적 규칙은 낮은 수준의 함수계산의 규칙이다. 어떠한 문장도 자유변항을 포함할 수 없으며, 그래서 일반성은 언제나 보편양화에 의해서 표현된다.

이후에 참조하기 위해 우리는 순수하게 구문론적 용어로 여러 가지 보조개념을 정의하기로 한다. 아래 정의에서 S는 언제나 L의 문장이라고 이해된다.

(7.1a) 만약 S(또는 S의 부정)가 L에서 L의 논리적 추론의 형식적 규칙에 의해 증명될 수 있다면, S는 형식적으로 참(또는 형식적으로 거짓)이다. 만약 두 문장이 L에서 상호 도출될 수 있다면, 그것들을 동치라고 부른다.

(7.1b) 만약 S가 변항을 전혀 포함하고 있지 않다면, S는 단칭문장 또는 분자문장이라 불린다. 문장연결사를 전혀 포함하고 있

---

* 이는 요즘 용어로 말하면, 동일성 기호('=')가 없는 1단계 술어논리이다.

지 않은 단칭문장은 원자문장이라 불린다.

예시: 문장 ‘$R(a,\ b) \supset [(P(a)\ \cdot \sim Q(a)]$’, ‘$\sim Q(a)$’, ‘$R(a,$
$b)$’, ‘$P(a)$’는 모두 단칭문장이거나 분자문장이다.
끝에 나오는 두 개는 원자문장이다.

(7. 1c) 만약 S에 하나 이상의 양화사가 나오고 그다음에는 양화사가
없는 표현이 나온다면, S는 일반문장(generalized sentence)이
라 불린다. 만약 S가 일반문장이고, 그 안에 나오는 양화사
는 모두 보편양화사라면, 그것은 보편형태라고 불린다. 만
약 S가 일반문장(즉 보편형태의 문장)이고 개체상항을 전혀
포함하고 있지 않다면, S는 순수 일반문장(순수하게 보편적
인 문장)이라 불린다. 만약 S가 보편형태이고 단칭문장과
동치가 아니라면, 그것은 본질적으로 보편적이라고 불린다.
만약 S가 일반문장이고, 단칭문장과 동치가 아니라면, 그것
은 본질적으로 일반문장이라 불린다. *

---

* 여기에 나온 구분을 표로 정리하면 다음과 같다.

이름	정의	사례
단칭문장 (분자문장)	변항을 전혀 포함하고 있지 않은 문장	‘$R(a,\ b) \supset [(P(a)\ \cdot \sim Q(a)]$’ ‘$\sim Q(a)$’
원자문장	단칭문장 가운데 문장 연결사가 전혀 사용되지 않은 문장	‘$R(a,\ b)$’, ‘$P(a)$’
일반문장	양화사가 나오는 문장	‘$(x)[P(x) \supset Q(x)]$’, ‘$(x)R(a,\ x)$’, ‘$(x)[P(x) \vee P(a)]$’, ‘$(x)[P(x) \vee \sim P(x)]$’, ‘$(\exists x)[P(x)\ \cdot \sim Q(x)]$’, ‘$(\exists x)(y)[R(a,\ x)\ \cdot S(a,\ y)]$’
보편형태의 일반문장	보편양화사만 나오는 일반문장	‘$(x)[P(x) \supset Q(x)]$’, ‘$(x)R(a,\ x)$’, ‘$(x)[P(x) \vee P(a)]$’, ‘$(x)[P(x) \vee \sim P(x)]$’
순수 (보편형태의) 일반문장	개체상항을 전혀 포함하지 않는 문장	‘$(x)[P(x) \supset Q(x)]$’, ‘$(x)[P(x) \vee \sim P(x)]$’

예시: '$(x)\,[P(x)\supset Q(x)]$', '$(x)\,R(a,\ x)$',
　　　'$(x)\,[P(x)\vee P(a)]$', '$(x)\,[P(x)\vee \sim P(x)]$',
　　　'$(\exists x)\,[P(x)\cdot \sim Q(x)]$', '$(\exists x)\,(y)\,[R(a,\ x)\cdot S(a,\ y)]$',

위에 나오는 것은 모두 일반문장이다. 앞의 4개는 보편형태이고, 첫 번째와 네 번째는 순수하게 보편적이다. 첫 번째와 두 번째는 본질적으로 보편적이고, 세 번째는 단칭문장 '$P(a)$'와 동치이고, 네 번째는 '$P(a)\vee \sim P(a)$'와 동치이다. 세 번째와 네 번째를 제외하고 모든 문장은 본질적으로 일반문장이다.

　L에 대한 의미론적 해석과 관련해, 우리는 다음 두 가지 규약을 정한다.

(7.2a) L의 원초술어는 모두 순수한 질적 술어이다.
(7.2b) L의 논의영역, 즉 양화사가 포괄하는 대상들의 영역은 모든 물리적 대상 또는 시공간적 위치로 이루어진다.

　여기서 정한 이런 종류의 언어적 틀로는 과학이론을 정식화하는 데 충분하지 않다. 왜냐하면 이것은 함수표현(functor)을 전혀 포함하고 있지 않으며, 실수를 다룰 수 있는 수단을 제공해 주지도 못하기 때문이다. 게다가 경험과학의 모든 개념을 명시적 정의에 의해, 순수하게 질적 성격을 지닌 원초용어로 환원할 수 있는 구성체계가 가능한지도 현재로서는 모르는 문제이다. 그렇다 할지라도 방금 기술한 것과 같은 단순한 형태의 언어에 대해 당면 문제를 연구해 보는 것은 가치 있는

본질적 일반문장	단칭문장과 동치가 아닌 일반문장	'$(x)\,[P(x)\supset Q(x)]$', '$(x)\,R(a,\ x)$', '$(\exists x)\,[P(x)\cdot \sim Q(x)]$', '$(\exists x)\,(y)\,[R(a,\ x)\cdot S(a,\ y)]$'

일이다. 왜냐하면 모형언어 L에 대해 법칙과 설명이 무엇인지를 분석하는 일은 결코 사소한 일이 아니며, 이런 분석은 좀더 복잡한 맥락에 적용될 때 우리가 논의하는 개념들의 논리적 성격에 대해 시사점을 제공해 줄 것이기 때문이다.

6절에서 발전시킨 생각에 따라 우리는 이제 다음과 같이 정의하기로 한다.

(7.3a) 만약 S가 순수하게 보편적이면, S는 L에서 근본적인 법칙적 문장이다. 만약 S가 순수하게 보편적이고 참이면, S는 L에서 근본법칙이다.

(7.3b) 만약 (1) S가 본질적으로 보편적이지만 순수하게 보편적이지는 않고, (2) L에서 S를 귀결로 갖는 근본법칙의 집합이 존재한다면, S는 L에서 파생법칙이다.

(7.3c) 만약 S가 L에서 근본법칙이거나 파생법칙이면, S는 L에서 법칙이다.

여기서 정의한 근본법칙에는 분명히 경험적 성격을 지닌 일반진술 외에도 순수하게 논리적 근거에서 참인 진술, 즉 '$(x)\,[P(x) \vee \sim P(x)]$'와 같이 L에서 형식적으로 참인 순수한 보편형태의 진술도 모두 포함된다. 또한 구성요소에 대한 해석만으로 참임이 도출되는 진술, 가령 다음에서

$$'(x)\,[P(x) \supset Q(x)]'$$

'P'가 아버지임이라는 성질을 의미하는 것으로 해석되고, 'Q'는 남자임이라는 성질을 의미하는 것으로 해석될 경우의 진술도 포함된다.* 반면에 파생법칙에는 이런 범주 가운데 어느 것도 포함되지 않는다.**

사실 근본법칙이면서 또한 파생법칙인 것은 전혀 없다. 31)

L의 원초용어는 순수하게 질적인 것이므로, L에 있는 보편형태의 진술은 모두 범위가 제한되지 않아야 한다는 요건도 만족시킨다. 따라서 위에서 정의한 법칙 개념은 6절에서 제시한 조건을 모두 만족시킨다는 점을 쉽게 알 수 있다. 32)

어떤 현상에 대한 설명에는 보편형태가 아닌 일반문장이 포함될 수도 있다. 우리는 그런 문장을 일컬어 '이론'이란 용어를 쓰기로 하고, 이 용어를 다음 몇 가지 정의로 규정하기로 한다.

(7.4a) 만약 S가 순수 일반문장이고 참이라면, S는 근본이론이다.

(7.4b) 만약 (1) S가 본질적으로 일반문장이지만 순수 일반문장은 아니고, (2) L에서 S를 귀결로 갖는 근본법칙의 집합이 존재한다면, S는 L에서 파생이론이다.

(7.4c) 만약 S가 L에서 근본이론이거나 파생이론이라면, S는 L에서 이론이다.

---

* 여기서 근본법칙은 참인, 순수 보편문장으로 정의되고 있기 때문이다. 순수 보편문장은 앞에서 정의되었듯이 개체상항을 전혀 포함하지 않으며, 보편양화사만을 포함하는 문장이다.

** 여기서 파생법칙은 본질적으로 보편적인 문장이지만 순수하게 보편적인 문장은 아닌 것으로 규정되고 있다. 따라서 본질적으로 보편적인 문장의 정의에 따라 파생법칙은 단칭문장과 동치일 수 없다. 그런데 논리적 참은, 그것이 일반문장이든 단칭문장이든 모두 서로 동치이므로, 결국 파생법칙에는 논리적 참이 포함되지 않는다.

31) 위에서 정의되었듯이, 근본법칙에는 "모든 인어는 브루넷 사람이다"와 같이 공허한 전건을 가진 보편조건 진술도 포함된다. 이 점 때문에 이후 제안될 설명의 정의에 바람직하지 않은 결과가 생기는 것 같지는 않다. 공허한 전건을 지닌 보편조건문에 대한 흥미로운 분석으로는 Reichenbach (1947) 의 8장을 참조.

32) (1964년에 추가) 하지만 네이글은 근본법칙이라는 개념에 대한 우리의 정의가 너무 제한적임을 보였다. 이 글의 후기 참조.

이 정의에 따를 때 법칙은 모두 또한 이론이며 이론은 모두 참이다.

이렇게 정의한 개념들을 이용해, 이제 과학적 설명에 대한 이전의 규정을 구체적으로 모형언어 L에 대해 더 정확히 정식화해 보기로 하자. 건전한 설명이 되기 위한 기준을 "문장들의 순서쌍 (T, C)는 문장 E에 대한 설명을 이룬다"라는 표현의 정의 형태로 진술하는 것이 편리할 것 같다. 우리 분석은 특정 사건의 설명, 즉 피설명항 E가 단칭문장일 경우에 국한된다.[33]

참이어야 한다는 요건을 만족시킬 필요가 없었던, 법칙적 문장이라는 개념과 비슷하게, 우리는 우선 참이라는 요건을 만족시키지 않아도 되는, 잠재적 설명(potential explanation)이란 보조개념을 도입하기로 한다. 설명항이란 개념은 이 보조개념을 이용해 정의될 것이다. I부에서 제시한 생각에 비추어, 우선 다음과 같이 규정할 수 있다.

(7.5) 다음과 같은 경우에만, 문장들의 순서쌍 (T, C)는 단칭문장 E에 대한 잠재적 설명항을 구성한다.

(1) T는 본질적으로 일반문장이고, C는 단칭문장이다.

(2) E는 L에서 T와 C가 함께 있을 경우 도출가능하지만 C만

---

33) 이는 자유롭게 선택할 문제가 아니다. 일반적 규칙성에 적용될 수 있도록 설명을 정확하고 합리적으로 재구성하고자 하면, 현재로서는 우리가 아무런 해결책도 찾을 수 없는 독특한 문제들에 부딪히게 된다. 난점의 핵심을 예를 통해 간략하게 보여줄 수 있다. 케플러의 법칙 K는 보일의 법칙 B와 결합되어 더 강한 법칙 $K \cdot B$를 낳을 수 있다. 하지만 후자로부터 K를 도출한다고 해서 이것이 케플러의 법칙에 진술된 규칙성에 대한 설명으로 생각되지는 않을 것이다. 도리어 그것은 케플러의 법칙을 그 자체에 의해 쓸데없이 '설명'하는 것이라고 비칠 것이다. 반면 뉴턴의 운동법칙과 중력법칙으로부터 케플러의 법칙을 도출하는 것은 더 포괄적인 규칙성 또는 이른바 고차적인 법칙에 의한 진정한 설명이라고 인정될 것이다. 따라서 설명의 수준을 구분해 줄 수 있는, 또는 포괄성에 따라 일반문장들을 비교해 줄 수 있는 정확한 기준을 확립하는 문제가 제기된다. 이 목적에 적합한 기준을 세우는 일은 아직 열린 문제로 남아 있다.

으로는 도출가능하지 않다.

(7.6) 다음과 같다면 그리고 그런 경우에만, 문장들의 순서쌍 $(T,$ $C)$는 단칭문장 E에 대한 설명항을 구성한다.

　(1) $(T,\ C)$는 E에 대한 잠재적 설명항이다.

　(2) T는 이론이고, C는 참이다.

(7.6)은 잠재적 설명이란 개념을 통해 설명을 명시적으로 정의한 것이다.[34] 반면 (7.5)는 정의로 제시된 것이 아니라 잠재적 설명이 만족시켜야 할 필요조건을 제시한 것이다. 이들 조건은 이대로 충분하지 않다는 점이 드러날 것이며, 추가조건이 논의될 테고 잠재적 설명에 대한 정의가 되기 위해서는 (7.5)를 보충해야 할 것이다.

이 점으로 돌아가기 전에 (7.5)의 정식화와 관련해 몇 가지 이야기가 필요하다. I부에서 제시한 분석에 따를 때, 단칭문장에 대한 설명항은 일반문장의 집합과 단칭문장의 집합으로 이루어진다. (7.5)에서 이들 각 집합의 원소들은 따로따로 한 문장으로 결합되어 있다고 가정된다. 이렇게 되면 우리의 정식화는 간단해지며, 일반문장의 경우 이는 또 다른 목적에도 기여를 하게 된다. 본질적인 일반문장들의 집합은 단칭문장과 동치일 수 있다.* 가령 집합 $\{{'}P(a) \vee (x) Q(x){'},\ {'}P(a)$ $\vee \sim (x) Q(x){'}\}$는 문장 ${'}P(a){'}$와 동치이다. 과학적 설명은 일반문장을 본질적으로 사용하기 때문에, 이런 유형의 법칙들의 집합은 배제되어야 한다. 이를 위해서는 설명항에 있는 일반문장을 모두 하나의 연언 T로 결합한 다음, T는 본질적으로 일반문장이어야 한다고 규정하면

---

34) (7.6) (2)에서 T는 단순히 참이어야 한다기보다는 이론이어야 한다는 규정이 반드시 필요하다. 왜냐하면 6절에서 드러났듯이, 설명항에 나오는 일반문장은 이론을 구성해야 하며, 참이고 본질적인 일반문장이라고 해서 모두 실제로 이론, 즉 참인 순수 일반문장들의 집합의 귀결은 아니기 때문이다.

* 본질적인 일반문장은 정의상 단칭문장과 동치가 아니지만, 본질적인 일반문장의 집합은 단칭문장과 동치일 수 있다는 점을 주의하라.

된다. 또한 과학적 설명은 일반문장을 본질적으로 사용하기 때문에 E
는 C만의 귀결이어서는 안 된다. 중력법칙이 단칭문장 '메리는 금발이
고 파란색의 눈을 가졌다'와 결합되어 '메리는 금발이다'에 대한 설명
항을 구성한다고 말할 수는 없다.* 이에 필요한 제한이 바로 (7.5)의
마지막 규정이고, 그래서 피설명항이 완전히 자체적으로 설명되는 일,
즉 E를 귀결로 갖는 어떤 단칭문장에서 E가 도출되는 것을 막아 준다.
이런 제한을 두면 다음과 같은 효과를 갖는 특수한 요건도 필요 없게
된다. 만약 $(T,\ C)$가 경험문장 E에 대한 잠재적 설명이라면, T는 사
실적 내용을 가져야 한다. 왜냐하면 E가 사실적이라면, E는 C만의 귀
결이 아니라 T와 C가 함께 있을 경우의 귀결이므로 T도 사실적일 수
밖에 없기 때문이다.

　하지만 (7.5)에 나오는 규정만으로는 피설명항에 대한 부분적인 자
기설명이라 할 수 있는 것을 배제하지 못한다. $T_1 = \text{`}(x)\,[P(x) \supset Q(x)]\text{'}$,
$C_1 = \text{`}R(a,\ b) \cdot P(a)\text{'}$, $E_1 = \text{`}Q(a) \cdot R(a,\ b)\text{'}$를 생각해 보자. 이들은
(7.5)에 제시된 요건을 모두 만족시킨다. 하지만 $(T_1,\ C_1)$이 E_1을 잠
재적으로 설명한다고 말한다면, 이는 직관에 맞지 않는 것 같다. 왜냐
하면 문장 E_1에 C_1의 구성요소인 '$R(a,\ b)$'가 나온다는 것은 피설명항
을 그 자체에 의해 부분적으로 설명하는 것에 해당하기 때문이다. 추
가규정을 통해, E가 C와 내용 일부를 공유하는 경우, 즉 C와 E가 L에
서 형식적으로 참이 아닌 공통귀결을 갖는 경우를 모두 배제할 수 있
지 않을까? 이런 규정은 C와 E의 선언이 형식적으로 참이라는 의미에
서 C와 E가 모든 가능성을 망라하는 선언지여야 한다는 요건에 해당
할 것이다. 왜냐하면 임의의 두 문장이 공통으로 지닌 내용은 그 둘의
선언으로 표현되기 때문이다. 하지만 이런 제한은 너무 지나치다. 왜

---

*　중력법칙+"메리는 금발이고 파란색의 눈을 가졌다"로부터 "메리는 금발이
　다"를 추론할 수 있지만 이는 설명으로 간주되지 않을 것이라는 주장이다.
　중력법칙은 이 추론에서 아무런 역할도 하지 않기 때문이다.

냐하면 E가 C와 내용의 일부라도 공유하고 있지 않다면, T와 C로부터 E를 도출하는 데 C는 전혀 필요하지 않을 것이기 때문이다. 즉 E는 T만으로부터도 추론될 수 있을 것이기 때문이다. 따라서 설명항의 단칭 구성요소가 꼭 있어야만 하는 모든 잠재적 설명의 경우, 피설명항은 부분적으로 자체에 의해 설명이 된다. 예를 들어 $E_2 =$ '$Q(a)$'를 $T_2 =$ '$(x)\,[P(x) \supset Q(x)]$'와 $C_2 =$ '$P(a)$' — 이것은 (7.5)를 만족하고 직관적으로도 분명히 비판의 여지가 없다 — 에 의해 잠재적으로 설명하는 경우를 보자. 이 세 가지 구성요소는 다음과 같은 동치문장에 의해 각각 표현될 수 있다.

$$T'_2 = (x)\,[{\sim}P(x) \vee Q(x)]\,;$$
$$C'_2 = [P(a) \vee Q(a)] \cdot [P(a) \vee {\sim}Q(a)]\,;$$
$$E'_2 = [P(a) \vee Q(a)] \cdot [{\sim}P(a) \vee Q(a)]\,.$$

이렇게 재정식화하게 되면, 피설명항의 내용 일부[즉 $P(a) \vee Q(a)$]가 설명항의 단칭 구성요소의 내용에 포함되어 있고 이런 의미에서 자기 자신에 의해 설명되고 있다는 점이 드러난다.

이 분석을 통해 우리는 이제 통상적인 직관적 설명 개념이 너무 모호해서 합리적 재구성의 안내자가 될 수 없다는 점을 알게 되었다. 사실 마지막 예는 직관적으로 받아들일 수 있는 부분적인 자기설명과 그렇지 않은 부분적인 자기설명을 명확히 구분하기가 어렵다는 점을 강력하게 시사해 준다. 왜냐하면 방금 고려한 잠재적 설명조차도 원래 정식화에서는 받아들일 만한 것이었지만, 그와 동치인 위에서 제시한 형태로 전환되었을 경우에는 직관적인 근거에서 받아들일 수 없는 것으로 판정될 수 있기 때문이다.

마지막 예가 보여주는 바를 좀더 분명하게 다음 정리로 진술할 수 있다. 우리는 여기서 이를 증명 없이 그냥 정식화하기로 한다.

(7.7) **정리.** (T, C)를 단칭문장 E에 대한 잠재적 설명항이라 하자. 그러면 L에는 다음 조건을 만족하는 세 개의 단칭문장 E_1, E_2, C_1이 존재한다. E는 연언 $E_1 \cdot E_2$와 동치이고, C는 연언 $C_1 \cdot E_1$과 동치이며, E_2는 L에서 T만으로부터 도출될 수 있다. [35]

좀더 직관적인 말로 한다면, 이는 다음을 의미한다. 만약 우리가 주어진 잠재적 설명이 지닌 연역적 구조를 도식 $\{T, C\} \to E$로 나타낸다면, 이 도식은 $\{T, C_1 \cdot E_1\} \to E_1 \cdot E_2$ 형태로 다시 진술될 수 있다. 여기서 E_2는 T만으로부터 따라 나오고, 그래서 C_1은 전제로 전혀 필요가 없다. 그러므로 여기서 논의되는 연역도식은 $\{T, E_1\} \to E_1 \cdot E_2$로 환원될 수 있고, 이것은 두 개의 연역도식 $\{T\} \to E_2$와 $\{E_1\} \to E_1$로 분해될 수 있다. 이 가운데 전자는 T에 의해 E_2를 순수하게 이론적으로 설명한 것이라고 할 수 있고, 후자는 E_1에 대한 완전한 자기설명이라 할 수 있다. 바꾸어 말해 정리 (7.7)은 피설명항이 단칭문장인 모든 설명은 순수하게 이론적인 설명과 완전한 자기설명으로 분해될 수 있으며, 설명항의 단칭 구성요소가 완전히 불필요하지는 않은 이런 종류의 설명은 모두 피설명항에 대한 부분적인 자기설명을 포함한다는 점을 보여준다. [36]

---

[35] 위의 정리를 정식화할 때와 그리고 그 이후에도 문장연결사는 L 안에서 기호로 사용될 뿐만 아니라, L의 복합표현에 관해 이야기할 때에도 자체적으로 사용된다. 그래서 'S'와 'T'가 L에서 문장을 나타내는 이름이거나 이름변항일 때, 이들의 연언과 선언은 각각 '$S \cdot T$'와 '$S \lor T$'로 지칭될 것이다. S를 전건으로 T를 후건으로 갖는 조건언은 '$S \supset T$'로 지칭될 것이며, S의 부정은 '$\sim S$'로 지칭될 것이다. (이런 규약은 이미 각주 33의 한 군데에서 사용되었다.)

[36] 여기서 부분적인 자기설명이라고 말한 특징은 때로 과학적 설명의 순환성이라고 불리는 것과는 구분되어야 한다. 후자의 용어는 아주 다른 두 가지 생각을 포괄하기 위해 사용된다. (a) 이 가운데 하나는 특정 현상을 설명하는 데 끌어댄 설명원리가 그 현상으로부터 추론되므로 전체 설명과정이 순환적

    따라서 부분적인 자기설명을 전면적으로 금지하는 일은 설명을 순
수하게 이론적인 설명에 국한한다는 의미가 된다. 이런 조치도 너무
제한이 심한 것 같다. 반면 어떤 특수한 규칙을 통해 자기설명 가운데
허용가능한 정도를 정하려는 시도도 성공할 것 같지 않다. 왜냐하면
우리가 보았듯이, 일상적 용법은 그런 것을 정할 수 있는 안내자 역할
을 전혀 하지 못하기 때문이며, 또한 임의의 구분선을 긋는다고 하더
라도 체계상의 이득은 전혀 없을 것 같기 때문이다. 이런 이유 때문에
우리는 부분적인 자기설명을 금지하는 규정을 도입하지 않을 것이다.

    (7.5)에서 제시한 조건으로는 설명논증 가운데 또 한 가지 바람직
하지 않은 형태도 배제하지 못한다. 이 형태는 완전한 자기설명과 밀
접히 연관되어 있으며, 추가규정에 의해 배제되어야 한다. 간단히 말
해 요지는 다음과 같다. 만약 우리가 (7.5)를 단순히 잠재적 설명이
되기 위한 필요조건의 진술로 받아들이는 것이 아니라〔잠재적 설명의〕
정의로 받아들인다면, (7.6)의 귀결로 주어진 특정 사실은 모두 참인
어떤 법칙적 문장에 의해서도 설명될 수 있을 것이다. 좀더 분명히 말
해, E가 참인 문장 — 가령 "에베레스트 산 꼭대기는 눈으로 덮여 있
다" — 이고 T가 법칙 — 가령 "철은 모두 좋은 열전도체이다" — 이라
면, C만 가지고서는 도출할 수 없지만 T와 C로부터는 도출가능한 참
인 단칭문장 E가 언제나 존재한다. 바꾸어 말해, (7.5)가 만족되도록
하는 그런 C가 언제나 존재한다. 사실 Ts를 임의로 고른 T의 특정 사

────────────

이라는 주장이다. 이런 믿음은 틀린 것이다. 왜냐하면 일반법칙은 단칭문장
들로부터 추론될 수 없기 때문이다. (b) 건전한 설명에서는 피설명항의 내
용이 설명항의 내용에 포함되어 있다고 주장되기도 했다. 피설명항은 설명
항의 논리적 귀결이므로 이는 맞다. 하지만 이런 특성 때문에 과학적 설명
이 사소하게 순환적인 것으로 되는 것은 아니다. 왜냐하면 설명항에 나오는
일반법칙은 특정한 피설명항의 내용을 훨씬 넘어서기 때문이다. 순환성이라
는 비판에 대한 더 풍부한 논의로는 Feigl(1945), pp. 286 이하를 참조. 여
기서 이 문제가 아주 명료하게 다루어지고 있다.

례, 가령 "만약 에펠 탑이 철로 되었다면, 그것은 좋은 열전도체이다"
라 하자. E는 참이기 때문에 조건문 $Ts \supset E$도 참이고, 후자를 문장 C
로 잡는다면 T, C, E는 (7.5)에 나온 조건들을 만족시킨다.

　이런 허울뿐인 형태의 설명이 지닌 특징을 골라내기 위해 문제가 있
는 아주 간단한 사례를 하나 면밀히 검토해 보기로 하자. $T_1 = \text{'}(x)\,P(x)\text{'}$
이고 $E_1 = \text{'}R(a,\ b)\text{'}$라고 하자. 그러면 문장 $C_1 = \text{'}P(a) \supset R(a,\ b)\text{'}$는 앞
의 방식에 따라 형성된 것이며, T_1, C_1, E_1은 (7.5)에 나온 조건들을
만족시킨다. 하지만 앞의 예가 보여주듯이, 우리는 $(T_1,\ C_1)$이 E_1의
잠재적 설명항을 구성한다고 말하지는 않을 것이다. 이런 판단의 근거
는 다음과 같이 진술될 수 있다. 만약 이 설명이 의존하고 있는 이론
T_1이 실제로 참이라면, '$\sim P(a) \lor R(a,\ b)$' 형태로 표현될 수도 있는
문장 C_1은 '$R(a,\ b)$', 즉 E_1을 검증해야만 검증되거나 또는 참이 된다.
이처럼 좀더 넓은 의미에서 E_1은 여기서 자기 자신에 의해 설명되고
있다. 사실 방금 지적한 이런 특징 때문에 E_1에 대한 이런 잠재적 설
명은 예측적 의미를 지니지 못한다. 그런데 예측적 의미는 I부에서 보
았듯이 과학적 설명이 되기 위해 꼭 필요한 것이다. 즉 E_1은 T_1과 C_1
에 근거해서는 아마도 예측될 수 없을 것이다. 왜냐하면 E_1의 검증을
포함하지 않는 방식으로는 C_1의 참을 확인할 수 없기 때문이다. 따라
서 (7.5)를 다음과 같은 규정으로 보충해야 한다. $(T,\ C)$가 E에 대한
잠재적 설명항이려면, T가 참이라는 가정은 C의 검증이 반드시 E의
검증이어야 한다는 것을 함축하지 않아야 한다.[37]

　이 생각을 어떻게 하면 좀더 정확하게 표현할 수 있을까? 예를 검토

---

[37] 다음 두 경우를 명확히 구분하는 것이 중요하다. (a) 만약 T가 참이면, E가
　　참이지 않고는 C가 참일 수 없다. 그리고 (b) 만약 T가 참이면, E가 검증
　　되지 않고는 C가 검증될 수 없다. 조건 (a)는 모든 잠재적 설명이 만족시켜
　　야 한다. 훨씬 더 제한적인 조건인 (b)는 만약 $(T,\ C)$가 E에 대한 잠재적
　　설명항이려면, 만족되지 않아야 한다.

해 보면 분자문장에 대한 검증의 정의가 자연스레 떠오른다. 문장 M $= `(\sim P(a) \cdot Q(a)) \vee R(a, b)$'는 서로 다른 두 가지 방식으로 검증될 수 있다. 하나는 두 문장 '$\sim P(a)$'와 '$Q(a)$'의 참을 확인하는 것이다. 이 두 문장이 함께 있을 경우 M을 귀결로 갖는다. 다른 하나는 문장 '$R(a, b)$'의 참을 확립하는 것이다. 이것도 또한 M을 귀결로 갖는다. 만약 S가 L에서 원자문장이거나 원자문장의 부정이라면, S는 L에서 기본문장이라 부르기로 하자. 그러면 분자문장 S의 검증은 S를 귀결로 갖는 기본문장들의 어떤 집합이 참임을 확립하는 것이라고 일반적으로 정의될 수 있다. 그러므로 우리가 의도했던 추가규정은 이제 다음과 같이 재진술될 수 있다. T가 참이라는 가정은 C를 귀결로 갖는 참인 기본문장들의 집합은 모두 또한 E를 귀결로 갖는다는 것을 함축하지 않아야 한다.

잠깐 생각해 보면 드러나듯, 이 규정은 참이라는 말을 쓰지 않고 다음과 같은 형태로 표현될 수 있다. T는 귀결로 C를 갖지만 E는 갖지 않는 기본문장들의 집합 가운데 적어도 한 집합과는 L에서 양립가능해야 한다. 아니면 마찬가지로, L에서 귀결로 C를 갖지만 $\sim T$도 갖지 않고 E도 갖지 않는 기본문장들의 집합이 적어도 하나 존재해야 한다.

만약 이 조건이 충족된다면, E는 분명히 C의 귀결일 수 없다. 왜냐하면 E가 C의 귀결일 경우, C를 귀결로 갖지만 E는 갖지 않는 기본문장들의 집합은 존재할 수 없기 때문이다. 따라서 (7.5)에 이 조건을 새로이 보충하면, (7.5)의 두 번째 규정 (2)는 불필요하게 된다. 이제 우리는 잠재적 설명을 다음과 같이 정의한다.

(7.8)   만약 아래의 조건을 만족한다면 그리고 그런 경우에만 문장들의 순서쌍 (T, C)는 단칭문장 E의 잠재적 설명항을 구성한다.
   (1) T는 본질적으로 일반문장이고, C는 단칭문장이다.
   (2) L에서 E는 T와 C를 함께 써서 도출가능하다.

(3) T는 귀결로 C를 갖지만 E는 갖지 않는 기본문장들로 이루어진 적어도 한 집합과 양립가능하다.

(7.6)에서 정식화한 대로, 잠재적 설명 개념을 통해 설명 개념을 정의한 것은 바뀌지 않고 그대로이다.

설명항이란 개념을 이용해 우리는 자주 사용되는 말인 '이 사실은 저 이론에 의해 설명될 수 있다'를 다음과 같이 해석할 수 있다.

(7.9) 만약 E의 설명항을 구성하는 (T, C)의 단칭문장 C가 존재한다면, 단칭문장 E는 이론 T에 의해 설명될 수 있다.

여기서 검토해 본 인과적 설명이란 개념은 여러 가지로 일반화될 수 있다. 이들 가운데 하나는 T에 통계법칙이 포함되도록 하는 것이다. 하지만 이렇게 하려면 L에서 쓸 수 있는 표현수단을 이전보다 강화해야 하거나 아니면 메타언어에 좀더 복잡한 이론적 장치들을 사용해야 한다. 설명원리에 통계법칙을 허용하는지 여부와 별도로, 우리는 E가 T와 C를 함께 써서 나오는 귀결이어야 한다는 엄격히 연역적인 요건을 E는 T와 C의 연언에 상대적으로 높은 입증도를 지녀야 한다고 하는 좀더 자유로운 귀납적 요건으로 대체할 수도 있다. 설명 개념을 이렇게 확대하게 되면 중요한 새로운 전망이 열리고, 여러 가지 새로운 문제가 제기되기도 한다. 하지만 이 글에서는 이런 문제를 더 다루지 않겠다.

IV부 이론의 체계적 힘

8. **체계적 힘이라는 개념의 해명.** 과학 법칙과 이론은 우리가 경험하는 자료들 사이의 체계적인 연관성을 확립하는 기능을 하며, 이를 통해 다른 자료들로부터 이런 자료들 가운데 일부를 도출할 수 있게 해준다. 도출할 당시 도출된 자료가 이미 일어났음이 알려졌는지에 따라, 그 도출은 설명으로 불리거나 예측으로 불린다. 그런데 이론이 지닌 설명력이나 예측력과 관련지어, 적어도 직관적인 방식에서 서로 다른 이론들을 비교해 볼 수 있을 것 같다. 어떤 이론은 적은 양의 정보로부터 많은 자료를 도출할 수 있다는 의미에서 강력한 이론인 반면, 다른 이론은 좀더 많은 최초자료를 필요로 하거나 좀더 적은 결과를 도출할 수 있기 때문에 덜 강력한 이론인 것 같다. 아주 일반적인 방식으로, 어떤 이론의 설명력이나 예측력을 수치로 측정할 수 있도록 함으로써 그런 대비를 정확하게 할 방법은 없을까? 이 절에서 우리는 그런 정의를 개발하고, 이것이 함축하는 바를 몇 가지 검토하기로 한다. 다음 절에서는 그런 정의를 확대하고, 지금 논의하고 있는 개념에 대한 일반이론을 대략 제시하기로 한다.

설명과 예측은 논리적 구조가 같기 때문에, 즉 이들 모두 연역적 체계화라는 구조를 지니고 있기 때문에, 우리는 의도된 그 개념을 나타내기 위해 '체계적 힘'(*systematic power*)이라는 중립적 용어를 사용하기로 한다. 앞에 나온 직관적 규정에서 시사된 대로, 이론 T의 체계적 힘은 T에 의해 도출될 수 있는 정보의 양과 그런 도출을 하기 위해 필요한 최초정보의 양의 비율에 반영되어 있을 것이다. 이 비율은 분명히 T가 적용되는 자료나 정보의 집합에 의존할 것이다. 따라서 우리는 이 개념을 이에 따라 상대화할 것이다. 이제 우리의 목표는 $s(T, K)$, 즉 자료들의 유한집합 K와 관련해 이론 T의 체계적 힘, 또는 K에 포함되어 있는 정보를 T가 연역적으로 체계화하는 정도를 정의하는 것이다.

우리 개념은 다시 언어 L과 구체적으로 연관 지어 구성될 것이다. L에서 단칭문장은 모두 잠재적 자료를 표현한다고 일컬어질 것이며, 그에 따라 K는 단칭문장들의 유한집합으로 이해될 것이다.[38] T는 앞 절에서보다 훨씬 더 넓은 의미로 이해될 것이다. 그래서 T는 본질적으로 일반문장이든 그렇지 않든 상관없이 L에 있는 임의의 문장이 될 것이다. 이처럼 좀더 자유롭게 정하는 이유는 이후에 전개될 정의와 정리가 일반성과 단순성을 지니도록 하기 위해서이다.

0과 1을 포함해 이 사이의 값을 얻기 위해, 우리는 이제 $s(T, K)$를 K에 있는 전체 문장들 가운데 T에 의해 나머지 것들로부터 도출될 수 있는 문장들의 백분율이라고 볼 것이다. 가령 K_1 = {'$P(a)$', '$Q(a)$', '$\sim P(b)$', '$\sim Q(b)$', '$Q(c)$', '$\sim P(d)$'} 이고, T_1 = '$(x)\,[P(x) \supset Q(x)]$'라 하자. 그러면 K_1에서 두 번째와 세 번째 문장은 T_1에 의해 나머지 것들, 즉 첫 번째와 네 번째 문장으로부터 도출될 수 있다. 따라서 우리는 $s(T_1, K_1)$ = 2/6 = 1/3인 상황을 생각해 볼 수 있다. 그러나 집합 K_2 = {'$P(a) \cdot Q(a)$', '$\sim P(b) \cdot \sim Q(b)$', '$Q(c)$', '$\sim P(d)$'} 에 대해서는 같은 T_1이 s-값 0을 갖게 된다. 하지만 K_2는 K_1과 정확히 같은 정보를 포함하고 있다. 그 정보에 대한 또 다른 정식화, 가령 K_3 = {'$P(a) \cdot \sim Q(b)$', '$Q(a) \cdot \sim P(b)$', '$Q(c)$', '$\sim P(d)$'} 에 대해서는 T_1은 s-값 1/4을 갖게 된다.* 그러나 우리는 내용을 표현하는 특정 구조나 문장들을 묶

---

38) 이 규약이 보여주듯이, '자료'라는 용어는 여기서 실제 자료뿐만 아니라 잠재적 자료까지 포함하는 것으로 이해된다. 어떤 단칭문장이라도 잠재적 자료를 표현한다는 규약은, L의 원초술어가 특정 사례에서 그 속성이 존재하거나 존재하지 않음이 직접 관찰에 의해 확인될 수 있는 속성을 가리키는데 사용된다면, 아주 그럴듯하다. 이 경우 L에 있는 각각의 단칭문장은 논리적으로 가능한 사태 — 이것의 존재는 직접 관찰에 의해 확인될 수 있다 — 를 기술한다는 의미에서 잠재적 자료를 표현한다고 생각할 수 있다. 하지만 L의 원초술어가 직접적으로 관찰할 수 있는 속성을 표현한다는 가정은 8절과 9절에서 논의한 체계적 힘의 정의와 그에 대한 형식이론에 본질적인 것은 아니다.

는 방식과 무관하게, 주어진 이론이 주어진 사실정보, 즉 일정한 내용을 체계화하는 정도를 측정하고자 한다. 따라서 우리는 단칭문장이나 단칭문장의 집합의 내용을 어떤 고유하게 정해진 가장 작은 단위들의 정보가 결합된 것으로 나타내는 방법을 이용하기로 한다. 우리의 일반적인 생각을 이런 가장 작은 단위들에 적용하게 되면, 우리는 K의 내용이 정식화되는 방식과 무관하게 K에서 T가 가진 체계적 힘을 측정할 수 있다. 가장 작은 정보단위를 표현하는 문장을 최소문장(*minimal sentence*)이라 부를 것이다. 제안된 절차에 대한 정확한 정식화는 이 보조개념을 명시적으로 정의한 뒤에야 가능하다. 이제 이를 살펴보기로 하자.

여기서 가정하듯이, L의 어휘가 고정된 유한한 개수의 개체상항과 술어상항을 포함하고 있다면 유한한 개수, 가령 n개의 서로 다른 원자문장들만 L에서 정식화될 수 있다. L에서 최소문장이란 말은 서로 다른 임의의 k개의 원자문장과 $n{-}k$개의 나머지 원자문장들의 부정이 선언으로 결합된 것을 의미한다. 분명히 n개의 원자문장이 있다면, 2^n개의 최소문장이 있게 된다. 언어 L_1이 한 개의 개체상항 'a'와 1항술어인 두 개의 원초술어, 'P', 'Q'만을 가지고 있다면, L_1은 두 개의 원자문장, 즉 '$P(a)$', '$Q(a)$'와 네 개의 최소문장, 즉 '$P(a) \vee Q(a)$', '$P(a) \vee {\sim}Q(a)$', '${\sim}P(a) \vee Q(a)$', '${\sim}P(a) \vee {\sim}Q(a)$'을 갖게 된다. 또 다른 언어 L_2가 L_1의 어휘 외에 두 번째 개체상항 'b'와 2항술어 'R'을 포함하고 있다면, L_2는 8개의 원자문장**과 '$P(a) \vee P(b) \vee {\sim}Q(a) \vee Q(b) \vee R(a, a) \vee R(a, b) \vee {\sim}R(b, a) \vee {\sim}R(b, b)$'와 같은 256〔즉 2^8〕개의 최소문장을 포함하게 된다.

---

* 두 번째 문장, '$Q(a) \cdot {\sim}P(b)$'는 나머지 것들 가운데 첫 번째 문장, '$P(a) \cdot {\sim}Q(b)$'에 의해 T_1로부터 도출된다.

** 8개의 원자문장은 다음과 같다. $P(a)$, $P(b)$, $Q(a)$, $Q(b)$, $R(a, a)$, $R(a, b)$, $R(b, a)$, $R(b, b)$.

'최소문장'이란 용어는 문제의 진술이 L에서 가장 작은, 0이 아닌 내용을 갖는 단칭문장임을 시사해 주며, 이는 최소문장으로부터 따라 나오는 L에 있는 모든 단칭문장은 그 최소문장과 동치이거나 L에서 논리적 참임을 의미한다. 최소문장이 L에서 논리적 참이 아니면서 자기 자신과도 다른 귀결을 가질 수는 있지만, 그런 귀결은 단칭형태가 아니다. 가령 '$(\exists x)(P(x) \vee Q(x))$'는 위의 L_1에서 최소문장 '$P(a) \vee Q(a)$'의 그런 귀결이지만 단칭형태는 아니다.

게다가 어떠한 최소문장도 L에서 논리적으로 또는 형식적으로 참이 아닌 귀결을 공통으로 가질 수 없다.* 바꾸어 말해, 두 최소문장의 내용은 모두 상호 배타적이다.

명제논리의 원리에 따를 때, L에서 형식적으로 참이 아닌 단칭문장은 모두 고유하게 정해진 최소문장들의 연언으로 변형될 수 있다. 이 연언은 그 문장의 최소표준형(*minimal normal form*)이라 불릴 것이다. 그래서 앞서 말한 언어 L_1에서, 문장 '$P(a)$'와 '$Q(a)$'는 각각 최소표준형 '$[P(a) \vee Q(a)] \cdot [P(a) \vee {\sim}Q(a)]$'와 '$[P(a) \vee Q(a)] \cdot [{\sim}P(a) \vee Q(a)]$'를 갖는다. L_2에서 같은 문장은 각각 128개의 최소문장이 연결된 것으로 이루어지는 최소표준형을 갖는다. 만약 한 문장이 L에서 형식적으로 참이라면, 그 문장의 내용은 0이며, 그것은 최소문장들의 연언으로 표현될 수 없다. 그러나 L에서 형식적으로 참인 문장들의 최소표준형은 최소표준형들의 공허한 연언 ─ 이것은 단 하나의 항도 포함하지 않는다 ─ 이라고 말하는 것이 편리할 것이다.

방금 말한 원리의 결과로, 형식적으로 참이 아닌 단칭문장의 집합은 모두 최소표준형 문장으로 나타낼 수 있다. 체계적 힘이라는 개념을 해명하기 위해 위에서 대략적으로 제시했던 기본 생각을 이제 다음과 같은 정의로 표현할 수 있다.

---

*   형식적으로 참인 귀결을 공통으로 갖기는 하지만, 형식적으로 참이 아닌 귀결을 공통으로 갖지는 않는다는 말이다.

(8.1) T를 L에서 임의의 문장이라고 하고, K를 L에서 모두 형식적으로 참은 아닌 단칭문장들로 이루어진 임의의 유한집합이라 하자. 만약 K'이 K의 최소표준형에 나오는 최소문장들의 집합이라면, K'을 두 개의 상호 배타적인 부분집합 K'_1과 K'_2로 나누는 모든 분할을 생각해 보자. 다만 여기서 K'_2에 있는 문장은 모두 T에 의해 K'_1에서 도출가능한 것들이다. 이런 식의 분할은 모두 $n(K'_2)/n(K')$, 즉 K'_2에 있는 최소문장들의 수를 K'에 있는 최소문장의 전체 수로 나눈 비율을 결정하게 된다. 이런 비율 가운데는 가장 큰 값이 있을 것이다. $s(T, K)$는 그러한 최대비율과 같다. (만약 K의 모든 원소가 형식적으로 참이라면, $n(K')$는 0일 것이고, 위의 비율은 정의되지 않는다는 점을 주목해 두라.)

예시: L_1은 오직 하나의 개체상항 'a'와 두 개의 1항술어 'P', 'Q'만을 포함한다고 하자. L_1에서 $T = $ '$(x)\,[P(x) \supset Q(x)]$'이고 $K = \{$'$P(a)$', '$Q(a)$'$\}$라고 하자. 그러면 $K' = \{$'$P(a) \lor Q(a)$', '$P(a) \lor \sim Q(a)$', '$\sim P(a) \lor Q(a)$'$\}$이다. K'의 첫 번째 두 원소 — 이 둘이 함께 있을 경우 '$P(a)$'와 동치이다 — 로 구성되는 부분집합 K'_1로부터 우리는 T에 의해 문장 '$Q(a)$'를 도출할 수 있다. 그리고 이것으로부터 순수 논리학에 따라,* K'의 세 번째 원소를 도출할 수 있다. 이것이 K'_2의 유일한 원소를 이룬다. 이보다 '더 나은' 체계화는 있을 수 없고, 따라서 $s(T, K) = 1/3$.

이 정의는 주어진 K'이 있을 때 $n(K'_2)/n(K')$에 대해 최댓값을 갖는 서로 다른 분할이 과연 존재하느냐 하는 물음에 의존하지 않으며

---

* 선언도입 규칙, 즉 부가규칙에 의해 이런 추리가 가능하다.

그 물음과 독립해 있다. 사실 그런 경우는 절대로 일어날 수 없다. 즉 주어진 K'를 최적으로 나누는 오직 하나의 방법이 언제나 존재한다. 이 사실은 일반적 정리의 따름정리이고, 이제 그 일반적 정리를 보기로 하자. 마지막 예에서 K'_2는 K'_1을 전제로 사용하지 않고도 T만으로부터 도출될 수 있다는 점을 주목하자. 사실 '$\sim P(a) \lor Q(a)$'는 T와 동치인 문장 '$(x)[\sim P(x) \lor Q(x)]$'의 한 대입 사례일 뿐이다. 이제 정식화될 그 정리는 처음 보면 좀 놀라울 수도 있지만, 이런 관찰이 다른 모든 경우에도 똑같이 적용된다는 점을 보여준다.

(8.2) **정리.** T를 임의의 문장이라 하고, K'를 최소문장들의 집합이라 하자. 그리고 K'_2를 다음 조건, 즉 K'_2에 있는 모든 문장은 T에 의해 집합 $K'_1 = K' - K'_2$로부터 도출될 수 있다고 하는 조건을 만족하는 K'의 부분집합이라 하자. 이 경우 K'_2에 있는 모든 문장들은 T만으로부터도 도출가능하다.

증명은 대략 다음과 같다. 임의의 서로 다른 두 최소문장은 상호 배타적이기 때문에, K'_1과 K'_2의 내용 — 이것은 단 하나의 최소문장도 공통으로 갖지 않는다 — 도 상호 배타적이어야 한다. 그러나 K'_2의 문장들은 K'_1과 T를 함께 써서 이들로부터 따라 나오기 때문에, 그것들은 T만으로부터도 따라 나와야 한다.

우리는 이 정리가 다음과 같은 귀결을 갖는다는 점에 주목한다.

(8.2a) **정리.** 최소문장들로 이루어진 임의의 집합 K'에서, 문장 T에 의해 나머지 것들로부터 도출될 수 있는 부분집합 가운데 가장 큰 부분집합은 T만으로부터 도출될 수 있는 K'에 있는 원소들의 집합과 동일하다.

(8.2b) **정리.** T를 임의의 문장이라 하고, K를 형식적으로 참이 아

닌 단칭문장들의 집합이라 하고, K'을 최소문장들로 이루어진 그와 동치인 집합이라 하고, K'_t를 후자들 가운데 T만으로부터 도출가능한 최소 문장들의 집합이라고 해보자. 그러면 (8. 1)에서 정의한 개념 s는 다음 등식을 만족시킨다.

$$s(T, \ K) = n(K'_t)/n(K')$$

9. 체계적 힘과 이론의 논리적 확률. 체계적 힘이란 개념의 일반화. 체계적 힘이란 개념은 이론의 입증도(*degree of confirmation*)라는 개념이나 이론의 논리적 확률(*logical probability*)이란 개념과 밀접히 연관되어 있다. 이들의 관계를 연구하게 되면, 지금까지 제시된 s의 정의에 시사점을 얻을 수 있을 것이며, 그것을 일반화하는 어떤 방식을 알 수 있을 것이고, 끝으로 논리적 확률 이론과 형식적으로 비슷한 체계적 힘에 관한 일반이론을 얻게 될 것이다.

논리적 확률이나 입증도라는 개념은 귀납논리(*inductive logic*)의 중심 개념이다. 최근 우리의 모형언어의 구조와 비슷한 언어에 대해 카르납,39) 핼머, 헴펠, 오펜하임40) 등이 이 개념에 대한 서로 다른 명시적 정의를 제시하였다.

앞 절에서 제안된 s의 정의는 최소문장이란 개념에 의거하고 있는 반면, 논리적 확률을 측정하는 기본개념은 상태기술(*state description*), 혹은 우리가 최대문장(*maximal sentence*)이라고 부르는 개념이다. 최대문장이란 L에서 최소문장과 쌍대(*dual*)41)를 이루는 것이다. 이것은

---

39) 특히 Carnap(1945), Carnap(1945a), Carnap(1947) 참조.

40) Helmer and Oppenheim(1945), Hempel and Oppenheim(1945) 참조. 이론의 입증과 이론의 예측적 혹은 체계적 성공의 관계가 지닌 어떤 일반적 성격에 대해서는 Hempel(1945), 2부, 7~8절에서 검토되고 있다. 이 글에서 발전시킨 s의 정의는 그 논문에서 입증의 예측 기준을 수치가 아닌 형태로 규정한 것과 질적인 짝을 이룬다.

$k(0 \leq k \leq n)$개의 서로 다른 원자문장들과 나머지 $n-k$개의 원자문장
들의 부정들의 연언이다. n개의 원자문장을 지닌 언어에서는 2^n개의
상태기술이 있다. 그래서 8절에서 몇 차례 이야기했던 언어 L_1은 아래
와 같은 4개의 최대문장을 포함한다. '$P(a) \cdot Q(a)$', '$P(a) \cdot \sim Q(a)$',
'$\sim P(a) \cdot Q(a)$', '$\sim P(a) \cdot \sim Q(a)$'.

'최대문장'이란 용어는 문제의 문장이 L에서 최대로 비보편적인 내
용을 지닌 단칭문장임을 암시하기 위한 것이다. 이것은 L에서 최대문
장을 귀결로 갖는 단칭문장은 모두 바로 그 최대문장과 동치이거나 L
에서 형식적으로 거짓임을 의미한다. *

우리가 보았듯이, 모든 단칭문장은 연언표준형 또는 최소표준형, 즉
어떤 고유하게 정해진 최소문장들의 연언으로 표현될 수 있다. 마찬가
지로 모든 단칭문장은 또한 선언표준형 또는 최대표준형, 즉 어떤 고유
하게 정해진 최대문장들의 선언으로 표현될 수 있다. 언어 L_1에서 예를
들어 '$P(a)$'는 최소표준형 '$[P(a) \vee Q(a)] \cdot [P(a) \vee \sim Q(a)]$'를 지니며,
최대표준형 '$[P(a) \cdot Q(a)] \vee [P(a) \cdot \sim Q(a)]$'를 지닌다. 문장 '$P(a) \supset
Q(a)$'는 최소표준형 '$\sim P(a) \vee Q(a)$'를 지니고 최대표준형 '$[P(a) \cdot
Q(a)] \vee [\sim P(a) \cdot Q(a)] \vee [\sim P(a) \cdot \sim Q(a)]$'를 지닌다. 형식적으로 참
인 문장의 최소표준형은 공허한 연언인 반면, 그것들의 최대표준형은
L_1에 있는 모든 네 가지 상태기술의 선언이다. 형식적으로 거짓인 문장
의 최소표준형은 L_1에서 모든 네 가지 최소문장들의 연언인 반면, 그것
의 최대표준형은 이른바 공허한 선언이다.

단칭문장의 최소표준형은 그 문장의 내용(content)을 암시해 주기에
아주 적절하다. 왜냐하면 그것은 최소이면서 서로 배타적인 내용을 지
닌 표준적인 구성요소들의 연언으로 그 문장을 나타내 주기 때문이다.

---

41) 이 개념의 정의와 이에 대한 논의로는 예를 들어 Church(1942), p. 172를
　　참조.
* 형식적으로 거짓인 문장은 어느 문장이나 다 함축하기 때문이다.

문장의 최대표준형은 그 문장의 영역(range)을 암시해 주기에 아주 적절하다. 여기서 영역이란 직관적으로 말해 서로 다른 여러 가지 형태의 가능한 실현, 달리 말해 그것이 실현된다면 그 진술을 참으로 만들어 주게 될 세계의 여러 가지 가능상태라고 할 수 있다. 사실 각각의 최대문장은 L의 수단이 허용하는 한 가장 완벽하게, 세계의 가능상태 하나를 기술해 준다고 말할 수 있다. 그리고 주어진 단칭문장의 최대표준형을 이루고 있는 상태기술들은 가능상태들 가운데 단순히 그 문장을 참으로 만들어 주게 될 상태기술들을 나열해 준다.

서로 다른 두 최소문장의 내용이 서로 배타적이듯이, 서로 다른 두 최대문장의 영역도 서로 배타적이다. 어떤 세계의 가능상태도 두 개의 서로 다른 최대문장을 참으로 만들 수 없다. 왜냐하면 임의의 두 최대문장은 분명히 서로 양립불가능하기 때문이다. 42)

문장의 영역과 내용은 서로 반비례한다. 문장이 더 많은 것을 주장하면, 그것이 실현될 수 있는 가능한 방식들은 점점 줄어들고, 그 역도 성립한다. 이런 관계가 있다는 점은 단칭문장의 최소표준형에서 구성요소의 수가 많을수록 최대표준형에서 구성요소의 수는 적어지며, 그 역도 성립한다는 사실에 반영되어 있다. 실제로 어떤 단칭문장 U의 최소표준형이 L에서 $m = 2^n$개의 최소문장들 가운데 m_u개를 포함하고 있다면, 그것의 최대표준형은 L에서 m개의 최대문장들 가운데 $l_u = m - m_u$개를 포함한다. 이 점을 우리의 마지막 네 가지 예에서 볼 수 있는데, 여기서 $m = 4$이고, 각각 $m_u = 2$, 1, 0, 4이다.

이런 점을 고려해 볼 때, 임의의 단칭문장 U의 내용은 상응하는 수 m_u나 그에 비례하는 어떤 양에 의해 측정될 수 있을 것 같다. 내용측도(measure of content) 함수의 값을 0과 1을 포함해 이들 사이의 값으

---

42) 영역 개념에 대한 더 자세한 논의는 Carnap(1945), 2절과 Carnap(1942), 18~19절에서 찾아볼 수 있다. 여기서 영역과 내용의 관계가 자세하게 검토되고 있다.

로 한정하는 것이 편리할 것이다. 이제 우리는 L에서 임의의 단칭문장의 내용측도 $g_1(U)$를 아래 식으로 정의한다.

$$(9.1) \qquad\qquad g_1(U) = m_U/m$$

우리는 단칭문장들의 임의의 유한집합 K에 대해 그것의 내용측도로 값 $g_1(S)$를 할당한다. 여기서 S는 K의 원소들의 연언이다.

이 정의를 사용해 정리 (8.2b)의 등식을 새로 적으면 다음과 같다.

$$s(T,\ K) = g_1(K'_t)/g_1(K')$$

여기서 K'_t는 K'에 있는 T의 귀결인 모든 최소문장들의 집합이다. 따라서 T가 단칭문장인 특수한 경우에 K'_t는 $T \vee S$와 동치이고, 여기서 S는 K'의 모든 원소들의 연언이다. 그러므로 앞의 등식은 이제 다음과 같이 변형될 수 있다.

$$(9.2) \qquad\qquad s(T,\ S) = g_1(T \vee S)/g_1(S)$$

이 식은 T와 S가 단칭문장이고 S는 형식적으로 참이 아닐 경우에 성립한다. 이것은 S와 관련해 T의 논리적 확률을 정의하는 일반적 도식과 아주 비슷하다.

$$(9.3) \qquad\qquad p(T,\ S) = r(T \cdot S)/r(s)$$

여기서 $r(U)$는 L에 있는 임의의 문장 U에 대한 U의 영역측도 (*measure of range*)이며, T는 L에 있는 임의의 문장이고 S는 $r(S) \neq 0$인 L의 임의의 문장이다.

논리적 확률 개념을 위해 제안된 여러 가지 구체적인 정의들은 본질적으로 (9.3)에 나오는 형태와 일치하지만,[43] 영역에 대한 구체적인 측도함수를 선택하는 데서는, 즉 r의 정의에서는 차이가 난다. 언뜻 드는 한 가지 생각은 최대표준형이 l_U개의 최대문장을 포함하는 임의의 단칭문장 U에 다음과 같은 영역측도를 할당하는 것이다.

(9.4) $$r_1(U) = l_U/m$$

이는 분명히 (9.1)에서 도입된 단칭문장에 대한 내용측도 g_1과 꼭 같은 방식으로 정의된 것이다. 모든 단칭문장 U에 대해 두 가지 측도를 더하면 1이 된다.

(9.5) $$r_1(U) + g_1(U) = (l_U + m_U)/m = 1$$

하지만 카르납이 보여주었듯이, 영역측도 r_1은 논리적 확률이라는 그에 대응하는 개념, 즉 도식 (9.3)에 따라 이에 의해 정의된 개념 p_1에 어떤 특성을 부여하는데, 이 특성은 논리적 확률이 의도하는 의미와는 양립불가능하다.[44] 카르납과 헬머뿐만 아니라 이 책의 저자들〔즉 헴펠과 오펜하임〕도 다른 영역측도 함수를 제안했는데, 이를 이용하면 좀더 만족스러운 확률 개념 혹은 입증도 개념을 얻을 수 있다. 우리가 여기서 그것을 자세히 살펴볼 필요는 없지만, 아래와 같은 일반적인 이야기는 이후 논의를 준비하는 데 시사점을 줄 것이다.

---

43) 카르납의 논리적 확률 이론에서 $p(T, S)$는 어떤 경우에 함수 $r(T \cdot S)/r(S)$가 특정 조건 아래 가정하는 극한으로 정의된다. Carnap(1945), p. 75 참조. 하지만 우리는 (9.3)으로 나타낸 것을 이런 형태의 정의에 대한 일반화라고 생각하지는 않을 것이다.

44) Carnap(1945), pp. 80~81.

함수 r_1은 본질적으로 최대표준형에 있는 최대문장의 개수를 세어 단칭문장의 영역을 측정한다. 그러므로 그것은 최대문장에 모두 같은 비중을 부여한다(정의 (9.1)은 최소문장도 똑같은 방식으로 취급한다). 방금 말한 대안적 정의는 이와는 다른 절차에 근거하고 있다. 카르납은 특히 각각의 최대문장에 특정한 비중, 즉 r의 특정한 값 — 그런데 이 비중은 최대문장이 똑같지 않다 — 을 할당하는 하나의 규칙을 내세운다. 그런 다음 그는 임의의 다른 단칭문장의 영역측도를 그 문장을 구성하는 최대문장의 측도의 합으로 정의한다. 그렇게 해서 얻은 함수에 의해 — 이를 r_2라 하자 — 카르납은 도식 (9.3)에 따라 단칭문장들 T, S에 대해 논리적 확률에 상응하는 개념 — 이를 우리는 p_2라고 부르겠다 — 을 정의한다. $p_2(T,\ S) = r_2(T \cdot S)/r_2(S)$. 그런 다음 어떤 제한 과정을 통해 r_2와 p_2에 대한 정의가 T와 S가 모두 단칭이 아닌 경우까지 포괄하도록 확장한다. [45]

이제 우리는 (9.5)에서 정의된 함수 r_1은 무한히 많은 가능한 영역측도 가운데 하나에 불과하듯이, (9.1)에서 정의된 그와 유사한 함수 g_1도 무한히 많은 가능한 내용측도 가운데 하나에 불과하다는 점을 쉽게 알 수 있다. 그리고 각각의 영역측도가 도식 (9.3)에 따라 상응하

---

45) 헬머와 이 논문의 필자들이 제안한 다른 방법은 이용가능한 경험적 정보 I에 특정 방식으로 의존하는 영역측도 함수 r_1을 사용한다. 따라서 임의의 문장 U의 영역측도는 이용가능한 경험적 정보를 포현하는 문장 I가 주어져야만 결정된다. 이런 영역측도 함수에 의해 입증도 dc 개념이 (9.3)과 비슷한 식에 의해 정의될 수 있다. 하지만 $dc(T,\ C)$의 값은, McKinsey(1946)에서 지적되었듯이, S가 일반문장인 경우에는 정의되지 않는다. 또한 개념 dc는 기본적인 확률론의 모든 정리를 만족하지 않는다. (이 점에 대한 논의로는 각주 40에 언급된 첫 두 논문을 참조). 따라서 주어진 증거에 비추어 한 이론의 입증도는 엄밀한 의미에서 확률은 아니다. 반면 여기서 말한 dc의 정의는 방법론적으로 바람직한 어떤 특성을 지니며, 따라서 영역측도 함수 r_1에 의해 체계적 힘이라는 관련개념을 구성하는 것이 흥미로울 수 있다. 하지만 이 논문에서는 이런 물음을 다루지 않을 것이다.

는 논리적 확률의 측도를 정의하는 데 쓰일 수 있듯이, 각각의 내용측도 함수도 (9.2)에 드러난 도식에 의해 상응하는 체계적인 힘의 측도를 정의하는 데 쓰일 수 있다. 여기서 대안이 될 내용측도 함수를 얻는 자연스런 방법은 r_1이 아닌 어떤 적절한 영역측도 r을 고르고, 그런 다음 r과 아래 식을 통해 g와 r이 (9.5)와 유사한 조건을 만족시키도록 상응하는 내용측도 g를 정의하는 것이다.

(9.6) $g(U) = 1 - r(U)$

그렇게 정의된 함수 g는 다시 (9.2)와 유사한 정의를 거쳐, 상응하는 개념 s를 낳게 될 것이다. 이제 이 절차를 더 면밀히 생각해 보기로 하자.
    우리는 영역측도의 통상적 요건을 만족하는 함수 r이 주어져 있다고 가정한다. 즉

(9.7) 1. L에 있는 모든 문장 U에 대해 $r(U)$는 고유하게 정해져 있다.
       2. L에 있는 모든 문장 U에 대해 $0 \leqq r(U) \leqq 1$.
       3. 만약 U가 L에서 형식적으로 참이고, 그래서 보편적인 영역을 지닌다면 $r(U) = 1$.
       4. 임의의 두 문장 U_1, U_2의 영역이 서로 배타적일 경우, 즉 이들의 연언이 형식적으로 거짓일 경우, $r(U_1 \vee U_2) = r(U_1) + r(U_2)$.

주어진 영역측도에 의해 상응하는 내용측도 g가 (9.6)에 의해 정의된다고 하자. 그러면 g는 다음과 같은 조건을 만족시킨다는 점을 쉽게 보일 수 있다.

(9.8) 1. L에 있는 모든 문장 U에 대해 $g(U)$는 고유하게 정해진다.

2. L에 있는 모든 문장 U에 대해 $0 \leq g(U) \leq 1$.

3. 만약 U가 L에서 형식적으로 거짓이고, 그래서 보편적 내용을 지닌다면 $g(U) = 1$.

4. 임의의 두 문장 U_1, U_2의 내용이 서로 배타적일 경우, 즉 이들의 선언이 형식적으로 참일 경우, $g(U_1 \cdot U_2) = g(U_1) + g(U_2)$.

(9.2)와 유사하게 우리는 g에 의해 상응하는 함수 s를 다음과 같이 정의한다.

(9.9)　　　　　$s(T, S) = g(T \vee S)/g(S)$

이 함수는 모든 문장 T와 $g(S) \neq 0$인 모든 문장 S에 대해 정해진다. 반면 8절에서 제시한 체계적 힘의 정의는 S가 단칭이며 형식적으로 참이 아닌 경우에 국한된다. 끝으로 우리의 영역측도 r은 다음 정의에 의해 상응하는 확률함수를 결정해 준다.

(9.10)　　　　　$p(T, S) = r(T \cdot S)/r(S)$

이 식은 임의의 문장 T와 $r(S) \neq 0$인 모든 문장에 대해 함수 p를 결정해 준다.

이런 방식으로 (9.7)을 만족하는 영역측도 r은 모두 (9.8)을 만족시키는 그에 상응하는 내용측도 g를 고유하게 결정하며, (9.9)에 의해 정의된 그에 상응하는 함수 p를 고유하게 결정한다. (9.7)과 (9.10)의 귀결로서, 함수 p는 확률론의 기본법칙, 특히 아래 (9.12)에 나열된 법칙들을 만족시킨다는 점을 보일 수 있다. 그리고 이것들을 통해 끝으로 임의의 주어진 영역측도 r에 대해 이에 상응하는 개념 $p(T, S)$와

$s(T, S)$ 사이에 성립하는 아주 간단한 관계를 확립할 수 있다. 사실 우리는 다음을 얻게 된다.

$$(9.11) \quad s(T, S) = g(T \lor S)/g(S)$$
$$= [1 - r(T \lor S)]/[1 - r(S)]$$
$$= r[\sim(T \lor S)]/r(\sim S)$$
$$= r(\sim T \cdot \sim S)/r(\sim S)$$
$$= p(\sim T, \sim S)$$

이제 우리는 우리의 가정과 정리로부터 따라 나오는 p와 s에 관한 몇 가지 정리를, 증명 없이 나열하기로 한다. 이 정리들은 여기서 말하는 p와 s의 값이 존재할 경우, 즉 p의 두 번째 논항의 r값과 s의 두 번째 논항의 g값이 0이 아닐 경우에는 언제나 성립한다.

(9.12) (1) a. $0 \leqq p(T, S) \leqq 1$

　　　　　b. $0 \leqq s(T, S) \leqq 1$

　　　(2) a. $p(\sim T, S) = 1 - p(T, S)$

　　　　　b. $s(\sim T, S) = 1 - s(T, S)$

　　　(3) a. $p(T_1 \lor T_2, S) = p(T_1, S) + p(T_2, S) - p(T_1 \cdot T_2, S)$

　　　　　b. $s(T_1 \cdot T_2, S) = s(T_1, S) + s(T_2, S) - s(T_1 \lor T_2, S)$

　　　(4) a. $p(T_1 \cdot T_2, S) = p(T_1, S) \cdot p(T_2, T_1 \cdot S)$

　　　　　b. $s(T_1 \lor T_2, S) = s(T_1, S) \cdot s(T_2, T_1 \lor S)$

위처럼 묶어 놓게 되면 이들 정리는 p와 s 사이에 쌍대적 대응관계가 성립함을 보여준다. 이런 대응을 일반적으로 특징짓는 것이 아래 정리에 나오는데, 이는 (9.11)에 기초해 증명될 수 있고, 여기서는 너무 길게 정식화되는 것을 피하기 위해 약간 비형식적으로 진술하였다.

(9.13) **쌍대정리.** p에 관해 등식이나 부등식을 표현하는 증명가능한 임의의 일반식으로부터, 만약 'p'를 모두 's'로 대체하고, '$\cdot$'을 '$\vee$'로 서로 맞바꾸면, s에 관해 증명가능한 식이 얻어진다. 's'를 'p'로 모두 대체하고 같은 방식으로 맞바꾸게 되면, s에 관해 등식이나 부등식을 표현하는 정리는 모두 거꾸로 p에 관한 정리로 변형된다.

　우리는 자료집합과 관련해 이론의 체계적 힘을 분석할 때, 8절에서 이 개념을 주어진 자료들 가운데 그 이론에 의해 나머지 것들로부터 도출될 수 있는 것들의 최대비율의 측도로 이해하였다. 이런 생각을 체계적으로 정교화하여 이 절에서 체계적 힘에 대한 좀더 일반적인 정의에 도달하였고, 이것은 논리적 확률 개념과 쌍대적인 짝(*counterpart*)임이 증명되었다. 우리의 원래 해석을 이런 식으로 확장하게 되면, 원래 우리 정의를 통해 얻을 수 있는 이론보다 좀더 간단하고 포괄적인 이론을 얻게 된다.
　하지만 체계적 힘의 이론은, 좁게 이해되든 넓게 이해되든, 논리적 확률 이론과 마찬가지로 성격상 순수히 형식적이다. 인식론이나 과학방법론에 이 이론을 제대로 적용하려면 과학언어의 논리적 구조와 그런 개념의 해석과 관련된 어떤 근본적인 문제를 해결해야만 한다. 이때 시급히 고려해야 할 것 가운데 하나는 과학언어에서 순수하게 질적인 원초용어의 요건을 좀더 분명하게 하는 것이다. 또 한 가지 중요한 문제는 무한히 많은 형식적 가능성 가운데 적절한 영역측도 r을 고르는 문제이다. 이런 맥락에서 제기되는 문제들이 복잡하고 어렵다는 점은 최근 탐구를 통해 드러나고 있다.[46] 형식이론에서의 최근의 진전에 따라 이런 열린 문제들을 해결하고, 그래서 논리적 확률과 체계적

---

46) 특히 Goodman(1946), (1947), (1947a) 와 Carnap(1947) 참조.

힘의 이론을 적절히 적용할 수 있는 조건들을 분명히 하는 데도 진전
이 있기를 바랄 뿐이다.

참고문헌

Beard, Charles, A., and Sidney Hook, "Problems of Terminology in Historical Writing." Chapter IV of *Theory and Practice in Historical Study: A Report of the Committee on Historiography*. New York, Social Science Research Council, 1946.

Bergmann, Gustav, "Holism, Historicism, and Emergence," *Philosophy of Science*, 11(1944), 209~221.

Bonfante, G., "Semantics, Language." An article in P. L. Harriman, ed., *The Encyclopedia of Psychology*. New York, 1946.

Broad, C. D., *The Mind and its Place in Nature*. New York, 1925.

Carnap, Rudolf, *Introduction to Semantics*. Cambridge, Mass., 1942.

Carnap, Rudolf, "On Inductive Logic," *Philosophy of Science*, 12(1945), 72~97.

Carnap, Rudolf, "The Two Concepts of Probability," *Philosophy and Phenomenological Research*, 5(1945), 513~532.

Carnap, Rudolf, "Remarks on Induction and Truth," *Philosophy and Phenomenological Research*, 6(1946), 590~602.

Carnap, Rudolf, "On the Application of Inductive Logic," *Philosophy and Phenomenological Research*, 8(1947), 133~147.

Chisholm, Roderick M., "The Contrary-to-Fact Conditional," *Mind*, 55 (1946), 289~307.

Church, Alonzo, "Logic, formal," in Dagobert D. Runes, ed. *The Dictionary of Philosophy*. New York, 1942.

Ducasse, C. J., "Explanation, Mechanism, and Teleology," *The Journal of Philosophy*, 22(1925), 150~155.

Feigl, Herbert, "Operationism and Scientific Method," *Psychological Review*, 52(1945), 250~259 and 284~288.

Goodman, Nelson, "A Query on Confirmation," *The Journal of Philosophy*, 43(1946), 383~385.

Goodman, Nelson, "The Problem of Counterfactual Conditionals," *The Journal of Philosophy*, 44(1947), 113~128.

Goodman, Nelson, "On Infirmities of Confirmation Theory," *Philosophy and*

Phenomenological Research, 8(1947), 149~151.

Grelling, Kurt and Paul Oppenheim, "Der Gestaltbegriff im Lichte der neuen Logik," *Erkenntnis*, 7(1937~1938), 211~225 and 357~359.

Grelling, Kurt and Paul Oppenheim, "Logical Analysis of Gestalt as 'Functional Whole'." Preprinted for distribution at Fifth Intenat. Congress for the Unity of Science, Cambridge, Mass., 1939.

Helmer, Olaf and Paul Oppenheim, "A Syntactical Definition of Probability and of Degree of Confirmation," *The Journal of Symbolic Logic*, 10 (1945), 25~60.

Hempel, Carl G., "The Function of General Laws in History," *The Journal of Philosophy*, 39(1942), 35~48. (이 책에 재수록.)

Hempel, Carl G., "Studies in the Logic of Confirmation," *Mind*, 54(1945); Part I: pp.1~26, Part II: pp.97~121. (이 책에 재수록.)

Hempel, Carl G. and Paul Oppenheim, "A Definition of Degree of Confirmation," *Philosophy of Science*, 12(1945), 98~115.

Henle, Paul, "The Status of Emergence," *The Journal of Philosophy*, 39 (1942), 486~493.

Hospers, John, "On Explanation," *The Journal of Philosophy*, 43(1946), 337~356.

Hull, Clark L., "The Problem of Intervening Variables in Molar Behavior Theory," *Psychological Review*, 50(1943), 273~291.

Jevons, W. Stanley, *The Principles of Science*. London, 1924(1판, 1874).

Kaufmann, Felix, *Methodology of the Social Sciences*, New York, 1944.

Knight, Frank H, "The Limitations of Scientific Method in Economics," in R. Tugwell, ed., *The Trend of Economics*. New York, 1924.

Koch, Sigmund, "The Logical Character of the Motivation Concept," *Psychological Review*, 48(1941); Part I: 15~38, Part II: 127~154.

Langford, C. H., Review in *The Journal of Symbolic Logic*, 6(1941), 67~68.

Lewis, C. I., *An Analysis of the Knowledge and Valuation*. La Salle, Ill., 1946.

McKinsey, J. C. C., Review of Helmer and Oppenheim(1945). *Mathematical Reviews*, 7(1946), 45.

Mill, John Stuart, *A System of Logic*. New York, 1858.

Morgan, C. Lloyd, *Emergent Evolution*. New York, 1923.

Morgan, C. Lloyd, *The Emergence of Novelty*. New York, 1933.

Popper, Karl, *Logik der Forschung*. Wien, 1935.

Popper, Karl, *The Open Society and its Enemies*. London, 1945.

Reichenbach, Hans, *Elements of Symbolic Logic*. New York, 1947.

Rosenblueth, A., N. Wiener and J. Bigelow, "Behavior, Purpose, and Teleology," *Philosophy of Science*, 10(1943), 18~24.

Stace, W. T., "Novelty, Indeterminism and Emergence," *Philosophical Review*, 48(1939), 296~310.

Tarski, Alfred, "The Semantical Conception of Truth, and the Foundations of Semantics," *Philosophy and Phenomenological Research*, 4(1944), 341~376.

Tolman, Edward Chase, *Purposive Behavior in Animals and Men*. New York, 1932.

White, Morton G., "Historical Explanation," *Mind*, 52(1943), 212~229.

Woodger, J. H., *Biological Principles*. New York, 1929.

Zilsel, Edgar, *Problems of Empiricism*. Chicago, 1941.

Zilsel, Edgar, "Physics and the Problem of Historico-Sociological Laws," *Philosophy of Science*, 8(1941), 567~579.

설명의 논리 연구 후기 (1964)

앞의 글은 철학계에서 폭넓게 논의되었다. 대부분의 논의는 I부에 제시된, 설명은 법칙이나 이론적 원리 아래로의 연역적 포섭이라는 일반적 견해에 관한 것이었다. 사실 이보다 앞서 나온 논문 "역사학에서 일반법칙의 기능"의 5.3절에서뿐만 아니라 "설명의 논리 연구"의 3절과 7절 마지막 문단에서도 확률-통계적인 법칙을 이용하는 또 다른 유형의 설명이 있음을 인정했음에도 불구하고, 내가 적절한 과학적 설명은 모두 이런 형태여야 한다고 주장했다는 듯이 논평한 사람도 있었다. 하지만 그런 설명의 논리를 두 글 어디에서도 자세하게 논의하지는 않았다. 이런 빈틈을 메우려는 시도가 이 책에 실린 글 "과학적 설명의 여러 측면" 3절에서 이루어지고 있다. 그 글에는 또한 이전에 행한 두 연구에 대해 제기된 흥미로운 논평과 비판들 가운데 몇 가지 것들에 대한 나의 응답도 포함되어 있다.

이 후기에서는 앞의 글 III부에서 전개한 생각들이 지닌 문제점을 탐구하는 데 국한하기로 한다.

(1) 네이글이 올바로 지적하였듯이,[1] 파생법칙이란 개념에 대한 정의 (7.3b)는 너무 제한적이다. 왜냐하면 6절에 나와 있는 의도와는

---

1) E. Nagel, *The Structure of Science.* New York, 1961, p.58. 〔전영삼 옮김, 《과학의 구조 I》(아카넷, 2001), pp.116~117.〕

달리, 그 정의에 따르면 갈릴레오의 법칙이나 케플러의 법칙도 파생법
칙의 지위를 갖지 못하기 때문이다. 그 이유는 이들 일반화는 역학과
중력에 관한 뉴턴의 근본법칙만 가지고서는 도출될 수 없기 때문이다.
이렇게 하는 것은 후자에 나오는 변항을 상항으로 대체한 것일 뿐이
다. 뉴턴 법칙으로부터 그런 법칙을 도출하려면, 근본법칙의 성격을
지니지 않는 전제들이 추가로 필요하다. 예를 들어 갈릴레오의 법칙의
경우, 이런 추가전제에는 지구의 질량과 반경을 구체적으로 말해주는
진술이 포함된다. (사실 그런 전제가 추가로 있다고 하더라도 갈릴레오의
법칙과 케플러의 법칙은 뉴턴의 원리로부터 엄격하게는 도출될 수 없다.
그것들은 그렇게 도출될 수 있는 대략적인 진술일 뿐이다. 그러나 이 점
— 이것은 "과학적 설명의 여러 측면" 2절에서 좀더 논의될 것이다 — 이 네
이글 논증의 효력을 떨어뜨리는 것은 분명히 아니다.)

나아가 네이글은 정의 (7.3b)를 수정해 법칙적이지 않은 전제를 추
가로 사용하게 되면, 어떤 부적절한 후보가 파생법칙의 자격을 갖게
되고 만다는 점을 지적하고 있다. 가령 "이 바구니에 있는 사과는 모
두 빨갛다"라는 문장이 그런 예일 것이다. 이 문장은 "미국산의 붉은
겨울 사과는 모두 빨갛다"라는 (이른바) 법칙에 "지금 이 바구니에 있
는 사과는 모두 미국산의 붉은 겨울 사과이다"라는 전제를 추가하게
되면, 이들로부터 연역될 수 있다. 네이글은 자신의 요지를 "스미스의
차에 있는 나사는 모두 녹슬었다"는 문장을 들어 설명하고 있다. 이
문장은 적절한 특정 전제와 결합될 경우 "산소에 노출된 철은 모두 녹
슨다"라는 법칙으로부터 연역될 수 있다.

방금 말한 두 가지의 일반화가 잠재적 법칙의 지위를 갖지 못하는
이유는 이들의 범위가 제한되어 있기 때문인 것 같다. 그 둘은 모두
유한한 수의 대상들에 관한 것일 뿐이다. 이런 사실은 범위가 제한되
지 않아야 한다는 요건 — 이는 6절에서 근본적인 법칙적 문장이 지녀
야 하는 요건으로 부과되었다 — 이 파생적인 법칙적 문장에까지 확대

되어야 한다는 점을 시사해 준다. 사실 네이글은 법칙적 문장은 일반
적으로 '무제한적인 보편문장'이어야 한다고 규정한다. 즉 그것의 '서
술범위'가 '고정된 공간적 위치나 특정한 시간'에 속해서는 안 된다고
규정한다.[2] 그러나 의도한 요건을 이런 식으로 정식화하게 되면, 어
떤 주어진 문장은 법칙적 문장의 자격을 갖지 못하지만, 그와 논리적
으로 동치인 다른 문장은 법칙적 문장의 자격을 갖는 경우가 생겨날
수 있다. 예를 들어, 방금 고려해 본 두 개의 제한된 보편문장은 다음
일반화와 논리적으로 동치이지만, 이들의 서술범위는 네이글의 조건
을 분명히 만족시킨다. "빨갛지 않은 것은 무엇이든 이 바구니에 있는
사과가 아니다"와 "녹이 슬지 않는 것은 무엇이든 스미스의 차에 있는
나사가 아니다".

　만약 범위요건을 다음 형태로 제시한다면, 이런 난점을 피할 수 있
다. 순수한 논리적 진리('$Pa \lor \sim Pa$'와 동치인 것)* 를 제외하고,** 법
칙적 진술은 특정 대상에 관한 단칭문장의 어떤 유한한 연언(가령 "사
과 a는 빨갛고 사과 b는 빨갛고 사과 c는 빨갛다"에서처럼)과 논리적으로
동치라는 의미에서 유한한 범위를 지녀서는 안 된다. 아니면 좀더 정
확하고 간단하게 다음과 같이 말할 수 있을 것이다. 법칙적 진술은 본
질적으로 보편적이어야 한다. 만약 어떤 문장이 이 조건을 만족시킨다
면, 이와 논리적으로 동치인 문장도 분명히 이를 만족시킬 것이다.

　이 조건 — 정의 (7.3a)와 (7.3b)는 사실 근본적인 법칙적 문장과
파생적인 법칙적 문장에 이런 조건을 부여했다 — 은 "과학적 설명의
여러 측면"의 2.1절에서 좀더 자세히 논의된다. 그러나 이것이 법칙적
문장이기 위한 필요조건이라는 점은 명백하지만, 네이글이 지적한 난

　2) *Op. cit.*, p. 59.
　* 모든 항진명제는 서로 동치이다.
** 앞에서 헴펠이 논리적 진리도 법칙적 문장에 포함시켰기 때문에 이 단서가
　　필요하다.

점을 피하기에는 아직 너무 약하다. 사실 이것은 방금 살펴본 두 가지의 바람직하지 않은 일반화를 배제하지 못한다. 이것들 가운데 어느 것도, 이와 동치인 특정 사과나 나사에 관한 단칭문장의 유한한 연언으로 변형될 수 없다. 왜냐하면 이들 문장은 얼마나 많은 사과가 바구니 안에 있는지 또는 얼마나 많은 나사가 스미스의 차 안에 있는지를 시사해 주지 않기 때문이다. 이들 문장은 그렇게 변형하는 데 필요한 개별 대상들을 지칭할 이름의 목록조차도 제시해 주고 있지 않다. 따라서 법칙적 문장은 본질적으로 보편적이어야 한다는 것 이상을 요구하는, 범위조건에 대한 만족스런 해석을 찾아내는 일이 중요하고 시급한 일로 남게 된다.

(2) 나는 이제 잠재적 설명항의 정의 (7.8)의 문제점을 살펴보기로 하겠다. 이 정의는, 내가 수년 전에 깨달았듯이, 너무 많은 것을 허용하게 된다. 왜냐하면 곧 예를 통해 설명하게 될 의미에서, 이 정의는 특정 사실을 그 자체에 의해 설명하는 것을 허용하게 되고, 어떤 주어진 사실에 대해서든 본질적으로 일반문장으로부터 잠재적인 설명이론을 만들어 낼 수 있게 하기 때문이다. 예를 들어 다음 논증을 생각해 보자.

$$
(2a) \qquad \frac{\begin{array}{c} (x)\,Px \\ Qa \end{array}}{Qa} \qquad \text{또는 간단히} \qquad \frac{\begin{array}{c} T \\ C \end{array}}{C}
$$

이것은 완전한 자기설명의 형태를 띠며, 따라서 정의 (7.8)의 조건 (3)에 의해 배제된다. 하지만 이것의 설명항은 (7.8)에서 받아들일 수 있는 형태이면서 이와 동치인 것으로 재진술될 수 있고, 그렇게 하면 다음 논증이 생겨난다.

$$(2b) \quad \frac{(x)\,(Px \cdot Qa)}{Qa \vee \sim\!Qa} \qquad \text{또는 간단히} \qquad \frac{\begin{array}{c}T'\\C'\end{array}}{C}$$

이 논증은 분명히 (7.8)의 조건 (1)과 (2)를 만족시킨다. 그러나 이 것은 또한 조건 (3)도 만족시킨다. 왜냐하면 T'는 기본문장 'Pb'를 유 일한 원소로 포함하는 집합과 양립가능하기 때문이다. 그리고 그 집합 은 C'을 논리적 귀결로 갖지만 C를 논리적 귀결로 갖지는 않는다.

정의 (7.8)에서 T를 순수 일반문장으로 국한시키면, 이런 난점을 벗어날 수 있다. 하지만 이는 아주 바람직하지 않은 제한이다. 왜냐하 면 이 정의는 파생법칙과 이론에 의한 설명도 포괄하도록 의도된 것이 기 때문이다.

(3) 그러나 이런 대가를 기꺼이 치른다 하더라도 (7.8)을 이렇게 수정하면, 여전히 바람직하지 않은 결과가 생겨난다. 에벌리, 캐플 런, 몬태규[3] 등이 예리한 비판적 탐구를 통해 이 점을 밝혔다. 이는 사실상 어떠한 근본이론이든 (7.8)의 의미에서 모든 특정 사실을 실 제로 설명할 수 있다는 점을 보여준다. 이를 위해 이들은 5개의 정리 를 증명했다. 이들 각각의 정리는 어떤 큰 사례들의 집합에 대해 설명 가능하다는 관계를 나타내지만, 그 집합 안에서 이론은 통상적으로는 설명되어야 할 사실과 무관한 것으로 간주되는 것들이다.

예를 들어 이들 정리 가운데 첫 번째 정리는 다음과 같다. T를 근본 법칙이라 하고, E를 참인 단칭문장 — 이 두 문장은 모두 언어 L에서 논리적으로 증명될 수 없다 — 이라 하자. 나아가 이 두 문장은 공통의 술어를 전혀 갖지 않아서 직관적으로 말해, T는 E와는 전혀 다른 주제

---

3) R. Eberle, D. Kaplan, and R. Montague, "Hempel and Oppenheim on Explanation", *Philosophy of Science* 28(1961), pp. 418~428.

를 다룬다고 하자. 그 경우 L에서 개체상항과 술어를 좀더 적절히 추
가할 수 있다는 점만 인정하게 되면, T로부터 논리적으로 도출가능하
면서 정의 (7.9)의 의미에서 E를 설명해 줄 수 있는 근본법칙 T´가 존
재하게 된다. 예를 들어 T를 '(x) Fx'라 하고 E를 'Ha'라 하자. 그런 다
음 아래 문장을 생각해 보자.

$$T´: \quad (x) \ (y) \ [Fx \lor (Gy \supset Hy)]$$

이것은 순수하게 보편적인 형태이고, T로부터 도출가능하며 따라서
가정상 T가 법칙이고 참이기 때문에 참이다. 그러므로 T´은 근본법칙
이다. 다음으로 아래 문장을 생각해 보자.

$$C: \quad (Fb \lor \sim Ga) \supset Ha$$

이 문장은 단칭이며 E의 귀결이고, 가정상 E가 참이기 때문에 참이
다. 우리가 이제 쉽게 검증할 수 있듯이, (T´, C)는 (7.8)의 의미에
서 E에 대한 잠재적 설명항(그리고 사실 참인 설명항)을 이룬다.

　나는 결론적으로 정의 (7.8)과 (7.9)를 수정해 이런 불구가 되는
결과를 막을 수 있다고 말할 수 있어서 기쁘다. [그런] 한 가지 방법
은 방금 말한 논평자들 가운데 한 사람인 캐플런[4]이 제시한 것이다.
김재권[5]은 또 다른 식의 수정안을 고안하였다.

　김재권의 수정안 가운데 핵심부분은 (7.8)에 구체화된 요건에 다음
결과를 갖도록 하나를 덧붙이는 것이다. C가 그 안에 본질적으로 나

---

4) D. Kaplan, "Explanation Revisited", *Philosophy of Science* 28(1961),
　　pp. 429~436.

5) J. Kim, "Discussion: On the Logical Conditions of Deductive Explana-
　　tion", *Philosophy of Science* 30(1963), pp. 286~291.

오는 원자문장들로 이루어진 완전한 연언표준형 형태로 표현된다고 하
자. 그러면 이 표준형의 연언지 가운데 어느 것도 E로부터 논리적으로
도출될 수 없어야 한다. 5개의 중요한 정리 가운데 첫 번째 정리를 예
로 들 때, 이 요건이 위반되었다. 왜냐하면 'Ha'는 사실 '($Fb \vee \sim Ga$)
$\supset Ha$'의 완전한 연언표준형의 연언지, 즉 '$Fb \vee Ga \vee Ha$', '$\sim Fb \vee Ga$
$\vee Ha$'와 '$\sim Fb \vee \sim Ga \vee Ha$'를 모두 논리적으로 함축하기 때문이다.
김재권은 자신이 제시한 요건을 추가하게 되면, 정의 (7.8)과 (7.9)
를 '사소한 것으로 만들어 버리는' 5개 정리에 대한 에벌리, 캐플런,
몬태규의 증명이 봉쇄된다는 점을 보여주었다. 하지만 이 증명을 막아
준다는 임시방편적인 근거가 아니라, 과학적 설명의 합리적 근거에서
정확히 어느 정도까지 이 추가요건이 정당화될지를 좀더 정확히 살펴
보는 것이 바람직할 것이다.

　캐플런은 이 문제를 다루기 위해, 여기서 해명되고 있는 연역적 유
형의 설명이 적절한 분석이 되려면 만족시켜야 할 세 가지 아주 그럴
듯한 조건을 정식화하고 있다. 그런 다음 그는 이 글 III부에서 제시된
분석이 이들 요건 전체를 만족시키지 못하며, 사소한 것으로 만들어
버리는 5개의 정리에서 드러난 난점들은 이런 결과와 연관되어 있다는
점을 보인다. 끝으로 그는 적합성 요건을 만족시키고 우리가 논의해
온 난점을 피할 수 있도록 III부에 나온 정의를 수정한다. 이런 시사적
인 건설적 제안의 세부내용에 대해서는 독자들이 캐플런의 논문을 직
접 살펴보는 것이 좋을 것 같다.

제11장

기능적 분석의 논리 †

1. 서 론

경험과학은 모두 우리가 경험하는 세계의 현상을 기술하고자 할 뿐만 아니라 그것을 설명하거나 이해하고자 한다. 이 점이 널리 인정되기는 하지만, 경험과학의 분야가 다름에 따라 그에 적합한 설명방식도 근본적으로 차이가 난다는 주장도 있다. 이 견해에 따르면, 물리과학에서는 궁극적으로 인과관계나 상관관계에 있는 선행사건들을 통해 모든 설명이 이루어진다. 반면 심리학과 사회과학 및 역사학 분야에서는 — 그리고 일부 사람들에 따르면 생물학에서도 — 인과적 연관성이나 상관적 연관성을 확립하는 일이 바람직하고 중요하다 할지라도 그것으로는 충분하지 않으며, 이들 분야에서 연구되는 현상을 제대로 이해하기 위해서는 다른 유형의 설명이 필요하다고 주장한다.

이런 목적에서 개발된 설명방식 가운데 하나가 바로 기능적 분석 (*functional analysis*) 의 방법이다. 이 방법은 생물학, 심리학, 사회학, 인류학 등에서 폭넓게 사용되고 있다. 이 절차는 경험과학의 비교방법

---

† 이 논문은 아래 책에 처음 실렸던 것인데, 이를 약간 수정하고 편집자의 허락을 받아 여기에 다시 실었다. Llewellyn Gross, ed., *Symposium on Sociological Theory* (New York: Harper & Row, 1959).

론에 아주 흥미로운 문제들을 제기한다. 이 글은 이런 문제 가운데 일부를 해명하고자 하는 시도이다. 이 글의 목적은 기능적 분석의 논리적 구조와 그것이 지닌 설명적·예측적 의의를 살펴보는 데 있다. 특히 그것을 물리과학에서 사용되는 설명절차의 중요 특징과 비교하여 검토해 보고자 한다. 따라서 우리는 후자를 간단히 검토하는 일에서 시작하기로 한다.

2. 법칙적 설명: 연역적인 것과 귀납적인 것

상온에서 물이 가득 차 있는 비커에 얼음조각이 떠 있는데, 반은 물에 잠겨 있고 반은 밖에 나와 있다. 얼음이 조금씩 녹음에 따라, 우리는 비커에 있는 물이 넘치리라고 예상한다. 그러나 실제로는 물의 높이가 변하지 않는다. 이를 어떻게 설명할 수 있을까? 대답의 열쇠는 아르키메데스의 원리에 들어 있다. 이 원리에 따르면, 액체에 떠 있는 고체는 그 고체만큼의 무게를 가지는 액체의 부피를 차지한다. 따라서 그 얼음조각은 물에 잠겨 있는 부분에 해당하는 물의 부피와 같은 무게를 지닌다. 얼음이 녹아도 무게에는 영향을 미치지 않기 때문에, 얼음이 녹아 생긴 물은 얼음 자체와 같은 무게를 지니며, 따라서 얼음이 잠긴 부분에 원래 있었던 물과 같은 무게를 지닌다. 같은 무게를 지니기 때문에 그것은 또한 밀려난 물과 같은 부피를 갖는다. 따라서 얼음이 녹더라도 잠긴 부분의 얼음이 원래 차지했던 공간을 정확히 채울 만큼의 물의 부피가 된다. 따라서 물의 높이는 변하지 않는다.

이것(여기서 작은 양의 효과는 일부러 무시했다)은 주어진 사건을 설명하기 위한 논증의 한 예이다. 모든 설명적 논증과 마찬가지로, 이것도 설명항(*explanans*)과 피설명항(*explanandum*)[1] 이라 부르는 두 부분으로 나누어진다. 후자는 설명해야 할 현상을 기술하는 진술(들)의 집

합이다. 전자는 설명을 하기 위해 끌어온 진술(들)의 집합이다. 우리
의 예에서 피설명항은 비커에는 끝에 가면 〔얼음이 녹아〕물만 담겨 있
으며, 물 높이는 처음과 같다는 사실을 진술해 준다. 이를 설명하기
위해, 설명항은 우선 일정한 물리법칙들을 끌어온다. 이 가운데 하나
는 아르키메데스의 원리이며, 또한 0°C 이상의 온도와 대기압에서 얼
음은 같은 무게를 지닌 물로 바뀐다고 하는 법칙과, 온도와 압력이 일
정할 때 물의 무게가 같다면 부피도 같다고 하는 법칙 등이 있다.

 이들 법칙 외에도 설명항에는 두 번째 부류의 진술이 들어 있다. 이
들은 이 실험에서 설명해야 할 현상보다 먼저 일어난 어떤 상황을 기
술한다. 가령 처음에는 물이 가득 찬 비커에 얼음조각이 떠 있었다는
사실, 물은 상온상태에 있었다는 사실, 그리고 비커 주위의 공기의 온
도는 일정했으며 실험이 끝날 때까지 그대로 유지되었다는 사실 등이
그것이다.

 전체 논증이 지닌 설명의 의의는 피설명항에 기술된 결과가 설명항
에 나열된 선행상황과 일반법칙에 비추어 예상되었던 것임을 보이는 데

---

1) 이 용어들이 좀더 익숙한 표현인 'explicans'와 'explicandum'보다 낫다. 후자
   의 용어들은 카르납이 제안한 전문적 의미에서 철학적인 해명(explication)이
   라는 맥락에서 쓰기 위해 남겨 두었다. 예를 들어 카르납의 다음 책, 1~3절
   참조. R. Carnap, *Logical Foundations of Probability* (Chicago: University
   of Chicago Press, 1950). 이런 이유 때문에 앞서 나온 논문 Carl G.
   Hempel and P. Oppenheim, "Studies in the Logic of Explanation",
   Philosophy of Science 15(1948), pp. 135~175(이것은 지금 이 책에 재수록
   되어 있다)에서 'explanans'와 'explanandum'이라는 용어를 도입했다. 그 논
   문에서는 귀납적 설명을 명시적으로 다루고 있지는 않지만, 그 논문의 앞 4
   개 절에 지금 이 연구와도 관련된 연역적 설명에 관한 여러 가지 논의들이
   들어 있다. 이전 논문에서 자세하게 논의한 몇 가지 사항, 특히 설명과 예측
   의 관계와 같은 사항에 대한 면밀한 비판적인 검토로는 I. Scheffler,
   "Explanation, Prediction, and Abstraction", *The British Journal for the
   Philosophy of Science* 7(1957), pp. 293~309 참조. 여기에는 기능적 분석과
   관련되는 몇 가지 논평도 담겨 있다.

있다. 더 정확히 말해, 설명을 피설명항이 설명항으로부터 연역되는
하나의 논증으로 이해할 수 있다. 그렇다면 우리 예는 일반법칙 아래
연역적 포섭에 의한 설명, 간단히 연역-법칙적 설명이라 부르는 것이
된다. 이와 같은 설명의 일반형태를 다음 도식으로 제시할 수 있다.

$$(2.1) \quad \left. \begin{array}{c} L_1, \ L_2, \ \cdots, \ L_m \\ C_1, \ C_2, \ \cdots, \ C_n \\ \hline \end{array} \right\} \quad \begin{array}{l} \text{설명항} \\ \\ \text{피설명항} \end{array}$$

$$E$$

여기서 L_1, L_2, $\cdots$, L_m은 일반법칙이며, C_1, C_2, $\cdots$, C_n은 특정 사실
에 대한 진술이다. 전제와 결론 E를 나누는 수평선은 전제로부터 결론
이 논리적으로 따라 나온다는 점을 나타낸다.

앞의 예에서 설명해야 할 현상은 일정한 장소와 시간에서 발생하는
특정 사건이다. 하지만 일반법칙 아래 연역적 포섭이라는 방법은 자연
법칙으로 표현되는 '일반적 사실'이나 일양성(uniformity)을 설명하는
데에도 쓰일 수 있다. 예를 들어 왜 지구 표면 가까이에서 자유낙하하
는 물체에 대해 갈릴레오의 법칙이 성립하는가 하는 물음을 생각해 보
자. 그 법칙은 중력 아래에서 가속도 운동을 하는 특수 사례를 언급하
고 있으며, 그런 운동에 관한 일반법칙(즉 뉴턴의 운동법칙과 인력법칙)
을 특수 사례 — 이 경우 두 물체가 관련되어 있고, 그 가운데 하나는
지구이고 다른 하나는 낙하하는 물체이며, 인력중심 사이의 거리가 지
구 반경의 길이와 같다 — 에 적용하면 그 법칙이 도출된다는 점을 보
여주어 그 물음에 대답한다. 그래서 뉴턴 법칙과 지구의 질량과 반지
름이 얼마인가를 구체적으로 말해주는 진술로부터 갈릴레오의 법칙을
연역해 냄으로써 갈릴레오의 법칙으로 표현되는 규칙성을 설명할 수
있다. 즉 앞의 두 가지로부터 지구 가까이에서 자유낙하할 경우 가속
도가 일정한 값을 갖는다는 귀결이 나온다.

특정 사실뿐만 아니라 일반적 일양성이나 법칙을 설명하는 데도 연역-법칙적 설명이 쓰일 수 있음을 보여주는 예를 하나 더 드는 것이 도움이 될 것 같다. 어떤 상황에서 무지개가 생기는 것은 (1) 대기에 물방울이 존재하며, 이 물방울에 햇빛이 비치고 있고, 관찰자는 태양을 등지고 있다와 같은 어떤 특정한 결정조건과 (2) 광학의 반사, 산란, 분산 법칙과 같은 일반법칙을 통해 연역적으로 설명될 수 있다. 그리고 이들 법칙이 실제로 성립한다는 사실은 이제 다시 더 포괄적인 법칙, 가령 빛의 전·자기 이론으로부터 그 사실을 연역함으로써 설명될 수 있다.

그러므로 연역-법칙적 설명방법은 도식 (2.1)에 제시된 방식대로 일반법칙 아래 특정 사건을 포섭하여 설명하는 것이다. 그 방식은 또한 주어진 법칙을 그보다 더 포괄적인 법칙이나 이론적 원리 아래 포섭할 수 있음을 보여줌으로써, 주어진 법칙이 성립한다는 사실을 설명하는 데도 쓰일 수 있다. 실제로 (가령 빛의 전·자기 이론과 같은) 이론의 주요 목적 가운데 하나는 바로 일련의 원리 — 이는 때로 (전기장이나 자기장 벡터와 같은) 직접 관찰할 수 없는 '가설적'인 실재로 표현되기도 한다 — 를 제공해, 이전에 확립된 '경험적 일반화'(빛이 직선으로 전파된다는 법칙, 빛의 반사, 굴절 법칙)를 연역적으로 설명하는 데 있다. 이론적 설명을 통해 경험적 일반화가 아주 대략 성립할 뿐이라는 사실이 드러나는 경우도 자주 있다. 예를 들어 지구 가까이에서의 자유낙하에 뉴턴 이론을 적용하게 되면, 갈릴레오의 법칙과 같은 법칙을 얻을 수 있지만, 낙하의 가속도가 엄밀하게 일정한 것은 아니며, 지리적 위치나 해발 고도 및 다른 어떤 요인에 따라 약간씩 다르다.

경험적 일반화를 설명하는 데 쓰이는 일반법칙이나 이론적 원리도 다시 더 포괄적인 원리 아래 연역적으로 포섭될 수 있다. 예를 들어 뉴턴의 중력이론은 대략 말해 일반 상대성 이론에 포섭될 수 있다. 물론 이런 설명의 위계질서는 분명히 어디에선가는 멈추어야 한다. 그러므로 경험과학의 발달단계에서 어느 시기이건 그 시기에 설명할 수 없는 어떤 사실이 있을 것이다. 당시 알려진 가장 포괄적인 일반법칙과 이론적 원리들이 여기에 포함될 것이며, 물론 당시에는 그것을 설명해 줄 어떤 설명원리도 없었던 많은 경험적 일반화와 특정 사실도 여기에 포함될 것이다. 그러나 이것이 어떤 사실은 내재적으로 설명불가능하며, 그래서 영원히 설명되지 않은 채 남아 있어야 한다는 점을 함축하는 것은 아니다. 지금까지 설명될 수 없었던 특정 사실과 일반원리가, 아무리 포괄적이라 하더라도, 나중에는 좀더 포괄적인 원리 아래 포섭되어 설명될 수 있는 것으로 밝혀질 수도 있다.

　인과적 설명(*causal explanation*)은 연역-법칙적 설명의 특수 유형이다. 어떤 사건이나 사건들의 집합이 특정한 '결과'를 야기했다〔의 원인이다〕고 말할 수 있는 경우란 오로지 전자와 후자를 연결해 주는 일반법칙이 있어서 선행사건의 기술이 주어지면 결과의 발생이 법칙에 의해 연역될 수 있는 경우뿐이기 때문이다. 예를 들어 온도가 올라감에 따라 주어진 쇠막대가 늘어난 것에 대한 설명은 (2.1) 형태의 논증에 해당한다. 이때 설명항에는 (a) 그 막대의 처음 길이를 구체적으로 말해주는 진술, 그 막대가 쇠로 된 것임을 말해주는 진술, 그리고 온도가 올라갔음을 말해주는 진술이 포함되며 (b) 쇠막대의 길이는 온도가 올라감에 따라 늘어난다는 법칙이 포함된다.[2]

　하지만 연역-법칙적 설명이 모두 인과적 설명인 것은 아니다. 예를 들어, 뉴턴의 운동법칙과 중력법칙에 의해 표현되는 규칙성이 갈릴레

---

2) 이론물리학에서 말하는 전문적인 의미에서의 인과법칙에 의한 설명도 연역-법칙적 설명의 형태인 (2.1)을 띤다. 이 경우 사용되는 법칙은 수학적 형태에 관한 어떤 조건을 만족시켜야 하며, C_1, C_2, …, C_n은 이른바 경계조건을 표현한다. 이론물리학에서 말하는 인과법칙과 인과성 개념에 대한 좀더 많은 설명을 위해서는 예를 들어 H. Margenau, *The Nature of Physical Reality*(New York: McGraw-Hill Book Company, Inc., 1950), 19장이나 Ph. Frank, *Philosophy of Science*(Englewood Cliffs, N. J.: Prentice-Hall, Inc., 1957), 11, 12장 참조.

오의 법칙을 만족시키기 위하여 지구 표면 가까이에 있는 물체의 자유 낙하를 야기했다고 말할 수는 없다.

이제 또 다른 한 가지 〔설명〕 유형을 살펴보기로 하자. 이것도 주어진 현상을 일반법칙에 의해 설명하는 것이기는 하지만, 그 방식은 연역적 형태인 (2.1)과는 다르다. 꼬마 헨리가 홍역에 걸렸을 경우, 이는 그가 바로 하루 전날 오랜 시간 같이 논 친구한테서 이 병이 옮았다는 사실을 지적함으로써 설명될 수 있다. 여기에 개입된 특정한 선행요인으로는 헨리가 홍역환자에게 노출되었고, 가정(假定)으로 헨리가 이전에는 홍역을 앓은 적이 없다는 사실이 있다. 그러나 이것들과 설명해야 할 사건을 연관 짓기 위해, 방금 말한 그 조건에서 그렇게 접촉한 사람은 틀림없이 홍역에 걸린다고 하는 법칙을 제시할 수는 없다. 우리는 그 병이 전염될 통계적 확률이 높다고 주장할 수 있을 뿐이다. 또한 성인에게 나타나는 어떤 노이로제 증세를 어린 시절의 민감한 어떤 경험에 의거해 정신분석학적으로 설명할 경우에도, 이 〔설명〕논증은 명시적이든 암묵적이든 문제의 사례가 노이로제로 발전하는 것을 지배하는 어떤 일반법칙의 한 예일 뿐이라고 주장한다. 그러나 현재 끌어댈 수 있는 이런 종류의 법칙은 기껏해야 확률적인 경향성을 표현할 뿐 결정론적인 일양성을 표현하는 것일 수는 없다. 그것은 문제의 어린 시절 경험에 아마 이후 삶의 어떤 특정한 환경적 요인이 더해지면 특정 형태의 노이로제로 발전할 통계적 확률이 얼마라는 것을 말하는 **통계적 형태의 법칙**(*law of statistical form*), 간단히 **통계법칙**(*statistical law*)으로 이해될 수 있다. 그런 통계법칙은 앞에 나온 설명논증의 예에서 언급된 엄밀한 형태의 보편법칙과는 다르다. 가장 간단한 경우, **엄밀한 보편 형태의 법칙**(*law of strictly universal form*), 간단히 **보편법칙**(*universal law*)은 어떤 선행조건 A(가령, 압력이 일정할 때 기체를 데우는 것)를 만족하는 모든 경우에 특정 유형의 사건 B(가령, 그 기체의 부피가 증가한다는 것)가 일어날 것이라고 하는 진술이다. 반

면 통계적 형태의 법칙은 조건 *A*가 *B*라는 유형의 사건을 수반할 확률
이 어떤 특정 값 *p*를 갖는다고 주장한다.

　방금 본 것처럼, 통계법칙을 들어 현상을 설명하는 설명논증은 엄격
한 연역적 유형 (2. 1) 이 아니다. 예를 들어 헨리가 홍역환자와 접촉했
다는 정보와 이 병의 전염성에 관한 통계법칙으로 이루어지는 설명항
은 헨리가 홍역에 걸렸다는 결론을 논리적으로 함축하지 않는다. 설명
항은 결론을 필연적인 것으로 만들어 주는 것이 아니라, 통계법칙이
말해주는 확률만큼 결론이 참일 확률이 있다는 것을 말해준다. 그래서
이런 유형의 논증은 어떤 특정 사실과 설명항에 나와 있는 통계법칙에
비추어 볼 때 어떤 현상이 발생할 확률이 아주 높다는 것을 보여줌으
로써 그 현상을 설명한다. 이런 유형의 설명을 **통계법칙 하의 귀납적
포섭에 의한 설명**(*explanation by inductive subsumption under statistical
laws*), 간단히 **귀납적 설명**(*inductive explanation*)이라 부를 것이다.

　자세히 분석해 보면, 귀납적 설명은 그와 짝을 이루는 연역적 설명과
는 여러 가지 중요한 측면에서 다르다는 점이 드러난다. [3] 하지만 아래
논의를 위해서는 통계법칙에 의한 설명을 위와 같이 대략 제시해도 된다.

　우리가 구분한 두 가지 유형의 설명은 모두 **법칙적 설명**(*nomological
explanation*)의 일종이라고 할 수 있다. 왜냐하면 이들 모두 주어진 현
상을 '법칙 아래 포섭하여', 즉 특정한 선행상황에 일정한 보편법칙이
나 통계적 형태의 법칙을 적용함으로써 그 현상의 발생이 ― 연역적으

　3) 자세한 내용을 보려면 이 책에 있는 "과학적 설명의 여러 측면"의 3절을 참
　　조. 통계법칙에 의한 설명에 대한 유익한 논평으로는 S. E. Gluck, "Do
　　Statistical Laws Have Explanatory Efficacy?", *Philosophy of Science* 22
　　(1955), pp. 34~38을 참조. 통계적 추리의 논리에 대한 훨씬 자세한 분석을
　　보려면 R. B. Braithwaite, *Scientific Explanation* (Cambridge: Cambridge
　　University Press, 1953), 5, 6, 7장 참조. 귀납추리의 논리에 대한 일반적
　　인 탐구와 관련해서는 앞서 나왔던 카르납의 다음 책이 아주 중요하다.
　　Carnap, *Logical Foundations of Probability*.

로든 아니면 높은 확률로 — 추론될 수 있었음을 보여주어 설명하기 때문이다. 그러므로 법칙적 설명은, 설명항에 진술된 사실들을 미리 알았더라면, 우리가 실제로는 문제의 그 현상을 연역적으로나 높은 확률을 가지고 **예측**할 수도 있었음을 보여준다.

　그러나 법칙적 설명이 지닌 예측력은 이보다 훨씬 더 강하다. 바로 설명항에 일반법칙이 포함되어 있기 때문에, 그것은 피설명항에 나온 현상 이외의 현상의 발생도 예측할 수 있다. 사실 그런 예측이 설명항의 경험적 건전성을 테스트할 수 있는 수단이 된다. 예를 들어, (2.1) 형태의 연역적 설명에서 이용되는 법칙들은 C_1, C_2, $\cdots$, C_n에 기술된 유형의 상황이 실현될 때는 언제나 그리고 어디에서나 E에 기술된 유형의 사건이 발생할 것임을 함축한다. 예를 들어 물에 떠 있는 얼음이 나오는 그 실험을 다시 하더라도 그 결과는 같을 것이다. 게다가 그런 법칙들을 이용하면, C_1, C_2, $\cdots$, C_n에 언급된 조건과 다른 어떤 구체적 조건이 주어질 경우에는 어떤 일이 일어나게 되는지도 예측할 수 있다. 예를 들어 앞의 예에서 사용된 법칙들을 이용해, 농축된 소금물 — 이는 물보다 비중이 더 크다 — 이 가득 든 비커에 얼음조각이 떠 있을 경우에는 얼음이 녹음에 따라 그 액체 일부가 넘칠 것이라고 예측할 수 있다. 마찬가지로, 뉴턴의 운동법칙과 중력법칙 — 이것들은 여러 가지의 행성운동을 설명하는 데 사용될 수 있다 — 을 이용하면, 가령 지구 가까이에서의 자유낙하뿐만 아니라 진자의 운동이나 조수(潮水) 등과 같은 전혀 다른 여러 가지 현상도 예측할 수 있다.

　법칙적 설명을 통해 이처럼 추가로 설명할 수 있는 현상은 미래 사건에만 국한되는 것이 아니다. 그런 설명은 과거 사건에도 적용될 수 있다. 예를 들어 어떤 천체의 현재 위치와 속도에 관한 정보가 주어지면, 뉴턴의 역학과 광학의 원리들에 의해 미래의 일식과 월식을 예측할 수 있을 뿐만 아니라 과거의 그것들도 '후측'(後測, *postdiction*) 하거나 '역측'(逆測, *retrodiction*) 할 수 있다. 마찬가지로 여러 가지 예측을 하는

데 쓰일 수 있는 방사성 붕괴에 관한 통계법칙은 또한 역측을 하는 데
도 쓰일 수 있다. 예를 들어 방사성 탄소 방법에 의해 고고학 발굴 현
장에서 발견된 활이나 도끼자루의 연대를 측정할 때가 그런 경우이다.

제시된 설명이 과학적으로 받아들여질 수 있으려면 설명항은 경험
적으로 테스트될 수 있어야 된다. 대략 말해 설명항으로부터 어떤 진
술을 이끌어 내 그 진술의 참을 적절한 관찰이나 실험절차에 의해 점
검할 수 있어야 한다. 법칙적 설명에서 이용되는 법칙은 예측적 함축
과 후측적 함축을 갖기 때문에 경험적으로 테스트될 수 있는 기회가
있다. 경험적 탐구에 의해 확인될 수 있는 함축의 범위가 넓고 다양할
수록, 문제의 설명원리들은 더 잘 확립될 수 있다.

3. 기능적 분석의 기본형태

역사적으로 볼 때 기능적 분석은 문제의 사건을 ‘야기한’ 원인을 통
해 사건을 설명하는 것이 아니라, 사건의 경로를 결정하는 목적을 통
해 사건을 설명하는 목적론적 설명의 수정판이다. 직관적으로 보면,
목적에 따른 행위나 다른 목적 지향적 행위를 제대로 이해하기 위해서
는 목적론적 접근방법이 필요하다는 주장은 꽤 그럴듯하다. 바로 이런
맥락에서 목적론적 설명을 옹호하는 사람들이 늘 있어 왔다. 이 견해
의 문제점은 좀더 전통적인 형태를 띤 경우, 이런 설명이 경험적 테스
트가능성이라고 하는 최소한의 과학적 요건도 충족시키지 못한다는 데
있다. 신생기론(*neovitalistic*)의 엔텔레키(*entelechy*)나 생명력(*vital force*)
이라는 개념이 그런 사례이다. 신생기론에 따를 경우 이것은 물리법칙
이나 화학법칙만으로는 설명될 수 없는 재생(*regeneration*)이나 조절
(*regulation*)과 같은, 생물학적으로 독특한 성질을 지닌 여러 현상을
설명하기 위한 것이다. 엔텔레키는 유기체가 교란을 겪었을 때 생리학

적 사건의 과정에 영향을 주어, 유기체가 정상상태로 회복되도록 하는 목적 지향적인 비물리적 행위주체(*agent*)로 여겨진다. 하지만 이 개념은 기본적으로 비유적인 용어로 진술되고 있을 뿐, 다음을 말해줄 테스트가능한 진술들의 집합이 전혀 제시되어 있지 않다. (i) 엔텔레키가 사건의 과정(엔텔레키가 없다면 이는 물리 및 화학 법칙의 지배를 받는다)을 지배하는 행위주체로 기능하게 되는 상황은 구체적으로 어떤 상황인지, 그리고 (ii) 그 경우 엔텔레키의 작용이 정확히 어떤 관찰가능한 영향을 지니게 되는지를 전혀 말해주고 있지 않다. 신생기론은 언제 그리고 어떻게 엔텔레키가 작용하는지에 관한 일반법칙을 진술해 주지 못하기 때문에, 그것은 어떠한 생물학적 현상도 설명할 수 없다. 그것은 주어진 현상을 예상할 수 있는 아무런 근거도 제시해 주지 못하며, "자, 보다시피 그 현상이 일어날 수밖에 없었다"라고 말할 아무런 이유도 제시해 주지 못한다. 그것은 예측도 할 수 없으며 후측도 할 수 없다. 생물학적 현상에 엔텔레키가 수반된다는 주장은 아무런 테스트가능한 함축도 지니지 못한다. 이런 이론적 결함은 엔텔레키라는 개념과 전류에 의해 생성되는 자기장 — 이는 자침의 굴절을 설명하는 데 이용될 수 있다 — 이란 개념을 대조해 보면 더욱 선명하게 부각될 수 있다. 자기장도 엔텔레키처럼 직접 관찰될 수 없다. 하지만 이 개념은 주어진 전선을 통해 흐르는 전류가 만들어 내는 자기장의 강도나 방향과 관련된, 구체적이고 엄밀한 법칙과 그런 장이 지구의 자기장에 있는 자침에 미치는 영향을 결정해 주는 다른 법칙의 지배를 받는다. 자기장이라는 개념이 설명력을 지니게 되는 것은 바로 이런 법칙이 예측적인 의미와 후측적인 의미를 지니고 있기 때문이다. 그러므로 엔텔레키를 거론하는 목적론적 설명은 사이비 설명임이 드러난다. 기능적 분석은 때로 목적론적 용어로 정식화되기는 하지만, 그런 문제가 많은 실재에 의지할 필요가 전혀 없으며 명확히 경험적인 의미를 지니고 있다는 점을 나중에 보게 될 것이다.

기능적 분석⁴⁾이 설명하고자 하는 현상의 유형은 생리학적 기제나 노이로제 증세, 문화패턴, 사회제도 등과 같이 개인이나 집단에서 자주 일어나는 어떤 행동이나 행위패턴이다. 기능적 분석의 중요 목적은 일정한 행위패턴이 개인이나 집단의 보존과 발전에 어떤 기여를 하는지를 밝히는 것이다. 그러므로 기능적 분석은 주어진 체계가 계속 잘 작동하도록 하거나 그것이 잘 유지되도록 하는 데, 행위패턴이나 사회문화적 제도가 어떤 역할을 하는지를 보아 그것들을 이해하고자 한다.

간단하고 도식적인 예를 들기 위해, 먼저 다음 진술을 생각해 보자.

(3.1) 척추동물의 심장박동은 유기체의 혈액을 순환시키는 기능을 한다.

이것이 설명력이 있는지를 자세히 검토하기 전에, 우리는 우선 이 진술이 무엇을 의미하는지를 물어보아야 한다. 무엇이 어떤 기능을 한다는 말은 무슨 뜻인가? (3.1)과 같은 문장이 담고 있는 전체 정보내용은 '기능'이란 말 대신 '결과'라는 말을 넣어도 그대로 표현될 수 있을 것 같다. 하지만 이렇게 이해한다면, 우리는 다음 진술에도 동의해야 한다.

(3.2) 심장박동은 심장소리를 내는 기능을 한다. 왜냐하면 심장박동은 그런 결과를 낳기 때문이다.

하지만 기능적 분석을 지지하는 사람들은, 심장소리는 심장박동의 결

---

4) 이 절에 나오는 기능적 분석에 대한 설명은 머턴의 책에 나오는 흥미로운 글에서 많은 자극과 정보를 얻었다. "Manifest and Latent Functions", in R. K. Merton, *Social Theory and Social Structure*(New York: The Free Press; 수정증보판, 1957), pp. 19~84. 지금 이 글에서 인용된 구절들은 초판(1949)에도 거의 같은 쪽수에 나온다.

과로 유기체의 기능에 아무런 중요성도 없다는 근거에서, (3.2)에 동의하지 않을 것이다. 반면에 혈액의 순환은 유기체의 여러 부분에 영양분을 전달하고 노폐물을 제거하는 결과를 갖는데, 이 과정은 유기체가 제대로 작동하고 계속 살아가기 위해 불가결한 것이다. 이렇게 이해하면, 기능적 진술 (3.1)의 의미를 다음과 같이 요약할 수 있을 것이다.

(3.3) 심장박동은 혈액을 순환시키는 결과를 가져오며, 이는 유기체가 제대로 작동하기 위해 꼭 필요한 어떤 조건들(영양분의 공급과 노폐물의 제거)의 만족을 보장해 준다.

다음으로 우리는 심장이 여기서 말하는 그 기능을 수행하려면, 유기체와 환경은 반드시 일정한 조건을 충족시켜야 한다는 점을 주목해야 한다. 예를 들어, 대동맥이 파열된다면 혈액순환은 이루어지지 않을 것이다. 혈액이 산소를 운반하기 위해서는 환경에서 산소가 적절히 공급되어야만 하며, 폐가 적절한 조건을 유지하고 있어야 한다. 그리고 노폐물을 제거하기 위해서는 신장이 어느 정도 건강해야 한다 등을 들 수 있다. 여기서 구체적으로 언급한 대부분의 조건들은 대개 언급되지 않는다. 그 이유 가운데 일부는 그 조건들이 유기체가 정상적으로 존재하는 상황에서는 당연히 만족된다고 가정되기 때문이다. 하지만 그 조건들을 생략하는 또 다른 부분적 이유는 적절한 지식이 없기 때문이다. 왜냐하면 적절한 조건을 명시적으로 구체화하려면, (a) 유기체와 환경의 가능한 상태를 어떤 물리화학적 또는 아마도 생물학적인 '상태변수'(*variables of state*)의 값으로 규정해 줄 이론이 필요하며, (b) 근본적인 이론적 원리들에 의해 심장박동이 위에서 말한 기능을 수행하게 되는 내적/외적 조건들의 범위를 결정해 줄 이론이 있어야 하기 때문이다.[5] 현재로서는 물론 이런 종류의 일반이론이 없으며, 이런 방식으로 어떤 특정 부류의 유기체를 다룰 수 있는 이론도 없다.

또한 (3.1)을 (3.3)식으로 완전하게 재진술하고자 한다면, 문제의
유기체가 정확히 어떤 상태에 있어야 '제대로 작동한다'거나 '정상기능
을 한다'고 말할 수 있는지의 기준이 필요하다. 왜냐하면 주어진 특성
의 기능은 유기체가 제대로 작동하거나 생존하는 데 필요한 어떤 필요
조건의 충족과 인과적으로 연관되어 이해되기 때문이다. 여기서도 또
한 필요한 기준이 구체적으로 어떤 것인지는 나와 있지 않다. 이것은
기능적 분석이 지닌 특징으로, 이것이 지닌 심각한 함축에 대해서는
나중에 (5절에서) 논의할 것이다.

지금까지 여기서 대략 살펴본 논의에 비추어 볼 때, 기능적 분석의
특징을 다음과 같은 도식으로 제시할 수 있을 것 같다.

(3.4) **기능적 분석의 기본형태**: 분석의 대상은 어떤 '항목' i 이다.
이 항목은 어떤 체계 s (예를 들어, 살아 있는 척추동물의 몸)에
서 일어나는, 비교적 오랫동안 지속되는 특성이거나 성향(예
를 들어, 심장의 박동)이다. 이런 분석의 목적은 s가 어떤 상
태나 내적 조건 c_i 와 어떤 외적 조건을 나타내는 환경 c_e 에
있다는 것을 보이는 데 있다. 이때 두 조건 c_i 와 c_e (이들을 묶
어 c라고 부르자)에서는 특성 i 가 s의 어떤 '필요'나 '기능적 요
건', 즉 그 체계가 적절히 효과적으로 제대로 작동하는 데 반
드시 필요한 조건을 만족시키는 결과를 갖는다는 것이다.

심리학과 사회학 및 인류학 연구에 나오는 이런 분석의 예를 몇 가
지 간략히 살펴보기로 하자. 심리학에서 강한 기능적 지향을 보여주는

5) 이 점을 좀더 완전하게 서술하고 발전시킨 것으로는 다음 글을 참조. "A
Formalization of Functionalism" in E. Nagel, *Logic without Metaphysics*
(New York: The Free Press, 1957), pp. 247~283. 이 글의 1부에서 각
주 4에 언급된 머턴의 글을 자세하게 분석하고 있다.

것은 특히 정신분석학이다. 한 가지 분명한 예는 증상형성(*symptom formation*)의 역할에 대한 프로이트의 기능적 규정이다. 《불안의 문제》에서 프로이트는 다음과 같은 견해를 선호한다고 스스로 말하고 있다. 이 견해에 따를 때, "모든 증상은 오로지 불안을 피하기 위해서 형성된다. 이런 증상이 심리적인 에너지를 구속하며, 이 에너지는 그렇지 않을 경우 불안으로 드러나게 된다".[6] 이 견해를 뒷받침하기 위해, 프로이트는 외출할 때 대개 동반자와 함께 가곤 했던 광장공포증 환자가 거리에 홀로 남게 되면 불안해하는데, 이는 무엇을 만지고 난 다음에 손을 씻지 못할 경우 강박 노이로제에 걸린 사람이 불안해하는 것과 마찬가지라고 주장한다. "따라서 누군가와 함께 가야 하고 씻어야 한다는 강박관념이 그 목적과 그 결과로 불안의 발현을 막아 준다는 것은 분명하다."[7] 이 설명은 아주 강한 목적론적인 어휘들로 표현되고 있다. 여기서 체계 s는 지금 논의되고 있는 개인이며, i는 그 사람의 광장공포증이나 강박관념에 따른 행위패턴이며, n은 불안의 구속으로, 개인이 적절히 기능할 수 없게 될 심각한 심리학적 위기를 막아 주는 데 꼭 필요한 것이다.

인류학과 사회학에서 기능적 분석의 대상은, 머턴의 말로 하면 "**표준화된**(즉 패턴화된 그리고 반복되는) 항목으로, 사회적 역할, 제도상의 패턴, 사회적 과정, 문화적 패턴, 문화적으로 정형화된 정서, 사회규범, 집단조직, 사회구조, 사회통제를 위한 장치 등이다."[8] 심리학이나

---

6) S. Freud, *The Problem of Anxiety*(Trans. by H. A. Bunker, New York: Psychoanalytic Quarterly Press, and W. W. Norton & Company, Inc., 1936), p. 111.

　〔역주〕이것은 원래 '*Hemmung, Symptom und Angst*'라는 제목으로 1926 년에 출판되었다. 우리말로는 "억압, 증상 그리고 불안"으로 번역되어 프로이트 전집 10권에 실려 있다. 《정신병리학의 문제들》, 프로이트 지음, 황보석 옮김(2003, 열린책들). 여기서 인용되는 부분으로는 이 책 p. 274 참조.

7) *Ibid*., p. 112.

생물학에서처럼 여기서도 연구되는 항목의 기능, 즉 안정되게 한다거
나 적응시킨다는 결과는 행위자가 의식적으로 추구하는 것이 아닐 수
있다(사실 그 점을 의식적으로 인지하지 못할 수 있다). 이 경우 머턴은
잠재적(*latent*) 기능이라는 말을 한다. 이는 그 체계의 참여자가 의도적
으로 안정을 얻고자 해서 생긴 객관적 결과인 **현시적**(*manifest*) 기능과
대비된다. [9] 그래서 호피(Hopi) 족의 기우제는 현시적인 기상학적 목적
을 달성하지는 못하지만, "그 집단의 흩어졌던 성원들이 공동의 활동에
참여하기 위해 모이는 기회를 주기적으로 제공해 줌으로써 그 집단의
정체성을 강화하는 잠재적 기능을 수행한다."[10]

어떤 호주 부족의 토템의식에 대한 래드클리프브라운의 기능적 분
석도 같은 점을 보여준다.

> 토템의식의 사회적 기능을 알아보기 위해, 우리는 우주론적인 사고
> 체계 전체 ─ 각각의 의식(儀式)은 이를 부분적으로 표현한 것이다
> ─ 를 살펴보아야 한다. 내 생각에 호주 부족의 사회구조는 이런 우
> 주론적 사고와 아주 특수하게 연관되어 있으며, 그 사회구조를 계속
> 유지하려면 신화나 의식으로 이 우주론적 사고를 규칙적으로 표현해
> 그것을 계속 살아 있도록 해야 한다.
> 그러므로 호주의 토템의식을 제대로 연구하려면, 단순히 그것이 지
> 닌 현시적인 목적에만 주목해서는 안 되고…, 그 의식이 지닌 의미
> 와 사회적 기능을 찾아보아야 한다. [11]

---

8) Merton, *op. cit.*, p. 50(원저자의 강조).
9) *Ibid.*, p. 51. 머턴은 명시적 기능을 의도되고 인지된 기능으로 정의하고,
     잠재적 기능을 의도되지도 않고 인지되지도 않은 기능으로 정의한다. 하지
     만 이런 구분으로는 명시적이지도 않고 잠재적이지도 않은 기능의 존재를
     허용하게 된다. 예를 들어 의도하지는 않았지만 인지된 기능이 그런 것이
     다. 따라서 주어진 항목의 안정화 결과가 의도적으로 추구되는지 여부에 따
     라 기능들을 나누는 것이 머턴의 의도에 더 잘 부합할 것 같다.
10) *Ibid.*, pp. 64~65.

말리노프스키는 종교와 주술이 중요한 잠재적 기능을 갖는다고 주
장한다. 그는 종교적 믿음은 전통에 대한 존중이나 환경과의 조화, 위
기상황과 죽음 앞에서의 확신과 용기 등과 같은 '엄청난 생물학적 가
치'를 지닌 정신적 태도 — 이것들은 제식(祭式)과 의식을 통해 구체적
으로 표현되고 유지된다 — 를 확립해 주고 이를 증진시킨다고 주장한
다. 그는 주술이 인간에게 어떤 정형화된 의식과 기법, 믿음을 제공해
줌으로써 "분노를 느낄 때, 증오할 때, 짝사랑에 빠졌을 때나 절망과
불안을 느낄 때 마음의 평정과 정신적 고결함을 유지할 수 있게 한다"
고 지적한다. "주술은 사람들을 낙천적으로 만들어 주며, 공포를 넘어
희망이 승리한다는 믿음을 강화시키는 기능을 한다."[12]

심리학과 인류학에서 따온 앞의 예에 사회학에서 볼 수 있는 기능적
분석의 몇 가지 사례를 덧붙일 기회가 곧 있을 것이다. 그러나 이 절
차의 일반적 성격을 아는 데는 지금까지 든 사례로도 충분하다. 그것
들은 모두 (3. 4)에서 대략 설명한 기본형태를 띠고 있다. 기능적 분석
의 형태에 대한 검토를 끝내고, 이제 우리는 설명방식으로서 그것이

---

11) A. R. Radcliffe-Brown, *Structure and Function in Primitive Society*
(London: Cohen and West Ltd., 1952), p. 145.
〔역주〕이 책은 우리말로 번역되어 나왔다. 래드클리프브라운 지음, 김용
환 옮김, 《원시사회의 구조와 기능》(종로서적, 1980), pp. 142~143 참조.

12) B. Malinowski, *Magic, Science and Religion, and Other Essays* (Garden
City, N. Y.: Doubleday Anchor Books, 1954), p. 90. 주술과 종교의 기
능에 관한 말리노프스키의 견해를 래드클리프브라운의 견해와 흥미롭게 대
비하고 있는 것으로는 G. C. Homans, *The Human Group* (New York:
Harcourt, Brace & World, Inc., 1950), p. 321 이하 참조. ('기능이론'
에 대한 호만스의 전반적인 논평도 참조. *ibid.*, pp. 268~272.) 인류학에서
기능적 분석이 지닌 문제점과 여러 측면을 비판적으로 다루고 있는 것으로
는 다음 논문 참조. 이 논문은 이 방법을 특수하게 적용한 것과 이 방법의
옹호자들이 내세우는 것을 대비하고 있다. Leon J. Goldstein, "The Logic
of Explanation in Malinowskian Anthropology", *Philosophy of Science*
24 (1957), pp. 156~166.

어떤 중요성을 지니는지를 평가해 보기로 하겠다.

4. 기능적 분석의 설명적 의의

보통 기능적 분석은 탐구하고 있는 '항목'의 기능을 **설명**하는 것이라고 생각된다. 예를 들어 말리노프스키는 문화의 기능적 분석에 대해 다음과 같이 말한다. 그것은 "모든 발전단계에서 기능을 통해 인류학적 사실을 설명하는 데 목적이 있다."[13] 그는 같은 맥락에서 이에 덧붙여 "물질적인 것이든 도덕적인 것이든 문화의 어떤 항목을 설명한다는 것은 한 제도 안에서 그것이 어떤 기능적 지위를 갖는지를 보여준다는 의미이다"[14] 라고 말하고 있다. 또 다른 곳에서 그는 "예술, 여가, 대중의식에 대한 기능적 설명"[15] 이란 말도 한다.

래드클리프브라운도 기능적 분석이 사회과학에 맞는 유일한 설명방법은 아닐지라도 그에 적합한 하나의 설명방법이라고 생각한다. "마찬가지로 사회체계에 대한 하나의 '설명'은 우리가 알고 있는 그 사회의 역사, 곧 어떻게 그것이 현재의 모습을 띠게 되었는지에 대한 자세한 설명일 것이다. 같은 체계에 대한 또 다른 '설명'은 (기능주의자들이 하고자 하듯이) 그것이 사회생리학의 법칙이나 사회기능의 특수 사례임을 보여주는 것으로 이루어진다. 이 두 설명유형은 상충하는 것이 아니라 서로 보완적이다."[16]

13) B. Malinowski, "Anthropology", *Encyclopaedia Britannica*, First Supplementary volume(London and New York: The Encyclopaedia Britannica, Inc., 1926), p. 132.

14) *Ibid.*, p. 139.

15) B. Malinowski, *A Scientific Theory of Culture, and Other Essays* (Chapel Hill: University of North Carolina Press, 1944), p. 174.

16) Radcliffe-Brown, *op. cit.*, p. 186. 이 구절에 나오는 역사적-발생학적 설명

이 구절은 기능적 분석에 설명적 의미를 부여하고 있음을 보여준다는 점 말고도, 기능적 분석이 일반법칙에 의거해야 한다는 사실을 강조한다는 점에서 흥미롭다. 이 점은 우리가 도식화한 특징 (3.4)에서도 드러난다. i가 특정한 여건 c에서 n을 만족시키는 결과를 갖는다는 진술과 n이 그 체계가 적절히 기능하기 위한 필요조건이라는 진술은 모두 일반법칙과 연관되어 있다. 인과적 연관성을 나타내는 진술의 경우 이 점은 잘 알려져 있다. 조건 n이 어떤 특정 유형의 상태를 위한 기능적 필요조건이라는 주장은 조건 n이 만족되지 않을 때는 언제나 문제의 그 상태가 발생하지 않는다는 법칙을 진술하는 셈이다. 그러므로 기능적 분석에 의한 설명도 법칙에 대한 언급을 필요로 한다.[17]

이라는 개념에 대한 분석으로는 이 책에 있는 "과학적 설명의 여러 측면" 7절 참조.

[17] 말리노프스키는 그의 저작 어느 한 군데에서 이런 결론과는 달라 보이는 주장을 피력하고 있다. "기술은 설명과 분리될 수 없다. 왜냐하면 위대한 물리학자의 말을 빌리면, '설명은 축약된 기술에 지나지 않기' 때문이다"(Malinowski, "Anthropology", op. cit., p. 132). 여기서 그는 마흐나 뒤앙의 견해를 염두에 두고 있는 것 같다. 그들도 이 점에 대해 비슷한 입장을 지녔던 사람들이다. 마흐는 과학의 기본목적은 반복해서 일어나는 현상을 간단하고 경제적으로 기술하는 것이라고 생각하였고, 법칙을 압축의 효과적 수단으로, 즉 이른바 무한히 많은 잠재적으로 특정한 사건들을 간단하고 압축적으로 기술한 것이라고 여겼다. 하지만 이렇게 이해할 경우, 말리노프스키도 인정한 앞의 인용문에 나온 진술은 기능적 설명에도 법칙이 관련된다고 하는 우리의 주장과 아무 문제 없이 양립가능하다.

  이 밖에, 법칙은 피크위크(Pickwick)가 말하는 의미에서 기술이라고 할 수도 있다. 왜냐하면 "척추동물은 모두 심장이 있다"와 같은 아주 간단한 일반화도 가령 린-틴-틴(Rin-Tin-Tin)과 같은 어떤 특정 개체가 척추동물이고 그것이 심장이 있다는 것을 기술하는 것이 아니라, 도리어 그것은 린-틴-틴이나 다른 어떤 대상이든지 간에 그것이 척추동물이든 아니든 상관없이, 만약 그것이 척추동물이면, 그것은 심장이 있다는 것을 주장하는 것이기 때문이다. 따라서 이런 일반화는 특정 대상에 관한 무한히 많은 조건부 진술의 의미를 지닌다. 게다가 법칙은 실제로는 결코 발생하지 않는 '잠재적 사건'에 관한 진술을 함축한다고 말할 수도 있다. 예를 들어 기체의 법칙은 만약 주기능적 분석은 어떤 설명적 의의를 갖는다고 할 수 있을까? 우리가 체계 s에서 (어떤 시간 t에) 특성 i의 발생을 설명하는 데 관심이 있다고 가정하고, 아래와 같은 기능적 분석이 제시되었다고 해보자.

(4.1)

    (a) t에서 s는 c라는 유형의 여건(이는 특정한 내적·외적 조건에 의해 구체적으로 규정된다)에서 적절히 기능한다.

    (b) 일정한 필요조건 n이 만족될 경우에만, s는 c라는 유형의 여건에서 적절히 기능한다.

    (c) 만약 특성 i가 s에 존재한다면, 한 가지 결과로 조건 n이 만족될 것이다.

    (d) (따라서) t에서 특성 i가 s에 존재한다.

당분간 (a)와 (b) 형태의 진술이 정확히 무엇을 의미하는지, 특히 "s가 적절히 기능한다"는 말이 무엇을 의미하는지의 문제는 제쳐 두기로 하자. 이 문제는 5절에서 검토할 것이다. 지금은 이 논증의 논리에만 관심을 두기로 하자. 다시 말해 연역-법칙적 설명에서 피설명항이 설명항으로부터 따라 나오듯이, (d)가 (a), (b), (c)로부터 형식적으로 따라 나오는지를 묻고자 한다. 이에 대한 대답은 분명히 부정적이다. 왜냐하면, 좀 현학적으로 표현해, 논증 (4.1)은 전제 (c)와 관련해 후건긍정의 오류*를 범하고 있기 때문이다. 좀더 정확히 말해, 진

어진 기체가 시간 t에서 일정한 압력 하에서 가열될 경우 부피가 증가한다는 것을 함축한다. 하지만 실제로는 그 기체를 시간 t에 가열하지 않았다 하더라도, 이 진술이 특정 사건에 관한 기술이 아니라고 말하기는 어렵다.

* 후건긍정의 오류(*the fallacy of affirming the consequent*)란 "만약 P이면 Q, Q 따라서 P" 형태로 된 부당한 추론을 말한다.

술 (d) 가 타당하게 추론되려면, (c) 는 특성 i 가 존재할 때에만 조건 n 이 만족될 수 있다고 주장해야 한다. 현재대로라면, 조건 n이 시간 t 에 어떤 식으로든 만족되어야 한다는 것만을 추론할 수 있다. 왜냐하면 그렇지 않을 경우 (b) 때문에 체계 s는 (a) 가 주장하는 것과는 달리, 그 여건에서 적절히 기능하지 않을 수 있기 때문이다. 그러나 i 가 아닌 다른 여러 대안적 항목 가운데 어느 하나가 발생하더라도 요건 n 을 만족시킬 수 있는 경우가 있다. 이 경우 (4.1) 의 전제들을 통한 설명은 왜 하필 t에 다른 특성이 아니라 특성 i 가 s에 존재하는지를 보여주지 못한다.

방금 보았듯이, 전제 (c) 를 특성 i 가 존재할 때에만 요건 n이 만족될 수 있다는 진술로 바꾸게 되면 이런 비판에서는 벗어날 수 있다. 사실 어떤 기능적 분석의 사례에는 분석되고 있는 특정 항목이 이런 의미에서 n을 만족하는 데 기능적으로 필수 불가결하다는 주장이 들어 있는 것 같다. 예를 들어 말리노프스키는 주술에 대해 이런 주장을 한다. 그는 "주술이 문화 안에서 필수 불가결한 기능을 수행하고 있다"고 말한다. "주술은 원시문명의 다른 요소를 통해서는 충족될 수 없는 특정한 필요를 충족시켜 준다." 또한 주술에 대해 그가 다음과 같이 말할 때도 그렇다. "주술의 힘과 안내가 없었다면, 원시인들은 그들이 이룩한 것과 같이 실제적 어려움을 헤쳐 나가지 못했을 것이며, 높은 수준의 문화단계로 나아가지도 못했을 것이다. 원시사회에서 주술은 보편적으로 나타나고 있고 엄청난 영향을 미쳤다. 따라서 우리는 주술이 모든 중요 활동의 불변의 부속물이었음을 알 수 있다."[18]

하지만 경험적 근거에서 보면, 어떤 항목이 기능적으로 필수 불가결하다는 가정은 의문의 여지가 많다. 구체적인 적용사례에서는 언제나

---

18) Malinowski, "Anthropology", *op. cit.*, p.136. 그리고 *Magic, Science and Religion, and Other Essays, op. cit.*, p.90. ('따라서'라는 낱말을 사용함으로써 암암리에 설명적인 주장을 하고 있음을 주목하라.)

대안이 존재하는 것 같다. 예를 들어 정신과 의사들의 경험을 통해 입증되듯이, 주어진 주체에서 불안의 구속은 다른 증상으로 나타날 수도 있다. 마찬가지로 기우제의 기능이 어떤 다른 집단의식을 통해 충족될 수도 있다. 흥미롭게도 말리노프스키 자신은 또 다른 맥락에서 "골든 와이저가 처음 제시한 제한적 가능성의 원리(the principle of limited possibilities)에 호소하고 있다. 〔그 원리에 따르면〕 일정한 문화적 필요가 있을 경우, 이를 만족시키기 위한 수단의 수효는 적으며, 따라서 그런 필요에 반응하여 존재하게 되는 문화제도도 일정한 한계 안에서 정해진다."[19] 이 원리는 분명히 모든 문화적 항목은 기능적으로 필수불가결하다는 견해를 어느 정도 완화한 것이다. 그렇다 하더라도 이것은 여전히 너무 제한적이다. 어쨌든 파슨스와 머턴 같은 사회학자는 어떤 문화적 항목의 경우 '기능적 등가물'(equivalent)이 존재한다고 가정한다. 그리고 머턴은 기능주의에 대한 일반적 분석에서, 문화적 항목이 기능적으로 필수 불가결하다는 견해는 '기능적 대안이나 기능적 등가물 혹은 기능적 대체재(substitute)'[20]를 가정하는 견해로 분명하게 바뀌어야 한다고 주장했다. 우연하게도 이런 생각은 진화에서 적응(adaptation) 문제에 대한 '다양한 해결책의 원리'(the principle of multiple solutions)와도 아주 흡사하다. 기능주의적 성향의 생물학자들이 강조해 온 이 원리는 어떤 주어진 기능적 문제(가령 빛의 지각과 같은 것)에 대해 대개 여러 가지 가능한 해결책이 있으며, 이들 가운데 여러 가지가 실제로 서로 다른 ― 그렇지만 서로 연관된 ― 유기체 집단에서 사

---

19) B. Malinowski, "Culture", *Encyclopedia of the Social Sciences* IV (New York: The Macmillan Company, 1931), p. 626.

20) Merton, *op. cit.*, p. 34. T. Parsons, *Essays in Sociological Theory, Pure and Applied* (New York: The Free Press, 1949), p. 58도 참조. 구체적인 사례에서 기능적 대안이 존재한다는 점을 분명하게 보이기 위한 흥미로운 시도로는 R. D. Schwartz, "Functional alternatives to inequality", *American Sociological Review* 20 (1955), pp. 424~430 참조.

용되고 있다고 하는 원리이다. [21]

어떠한 기능적 분석의 경우이든 주어진 항목 i 의 기능적 등가물이 존재하느냐 하는 물음이 명확한 의미를 지니려면, (4.1)에 나오는 내적·외적 조건 c가 명확하게 구체적으로 제시되어야 한다. 그렇지 않다면 i 의 대안으로 제시된 것 — 그것을 i'이라 하자 — 이 무엇이든 그것은 i 와 다르기 때문에, i 라면 야기하지 않았을 어떤 영향을 s의 내적 상태와 환경에 미치게 될 것이고, 따라서 i 가 아니라 i'이 실현되었다면 s는 똑같은 내적·외적 상황에서 기능하지 않았으리라는 이유에서 기능적 등가물이 아니라고 주장할 수도 있기 때문이다. 예를 들어 주어진 원시집단의 주술체계가 합리적인 과학기술과 어떤 수정된 형태의 종교로 확대되어 대체되었지만, 그 집단은 계속 그 상태대로 유지되었다고 해보자. 이 점은 원래의 주술체계와 같은 기능을 갖는 것이 존재한다는 점을 확립해 주는가? 다음과 같은 근거에서 그렇지 않다고 대답할 수 있을 것 같다. 그 근거란 수정된 형태를 채택한 결과, 그 집단의 기본성격 가운데 일부가 아주 크게 바뀌어 예컨대 c_i 에 의해 특징지어지는 내적 상태가 아주 크게 바뀌어) 이제 그 집단이 더 이상 원래와 같은 형태의 원시집단이 아니며, 주술과 같은 기능을 가지면서도 그 집단의 모든 '본질적' 특성을 전혀 손상시키지 않고 그대로 유지하는 그런 주술의 등가물은 존재하지 않는다는 사실이다. 이런 논증을 계속 펼 경우, 생각할 수 있는 모든 경험적 반입증에 맞서, 문화적 항목은 모두 기능적으로 필수 불가결하다는 공준을 안전하게 유지할 수 있다. 그러나 그렇게 하게 되면, 그것은 더 이상 경험적 가설이 아니라 은밀한 정의상의 진리가 되고 만다는 대가를 치러야 한다.

---

21) G. G. Simpson, *The Meaning of Evolution* (New Haven: Yale University Press, 1949), pp. 164 이하, 190, 342~343 및 G. G. Simpson, C. S. Pittendrigh, L. H. Tiffany, *Life* (New York: Harcourt, Brace & World, Inc., 1957), p. 437 참조.

그런 좋지 않은 절차는 분명히 피해야 할 것이다. 그러나 i 의 기능적 등가물이 존재할 가능성이 단순히 정의에 의해 배제되는 것이 아니라면, ⑷.1)이라는 일반적 형태로 된 기능적 분석이 달성할 수 있는 것은 무엇일까?[22] I 를 ⑷.1)에 제시된 상황에서 n 이기 위해 경험적으로 충분한 모든 항목들의 집합이라 하자. 그러면 항목 j 가 I 에 포함되는 경우는 c 라는 조건에서 체계 s 에서 j 가 실현되면 요건 n 의 만족을 보장하기에 경험적으로 충분한 경우일 것이다. ('경험적으로'라는 단서는 j 에 의한 n 의 만족이 경험적 사실의 문제이어야 하지 순수논리의 문제이어서는 안 된다는 점을 나타내기 위한 것이다. 이런 단서조항 때문에 I 에 가령 n 자체와 같은 사소한 항목은 들어올 수 없다.*) 그러면 집합 I 는 위에서 말한 의미에서 기능적 등가물들의 집합이 될 것이다. 이제 ⑷.1)에 있는 전제 ⒞ 를 다음 진술로 대체하기로 하자.

⒞′ I 는 여건 c 에서 체계 s 에 의해 정해지는 그 맥락에서 요건 n 을 충족하는 데 경험적으로 충분한 모든 조건들의 집합이다.

전제 ⒜, ⒝, ⒞′ 을 통해 우리가 추론할 수 있는 것은 기껏 다음과 같은 것이다.

⑷.2) 집합 I 에 포함된 항목들 가운데 어느 하나는 시간 t 에 체계 s 에 존재한다.

그러나 이 결론은 I 에서 기능적 등가물 가운데 어느 한 항목이 아니

---

22) (1964년에 추가) 이 절의 나머지 부분은 처음 판에 들어 있던 문제점을 고치기 위해 수정한 것이다. 그레그(John R. Gregg) 교수가 처음 판에 그런 문제가 있음을 지적해 주었다.

* 만약 I 에 n 자체가 들어가게 되면, 자동적으로 n 이 만족되기 때문이다.

라, 특정 항목이 발생하리라고 예상할 만한 아무런 근거도 제공해 주
지 못한다. 그리고 엄밀히 말해, 약한 결론 (4.2) 조차도 집합 I 가 공
집합이 아니라는 추가전제가 있어야만 정당화된다. 즉 법칙에 의해 n
의 충족을 보장하게 될 항목이 적어도 하나 존재한다는 추가전제가 있
어야만 정당화된다.

   그러므로 분명히 기능적 분석은 설명하고자 하는 특정 항목 i 의 존재
를 연역적인 논증방식으로 설명해 주지 못한다. 그러면 그것을 전제에 기
술된 상황 아래서 i 가 발생할 확률이 높음을 보여주는 귀납논증으로 이해
하는 것이 더 적절할까? (4.1)의 전제에, 예를 들어 기능적 요건 n 은 i
에 의해서만 충족될 수 있다거나 또는 구체화할 수 있는 소수의 기능적
대안들에 의해서만 충족될 수 있다고 하는 진술을 덧붙일 수 있지 않을
까? 그러면 이들 전제는 i 의 존재에 높은 확률을 부여할 수 있지 않을까?
이런 방안도 별로 가망성이 없다. 전부는 아닐지라도 대부분의 구체적 사
례에서, 주어진 기능적 요건이나 필요를 충분히 만족시킬 수 있는 대안이
될 행위패턴이나 제도, 관습 등의 범위를 정확히 정할 수 없기 때문이다.
비록 그런 범위를 정할 수 있다고 하더라도, 그것을 어떤 유한한 수의 사
례로 나누어 그것들 각각에 적절히 확률을 부여할 방법은 없다.

   예를 들어 주술의 기능에 대한 말리노프스키의 일반적 견해가 옳다
고 가정하자. 그러면 어떤 주어진 집단의 주술체계를 설명하고자 할
때, 그 집단의 현존 주술체계와 같은 기능적 요건을 충족시키는 다른
여러 주술체계나 대안적 문화패턴들을 어떻게 정할 수 있을까? 그리고
이런 잠재적인 기능적 등가물이 일어날 확률을 어떻게 부여할 수 있을
까? 분명히 이런 물음을 만족스럽게 대답해 줄 방식이란 없으며, 기능
적 분석을 실행하는 사람도 아주 문제가 많은 이런 방식으로 설명을
해낼 수 있다고 주장하지는 않을 것이다.

   (4.1)의 진술 (b)와 (c)에 암묵적으로 들어 있는 일반법칙을 형태
상 엄밀하게 보편적인 것이 아니라 통계적인 것으로, 즉 보편적으로

성립하는 것이 아니라 아주 확률이 높은 연관성을 표현하는 것으로 이
해하더라도 도움이 되지 않는다. 왜냐하면 그렇게 해서 얻는 전제에
의해서도 또다시 i 의 기능적 대안들(이들 각각은 n이 충족될 확률을 아
주 높게 만들어 준다)을 배제할 수 없으며, 그래서 근본적인 어려움은
그대로 남기 때문이다. 전제들을 함께 고려하더라도 여전히 바로 i 만
존재할 확률이 높아진다고 말할 수 없다.

   요약해 보면, 항목 i 에 대한 기능적 분석에 의해 전형적으로 제시되
는 정보는 다른 대안들 가운데 하나가 아닌 바로 그 i 를 예상할 수 있
는 적절한 연역적 근거나 귀납적 근거가 될 수 없다. 기능적 분석이
그런 근거를 제공해 주며, 그래서 i 의 발생을 설명해 준다는 인상은
적어도 부분적으로는 분명히 그런 설명이 사후에야 제시되기 때문이
다. 항목 i 를 설명하고자 할 때, 우리는 아마 i 가 발생했음을 이미 알
고 있을 것이다.

   하지만 조금 전에 보았듯이, 기능적 분석을 아주 약한 피설명항을 지닌
연역적 설명으로 이해할 수도 있다. 그래서 다음과 같이 볼 수도 있다.

(a) 시간 t 에 체계 s는 c라는 유형의 여건에서 적절히
     기능한다.

(b) 요건 n이 충족될 경우에만, s는 c라는 유형의 여건
     에서 적절히 기능한다.

(4.3) (c′) I는 s와 c에 의해 정해지는 맥락에서, n이기 위한
       경험적으로 충분한 조건들의 집합이다. 그리고 I는
       공집합이 아니다.

(d′) I에 포함된 항목 가운데 어떤 하나는 t 에 s에 존
     재한다.

그러나 집합 I에 들어 있는 항목들에 대한 추가지식이 없을 경우, 이런 유형의 추리는 전혀 쓸모가 없다. 예를 들어 다음을 가정해 보자. 시간 t에 어떤 개(체계 s)가 '정상적' 유형의 여건 c에서 건강한 상태에 있고, 이 여건에는 인공적인 심장이나 폐, 신장과 같은 장치의 사용이 배제된다고 하자. 나아가 c 유형의 여건에서 그 개는 혈액이 적절히 순환해야만(조건 n) 건강한 상태일 수 있다고 하자. 그러면 도식 (4.3)을 통해, 결과적으로 이런저런 식으로 그 개의 혈액이 t에서 적절히 순환하고 있다고 하는 결론을 얻게 되는데, 이는 거의 도움이 되지 않는다. 그러나 혈액이 그 상황에서 계속 순환하는 방식에 대한 추가지식이 우리에게 있고, 예를 들어 적절한 순환을 보장하는 유일한 요인(집합 I에 있는 유일한 항목)은 제대로 작동하는 심장이라고 한다면, 우리는 시간 t에 그 개는 제대로 작동하는 심장을 지니고 있다고 하는 훨씬 더 구체적인 결론을 이끌어 낼 수 있다. 여기서 사용된 추가지식을 분명히 해 그것을 추가전제로 표현해 주게 되면, 우리 논증은 (4.1) 형태로 재진술될 수 있다. 다만 전제 (c)가 이 경우, I는 여건 c에서 n이 충족될 수 있는 유일한 특성이다라는 진술로 대체된다는 점에서 (4.1)과 다르다. 위에서 지적했듯이, 이 경우 (4.1)의 결론 (d)는 실제로 따라 나온다.

그러나 여기서 말한 그런 유형의 추가지식을 이용할 수 없는 경우가 대부분이며, 이 경우 기능적 분석이 지닌 설명적 의의도 (4.3)에 도식화되어 있듯이 아주 약하게 제한되고 만다.

5. 기능적 분석의 예측적 의미

우리는 앞에서 법칙적 설명이 지닌 예측의 의의에 주목했다. 이제 기능적 분석을 예측에 사용할 수 있는지를 물어보기로 하자.

첫째, 앞의 논의를 통해 기능적 분석에 의해 전형적으로 얻게 되는
정보는 기껏해야 (4.1)의 (a), (b), (c) 형태의 전제들임이 드러났다.
이것들은 (4.1)의 (d) 형태의 문장을 연역적으로나 귀납적으로 예측할
수 있는 적절한 토대가 될 수 없다. 그러므로 기능적 분석을 통해서는,
주어진 기능적 요건이 만족되었다고 해서 항목들 가운데 특정한 한 항
목이 발생했다는 사실을 설명할 수 없듯이, 그 점을 예측할 수도 없다.

  둘째, 훨씬 덜 야심찬 설명도식 (4.3)조차도 예측에 사용하기가 쉽
지 않다. 왜냐하면 약한 결론 (e)*를 도출하려면 전제 (a)에 의존해야
하기 때문이다. 그런데 우리가 어떤 미래 시간 t에 (e)를 추론하고자
한다면, 그 전제〔즉 전제 (a)〕를 쓸 수 없다. 왜냐하면 우리는 s가 그
시간에 적절히 기능하고 있을지 여부를 알 수 없기 때문이다. 예를 들
어 점점 심한 불안을 겪고 있는 사람을 생각해 보자. 그리고 그 사람이
제 기능을 하기 위한 필요조건은 그의 불안이 노이로제 증상에 의해 구
속되거나 다른 수단에 의해 극복되는 것이라고 가정하자. 우리는 그렇
게 대략 규정한, 집합 I에 있는 '적응'방식 가운데 어느 하나가 실제로
일어나리라고 예측할 수 있는가? 분명히 그렇지 않다. 왜냐하면 우리
는 문제의 그 사람이 실제로 적절히 기능할지 아니면 어떤 심각한 파
멸, 아마도 자기파괴에 이르는 고통을 겪을지 모르기 때문이다.

  여기서 법칙적 설명을 예측에 사용할 때에도 이와 어느 정도 비슷한
제한이 있다는 점, 심지어 가장 발달된 과학분야에서도 그런 제한이
있다는 점은 주목할 만하다. 예를 들어 우리가 고전역학의 법칙에 의
해 미래의 특정 시간 t에 주어진 역학체계가 어떤 상태에 있을지를 예
측하려면, 이보다 앞선 시간 t_0, 가령 현재에서 그 체계의 상태를 아는
것만으로는 충분하지 않다. t_0에서 t까지의 시간 동안의 경계조건에
관한 정보, 즉 그 시간 동안에 그 체계에 미칠 외적 영향들에 관한 정

---

*   여기와 바로 다음에 나오는 '(e)'는 '(d′)'의 오자로 보인다.

보도 있어야 한다. 마찬가지로 우리가 처음 든 예에서 비커의 물 높이
가 얼음이 녹아도 변하지 않으리라는 '예측'에는 가령 주변 대기의 온
도가 일정하고, 지진이나 사람이 그 비커를 쓰러뜨린다든가 하는 방해
요인이 전혀 없을 것이라는 가정이 들어 있다. 마찬가지로 우리가 엠
파이어스테이트 빌딩 꼭대기에서 떨어뜨린 물체가 약 8초 후에 땅에
떨어질 것이라고 예측할 때, 우리는 이것이 낙하하는 시간 동안 그 물
체에는 지구의 인력 외에는 어떤 힘도 작용하지 않는다고 가정한다.
명시적으로 완전하게 정식화하게 되면, 이와 같은 법칙적 예측은 그
예측이 말하고 있는 시간 t_0부터 t까지 성립하는 경계조건을 구체적으
로 말해주는 진술을 전제 속에 포함해야 한다. 이런 사실은 물리과학
의 법칙과 이론의 경우에도 현재의 어떤 측면에만 근거해서는 미래의
어떤 측면을 실제로 예측할 수 없다는 점을 보여준다. 예측은 미래에
관한 가정도 필요로 한다. 그러나 법칙적 예측 가운데 많은 경우는,
문제의 시간간격 동안 우리가 탐구하고 있는 체계가 실제로 '닫혀 있
다', 즉 중요한 외부교란의 대상이 아니라거나(이런 경우는 예를 들어
일식의 예측에서 볼 수 있다) 경계조건이 특정한 유형 — 실험적으로 통
제되는 조건 아래 일어나는 사건의 예측에서 볼 수 있는 상황 — 이라
고 가정할 만한 좋은 귀납적 근거가 t_0 당시에 있다.

(4.3)에서 예측할 때도 마찬가지로 미래에 관한 전제, 즉 (a)를 필
요로 한다. 그러나 (a)가 실제로 참이라고 밝혀질지를 두고 때로 상당
한 불확실성이 있다. 더구나 특정 사례에서 (a)를 참이라고 생각할 좋
은 귀납적 근거가 있다고 하더라도, (4.3)에 의해 할 수 있는 예측은
아주 약하다. 왜냐하면 그 경우 그 논증은 그 체계가 시간 t에 적절히
기능하리라는, 귀납적으로 뒷받침된 가정으로부터 어떤 조건 n — 이
것은 그런 기능을 위한 경험적 필요조건이다 — 이 이런저런 식으로 t
에 만족될 것이라는 '예측'으로 나아가기 때문이다.

만약 우리가 성격상 단정적 예측이 아니라 조건부의 가언적 예측에

만족한다면, 법칙적 예측뿐만 아니라 기능적 분석에 토대를 둔 예측의 경우에도 예측논증의 전제에 미래에 관한 가정을 포함시키지 않아도 된다. 예를 들어 (4. 3)을 다음 논증으로 대체할 수 있다. 여기서 전제 (a)는 결론을 조건화하는 대가로 인해 없어도 된다.

(5. 1)

      (b) 조건 b가 만족될 경우에만, 체계 s는 유형 c의 여건에서 적절히 기능한다.

      (c´) l는 s와 c에 의해 정해지는 맥락에서 n이기 위한 경험적 충분조건의 집합이다. 그리고 l는 공집합이 아니다.

      (d´´) 만약 s가 시간 t에 유형 c의 조건에서 적절히 기능한다면, 집합 l에 있는 항목 가운데 어떤 하나가 t에 s에 존재한다.

이런 가능성을 언급할 필요가 있는 이유는 기능적 분석을 옹호하는 사람들이 기능적 분석을 통해 그런 조건부 예측을 할 수 있다는 것만을 주장하는 것으로 해석할 여지도 있기 때문이다. 예를 들어 말리노프스키의 다음 주장은 이를 의도한 것일 수 있다. "개별 문화를 일관된 전체로 여길 때, 개별 문화가 따라야 하는 여러 가지 일반적인 결정요인들을 진술해 낼 수 있다는 점을 그런 〔기능적〕 분석이 보여주는 것이라고 한다면, 우리는 현장조사를 위한 안내자로, 비교연구를 위한 가늠자로, 그리고 문화 차용과 변동 과정에서의 공동척도로 여러 가지 예측을 진술할 수 있다."[23] 문제의 결정요인을 구체화하는 진술

---

23) Malinowski, *A Scientific Theory of Culture, and Other Essays, op. cit.*, p. 38.

은 아마 유형 (b)의 전제 형태를 띨 것이다. 그리고 '예측진술'은 그때 가언적인 것이 될 것이다.

그러나 기능적 분석의 맥락에서 행해지는 많은 예측과 일반화는 이런 조건부 형태를 띠고 있지 않다. 그것들은 기능적 요건이나 필요의 진술로부터 문제의 그 요건을 충족시키기에 아마도 충분한 어떤 특성이나 제도 혹은 다른 항목의 발생이라는 단정적 주장으로 나아간다. 예를 들어 정치적 보스의 출현에 대한 세이트의 기능적 설명을 생각해 보자. "지도력이 꼭 필요하다. 그리고 이것은 법적인 틀 안에서 쉽게 전개되지 않기 **때문에**, 보스가 그것을 밖에서부터 조야하고 무책임한 형태로 제공한다."[24] 아니면 폴리티칼 머신*의 한 가지 기능에 대한 머턴의 설명을 보자. 폴리티칼 머신이 기업의 이익에 기여할 수 있는 여러 가지 구체적 방법을 거론하면서, 그는 다음과 같은 결론을 내리고 있다. "이러한 기업의 '필요'는 현재대로라면 관습적이고 문화적으로 승인된 사회구조에 의해서는 적절히 충족될 수 없다. **결과적으로** 법을 벗어나 있기는 하지만 어느 정도 효율적인 폴리티칼 머신의 조직이 이런 역할을 담당하게 된다."[25] 이런 논증은 모두 — 이것들은 기능주의자가 취하는 꽤 전형적인 접근방식이다 — 어떤 기능적 요건의 존재로부터 그 요건이 어떤 방식으로 충족될 것이라는 단정적 주장으로 나아가는 추리이다. 방금 인용한 대목에서 '때문에'와 '결과적으로'라는 말이 시사하고 있는 추론의 토대는 무엇인가? 우리가 얼음조각을 따뜻한 물에 넣었기 **때문에** 그것이 녹았다고 말할 때, 혹은 전류가 흐르고 그래서 **결과적으로** 회로의 전류계가 움직였다고 말할 때, 이들 추리는

---

24) E. M. Sait, "Machine, Political", *Encyclopedia of the Social Science*, IX (New York: The Macmillan Company, 1933), p. 659. (헴펠의 강조.)
  * '폴리티칼 머신'(*political machine*)이란 미국의 정당조직 내부에서 우두머리가 장악하고 통제하는 집단을 말한다.
25) Merton, *op. cit.*, p. 76. (헴펠의 강조.)

일반법칙을 거론함으로써 해명되고 정당화될 수 있다. 문제의 특정 사례는 단순히 이런 일반법칙의 특수 사례일 뿐인 것이다. 그리고 그 추리의 논리를 도식 (2.1)의 형태로 표현해 낼 수 있다. 마찬가지로 우리가 논의하고 있는 두 기능주의자의 논증은 다음과 같은 일반원리를 전제하는 것으로 볼 수 있다. 일정한 오차범위나 융통성 안에서, 분석되고 있는 그런 유형의 체계는 — 예외 없이 또는 높은 확률로 — 적절한 특성을 발전시킴으로써, 내적 상태나 환경의 변화로부터 야기될 수도 있는 여러 가지 기능적 요건(그것이 계속 제대로 작동하기 위한 필요조건)을 만족시킨다. 이런 종류의 주장을 모두, 그것들이 엄밀하게 보편적이든 통계적 형태이든지를 막론하고, **자동조절**(self-regulation)의 (일반)가설이라 부르기로 하자.

만약 방금 예로 든 그런 종류의 기능적 분석은 암암리에 적절한 자동조절의 가설을 제시하고 있다거나 그런 것에 의거하고 있다고 보지 않는다면, '때문에'나 '결과적으로'와 같은 표현을 통해 암시하고자 하는 연관성이 무엇인지 그리고 주어진 사례에서 이런 연관성이 존재한다는 점을 어떻게 객관적으로 확립할 수 있을지 전혀 모르겠다.

반대로 특정 유형의 체계가 지닌 자동조절 기능이라는 가설이 정확히 어떤 것인지가 제시되면, 이전의 필요에 관한 정보에 근거해 일정한 기능적 요건을 만족시키리라는 점을 단정적으로 설명하고 예측할 수 있다. 그 경우 예측을 경험적으로 점검해 가설을 객관적으로 테스트할 수 있다. 예를 들어, 히드라가 여러 조각으로 잘리면 이들 대부분은 완전한 히드라로 다시 자라게 된다는 진술을 생각해 보자. 이 진술은 특정한 유형의 생물학적 체계에 나오는 특정한 유형의 자동조절의 가설이라 생각될 수 있다. 이것은 분명히 설명목적과 예측목적에 사용될 수 있다. 그리고 실제로 이 가설을 이용한 예측이 성공하게 되면, 이는 그 가설을 높은 정도로 입증해 줄 것이다.

그런데 기능적 분석이 단정적 예측의 토대 역할을 하거나 세이트나

머턴에게서 인용한 그런 유형의 일반화를 위한 토대 역할을 하는 경우에는 언제나, 자동조절 가설을 객관적으로 테스트가능한 형태로 제시해야 한다.

기능주의자들의 저작 가운데는 여기서 말한 유형의 일반화를 명시적으로 정식화한 것을 실제로 포함하고 있는 경우도 있다. 예를 들어 머턴은, 위에서 세이트로부터 인용한 그 대목을 인용한 뒤에, 다음과 같은 논평을 하고 있다. "좀더 일반화된 용어로 말한다면, **공식적 구조가 기능적으로 결함을 지니고 있기 때문에 현재의 필요를 좀더 효과적으로 충족시키기 위해 대안적(비공식적) 구조가 생겨난다.**"26) 이 진술은 세이트가 하고 있는 구체적 분석의 근거이자 그가 말하는 '때문에'에 대한 합리적 근거라 할 수 있는 자동조절의 가설을 분명하게 하기 위한 것이라고 할 수 있다. 이런 종류의 가설 가운데 또 하나는 래드클리프브라운이 제시한 것이다. "기능적인 분열이나 불일치의 조건에 처한 사회는 — 백인들의 파괴력에 압도당한 호주 부족의 예처럼 비교적 드문 사례가 아니라면 — 사멸하는 것이 아니라, 어떤 형태의 사회적 건강을 향해 계속 투쟁해 나간다고 말할 수 있을 것 같다."27)

그러나 위에서 간략히 제시했듯이, 자동조절의 가설로 제안된 정식화가 설명이나 예측의 토대로 쓰이려면, 객관적인 경험적 테스트가 가능할 만큼 아주 구체적이어야만 한다. 기능적 분석의 대표적 지지자들은 대부분 이런 요건을 만족시키는 가설과 이론을 개발하는 데 관심을 보여 왔다. 예를 들어 말리노프스키는 '문화의 과학적 이론'이라는 의미심장한 제목을 지닌 글에서 다음과 같이 주장한다. "과학적 이론은 모두 관찰에서 시작해야 하고 관찰로 나아가야 한다. 그것은 귀납적이어야 하고, 경험에 의해 검증가능해야 한다. 바꾸어 말해, 그것은 정의될 수 있고 공적인 것, 즉 어느 관찰자에게나 접근가능하고 반복해

---

26) Merton, *op. cit.*, p. 73. 〔원저자의 강조.〕
27) Radcliffe-Brown, *op. cit.*, p. 183.

서 일어나고 따라서 귀납적 일반화를 할 수 있는 것, 즉 예측을 할 수
있는 인간경험에 관한 것이어야 한다.”[28] 머레이와 클럭혼도 기능주
의적인 경향을 지닌 자신들의 이론의 근본목적에 대해, 그리고 실제로
개성(*personality*)의 모든 과학적 ‘정식화’에 관해 다음과 같이 말한다.
“〔그런〕 정식화의 일반적인 목적은 세 가지이다. (1) 과거와 현재의
사건을 **설명**하는 것, (2) 미래 사건을 (조건이 구체화될 것이다) **예측**
하는 것, 그리고 (3) 만약 필요할 경우 **통제**의 효과적 수단을 선택하
는 데 토대로 쓰는 것이다.”[29]

   하지만 불행하게도 구체적인 기능적 분석의 맥락에서 제시된 정식
화들은 대부분 이런 일반적 기준에 미치지 못한다. 이런 조건이 위반
될 수 있는 여러 가지 방법 가운데 두 가지는 특별히 고려해 볼 필요
가 있다. 왜냐하면 이것들이 기능적 분석에 아주 널리 퍼져 있고, 아
주 중요하기 때문이다. 그것들은 (i) **범위를 적절하게 제시하지 않는
것**, 그리고 (ii) (‘필요’나 ‘기능적 요건’, ‘적응’ 등과 같은) **기능주의의 핵
심용어를 비경험적으로 사용하는 것**이라 할 수 있다. 우리는 이 두 결
함을 차례로 살펴볼 것이다. 전자는 이 절 나머지 부분에서, 그리고
후자는 다음 절에서 살펴볼 것이다.

   범위를 적절하게 제시하지 않는다는 것은 가설이 말하는 체계의 유
형, 즉 어떤 체계가 기능적 요건을 만족시키게 될 특성을 나타낸다고
하는 상황의 범위(허용의 범위)를 정확히 제시하지 않는다는 의미이
다. 예를 들어 머턴의 정식화는 제안된 정식화가 어떤 사회체계와 상
황에 적용되는지를 구체적으로 말해주지 않는다. 따라서 지금 그대로

---

28) Malinowski, *A Scientific Theory of Culture, and Other Essays, op. cit.*,
     p. 67.
29) Henry A. Murray and Clyde Kluckhohn, “Outline of a Conception of
     Personality”, in Clyde Kluckhohn and Henry A. Murray, eds.,
     Personality in Nature, Society, and Culture(New York: Knopf, 1950),
     pp. 3~32. p. 7에서 인용. 원저자의 강조.

라면 그것을 경험적으로 테스트하거나 예측하는 데 쓸 수 없다.

래드클리프브라운이 잠정적으로 제시한 일반화도 비슷한 단점을 지닌다. 그것은 명시적으로 모든 사회를 다 언급하고 있지만, 사회의 생존이 일어나게 되는 조건은 아주 불확정적인 ‘예외’조항으로 제한되어 있어서, 일반화를 분명하게 테스트할 수 있는 여지가 전혀 없다. 심지어 예외조항을 이용해, 제안된 일반화를 모든 생각할 수 있는 반입증에 맞서 옹호할 수도 있다. 만약 특정 사회집단이 ‘사멸한다’면, 바로 이 사실은 파괴력이 래드클리프브라운이 말했던 호주 부족의 경우만큼 강력했음을 보여준다고 주장할 수도 있기 때문이다. 물론 이런 방법론적인 전략을 체계적으로 사용하게 되면, 그 가설은 은연중의 동어반복으로 바뀌고 말 것이다. 이렇게 되면 그 가설의 참을 보장할 수는 있겠지만, 그 가설은 경험적 내용을 지니지 못하게 된다는 대가를 치러야 한다. 그렇게 이해할 경우, 그 가설은 설명을 하거나 예측을 하는 데 전혀 쓰일 수 없다.

다음과 같은 말리노프스키의 주장에 대해서도 비슷한 식의 논평을 할 수 있다. 여기서 우리는 불분명하게 표현된 단서조항을 고딕으로 적었다. “우리가 막 무너지려고 하거나 완전히 파괴된 것이 아니라 정상적으로 진행되고 있는 어떤 문화를 생각해 본다면, 우리는 필요와 반응이 직접적으로 연관되어 있고 서로 조율되고 있음을 알게 된다.”[30]

확실히 래드클리프브라운과 말리노프스키의 정식화를 은연중의 동어반복으로 이해할 필요는 없으며, 이들은 분명히 그것들을 경험적 주장으로 의도했을 것이다. 하지만 이 경우 단서조항이 모호하기 때문에, 이것은 설명이나 예측에 사용될 수 있는 경험적 가설의 지위를 지니지 못한다.

---

30) Malinowski, *A Scientific Theory of Culture, and Other Essays, op. cit.*, p. 94.

6. 기능주의의 용어와 가설이 지닌 경험적 의미

자동조절의 가설이 과학적 역할을 제대로 할 수 없게 되는 두 번째 흠은 '필요', '적절한(제대로의) 기능'[31]과 같은 기능적 분석의 핵심용어를 비경험적 방식으로 사용한다는 데 있다. 다시 말해 이들 용어를 분명하게 '조작적으로 정의'하지 않고, 좀더 일반적으로 말해, 이들 용어가 적용되는 객관적 기준을 구체적으로 제시하지 않은 채 사용한다는 데 있다.[32] 기능주의의 용어를 이런 식으로 사용하게 되면, 그런 용어가 나오는 문장은 명확한 경험적 의미를 지니지 못하게 된다. 그것들로는 아무런 특정 예측도 할 수 없으며, 그래서 객관적인 테스트에 부칠 수도 없고, 물론 설명목적에 사용할 수도 없다.

이런 점을 고려해 보는 것이 아주 중요한데, 그 이유는 기능주의의 핵심용어가 자동조절의 가설뿐만 아니라 (4.1), (4.3), (5.1)의 유형 (a), (b), (d)와 같은 아주 다양한 유형의 기능주의 문장에도 나오기 때문이다. 기능주의의 용어를 비경험적으로 사용하게 되면, 이들 여러 종류의 문장이 과학적 가설의 지위를 잃게 될 수가 있다. 이제 몇

31) 현대 논리학의 관행에 따라 우리는 용어(term)를 일정한 유형의 낱말이나 언어적 표현으로 이해하며, 어떤 용어가 개념을 표현한다거나 나타낸다고 말할 것이다. 예를 들어 우리는 '필요'라는 용어는 필요라는 개념을 나타낸다고 말할 것이다. 이런 예가 보여주듯이, 우리는 언어적 표현을 지시하거나 언급하기 위해 그 표현을 인용부호 안에 넣어 만든 이름을 사용한다.

32) 경험과학에서 사용되는 용어의 적용에 관한 '조작적' 기준의 본성과 의의를 일반적으로 논의하고 있거나 이 주제와 관련해 추가로 참조할 수 있는 문헌들은 다음과 같다. C. G. Hempel, *Fundamentals of Concept Formation in Empirical Science*(University of Chicago Press, 1952), 5~8절 참조. 그리고 조작주의의 현 상태에 대한 심포지엄에서 발표된 G. Bergmann, P. W. Bridgman, A. Grunbaum, C. G. Hempel, R. B. Lindsay, H. Margenau, 그리고 R. J. Seeger의 논문 참조. 이 논문들은 Philipp G. Frank, ed., *The Validation of Scientific Theories*(Boston: The Beacon Press, 1956)의 2장을 이루고 있다.

가지 예를 보기로 하자.

　먼저 '기능적 필수요건'과 '필요'라는 용어를 생각해 보자. 이들 용어
는 기능주의의 문헌에서 대략 동의어로 사용되며, '기능'이란 용어 자
체를 정의하는 데 쓰인다. "모든 기능적 분석에는 관찰되고 있는 체계
의 기능적 요건에 대한 어떤 견해가 암묵적이든 명시적이든 들어 있
다. "[33] 사실 "〔기능의〕 정의는 인간의 제도와 이 안에서 이루어지는
부분적 활동이 일차적인 필요, 즉 생물학적 필요나 또는 파생적 필요,
즉 문화적 필요와 결부되어 있음을 보이는 것으로 이루어진다. 따라서
기능은 언제나 필요의 충족을 의미한다. …"[34]

　이런 필요 개념을 어떻게 정의할 수 있을까? 말리노프스키가 한 가
지 명확한 대답을 제시해 주고 있다. "나는 필요가 인간 유기체에서,
문화적 여건에서, 이 둘과 자연환경과의 관계에서, 집단과 유기체가
생존하는 데 필요하고 충분한 조건들의 체계라고 생각한다. "[35] 이 정
의는 분명하고 간단해 보인다. 하지만 이것은 말리노프스키 자신이 사
용하는 필요 개념과 딱 맞지는 않는다. 왜냐하면 그는 서로 다른 여러
필요들을 구분하고 있는데, 이는 아주 정당하기 때문이다. 필요는 크
게 보아 두 부류, 일차적인 생물학적 필요와 파생적인 문화적 필요로
나누어진다. 후자에는 "기술적, 경제적, 법적, 심지어 주술적, 종교
적, 윤리적"[36] 필요가 포함된다. 그러나 이들 필요 가운데 각각의 하
나가 실제로 생존의 필요조건일 뿐만 아니라 충분조건이기도 하다면,
분명히 단 한 가지 필요를 충족하는 것으로도 생존을 보장하기에 충분
할 것이며, 다른 필요들은 생존의 필요조건이라 할 수 없을 것이다.

---

33) Merton, *op. cit.*, p. 52.
34) Malinowski, *A Scientific Theory of Culture, and Other Essays*, *op. cit.*,
　　p. 159.
35) Malinowski, *ibid.*, p. 90.
36) Malinowski, *ibid.*, p. 172, 또한 *ibid.*, pp. 91 이하 참조.

따라서 말리노프스키는 한 집단의 필요를 개별적으로는 생존에 필수적
인 조건이지만 합쳐지면 생존에 충분조건인 조건들의 집합으로 이해하
고자 했다고 할 수 있을 것 같다.[37]

하지만 작은 논리적 결함을 이렇게 고친다 하더라도, 말리노프스키
의 정의에 들어 있는 좀더 심각한 결함을 없앨 수는 없다. 그 결함은
'집단과 유기체의 생존'이라는 구절이 마치 겉보기에는 아주 명쾌한 듯
이 보이지만 사실은 그렇지 않다는 데 있다. 생물학적 유기체와 관련
해, 생존이라는 용어는 좀더 분명히 할 필요가 있기는 하지만, 꽤 분
명한 의미를 지닌다. 왜냐하면 우리가 생물학적 필요나 요건 — 가령
성인이 하루에 섭취해야 할 여러 비타민과 미네랄의 일일 최소요구량
— 이라고 말할 때, 우리는 이를 그냥 겨우 생존하기 위한 조건이 아
니라, '정상적인' '건강한' 상태를 유지하거나 그런 상태로 되돌아가기
위한, 또는 그 체계가 제대로 기능하는 전체가 되는 상태로 돌아가기
위한 조건으로 이해하기 때문이다. 따라서 기능주의자들의 가설을 객
관적으로 테스트할 수 있도록 하려면, 필요나 기능적 요건에 대한 정
의를 보충해서 문제의 체계가 건강한 상태나 정상적으로 작동한다는
것이 무엇인지를 정하는 분명한 객관적 기준을 마련해야 한다. 그리고
생존이라는 모호하고 불명확한 개념도 구체적으로 명시된 것과 같은
건강한 상태에서의 생존이라는 상대적 의미로 이해되어야 한다. 그렇

---

37) 몇몇 대목을 살펴보면, 말리노프스키는 집단이나 유기체의 생존에 적어도
    필수적인 조건의 만족이라는 의미의 기능 개념을 버리는 것으로 보인다. 예
    를 들어 본문에서 방금 인용한 두 구절이 들어 있는 글에서 말리노프스키는
    복잡한 어떤 문화적인 성취물의 기능에 대해 다음과 같이 평하고 있다. "비
    행기나 잠수함 또는 증기기관을 예로 들어보자. 분명히 사람들이 날 필요는
    없으며, 물고기와 교류할 필요도 없고, 해부학적으로 적합하지도 않고 생리
    학적으로 준비되어 있지도 않은 어떤 매질[즉 물] 속을 돌아다닐 필요도 없
    다. 따라서 이런 발명품의 기능을 정의할 때, 우리는 형이상학적으로 필연
    적이란 의미에서 이런 것들이 나타나게 되었다고 설명할 수는 없다"(*Ibid.*,
    pp. 118~119).

지 않으면, 탐구자가 달라짐에 따라 기능적 요건이란 개념을 — 그 결과 기능이란 개념을 — 다른 방식으로 사용할 위험이 있으며, 논의되는 유형의 체계가 '진정으로' 생존하는 데 가장 '본질적'인 요소가 무엇인지를 두고 견해가 여러 가지로 갈라짐에 따라 평가상의 함축도 달라질 위험이 있다.

심리학, 사회학 및 인류학에서의 기능적 분석의 경우에는 여기서 말한 형태의 객관적인 경험적 기준을 마련하는 일이 좀더 시급하다. 왜냐하면 필요를 개인의 심리학적 또는 정서적 생존이나 집단의 생존을 위한 필요조건이라고 설명하는 것은 너무 모호해서 받아들이기 어려우며, 사실 아주 다양한 주관적 해석을 초래하기 때문이다.

'생존'이란 용어는 명료하다고 하는 잘못된 인상을 주는데, 이 용어를 사용하지 않고 기능적 요건이나 기능이란 개념을 설명하는 학자들도 있다. 한 예로 머턴은 다음과 같이 말한다. "기능은 주어진 체계가 적응(adaptation) 하거나 조절(adjustment) 하기 위해 하는 관찰된 결과들이다. 역기능은 그 체계의 적응이나 조절을 어렵게 하는 관찰된 결과이다."[38] 래드클리프브라운은 어떤 항목의 기능을 어떤 형태의 사회체제의 통합을 유지하는 데 기여하는 것이라고 서술한다. "여기서 우리는 기능적 통합이란 말을 할 수 있다. 우리는 그것을 그 사회체제의 모든 부분들이 아주 조화롭거나 내적으로 일관된 조건, 즉 해소될 수 없거나 통제될 수 없는 갈등을 지속적으로 야기하지 않고 상호 협력하는 조건으로 정의할 수 있다."[39] 그러나 생존을 통해 정의한 것과 마찬가지로 이런 식으로 달리 서술하더라도, 시사하는 바가 있기는 하지만 기능적 분석의 핵심용어는 여전히 분명한 경험적 의미를 지니기 어렵다. 예를 들어, 적응과 조절이라는 개념은 어떤 기준을 구체적으로 필요로 한다. 그런 기준이 없다면 그런 개념은 명확한 의미를 지니지

---

38) Merton, *op. cit.*, p. 51. (원저자의 강조.)
39) Radcliffe-Brown, *op. cit.*, p. 181.

못하며, 동어반복적으로 사용되거나 아니면 평가상의 함축을 지니고
주관적으로 사용될 위험이 있다.

(기능주의의 핵심용어를) 동어반복으로 쓰는 일은 주어진 체계의 반
응을 모두 적응으로 이해하는 데 기초해 있다. 이 경우 임의의 체계가
임의의 어떤 상황에 적응하리라는 것은 사소한 진리가 되고 만다. 다
음 주장에서 볼 수 있듯이, 기능적 분석의 몇몇 예는 이런 절차에 아
주 가까워 보인다. "그래서 우리는 자살과 다른 수많은 분명히 반생물
학적인 결말들을 참을 수 없는 고통에서 벗어나는 아주 여러 형태의
구원으로 설명하게 된다. 자살은 **적응적**(생존) 가치를 지니지 않지만,
그것은 그 유기체에게 **조절적** 가치를 지닌다. 자살은 고통스런 긴장을
없애주기 때문에 **기능적이다.** "40)

아니면 기능적 분석의 가정 가운데 하나에 대한 머턴의 정식화를 생
각해 보자. "… 현존하는 사회구조가 갖는 **결과들의 총합의 순 수지**(*net
balance*) 가 분명히 역기능적일 경우, 강하고 지속적인 변동압력이 증가
하게 된다. "41) 적응에 대한 분명한 경험적 기준이 없고 역기능에 대해
서도 그런 것이 없을 경우, 이 정식화는 은연중의 동어반복으로 여겨
질 수 있으며, 그래서 그것은 경험적으로 반입증될 수도 없다. 머턴은
그런 위험을 분명히 알고 있다. 다른 맥락에서 그는 주어진 체계의 기
능적 요건이란 개념은 "기능론에서 가장 불분명하고 경험적으로 논란
의 여지가 많은 개념 가운데 하나이다. 사회학자들이 쓸 때, 기능적
요건이란 개념은 동어반복이거나 사후 정당화인 경향이 있다"42)고 말
한다. 말리노프스키43)나 파슨스44)와 같은 사람도 기능적 요건을 동어

40) Murray and Kluckhohn, *op. cit.*, p. 15. (원저자의 강조.)
41) Merton, *op. cit.*, p. 40.
42) Merton, *op. cit.*, p. 52.
43) 예를 들어 Malinowski, *A Scientific Theory of Culture, and Other Essays,
op. cit.*, pp. 169~170을 참조. 또한 이것과 같은 책의 pp. 118~119를 비교

반복적 의미로 사용하는 것과 그에 관한 임시방편적인 일반화에 반대
하는 목소리를 낸 바 있다.

조절이나 적응에 대한 경험적 기준이 없을 경우, 각 연구자들은 이
들 개념(그래서 기능이란 개념에 대해서까지)에 주어진 체계의 '적절한'
혹은 '좋은' 조절이 무엇일지에 대해 자기 나름의 고유한 윤리적 기준을
투사할 위험도 있다. 이 위험은 레비가 분명하게 지적한 바 있다.[45]
이렇게 되면 분명히 기능주의의 가설은 정확하게 객관적으로 테스트가
능한 과학적 주장의 지위를 잃게 된다. 머턴이 잘 알고 있듯이, "이론
이 생산성이 있으려면, 그것은 **결정할 수 있을** 만큼 아주 **정확해야** 한
다. 정확성은 테스트가능성 기준의 가장 중요한 요인이다".[46]

기능적 분석이 과학적 절차가 되려면, 기능적 분석의 핵심개념들은
생존이나 적응의 기준에 상대적인 것으로 이해되어야 한다. 각각의 기
능적 분석은 이런 기준을 구체적으로 제시해야 하는데, 그 기준은 대
개 사례마다 다를 것이다. 주어진 체계 s를 기능적으로 탐구할 때, s
의 가능한 상태의 집합이나 범위 R을 적시해 그 기준을 마련할 수 있
다. 이때 s가 '제대로 작동하면서 생존하고 있다'고 여기거나 '변화하는
조건에서 적절히 적응하고 있다'고 여기는 경우는 다만 s가 범위 R 이
내의 어떤 상태에 있거나, 교란이 일어났을 경우 그런 상태로 되돌아
오는 때라고 이해될 것이다. 그 경우 R에 상대적인 체계 s의 필요나
기능적 요건은 그 체계가 R의 어떤 상태로 유지되거나 또는 그 상태로

해 보라.

44) 예를 들어 T. Parsons, *The Social System*(New York: The Free Press, 1951), p. 29, n. 4 참조.

45) Marion J. Levy, Jr., *The Structure of Society*(Princeton: Princeton University Press, 1952), pp. 76 이하.

46) R. K. Merton, "The Bearing of Sociological Theory on Empirical Research" in Merton, *Social Theory and Social Structure*, *op. cit.*, pp. 85~101; 98에서 인용. (원저자의 강조.)

되돌아가기 위한 필요조건일 것이다. R에 상대적으로, s에서 항목 i
의 기능은 i가 그런 어떤 기능적 요건을 충족시키는 효과를 갖는다는
것이다.

생물학 분야에서 적응과 조화 및 이와 관련된 개념에 대한 좀머호프
의 분석은 기능주의의 핵심용어들을 아주 명시적으로 상대화한 형식적
탐구의 좋은 예이다. 47) 네이글도 그런 상대화가 필요하다는 주장을 한
바 있다. 그는 "주어진 변화가 기능적이라거나 역기능적이라는 주장은
적시된 G (또는 G의 집합)에 상대적인 것으로 이해되어야 한다"48) 고 지
적했다. 여기서 G는 어떤 특성을 보존한다는 점이 적응이나 생존을 정
의하는 기준으로 쓰이는 그런 특성들이다. 사회학에서는 사회구조에
대한 레비의 분석49) 이 기능주의의 핵심용어들을 방금 대략 설명한 의
미에서 상대적인 것으로 해석하는 것이라고 할 수 있다.

그러므로 기능적 분석의 핵심개념이 상대화되어야만, 이들을 포함
하는 가설이 일정하고 객관적으로 테스트가능한 가정이나 주장이 될
수 있다. 그때에만 이들 가설은 (4.1), (4.3), (5.1)에서 도식화된
논증에서 유의미하게 쓰일 수 있다.

하지만 그런 상대화를 통해 이들 논증에서 전제나 결론으로 쓰이게
될 기능주의의 가설이 일정한 경험적 내용을 지니게 된다고 하더라도,
이런 가설이 지니게 될 설명적 의미와 예측적 의미는, 4절과 5절에서

---

47) G. Sommerhoff, *Analytical Biology* (New York: Oxford University Press,
   1950) 참조.
48) Nagel, "A Formalization of Functionalism", *op. cit.*, p. 269. 또한 같은 논
   문의 결론 부분(pp. 282~283) 도 참조.
49) 레비는 통일체 (즉 체계)의 순기능과 역기능이란 말을 하며, 이들 개념을 '정
   의된 통일체'에 상대적인 것으로 서술하고 있다. 그는 그런 상대화가 필요한
   이유는 "그 통일체를 지속하게 하거나 지속하지 못하게 하는 '적응이나 조절'
   이 일어나고 있는지 여부를 정할 때, 우리는 통일체의 정의에 의존해야 하
   기 때문"이라고 지적하고 있다 (Levy, *ibid.*, pp. 77~78).

우리가 본 대로 여전히 제한적이다. 이들 논증이 지닌 논리적 효력에 대한 최종판단은 이들이 지닌 형식적 구조에만 의존하지 전제나 결론의 의미에는 의존하지 않기 때문이다.

따라서 기능적 분석을 적절히 상대화할 경우라도, 이것이 지닌 설명력은 여전히 아주 제한적이다. 특히 그렇게 하더라도 왜 기능적으로 등가물인 다른 어떤 것이 아니라 특정 항목 i가 체계 s에서 발생하는지를 설명해 주지 못한다. 기능적 분석은 실제적으로는 예측의 의미가 거의 없다. 다만 자동조절이라는 적절한 가설이 확립될 수 있는 경우에는 예외이다. 그런 가설은 다음과 같은 형태가 될 것이다. 어떤 적시된 범위의 상황에서, 주어진 체계 s(또는 s가 하나의 사례인 일정 유형의 체계 S)는 적시된 범위의 상태 R에서 자동조절적이다. 다시 말해, s를 R 밖의 상태로 움직이게 한 교란이 일어났지만 s의 내적·외적 상태가 적시된 범위 C를 완전히 벗어나지 않았을 경우, 체계 s는 R의 어떤 상태로 되돌아갈 것이다. 이런 유형의 가설을 만족시키는 체계를 R에 **상대적으로 자동조절적**이라 불릴 수 있을 것이다.

이와 같은 자동조절의 예를 생물학적 체계에서 여러 가지 찾아볼 수 있다. 예를 들어 우리는 앞에서 히드라의 재생력을 언급했다. 히드라의 비교적 큰 부분을 잘라내고, 그 나머지가 온전한 히드라로 다시 자라는 경우를 생각해 보자. 여기서 집합 R은 온전한 히드라가 속하는 상태들로 이루어진다. 범위 C의 서술에는 다음이 포함될 것이다. (i) 히드라가 그런 재생력을 갖기 위한 물의 온도와 화학성분에 대한 자세한 규정(분명히 이는 단 한 가지 형태의 복합물만은 아닐 테고, 서로 다른 복합물들의 집합일 것이다. 예를 들어, 어떤 규정된 좁은 범위이긴 하지만 소금의 농도는 서로 다를 수 있을 것이다. 물의 온도에 관해서도 같은 사실이 성립한다)과 (ii) 재생이 되도록 자를 수 있는 부분과 크기에 관한 진술이 그것이다.

심리학과 사회과학에서 기능적 분석의 과제 가운데 가장 중요한 것은 자동조절과 같은 현상이 정확히 어느 정도로 발견되며, 상응하는 법칙에 의해 어느 정도까지 그것을 나타낼 수 있는지를 알아보는 것이다.

7. 기능적 분석과 목적론

이런 노선을 따라 탐구했을 때 발견될 특정 법칙이 어떤 것이든, 이를 통해 할 수 있는 설명이나 예측의 유형은 논리적 성격상 물리과학의 그것과 다르지 않다.

기능주의의 탐구의 성공적인 결과물이 될 자동조절의 가설이 목적론적 성격을 지니는 것 같다는 점은 사실이다. 왜냐하면 그것들은 적시된 조건에서 어떤 특정 유형의 체계는 집합 R에 있는 어떤 상태로 나아가는 경향이 있다고 주장하며, 이는 그 체계의 행위를 결정하는 목적인(_final cause_)의 존재를 가정하는 것으로 보이기 때문이다.

그러나 우선 R과 관련해 자동조절 체계 s에 대해, R(의 상태)로 되돌아가는 미래 사건이 그것의 현재 행위를 결정하는 '목적인'이라고 말하는 것은 설득력이 없다. 왜냐하면 s가 R과 관련해 자동조절적이고 현재 R 밖의 상태에 있다고 하더라도, R로 되돌아가는 미래 사건이 결코 발생하지 않을 수도 있기 때문이다. R로 되돌아가는 과정에서, s가 또 다른 교란에 직면할 수도 있고, 그래서 허용될 수 있는 범위 C를 벗어나 s의 파멸로 끝날 수도 있기 때문이다. 예를 들어 방금 촉수를 제거한 히드라의 경우, 일정한 재생과정이 바로 시작될 것이다. 하지만 이 과정을 다시 온전한 히드라가 되는 미래 사건이라는 목적인을 통해 목적론적으로 설명할 수는 없다. 왜냐하면 그 〔미래〕 사건이 실제로는 결코 일어나지 않을 수도 있기 때문이다. 재생의 과정에서 그리고 완전한 히드라가 되기 전에, 그 히드라가 회복불가능할 정도로 심한 손상을 새로 입어 죽을 수도 있다. 그러므로 자동조절 체계 s의 현재 변화를 설명하는 것은 R에 있는 s의 '미래 사건'이 아니라, 도리어 R로 되돌아가고자 하는 s의 **현재 성향**이다. 바로 이 성향이 체계 s를 지배하는 자동조절의 가설로 표현된 것이다.

기능주의의 설명이나 예측에 어떤 목적론적 성격을 부여하든, (적절하게 상대화된) 자동조절의 가설에 의존하는 이유는 그런 가설이 일정한 유형의 상태를 유지하거나 그것으로 되돌아가려는 경향이 있음을 주장하기 때문이다. 그러나 이른바 특정 유형의 체계에 목적 지향적인 특수한 행위를 귀속시키는 법칙을 물리학이나 화학에서 전혀 찾아볼 수 없는 것은 결코 아니다. 도리어 이들 분야에서도 자동조절 체계와 그에 상응하는 법칙의 예를 아주 많이 볼 수 있다. 예를 들어 도관의 액체는 기계적인 교란 이후에 표면이 수평을 이루는 평형상태로 되돌아간다. 탄성이 있는 고무는 (어떤 한도 안에서) 당긴 후 놓으면 원래 형태로 되돌아간다. 속도가 조절기에 의해 규제되는 증기기관이나 자동추적 어뢰, 자동조정 장치에 의해 움직이는 비행기와 같이 음성 피드백 장치(*negative feedback device*)에 의해 조절되는 여러 체계는 일정한 한계 안에서 어떤 특정 상태 집합에 상대적인 자동조절의 사례이다.

이런 모든 사례에서 문제의 체계가 드러내는 자동조절의 법칙은 좀 더 분명히 인과적 형태를 띤 일반법칙 아래 포섭해서 설명될 수 있다. 그러나 이것은 본질적이지도 않다. 왜냐하면 자동조절의 법칙 자체가, 특정 유형의 체계에 대해 서로 다른 최초상태의 집합 가운데 임의의 하나(허용할 만한 교란상태에 있는 임의의 하나)는 같은 종류의 최종상태를 낳는다는 것을 주장한다는 넓은 의미에서 인과적이기 때문이다. 사실 앞에 나온 정식화가 보여주듯이, 자동조절의 가설을 포함해 기능주의의 가설은 목적론적인 용어들을 전혀 사용하지 않고도 표현될 수 있다. [50]

---

50) '목적론적 설명', 특히 자동조절 체계와 관련된 목적론적 설명이 지닌 다른 문제들에 대한 좋은 논의로는 R. B. Braithwaite, *Scientific Explanation*

그렇다면 자연과학의 가설과 이론 및 이에 근거한 설명과 예측에서는 찾아볼 수 없는 고유한 성격이 기능적 분석에 있다고 주장할 아무런 체계적 근거도 없다. 하지만 심리적으로 기능이란 개념은 자주 목적이라는 개념과 밀접히 결부되고, 일부 기능주의 저작에서는 실제로 의도적 행위를 나타내는 데 쓰이는 어휘들을 체계의 자동조절적 행위에 적용함으로써 이런 연관성을 조장해 왔다. 예를 들어 프로이트는 불안과 신경증적 증상의 관계에 대해 말하면서, 아주 강한 목적론적 언어를 사용하고 있다. "그 증상은 위기상황에서 자아를 없애기 위해 또는 구하기 위해 생겨난다"[51]고 그는 말한다. 3절에 나온 인용문은 또 다른 예가 된다. 사회학 및 인류학의 저작에서 볼 수 있는, 기능 개념과 목적 개념을 뒤섞고 있는 몇 가지 시사적인 예를 머턴이 나열한 바 있는데, 그는 이런 관행을 아주 단호하게 거부했던 사람이다. [52]

기능 개념이 목적 개념과 이런 심리적 연관성을 지니고 있기 때문에, 체계적인 근거가 전혀 없는데도 기능적 분석은 겉보기에 설명방식으로서 호소력과 설득력을 지닌 것처럼 보인다. 그 이유는 마치 우리가 자신의 목적에 따른 행위와 다른 사람의 목적에 따른 행위를 목적이나 동기에 의해 '이해'하듯이, 모든 종류의 자동조절 현상도 목적이나 동기에 의해 '이해'할 수 있을 것처럼 보기 때문이다. 그런데 의도적 행위나 그런 행위의 결과의 경우에는 동기나 목적에 의한 설명이

(Cambridge: Cambridge University Press, 1953), 10장; 그리고 E. Nagel, "Teleological Explanation and Teleological Systems" in R. Ratner, ed., *Vision and Action: Essays in Honor of Horace Kallen on His Seventieth Birthday* (New Brunswick, N. J.: Rutgers University Press, 1953); reprinted in H. Feigl and M. Brodbeck, eds., *Readings in the Philosophy of Science* (New York: Appleton-Century-Crofts, Inc., 1953) 참조.

51) Freud, *op. cit.*, p. 112.

52) Merton, "Manifest and Latent Functions", *op. cit.*, pp. 23~25, 60 이하.

아주 적절할 수도 있다. 이런 형태의 설명은, 주어진 행위의 인과적 선행조건이나 결과 가운데 행위자의 입장에서의 어떤 목적이나 동기를 나열하고 이런 목표를 달성하기 위해 그가 할 수 있는 최선의 수단에 대한 신념을 나열한다는 점에서 인과적 성격을 띠고 있다. 그래서 목적과 신념에 관한 이런 종류의 정보를 인간이 만든 인공적인 산물에서 나타나는 자동조절적 특징을 설명하는 데도 출발점으로 삼을 수 있다. 예를 들어, 증기기관에서 조절기(제어기)의 존재를 설명하고자 할 때, 이것을 발명한 사람이 그것에 의해 의도하고자 한 목적과, 물리학의 문제에 관한 그 사람의 믿음, 그리고 그가 쓸 수 있었던 기술설비 등을 거론하는 것이 아주 합당할 수도 있다. 그런 설명은 아마도 그런 자동장치의 존재에 대한 확률적 설명을 제공해 줄 수도 있을 것이다. 하지만 그것은 왜 그것이 속도를 규제하는 안전장치로 기능하는지를 설명하지는 못한다. 후자의 문제를 설명하기 위해서는 그 기계의 구조와 물리법칙을 거론해야 하는 것이지 그것을 만든 사람의 의도나 믿음을 거론해서는 안 된다. (실제로는 의도된 대로 기능하지 않는 항목도 동기나 믿음에 의해 설명될 수 있다. 어떤 미신적인 관행이나 실패로 끝난 비행장치나 효과가 없는 경제정책 등이 그런 예이다.) 게다가 — 이 점이 우리 맥락에서 아주 중요한 점인데 — 기능적 분석의 영역 안에 속하는 대부분의 자동조절적 현상들에 목적을 귀속시키게 되면, 그것은 목적이란 개념을 유의미하게 적용할 수 있는 영역을 벗어나 아무런 객관적인 경험적 의미도 없는 영역으로 부당하게 넘기는 것이다. 개인이나 집단의 의도적 행위의 경우, 그 상황에서 실제로 그렇게 가정된 동기나 목적이 있었는지를 알 수 있는 여러 가지 방법이 있다. 문제의 그 사람을 인터뷰하는 것은 아주 직접적인 방식이 될 터이고, 좀더 간접적인 성격을 지닌 여러 가지 다른 대안적인 '조작적' 절차들도 있다. 따라서 이 경우는 목적에 의한 설명가설을 객관적으로 테스트할 수 있다. 하지만 다른 자동조절 체계의 경우에는 그런 경험적 기준이 없으며, 따라서 그것에 목적을 귀속시키는 것은 아무런 과학적 의미도 없다. 그런데도 마치 심오한 이해를 얻게 되었으며, 우리가 이런 과정을 통해 이들을 일상경험에 아주 친숙한 행위유형과 비슷한 것으로 만들어 줌으로써, 이런 과정의 본성에 대한 통찰을 얻게 된다는 환상을 조장하는 경향이 있다. 예를 들어 사회학자 굼플로비치가 자연적인 영역뿐만 아니라 사회적인 영역에도 성립한다고 주장한 '분명한 목적에로의 적응' 법칙을 생각해 보자. 사회영역에 대해 그것은 "모든 사회적 성장과 모든 사회적 실체는, 그 가치와 도덕성이 아무리 의심스럽다 하더라도, 일정한 목적에 이바지한다. 왜냐하면 적응의 보편법칙은 노력을 기울인다거나 조건을 변화시키는 것은 모두 현상의 영역에 대한 어떤 목적 때문이라는 것을 나타내 주기 때문이다. 따라서 모든 사회적 사실과 조건이 지닌 내재적 합당성을 인정해야 한다".[53] 여기에는 이른바 그 법칙을 통해 우리가 어떤 목표를 달성하기 위한 목적에 따른 행위와 아주 비슷하게 사회 동역학을 이해할 수 있다고 하는 강한 암시가 들어 있다. 하지만 이 법칙은 경험적 의미가 전혀 없다. 왜냐하면 '목표'나 '목적이 없음', '내재적인 합당성' 등과 같은 핵심용어를 어떤 맥락에 적용할 수 있을지를 말해주는 경험적 해석이 전혀 제시되어 있지 않기 때문이다. 따라서 그 '법칙'은 아무것도 주장하지 않으며, 그에 따라 아마도 어떠한 사회(또는 다른) 현상도 설명할 수 없을 것이다.

굼플로비치의 책은 말리노프스키나 다른 주도적인 기능주의자들의 저술보다 수 세대 전에 나온 것이고, 최근 사람들은 분명히 좀더 조심스럽고 정교하게 자신들의 생각을 진술하고 있다. 하지만 최근 기능주의자의 저작에서도 기능적 현상을 목적에 따른 계획적 행위의 틀에 의

---

53) L. Gumplowicz, *The Outlines of Sociology*, trans. by F. W. Moore (Philadelphia: American Academy of Political And Social Science, 1899), pp. 79~80.

해 이해하거나 미리 예상된 계획에 따라 작동하는 체계로 이해한다는
점에서 굼플로비치의 정식화를 분명히 연상시키는 주장들을 볼 수 있
다. 다음 진술이 그런 예이다. "〔문화〕는 모든 부분들이 목표를 위한
수단으로 존재하는 대상, 활동, 행위들의 체계이다."54) 그리고 "문화
에 대한 기능적 견해는 모든 유형의 문명에서 관습, 물질적 대상, 관
념, 믿음은 어떤 중요한 기능을 수행하며, 수행해야 할 어떤 과제를
지니며, 작동하는 전체 안에서 필수 불가결한 부분을 나타내 준다는
원리를 주장한다". 55) 이러한 진술은 머턴이 중요한 논의에서 보편기
능주의의 공준이라 부른 것을 표현해 주고 있다. 56) 머턴은 이 공준이
아직은 미성숙한 것이라고 말한다. 57) 앞의 논의에 비추어 볼 때, 기
능주의의 핵심용어에 대한 분명한 경험적 해석이 없을 경우, 이것은
경험적으로 아무런 내용도 지니지 못한다. 하지만 이런 식으로 정식화
하게 되면, 사회·문화적 발전을 목적에 따른 행위와 유사한 것으로
볼 수 있게 되고, 바로 이 의미에서 그것을 우리가 아주 익숙하다고
느끼는 현상으로 환원시킬 수 있기 때문에, 그것들을 통찰하고 이해한
다는 느낌을 갖게 된다. 하지만 과학적 설명과 이해는 단순히 익숙한
것으로의 환원이 아니다. 만약 그렇다면, 과학은 익숙한 현상을 설명
하려고 하지도 않았을 것이다. 게다가 세계에 대한 우리의 과학적 이
해에서는, 때로 마치 양자이론처럼 직접 관찰될 수 없고, 때로는 아주
이상하고 심지어 역설적이기까지 한 특성을 지니고, 전혀 익숙하지 않
은 어떤 종류의 대상이나 과정을 가정하는 새로운 이론을 통해 가장
중요한 진전이 이루어지기도 한다. 한 부류의 현상은 그것들이 테스트

54) Malinowski, *A Scientific Theory of Culture, and Other Essays, op. cit.*, p. 150.
55) Malinowski, "Anthropology", *op. cit.*, p. 133.
56) Merton, "Manifest and Latent Functions", *op. cit.*, pp. 30 이하.
57) *Ibid.*, p. 31.

가능한, 적절히 입증된 이론이나 법칙체계에 맞는 범위 안에서 과학적
으로 이해되어 왔다. 기능적 분석의 이점은 결국 이런 식의 이해를 제
공해 줄 수 있느냐에 따라 판단되어야 할 것이다.

8. 기능적 분석의 발견적 역할

앞 절의 논의를 통해, 때로 '기능주의'라고 불리는 것은 보편기능주
의의 원리와 같은 엄청나게 일반적인 원리를 전개하는 일련의 교의
(*doctrine*)나 이론이 아니라 도리어 어떤 발견의 준칙이나 '작업가설'을
통해 인도되는 연구 프로그램으로 보는 것이 더 적절하다는 점이 드러
났다. 가령 보편기능주의라는 개념은 — 이는 전면적인 경험적 법칙이
나 이론적 원리로 정식화될 경우 받아들일 수 없는 것인데 — 탐구를
위한 하나의 지침을 표현해 준다고 이해할 수도 있다. 즉 그것은 사회
체계나 다른 체계의 특정한 자동조절의 측면을 탐구하고, 한 체계가
가진 여러 특성이 특정한 방식의 자동조절에 기여하는 방식을 검토하
는 데 쓸 수 있는 지침일 수 있다. (경험적 탐구를 위한 발견의 준칙으
로 보는 것을, 말리노프스키가 제안했듯이 '기능주의의 일반공리'라고 부를
수 있을 것이다. 그는 이것이 모든 관련경험적 증거에 의해 증명된다고 생
각하였다.)58)

예를 들어 생물학에서 기능주의적 접근방식의 역할은 유기체의 모
든 특성은 어떤 필요를 충족시키며 따라서 어떤 기능을 수행한다고 하
는 전면적인 주장에 있는 것이 아니다. 이렇게 일반화할 경우, 그 주
장은 의미가 없거나 은연중의 동어반복이거나 경험적으로 거짓(필요라
는 개념에 대해 분명한 경험적 해석이 주어졌는지에 따라, 또는 동어반복

---

58) Malinowski, *A Scientific Theory of Culture, and Other Essays, op. cit.*,
    p. 150.

적인 방식으로 다루어지고 있는지에 따라, 또는 특정한 경험적 해석이 주
어져 있는지에 따라)이기 쉽다. 대신 생물학에서 기능적 연구의 목적은
예를 들어 어떻게 서로 다른 종에서 특정한 항상성이나 재생과정이 살
아 있는 유기체의 유지와 발달에 기여하는지를 보이는 데 있다. 나아
가 그런 연구는 (i) 이들 과정의 본성과 한계를 점점 더 정확하게 검토
하고(이는 기본적으로 다양한 특정 경험가설이나 자동조절의 법칙을 확립
하는 것에 해당한다) (ii) 배후에 놓인 생리학적 물리화학적 원리를 탐
구하고, 문제의 현상을 좀더 철저하게 이론적으로 이해하기 위한 노력
의 일환으로 그것들을 지배하는 법칙들을 탐구한다. 59) 예를 들어 노
이로제 증상의 형성을 포함해 심리학적 과정의 기능적 측면에 관한 연
구에서도 이와 비슷한 경향이 존재한다. 60)

심리학과 사회과학에서의 기능적 분석도 생물학에서의 기능적 분석
처럼, 적어도 이상적으로는 하나의 탐구 프로그램으로 생각해 볼 수
있다. 그 탐구 프로그램의 목적은 여러 체계가 어떤 측면에서 그리고
여기서 말하는 의미에서 어느 정도로 자동조절적인지를 정하는 데 있
다. 이런 견해는 네이글의 논문 "기능주의의 형식화"61)에 명확히 반영

59) 인간 신체의 항상성 과정을 이런 식으로 접근하는 방법에 관한 설명으로는
Walter B. Cannon, *The Wisdom of the Body* (New York: W. W. Norton
& Company, Inc.: 개정판 1939) 참조.
60) 예를 들어, J. Dollard and N. E. Miller, *Personality and Psychotherapy*
(New York: McGraw-Hill Book Company, Inc., 1950), 11장, "How
Symptoms are Learned", 특히 pp. 165~166 참조.
61) Nagel, "A Formalization of Functionalism", 앞의 책. 또한 네이글의 다음
논문에 포함되어 있는 기능적 분석에 대한 좀더 일반적인 논의를 참조.
"Concept and Theory Formation in the Social Sciences", in *Science,
Language, and Human Rights*, American Philosophical Association,
Eastern Division, Volume 1 (Philadelphia: University of Pennsylvania
Press, 1952), pp. 43~64. J. L. Jarrett and S. M. McMurrin, eds.,
Contemporary Philosophy (New York: Henry Holt & Co., Inc., 1954)에
재수록.

되어 있다. 그 논문은 생물학에서의 자동조절에 대한 좀머호프의 형식적 분석에 영향을 받은 분석도식을 발전시키고 있는 것으로, 좀머호프의 그것과 유사하며, 62) 이를 이용해 특히 사회학과 인류학에서의 기능적 분석의 구조를 명확히 밝히고 있다.

기능주의의 접근방식은 여러 맥락에서 새로운 사실을 알려주며 시사하는 바가 있고 유익한 것으로 드러났다. 이 방법이 지닌 이점이 완전히 발현되려면, 특정한 기능적 관계에 대한 탐구를 아주 정확하고 객관적으로 테스트할 수 있는 가설로 표현할 수 있을 정도까지 계속해 보아야 할 것이다. 적어도 처음에는 이들 가설의 범위가 아주 제한되어 있을 것 같다. 하지만 이것은 생물학에서의 현재 상황과 아주 비슷하다. 거기서도 자동조절의 유형과 이것이 드러내는 일양성은 종마다 다르다. 나중에는 그런 제한된 범위의 '경험적 일반화'가 좀더 일반적인 자동조절 체계의 이론을 위한 토대가 될지도 모른다. 이런 목적이 어느 정도까지 달성될지를 논리적 분석이나 철학적 분석을 통해 선험적으로 정할 수는 없다. 그에 대한 대답은 폭넓고도 엄밀한 과학적 탐구를 통해 찾아야 할 것이다.

---

62) Sommerhoff, *op. cit.*.

| 제 12장 과학적 설명의 여러 측면 | 차 례 |

과학적 설명의 여러 측면†

1. 서 론

다양한 경험과학의 분야에서 지적 탐구를 촉발하고 유지시켰던 많은 요인 중에서 특히 두 가지 관심이 지속적으로 과학적 노력에 대한 일차적 자극이 되었다.

그러한 관심 중 한 가지는 실제적 성격을 갖는다. 사람들은 세계에서 살아남기를 바랄 뿐만 아니라 자신의 전략적 지위를 향상시키기를 원한다. 이 때문에 그들은 자신의 환경에서 변화를 예측하고, 가능하

---

† 이 논문은 이전에 출판된 적이 없다. 그러나 이 글의 일부 내용은 다음 논문에서 인용한 것이다.

"Deductive-Nomological vs. Statistical Explanation," *Minnesota Studies in the Philosophy of Science*, Vol. III, edited by Herbert Feigl and Grove Maxwell. University of Minnesota Press, Minneapolis. Copyright 1962 by the University of Minnesota. 인용된 발췌부분은 출판사의 허락을 받았음. "Explanation in Science and in History," R. Colodny (ed.) *Frontiers of Science and Philosophy*, Pittsburgh: University of Pittsburgh Press, 1962: pp. 9~33. 인용된 발췌부분은 출판사의 허락을 받았음.

"Rational Action," from *Proceedings and Addresses of the American Philosophical Association*, Vol. 35 (1961~1962), pp. 5~23. Yellow Springs, Ohio: The Antioch Press, 1962. 인용된 발췌부분은 미국철학회의 허락을 받았음.

다면 그 변화를 자신에게 유리하게 통제할 수 있는 믿을 만한 방식을 발견할 필요가 있다. 미래의 사건이나 현상의 발생을 예측할 수 있는 법칙과 이론을 형성한 것은 경험과학의 가장 자랑스러운 업적 중 하나이다. 우리가 법칙과 이론을 통해 그러한 예측과 통제를 할 수 있는 범위의 정도는 천문학적 예측에서부터 기상학적, 인구통계학적, 경제학적 예측에 이르기까지, 또한 물리화학적, 생물학적 기술에서부터 심리적, 사회적 통제에 이르기까지 매우 넓은 영역에 실제로 적용되고 있다는 사실을 통해 알 수 있다.

　과학적 탐구에 대한 두 번째 동기는 실제적 관심과는 관련이 없다. 그 동기는 인간의 순수한 지적 호기심, 자신과 세계를 알고 이해하고자 하는 심오하고 지속적인 욕구에 기초를 두고 있다. 실제로 이러한 욕구가 너무 강하기 때문에 더 믿을 만한 지식이 없는 경우 인간은 종종 욕구와 현실 간의 간격을 메우기 위해 신화에 호소하기도 한다. 그러나 시간이 지나면 그러한 신화는 경험적 현상의 본성과 원인에 관한 과학적 개념에 자리를 양보하게 된다.

　경험과학이 제공할 수 있는 설명은 어떤 본성을 갖는가? 설명은 경험적 현상에 대해 어떤 이해를 전달하는가? 이 글에서 나는 이러한 질문들에 대답하기 위해서 경험과학의 여러 영역에서 제공되어 온 몇 가지 주요한 설명유형의 형식과 기능을 상세히 검토할 것이다.

　이 글에서 우리는 '경험과학'과 '과학적 설명'이라는 용어를 자연과학과 사회과학뿐만 아니라 역사적 연구도 포함하는 경험적 탐구의 전체 영역을 일컫는 것으로 이해할 것이다. 그러한 두 용어를 이처럼 넓게 이해하는 것은, 경험적 탐구를 하는 다른 영역들에서 사용되는 절차가 객관성에 대한 근본적 기준을 따른다는 점을 암시하려는 것일 뿐, 그러한 영역 사이에 성립하는 논리적이고 방법론적인 유사점과 차이점의 문제를 섣불리 판단하려는 것은 아니다. 이러한 기준에 따르면, 가설과 이론뿐만 아니라 설명적 목적을 위해 도입한 것들은 공적으로 확인가능한 증거에 의거하여 테스트될 수 있으며, 불리한 증거나 더 적절한 가설이나 이론이 발견될 경우에는 항상 폐기될 수도 있다는 조건에서 수용된다.

과학적 설명은 왜-질문(*why-question*)에 대한 대답으로 간주할 수 있다. 그러한 예로서는 "왜 행성은 태양을 중심으로 타원궤도로 움직이는가?", "왜 달은 하늘 높이 떠 있을 때보다 지평선 가까이 있을 때 더 크게 보이는가?", "왜 레인저 6호*의 텔레비전 장치는 작동하지 않았는가?", "왜 푸른 눈을 가진 부모의 자손은 항상 푸른 눈을 갖는가?", "왜 히틀러는 러시아와 전쟁을 하게 되었는가?" 등이 있다. **설명을 추구하는 질문**(*explanation-seeking questions*)을 제기하는 또 다른 방식이 있다. 우리는 레인저 6호의 텔레비전 장치가 고장이 난 원인은 무엇인지, 무엇 때문에 히틀러가 치명적인 결정을 내리게 되었는지에 대해 물을 수도 있다. 그러나 무엇-질문보다는 왜-질문이, 때로는 어색할 수도 있지만, 과학적 설명을 요청하는 매우 적절한 표준적인 어법이다.

설명의 중심대상인 **피설명항**(*explanandum*)은 종종 우리가 북극광에 대한 설명을 요청할 때처럼 명사로 표현된다. 이러한 유형의 어법은 오직 왜-질문으로 재(再)진술될 수 있을 경우에만 분명한 의미를 갖는다. 그러므로 설명의 맥락에서 북극광은 독특한 일반적 성질들에 의해 규정할 수 있어야 한다. 우리는 그러한 성질들을 명사절로 표현할 수 있다. 예를 들면, 북극광은 보통 북쪽 초고위도 지역에서만 발견된다는 것, 그것은 간헐적으로 발생한다는 것, 11년을 주기로 하는 태양 흑점의 최댓값은 정규적으로 북극광의 빈도와 밝기의 최댓값을 동반한다는 것, 그것은 희박한 대기가스의 특유한 스펙트럼선을 보여준다는 것 등이 있다. 그리고 북극광에 대한 설명을 요청하는 것은 왜 그것이 위에서 말한 방식으로 발생하는지, 왜 그것이 위에서 기술된 것과 같은 물

---

* 레인저 6호는 1964년 1월 30일에 발사된 미국의 무인 달 탐사선으로서 텔레비전 카메라가 고장이 났지만 달 표면에 착륙하는 데는 성공했다.

리적 특징들을 갖는지에 대한 설명을 요청하는 것이다. 실로 북극광, 조수, 일반적 일식이나 특정한 개별적 일식, 어떤 독감 유행에 대해 설명을 요청하는 것은 우리가 문제의 현상에서 어떤 측면이 설명되어야 하는지를 이해하고 있는 경우에만 분명한 의미를 갖는다. 그 경우에 설명이 필요한 문제는 다시 "왜 그것이 p인가?"의 형식으로 표현할 수 있는데, 여기서 'p'의 자리는 피설명항을 구체적으로 기술하는 경험진술로 채워진다. 우리는 이러한 유형의 질문을 **설명을 추구하는 왜-질문** (*explanation-seeking why-questions*) 이라고 부를 것이다.

그러나 모든 왜-질문들이 설명을 추구하는 것은 아니다. 그 중 일부는 주장을 지지하기 위한 이유를 추구한다. 그러므로 "허리케인 델리아가 대서양 쪽으로 방향을 변경할 것이다", "그는 심장발작으로 사망했음에 틀림없다", "플라톤은 스트라빈스키의 음악을 좋아하지 않았을 것이다"와 같은 진술들에 대해서 "왜 그러한가?"라는 질문을 제기할 수 있다. 그러한 왜-질문은 설명이 아니라 제시된 주장을 지지하기 위한 증거, 근거, 이유를 추구한다. 우리는 이러한 유형의 질문을 **이유를 추구하는** (*reason-seeking*) 질문 또는 **인식적** (*epistemic*) 질문이라고 부를 것이다. 그 질문을 "왜 그것이 p인가?"의 형식으로 표현하면 설명을 추구하는 것으로 오해되기 쉽다. 그 질문은 "왜 p를 믿어야 하는가?", "p를 믿는 데 어떤 이유가 있는가?"와 같이 표현함으로써 그 의미를 더 적절히 전달할 수 있다.

설명을 추구하는 왜-질문은 보통 'p'의 자리에 오는 진술이 참이라고 전제하며, p에 의해 진술되는 사실, 사건, 사태에 대한 설명을 추구한다. 인식적 왜-질문은 'p'의 자리를 차지하는 진술의 참을 전제하지 않고, p를 참이라고 믿어야 할 이유를 추구한다. 그러므로 전자의 질문에 대한 적절한 대답은 경험적 현상에 대한 설명을 제시하는 것이다. 반면에 후자에 대한 적절한 대답은 진술을 지지하는 데 있어서 타당하고 정당한 근거를 제시하는 것이다. 이처럼 가정과 목표에서 차이가 있음에도 불구하고 두 유형의 질문들 사이에는 중요한 연관이 있다. 특히 나중에 논의되듯이(2. 4 절과 3. 5절), 설명을 추구하는 왜-질문인 "왜 그것이 *p*인가?"에 대한 모든 적절한 대답은 그에 대응하는 인식적 질문인 "*p*를 믿는데 어떤 근거가 있는가?"에 대한 잠재적인 대답을 제공해야 한다.

다음 절에서 먼저 과학적 설명의 두 가지 기본유형인 연역-법칙적 설명(*deductive-nomological explanation*)과 귀납-통계적 설명(*inductive-statistical explanation*)을 구분할 것이다. 그 두 가지 설명은 도식적 '모형'(*schematic model*)에 의해 규정된다. 이어서 나는 그 모형들에 대해 제기되었던 많은 비판들과 그것들이 야기하는 논리적이고 방법론적인 문제들을 검토할 것이다. 그다음 경험과학에서 제시되는 다른 유형의 설명의 구조를 분석하고 그 근거를 해명하는 데 그 모형들이 얼마나 도움이 되는지를 살펴봄으로써, 그 모형들에 내재된 기본개념들의 의미와 적합성을 평가하고자 한다.

2. 연역-법칙적 설명

2.1 근본사항: D-N 설명과 법칙의 개념

존 듀이(John Dewey)는 《우리는 어떻게 사고하는가?》(*How we think*)라는 책에서[1] 어느 날 설거지를 하는 동안에 자신이 관찰했던 한 가지 현상을 제시하고 있다. 듀이가 뜨거운 비누거품 속에서 유리잔들을 꺼내 그것들을 접시에 거꾸로 올려놓자, 유리잔의 가장자리 아래로부터 비누거품이 발생하여 잠시 동안 커졌다가 멈춘 다음에 마지막에는 유리잔 안으로 수축되었다. 왜 이러한 현상이 발생하는가? 듀이는 그 질문

---

1) Dewey(1910), Ⅵ장.

에 대해 다음과 같은 개략적 설명을 제시했다. 유리잔을 접시에 올려놓자 찬 공기가 유리잔 안에 갇히게 되었고 그 공기는 뜨거운 비누거품에 의해 온도가 올라간 유리잔에 의해 점차로 데워졌다. 이로 말미암아 유리잔에 갇힌 공기의 부피가 증가하고 접시와 유리잔의 가장자리 사이에 형성된 비누막이 확장되었다. 그러나 이내 유리잔은 차가워졌고 유리잔 안의 공기도 차가워지면서 그 결과 비누거품은 수축하게 되었다.

여기서 개략적으로 제시된 설명은 설명해야 할 현상, 즉 **피설명 현상**(*explanandum phenomenon*)이 설명적 사실들에 따라 기대된다고 보는 논증으로 간주할 수 있다. 여기서 설명적 사실들은 두 부류, 즉 (i) 특정 사실들과, (ii) 일반법칙에 의해 표현가능한 일양성으로 나뉜다. 그 중에서 첫 번째 부류는 다음 사실들을 포함한다. 유리잔들은 주변 공기의 온도보다 상당히 더 높은 온도를 갖는 비누거품에 잠겨 있었다. 유리잔들을 비누거품에서 꺼내 접시 위에 거꾸로 놓았고, 컵 둘레에 비누막을 만드는 비눗물 덩어리가 접시 위에서 형성되었다 등이다. 두 번째 부류의 설명적 사실들은, 기체법칙과 서로 다른 온도를 지닌 대상 사이의 열의 이동, 비누거품의 탄성에 관한 다양한 법칙들에 의해 표현될 수 있다. 이러한 법칙들 중 일부는 "갇힌 공기가 더워지면 압력이 증가한다"와 같은 표현으로 암시되어 있다. 다른 법칙들은 이러한 암시적 방식으로도 언급되지 않지만 그럼에도 불구하고 그 과정에서 어떤 단계는 다른 단계를 낳는다고 주장할 때 분명히 가정되어 있다. 만약 우리가 명시적이거나 암시적인 설명적 가정들을 모두 진술한다고 가정하면, 설명은 다음과 같은 형식을 갖는 연역논증이라고 할 수 있다.

$$(\text{D-N}) \quad \left. \begin{array}{c} C_1,\ C_2,\ \cdots,\ C_k \\ \underline{L_1,\ L_2,\ \cdots,\ L_r} \\ E \end{array} \right\} \quad \begin{array}{l} \text{설명항 } S \\ \\ \text{피설명-문장} \end{array}$$

여기서 C_1, C_2, $\cdots$, C_k는 관련된 특정 사실들을 진술하는 문장들이고, L_1, L_2, $\cdots$, L_r은 설명이 의존하는 일반법칙들이다. 이 두 가지는 함께 **설명항**(*explanans*) S를 구성한다고 한다. 여기서 S는 설명적 문장들의 집합이나 그것들의 연언이라고 간주할 수 있다. 논증의 결론 E는 피설명 현상을 진술하는 문장이다. E를 피설명 문장 또는 피설명 진술이라고 부르기로 한다. '피설명항'(*explanandum*) 이라는 용어는 피설명 현상이나 피설명 문장을 지시하는 데 사용할 것이다. 이 중 어느 것을 의도했는지는 문맥에 따라 분명해질 것이다.

도식 (D-N)이 제시하는 논리적 구조를 갖는 설명을 **연역-법칙적 설명**(*deductive-nomological explanation*) 또는 줄여서 **D-N 설명**이라고 한다. 왜냐하면 그 설명은 일반법칙의 특징을 갖는 원리 아래에 피설명항을 연역적으로 포섭하기 때문이다. 그러므로 D-N 설명은 법칙들 L_1, L_2, $\cdots$, L_r에 따라 C_1, C_2, $\cdots$, C_k에서 기술된 특정 상황으로부터 피설명 현상이 발생했다는 점을 보여줌으로써 "왜 피설명 현상이 발생했는가?"라는 질문에 대답한다. 이처럼 D-N 형식의 논증은 특정한 상황과 법칙들이 주어지면 그 현상이 발생할 것이라고 **기대된다**는 점을 보여준다. 바로 이러한 의미에서 우리는 D-N 설명에 의해 **왜** 현상이 발생했는지를 **이해할** 수 있게 된다.[2]

---

2) 과학적 설명을 일반법칙 아래 연역적으로 포섭하는 것으로 보는 일반적 생각은 비록 언제나 분명하게 진술되지는 못했지만 과거에도 다양한 사상가들이 지지했고 최근 및 현대의 여러 학자들도 주장한 바 있다. 그 중에서도 캠벨(N. R. Campbell 1920, 1921)은 비교적 자세히 그 사상을 발전시켰다. 1934년에 출판된 어떤 교재에는 그 개념이 다음과 같이 간명하게 진술되어 있다. "한 무리의 사건들의 변하지 않는 특성을 표현하는 규칙 또는 법칙 아래 그 규칙 또는 법칙이 설명하려는 특정 사건을 포섭하는 것이 과학적 설명이다. 법칙들 자체도 보다 포괄적인 이론들의 귀결이라는 점을 보임으로써 동일한 방식으로 설명될 수 있다"(Cohen and Nagel 1934, p. 397). 포퍼는 설명에 대한 이러한 해석을 여러 저작에서 제안한 바 있다. Hempel and Oppenheim(1948) 논문의 3절 끝부분에 있는 각주를 참조하라. 포퍼의 초

그렇다면 D-N 설명에서 피설명항은 설명항의 논리적 귀결이다. 또한 일반법칙에 대한 의존성은 D-N 설명의 본질적 특징이다. 설명항에서 언급된 특정 사실들이 피설명 현상에 대해 설명적 적합성을 갖는 것은 바로 그러한 법칙들에 의해서이다. 그러므로 듀이가 제시한 비누거품의 예에서 뜨거운 유리잔 안에 갇힌 찬 공기가 점차적으로 데워지는 사건은, 그 두 사건들을 연결하는 기체법칙이 없었더라면, 비누거품의 확장에 대한 설명적 요인이라기보다는 단순히 우연적인 선행사건에 불과했을 것이다. 그러나 D-N 형식의 논증에서 피설명항 E가 오직 문장들 C_1, C_2, $\cdots$, C_k 만의 논리적 귀결이 된다면 어떻게 될까? 그 경우에는 분명히 설명항으로부터 E를 연역하는 데 있어서 어떠한 경험적 법칙도 **필요하지** 않을 것이다. 설명항에 포함된 법칙들은 필요하지 않고 없어도 될 전제가 될 것이다. 실제로 그럴 수 있을 것이다. 그러나 이러한 경우에는 그 논증은 설명으로 간주되지 않을 것이다. 예를 들어 다음 논증을 보자.

비누거품이 처음에 확장했다가 수축했다.

비누거품이 처음에 확장했다.

위의 논증은 연역적으로는 타당하지만 분명히 왜 비누거품이 처음에 확장했는지에 대한 설명으로 간주할 수 없다. 이 점은 그러한 유형의 모든 사례들에도 적용된다. D-N 설명은 피설명항을 연역하는 데 **필요**

기 진술은 그의 책(1935)의 12절에서 나타나며, 포퍼의 책(1959)는 확장된 영어판이다. 포퍼의 책(1962)는 과학적 설명에 대한 더 많은 생각을 드러내고 있다. 그러한 일반적 사상에 대한 다른 지지자들에 대한 참고문헌은 다음 참조. Donagan(1957) 각주 2, Scriven(1959) 각주 3. 하지만 3절에서 드러나듯이, 일반법칙 아래 연역적으로 포섭하는 것만이 과학적 설명의 유일한 형태는 아니다.

한 일반법칙들을 설명항에 포함해야 하며, 그러한 법칙들을 생략하게
되면 그 논증은 부당하게 된다.

   D-N 설명의 설명항이 참인 경우, 즉 설명항을 구성하는 문장들의
연언이 참인 경우, 그 설명은 참이라고 한다. 물론 설명이 참이면 피
설명항도 참이다. 그다음으로 D-N 설명은 설명항이 주어진 증거에
의해 어느 정도 강하게 입증되는지에 따라서 그 증거에 의해 대체로
강하게 지지되거나 입증된다고 한다. (주어진 설명의 경험적 건전성을 평
가할 때 고려해야 할 한 가지 요소는 설명항이 이용가능한 적합한 전체 증
거에 의해 지지되는 정도이다.)* 마지막으로 잠재적 D-N 설명(potential
D-N explanation)은 D-N 설명의 특징을 갖지만 설명항을 구성하는 문
장들이 참일 필요가 없는 논증이다. 그러므로 잠재적 D-N 설명에서 L_1,
L_2, …, L_r 은 굿맨(Goodman)이 법칙적 문장(lawlike sentence)이라고 불
렀던 문장일 것이다. 즉 그것은 거짓일 가능성을 갖는다는 점을 제외
하고는 법칙과 같은 문장이다. 이러한 유형의 문장도 법칙적(nomic or
nomological)이라고 부를 것이다. 우리는 잠재적 설명이라는 개념을 다
음과 같이 사용할 것이다. 예를 들어, 아직 테스트되지 않은 새로운
법칙이나 이론이 특정한 경험적 현상을 설명하는지의 여부를 따질 때
나 플로지스톤 이론이 이제는 폐기되었지만 연소의 어떤 측면을 설명
한다고 말할 때 그 개념을 사용할 것이다.[3] 엄밀히 말하자면 오직 참
인 법칙적 진술만을 법칙으로 간주할 수 있다. 어떤 사람도 거짓인 자
연법칙을 말하고 싶지는 않을 것이다. 그러나 편의상 앞의 문장에서
실제로 그랬듯이 종종 문제의 문장이 참이라는 것을 의미하지 않고

---

   * 전체 증거의 요건은 이 책의 2장 4절에서 자세히 논의된다.
   3) 플로지스톤 이론의 설명적 역할은 다음에서 기술되었다. Conant(1951),
      pp. 164~171. 잠재적 설명 개념은 다음에서 소개되었다. Hempel and
      Oppenheim(1948) 7절. 여기서 지적한 바의 의미로서의 법칙적 문장 개념
      은 다음에 따른 것이다. Goodman(1947).

'법칙'이라는 용어를 사용할 것이다.

법칙을 참인 법칙적 문장으로 규정하면, 법칙 개념을 사용하지 않고 법칙적 문장이 무엇인지를 정확히 규정해야 하는 문제가 발생한다. 그 문제는 중요하고도 흥미롭지만 해결하기 매우 어렵다는 점이 밝혀졌는데, 우리는 여기서 그 문제가 과학적 설명을 분석하는 데 관련된 몇 가지 측면만을 다루기로 한다.

법칙적 문장은 다양한 논리적 형식을 가질 수 있다. "모든 기체는 일정한 압력에서 가열되면 팽창한다"와 같은 전형적인 법칙적 문장은 단순 보편조건문 형식 "$(x)\,(Fx \supset Gx)$"를 갖는 것으로 분석될 수 있다. 다른 형식들은 "모든 화합물에 대해 그 화합물이 액체상태가 되는 온도와 압력의 범위가 존재한다"와 같은 문장처럼 보편 일반화뿐만 아니라 존재 일반화도 포함한다. 많은 법칙적 문장들과 물리학의 이론적 원리들은 서로 다른 변수 사이에 복잡한 수학적 관계가 성립한다는 것을 주장한다. [4]

그러나 법칙적 문장의 특징을 그것의 형식만으로는 포착할 수 없다. 예를 들어, 방금 언급된 단순 보편조건문 형식을 갖는 모든 문장들이 법칙적인 것은 아니다. 그러므로 그 문장들은 설사 참이라 하더라도

---

4) Fain(1963, p. 524)은 이상하게도 "헴펠과 오펜하임은 (그들의 1948년 논문에서) 기본적으로 $(x)\,(\exists x)\,Pxy$ 형식의 일반화를 고려하지 못했다"고 주장했다. 그러나 문제의 논문 7절에서 우리는 특별히 기초 술어논리에서 표현 가능한 양화 형태의 법칙과 이론도 인정했고, 그것들은 본질적으로 "하나 또는 그 이상의 양화사"를 포함하는 일반화된 문장이어야 한다고 요구했다. 마찬가지로 "기초논리학을 배운 사람이면 누구나 전제가 주어지면 추론을 완성할 수 있는, 삼단논법 형식의 연역모형"이란 말을 할 때(Scriven 1959, p. 462) 스크라이븐은 그 모형을 아무런 근거 없이 지나치게 단순하게 해석한 것이다. 왜냐하면 그 도식 (D-N)은 분명히 위의 교재에서 규정된 유형과 같은 매우 복잡한 형태의 일반법칙의 사용도 허용하기 때문이다. 그런 복잡한 법칙이 설명항에 나타나는 경우라면, 피설명항은 물론 삼단논법의 방법에 의해서는 도출될 수 없다.

법칙은 아니다. "1964년 그린베리 교육위원회의 모든 구성원들은 대머리이다", "이 바구니에 있는 모든 배는 맛있다"는 문장은 이 점을 보여준다. 굿맨은[5] 이처럼 법칙이 아닌 것과 법칙을 구분할 수 있는 한 가지 특징을 제안했다. 그에 따르면 법칙은 법칙이 아닌 것과 달리 반사실적 조건문과 가정적 조건문으로 변환해도 여전히 성립한다. 예를 들어 기체확장에 대한 법칙은 "만약 이 실린더 안에 있는 산소가 어떤 압력에서 가열된다면(가열되었더라면), 그것은 팽창할 것이다(팽창했을 것이다)"와 같은 진술로 변환할 수 있다. 반면에 교육위원회에 관한 진술은 "만약 로버트 크로커가 1964년 그린베리 교육위원회의 구성원이었다면, 그는 대머리였을 것이다"라는 가정적 조건문으로 변환할 수 없다.

우리는 두 유형의 문장들이 설명력에 있어서도 위와 비슷하게 차이가 난다는 점을 추가로 지적할 수 있다. 기체법칙은 "실린더에 있는 산소가 일정한 압력에서 가열되었다"와 같은 적절한 데이터와 결합하여 왜 기체의 부피가 증가했는지를 설명하는 데 이용될 수 있다. 그러나 교육위원회에 관한 진술은 "해리 스미스가 1964년 그린베리 교육위원회의 구성원이다"와 같은 진술과 결합하여 왜 해리 스미스가 대머리인지를 설명할 수 없다.

이러한 차이에 대한 견해들이 법칙성 개념을 이해하는 데 도움은 되지만 그 개념을 만족스럽게 해명하지는 못한다. 왜냐하면 그런 견해 중 한 가지는 반사실적 조건문과 가정적 조건문에 대한 이해를 전제로 하는데, 그것은 유명한 철학적 문제를 낳기 때문이다. 또 다른 견해는 법칙적 진술 개념을 명료화하기 위해 설명 개념을 사용하고 있는데, 우리는 여기서 역으로 법칙적 진술 개념을 포함하는 개념들을 이용하여 특정 유형의 설명의 특징을 규정하려고 노력하기 때문이다.

---

5) Goodman (1955), p. 25. 추가로 다음 참조. *ibid.*, p. 118.

법칙적이 아닌 문장으로 분류된 위의 예들은 우리가 제안하려는 구획기준을 제공하는 것처럼 보이는 한 가지 특징을 공유하고 있다. 즉 그것들은 오직 유한한 수의 개별적 경우나 사례에만 적용된다. 그렇다면 일반법칙은 무한히 많은 사례들을 허용하는 것으로 이해하면 되지 않겠는가?

분명히 법칙적 문장은 **논리적으로** 유한한 수의 사례들에만 국한되지 않는다. 그것은 논리적으로 단칭문장들의 유한한 연언과 동치가 아니거나, 또는 간단히 말해서 **본질적으로 일반화된 형식**이어야 한다. 그러므로 "대상 a, b, c로 구성된 집합의 모든 원소들은 성질 P를 갖는다"는 문장은 법칙적 문장이 아니다. 왜냐하면 그것은 논리적으로 연언 '$Pa \cdot Pb \cdot Pc$'와 동치이기 때문이고, 이러한 유형의 문장은 반사실적 조건문을 지원할 수 없거나 설명들을 제공할 수 없기 때문이다.[6]

그러나 앞에서 제시된 두 가지 법칙적이 아닌 일반화는 이러한 조건에 의해 배제되지 않는다. 그것들은 누가 교육위원회의 구성원인지, 어떤 배가 그 바구니에 들어 있는지를 정확히 진술하지 않기 때문에 그것에 대응하는 유한한 연언들과 논리적으로 동치가 아니다. 그렇다면 이른바 경험적 우연에 의해 유한한 사례들만을 갖는 일반문장들도 모두 법칙적 지위를 갖지 못한다고 보아야 하는가? 그것은 분명히 경

---

[6] 문장의 '형식'에 관련해서 또 다른 난점이 숨어 있다. 그 난점은 문장이 형식화된 언어로 표현된 경우에만 문장의 형식이 명백하게 결정된다는 것이다. "이 물체는 물에 녹는다"와 같은 문장은 "Pa"의 형식을 가진 단칭문장으로 해석될 수 있지만, 이와 달리 그 물체를 언제든 (충분한 양의) 물속에 넣는다면 그것은 녹을 것이라고 진술하는 일반형식의 문장으로 해석될 수도 있다. (2.3.1절에서 이를 보다 정교하게 다룰 것이다.) "모든 x에 대해서 x가 a, b, 또는 c라면, x는 성질 P를 갖는다"와 같은 형식의 문장에 대해 우리는 그런 유형의 문장이 P에 의해 법칙이 되는 것이 아니라고 말할 수도 있을 것이다. 즉 그런 문장은 특정한 경우에 P가 발생한다는 것을 설명하는 데 도움이 되지 않으며 P의 특정한 발생에 관한 반사실적 혹은 가정법적 조건문을 지지하지도 않는다.

솔한 짓이 될 것이다. 예를 들어, 천체역학의 기본 법칙들로부터 이중성(double star)*의 구성요소들의 상대운동에 대한 일반진술이 유도되는데, 그 구성요소들이 정확히 동일한 질량을 갖는 특별한 경우를 가정해 보자. 이러한 특별한 유형의 이중성에 대해서 적어도 두 가지(또는 그 이상의) 사례들이 존재해야만 그 진술을 법칙이라고 불러야 하는가? 뉴턴의 중력법칙과 운동법칙으로부터 도출가능하고, 동시에 지구와 동일한 밀도를 갖지만 반지름이 두 배인 구형 행성 부근에서의 자유낙하를 갈릴레오의 낙하법칙과 비슷한 방식으로 다루는 일반진술을 고려해 보자. 이러한 진술은 많은 사례를 갖는 법칙의 논리적 귀결임에도 불구하고 여러 사례들을 갖는다는 점을 보일 수 없다면 우리는 그것을 법칙이라고 부르지 말아야 하는가?

더구나 우연히 단 하나의 사례만을 갖게 된 일반진술과 우연히 두 가지 또는 유한한 수의 사례들을 갖게 된 일반진술 사이에는 비본질적인 '정도의 차이'만 있는 것 같다. 그렇다면 법칙은 얼마나 많은 사례들을 가져야 하는가? 어떤 특정한 유한한 수를 주장하는 것은 임의적일 것이다. 무한한 수의 실제 사례를 요구하면 문제들이 발생한다. 분명히 과학적 법칙 개념은 단칭진술과 논리적 동치가 아니어야 한다는 요건을 제외하고는, 사례들의 수에 관련된 어떤 조건도 합당하게 부과할 수 없다.

게다가 우리는 앞선 논의에서 전제되었던, 일반진술의 '경우'나 '사례'라는 개념이 결코 보기만큼 분명하지 않다는 점에도 주의를 기울여야 한다. 예를 들어 "성질 F를 갖는 모든 대상은 성질 G를 갖는다" 또는 간략히 "모든 F는 G이다"의 형식의 일반진술을 고려해 보자. 대상 i 가 그러한 진술의 사례이기 위한 필요충분조건은 i 가 성질 F와 성질 G를 갖는다거나 또는 간략히 i 는 F와 G를 갖는다는 것이어야 한다는

---

* 이중성은 육안으로는 1개로 보이지만 망원경으로 관측하면 2개로 보이는 항성이다.

기준을 수용하는 것이 자연스러운 것 같다. 이것은 성질 F를 갖는 대
상이 없다면 그 진술은 어떠한 사례도 갖지 못한다는 점을 함축한다.
그러나 그 진술은 "모든 G가 아닌 것은 F가 아닌 것이다"와 논리적으
로 동치이며, 그것은 우리가 고려 중인 기준에 따르면 성질 F를 갖는
대상이 없더라도 사례를 가질 수 있다. 따라서 "모든 유니콘은 토끼풀
을 먹고 산다"는 일반진술은 어떠한 사례도 없지만, 그것과 동치인 문
장, "토끼풀을 먹고 살지 않는 것은 모두 유니콘이 아니다"라는 진술은
아마도 무한히 많은 사례들을 갖게 될 것이다. 이와 비슷한 점이 동일
한 질량을 갖는 이중성에 대한 앞에서 언급된 법칙에 대해서도 적용된
다. 그러므로 처음에는 매우 분명한 것처럼 보인 사례에 대한 기준으
로부터 논리적으로 동치인 두 가지 일반진술에 대해 그 중 하나는 어
떤 사례도 가질 수 없지만 또 다른 하나는 무한히 많은 사례들을 가질
수 있다는 결론이 나온다. 이러한 결론 때문에 그 기준은 수용될 수
없다. 왜냐하면 그러한 동치문장들은 동일한 법칙을 표현하고 그 결과
동일한 대상을 사례로 가져야 하기 때문이다.

　방금 검토한 간단한 유형의 법칙의 경우에서 사례라는 개념을 다음
과 같이 달리 정의하면, 동일한 사례를 동치인 문장에 할당할 수 있게
된다. 즉 "대상 i가 진술 '모든 F는 G이다'의 사례라는 것은 그 대상이
F이면서 G가 아닌 것은 될 수 없다는 것이다". 그러나 이러한 사례 개
념은 더 복잡한 논리적 형식을 갖는 법칙들에 대해서 또 다른 문제를
야기한다.[7] 그러나 나는 하나의 법칙이 사례의 수에 대한 어떤 최소

---

7) 일반법칙의 사례와 관련된 직관적인 생각이 지니는 이런 난점은 다음 책,
Hempel(1945)에서 제시된 입증의 역설과 밀접하게 연관된다. 처음 심사숙
고해서 제시한 직관적인 기준이 적절하지 않다는 점은 다음과 같은 결과를
통해 더욱 분명하게 알 수 있다. 문장 "모든 F는 G이다"는 "F이지만 G가 아
닌 것들은 모두 G이면서 동시에 G가 아닌 것이다"와 논리적으로 동치이다.
그리고 해당 기준에 의하면 이 문장은 분명히 어떤 사례도 가지지 못한다.
"모든 F는 G이다"가 참이며, 그 문장이 F이면서 G인 무한하게 많은 대상들

한의 조건을 충족해야 한다고 제안하지 않을 것이기 때문에 여기서 그
점을 더 다룰 필요는 없을 것이다.

그러나 우리가 여기서 논의하고 있는 구획기준으로서 유망한 것처
럼 보이는, 법칙적 일반화가 아닌 진술들이 공통으로 갖는 또 다른 특
징이 있다. 그런 법칙적이지 않은 일반화에는 직간접적으로 특정한 대
상, 사람, 장소를 지시하는 '이 바구니'와 '1964년도 그린베리 교육위
원회'와 같은 용어들이 포함되어 있다는 점이다. 반면에 뉴턴법칙이나
기체법칙에서 등장하는 용어들은 그러한 지시대상을 포함하지 않는
다. 따라서 오펜하임(Oppenheim)과 함께 그 주제에 대해 쓴 이전의
논문에서 나는 근본적인 법칙적 문장을 구성하는 술어들의 경우, 그
의미를 규정하기 위해서 어떠한 특정 대상이나 장소도 언급해서는 안
된다는 조건을 제안했다.[8] 그러나 우리는 이러한 규정은 주어진 용어
의 '의미'라는 개념이 그 자체로 결코 분명하지 않기 때문에 해명하는
데 여전히 만족스럽지 못하다고 지적했다.

더구나 갈릴레오의 자유낙하법칙을 완전히 정식화하면 지구에 대한
지시를 포함하듯이, 일반진술이 특정 개체들을 언급한다고 해서 언제
나 설명력을 갖는 일반진술이 될 수 없는 것도 아니다. 다음에 곧 제시
될 제한을 고려했을 때, 갈릴레오 법칙은 근본적인 법칙적 문장들의 특

에 의해서 사례화된다고 하더라도 말이다. 사례화에 대한 우리의 수정된 기
준은 이런 어려움을 피할 수 있다. 수정된 기준에 따르면, 하나의 변항을
지니며 논리적으로 동치인 두 보편양화문장들의 사례집합은 모두 동일하다.

8) Hempel and Oppenheim(1948) 6절. '의미의 구체화'는 정의 혹은 아마도 그
보다 더 약한 수단인 카르납의 환원문장과 같은 것의 결과로 생각할 수 있다.
다음 참조. Carnap(1938). 더 자세한 내용은 다음 참조. Carnap(1936~
1937). 그러면 특정 개체들을 지시하는 용어들과 그렇지 않은 용어들 사이
의 구분은 포퍼가 아래 책들에서 제시한 다음과 같은 구분과 무척 비슷하
다. 즉 포퍼는 '정의를 할 때 고유명사(또는 동등한 기호)가 필수 불가결한'
개별 개념과 그렇지 않은 보편 개념을 구분했다. Popper(1935)와 Popper
(1959) 14절.

징을 갖는 뉴턴 이론의 법칙들로부터 도출가능하다고 볼 수 있고, 그 결과 갈릴레오 법칙에 기초를 둔 설명들도 근본법칙들의 결론이 될 수 있다는 것은 참이다. 그러나 특정 개체를 언급하는 모든 다른 법칙들이 근본법칙들로부터 도출될 수 있다는 점은 확실히 인정할 수 없다.

굿맨은 법칙 개념에 대한 연구에서 법칙적이 아닌 일반화와 대조적으로 법칙적 문장들은 관찰된 사례들에 의해 지지될 수 있고, 따라서 검사된 경우로부터 검사되지 않은 경우에로 '투사될'(projected) 수 있다고 주장했다. 또한 그는 일반화의 상대적 '투사가능성'은 일차적으로 구성술어의 상대적 '고착성'(entrenchment)에 의해, 즉 그 술어가 이전에 투사된 일반화에서 사용되어 온 정도에 의해 결정된다고 주장했다.[9] 따라서 '1964년도 그린베리 교육위원회 구성원'과 '이 바구니에 들어 있는 배'와 같은 용어는 적절한 고착성이 없기 때문에 법칙적 문장을 정식화할 수 있는 자격이 없다.

우리는 굿맨의 기준을 이용하여 앞에서 제시된 두 가지 예와 같은 일반화를 법칙적 문장의 집합에서 배제하는 데 성공했지만, 그렇게 결정된 법칙적 문장들의 집합은 우리의 목적상 여전히 지나치게 포괄적인 것 같다. 그 이유는 다음과 같다. 굿맨에 따르면, "한 술어의 고착성은 해당 술어뿐만 아니라 그것과 동일한 외연을 갖는 모든 술어들의 실제적 투사로부터 유래한다. 어떤 의미에서는 고착되는 것은 단어 자체가 아니라 그 술어가 선택하는 집합이다".[10] 그러므로 우리는 법칙적 문장에 들어 있는 한 술어를 외연이 동일한 다른 술어로 대치함으로써 다시 법칙적 문장을 만들 수 있다. 과연 이것이 일반적으로 성립하는가? 가설 h: "$(x)\,(Px \supset Qx)$"가 법칙적이라고 가정해 보자. 그런데 실제로 'P'에 의해 선택된 집합에 오직 세 개의 원소 a, b, c만이 있

---

 9) 세부사항과 투사가능성에 영향을 준 다른 고려사항에 대해서는 다음 참조.
     Goodman(1955). 특히 III장, IV장.
10) Goodman(1955), pp. 95～96.

다고 가정해 보자. 그 경우 Px는 "$x = a \lor b \lor c$"와 동일한 외연을 갖는다. 그러나 "Px"를 그 표현으로 대치하면 h는 문장 "$(x) \lbrack (x = a \lor b \lor c) \supset Qx \rbrack$"로 바뀌는데, 이것은 "$Qa \cdot Qb \cdot Qc$"와 동치이다. 그런데 법칙적 문장이 설명적 역할을 하기 위해서는 본질적으로 일반화 형식을 지녀야 한다는 우리의 이해에 따르면, 새로운 문장은 법칙적 문장이 될 수 없다. 바로 이 점에서 법칙성에 대한 우리의 개념은 굿맨이 구상한 개념과 차이가 나는데, 앞에서 보았듯이 굿맨은 일차적으로 사례들에 의해 입증가능한 문장들과 그렇지 못한 문장들을 구분하기 위해서 그 개념을 도입했다. 11) 사례들에 의해 입증가능한 문장들이 본질적으로 일반적 형식을 지녀야 한다고 주장할 필요는 없을 것이다. 굿맨도 법칙적 문장들에 대해 그러한 요건을 부과하지 않았다. 그러나 내가 보기에 법칙들이 설명으로서 작용하기 위해서는 그러한 요건은 필수 불가결한 것처럼 보인다.

앞선 논의를 통해 법칙적 문장들과 법칙들에 대해 완전히 만족스러운 일반적 규정을 제시하지는 못했지만, 그러한 개념들이 현재의 연구에서 이해되어야 할 의미를 어느 정도는 분명히 제시했기를 바란다. 12)

우리가 지금까지 고려한 예들은 경험법칙에 의해 특정 사건이나 현상의 발생을 연역적으로 설명하는 사례들이었다. 그러나 경험과학에서는 또한 그러한 법칙들에 의해 표현되는 일양성에 대해서도 왜-질문을 제기하며, 종종 그 질문은 다시 연역-법칙적 설명에 의해서 대답되기도 한다. 이때 문제되고 있는 일양성은 더 포괄적인 법칙들이나 이론적 원리들 아래에 포섭된다. 예를 들어, 왜 자유낙하 중인 물체는 갈릴레오 법칙에 따라 움직이는지, 왜 행성의 운동은 케플러의 법칙이

---

11) 이러한 구분에 대해서는 이 책에 실려 있는 논문 "입증의 논리 연구"의 후기를 참조할 것.

12) 여기서 언급된 문제에 대한 또 다른 논의에 대해서는 다음 참조. Braithwaite(1953) 9장, Nagel(1961) 4장.

기술하는 일양성을 보이는지 등과 같은 질문은 이러한 법칙들이 뉴턴의 중력법칙과 운동법칙의 특수한 결론이라는 점을 보임으로써 대답된다. 이와 마찬가지로 빛의 직진, 반사, 굴절 법칙과 같은 기하광학 법칙들이 표현하는 일양성은 파동광학의 원리들 아래에 포섭되어 설명된다. 간략히 하기 위해서 나는 특정 법칙이 표현하는 일양성에 대한 설명을 때로 간단히 문제의 법칙에 대한 설명이라고 말하겠다.

그러나 우리는 조금 전에 언급된 예에서 이론은 엄격히 말하자면 설명되어야 할 일반법칙을 함축하지 않는다는 점에 주의해야 한다. 오히려 그 이론은 그러한 법칙들이 제한된 범위에서만, 그리고 그 경우에도 단지 근사적으로만 성립한다는 점을 함축한다. 따라서 뉴턴의 중력법칙은 자유낙하체의 가속도가 갈릴레오 법칙이 주장하는 것처럼 일정하지 않고 그것이 지표면에 접근할수록 매우 소규모이지만 꾸준히 증가한다는 점을 함축한다. 엄밀히 말하자면 뉴턴 법칙은 갈릴레오 법칙과 모순되지만 갈릴레오 법칙이 거의 항상 단거리에 걸친 자유낙하에서는 정확히 충족된다는 점을 함축한다. 더 자세히 말하자면 뉴턴의 중력이론과 운동이론은 다양한 환경에서의 자유낙하에 관한 자체적인 법칙들을 함축한다고 말할 수 있다. 이러한 법칙 중의 하나에 따르면 동질의 구체를 향하여 자유낙하 중인 소형물체의 가속도는 그 구체의 중심으로부터 거리의 제곱에 반비례하고 그 결과 낙하과정에서 증가하게 된다. 이러한 법칙이 표현하는 일양성은 엄격한 연역적 의미로 뉴턴 이론에 의해 설명된다. 그러나 문제의 법칙은 지구가 특정한 질량과 반경을 갖는 동질의 구체라는 가정과 결합하면 지구 표면으로부터 근거리에 걸친 자유낙하의 경우 갈릴레오 법칙이 매우 높은 근사치로 성립한다는 점을 함축한다. 이러한 의미에서 뉴턴 이론은 갈릴레오 법칙에 대한 **근사적 D-N 설명**(*approximate D-N explanation*)이라고 말할 수 있다.

또한 행성운동의 경우 뉴턴 이론은 특정 행성은 태양뿐만 아니라 다른 행성들로부터 중력적 인력을 받기 때문에 그 궤도는 정확히 타원이 아니라 섭동을 보일 것이라는 점을 함축한다. 그러므로 뒤앙(Duhem)이 지적했듯이,13) 뉴턴의 중력법칙은 결코 케플러 법칙에 근거를 둔 귀납적 일반화가 아니라 엄격히 말하자면 그것과 양립불가능하다. 우리가 중력법칙을 신뢰할 수 있는 중요한 이유 중 하나는 정확히 천문학자들이 그것을 이용하여 케플러가 행성에 할당했던 타원궤도들로부터 편차를 계산할 수 있다는 사실에 있다.

비슷한 관계가 파동광학의 원리와 기하광학의 법칙 사이에도 성립한다. 예를 들어, 파동광학의 원리에 따르면 장애물 둘레에서 광선의 회절적 '휨'이 발생하는데, 그것은 직선으로 달리는 선으로 이루어진 빛의 개념에서는 배제되는 현상이다. 그러나 앞에서 제시된 예와 유사하게, 파동이론적 설명은 기하광학에서 정식화된 직진법칙, 반사법칙, 굴절법칙이 그것들에 대해 실험적 지지를 제공하는 사례들을 포함한 제한된 사례들의 범위 내에서 매우 높은 정도로 근사적으로 충족된다는 것을 함축한다.

일반적으로 말해, 이론적 원리에 기반을 둔 설명을 통해 우리는 관심의 대상인 경험적 현상들을 폭넓고 깊게 이해할 수 있다. 그러한 설명을 통해 이해의 폭이 넓어지게 되는 이유는 해당 이론이 일반적으로 이전에 확립된 경험법칙들보다 더 넓은 현상들의 범위를 포괄하게 하기 때문이다. 예를 들어 뉴턴의 중력이론 및 운동이론은 지구뿐만 아니라 다른 천체들에서의 자유낙하도 지배하며, 행성의 운동뿐만 아니라 이중성의 상대운동, 혜성과 인공위성의 궤도, 진자의 움직임, 조수

---

13) Duhem(1906) pp. 312 이하 참조. 이 주제에 관한 뒤앙의 견해는 위너(Wiener)가 번역한 뒤앙의 글의 발췌본에 나타나며 다음 책 Feigl and Brodbeck(1953)에 수록되어 있다. 이 점을 다시 강조하는 저자들이 최근에 나타났는데, 그 중에 포퍼와 파이어아벤트가 있다. Popper(1957a), pp. 29~34, Feyerabend(1962), pp. 46~48.

의 양상 등 많은 다른 현상들도 지배한다. 우리의 이해는 적어도 두 가지 이유로 이론적 설명에 의해 증진된다. 첫째, 이론적 설명은 뉴턴 이론과 관련하여 방금 언급된 현상과 같은 다양한 현상들이 보여주는 상이한 규칙성이 소수의 기본법칙을 표현한다는 점을 밝혀준다. 둘째, 앞에서 지적된 것처럼 경험적 규칙성에 대한 올바른 진술로서 이전에 수용된 일반화는 일반적으로 단지 설명력 있는 이론들에 의해 함축된 법칙적 진술의 근사치이며 어떤 제한된 범위 내에서만 매우 개략적으로 충족되는 것으로 나타난다. 그 법칙들의 이전 정식화에서 그것들에 대한 테스트가 해당 범위에 속하는 사례들에 국한되는 한, 이론적 설명은 또한 그 법칙들이 일반적으로 참은 아니지만 입증된 것으로 간주되어야 하는 이유를 보여준다.

고전역학과 전기역학이 특수 상대성 이론에 의해 대치되었다는 의미에서 한 과학이론이 다른 이론에 의해 대치되는 경우, 후속이론은 일반적으로 선행이론이 설명할 수 없었던 현상들을 포함하여 더 넓은 설명적 범위를 갖는다. 후속이론은 대체로 선행이론이 함축하는 경험법칙들에 대한 근사적 설명을 제공할 것이다. 따라서 특수 상대성 이론은 고전이론의 법칙들이 빛의 속도와 비교했을 때 느린 속도로 움직이는 사례들에서만 매우 개략적으로 충족된다는 점을 함축한다.

이 절에서 지금까지 개요를 제시했듯이, 일반법칙들이나 이론적 원리들 아래에 연역적 포섭에 의한 설명이라는 일반개념을 설명에 대한 **연역-법칙적 모형**(*deductive-nomological model*)이나 또는 줄여서 D-N 모형(*D-N model of explanation*)이라고 부를 것이다. 또한 그러한 설명에서 사용되는 법칙들을 윌리엄 드레이(William Dray)가 매우 잘 표현했듯이 **포괄법칙**(*covering laws*)이라고 부를 것이다. 14) 그러나 나는 드레이와 달리 D-N 모형을 포괄법칙 모형이라고 부르지는 않을 것이

---

14) 드레이가 '포괄법칙'과 '포괄법칙 모형'이라는 용어를 사용하는 것에 대해서는 다음 참조. Dray(1957) 및 Dray(1963), p. 106.

다. 왜냐하면 나는 나중에 포괄법칙들에 의존하지만 연역-법칙적 형식을 갖지 않은 과학적 설명의 두 번째 기본모형을 도입할 것이기 때문이다. 그러므로 '포괄법칙 모형'이라는 용어는 그러한 두 가지 모형 모두를 지시하는 데 사용될 것이다.

D-N 도식이 분명히 보여주듯이, 연역-법칙적 설명은 단 하나의 포괄법칙에만 의존하는 것으로 볼 수는 없다. 우리가 검토한 예를 들면, 하나의 현상을 설명하는 데도 아주 많은 상이한 법칙들에 의존할 수 있다는 점이 드러난다. 그런데 여기서 순전히 논리적인 한 가지 점이 언급되어야 한다. 만약 어떤 설명이 D-N 형식을 갖는다면, 설명항에 등장한 L_1, L_2, $\cdots$, L_r은 논리적으로 하나의 법칙 L^*을 함축하는데, 그 법칙은 문장 C_1, C_2, $\cdots$, C_k에서 진술된 특정 조건을 언급함으로써 그 자체만으로 하나의 피설명 사건을 충분히 설명할 수 있다. 이러한 법칙 L^*는 문장 C_1, C_2, $\cdots$, C_k이 진술하는 유형의 조건이 실현될 경우에는 언제나 피설명 문장이 진술하는 유형의 사건이 발생한다는 점을 말한다.[15] 예를 들어 보자. 얼음조각 하나가 상온에서 큰 비커에 들어 있는 물 위에 떠 있다고 하자. 우리는 얼음조각이 수면 위로 드러나 있기 때문에 얼음이 녹으면서 물의 높이가 올라갈 것이라고 기대한다. 그런데 실제로는 물의 높이는 변하지 않는다. 이것은 다음과 같이 간단히 설명된다. 아르키메데스 원리에 따르면 물 위에 떠 있는 고체의 무게는 그것이 물속에서 차지하는 부피의 물의 무게와 같다. 그러므로 얼음조각의 무게는 그것이 잠겨 있던 부분이 차지하고 있던 물의 무게와 똑같다. 얼음이 녹아도 무게는 변하지 않으므로 얼음은 동일한 무게의 물로 변하며 얼음의 잠긴 부분이 차지하고 있던 부피만큼의 물로 변한다. 결론적으로 물의 높이는 변하지 않는다. 이러한 설명이 의존하는 법칙에는 아르키메데스 원리와 상온에서 얼음의 용해에

---

15) 이 점은 다음에서 이미 지적된 바 있다. Hempel(1942), 2.1절.

관한 법칙, 질량보존의 원리 등이 포함된다. 이러한 법칙 중 어느 것도 설명과 관련된 특정 물 컵이나 특정 얼음조각을 언급하지 않는다. 그러므로 그 법칙들은 특정한 얼음조각이 특정한 컵에서 녹을 때 물의 높이가 변하지 않을 것이라는 점을 함축하는 것이 아니라, 오히려 동일한 유형의 상황에서 동일한 유형의 현상이 발생한다는 것, 즉 얼음조각이 상온에서 컵 속의 물 위에 떠 있는 경우 물의 높이가 변하지 않을 것이라는 일반법칙 L^*을 함축한다. L^*는 일반적으로 법칙들 L_1, L_2, $\cdots$, L_r보다 "더 약하다". 즉 그 법칙은 논리적으로 그러한 법칙들의 연언에 의해 함축되지만 일반적으로 그 연언을 함축하지는 않는다. 따라서 우리의 예에서 등장한 설명적 법칙들 중 하나는 수은 위에 떠 있는 대리석 조각이나 물 위에 떠 있는 보트에 대해서 적용되는 반면, L^*는 물 위에 떠 있는 얼음조각의 경우만을 다룬다. 그러나 분명히 L^*와 C_1, C_2, $\cdots$, C_k의 연언은 논리적으로 E를 함축하며, 바로 이러한 맥락에서 E에 의해 진술된 사건을 설명하는 데 사용될 수 있다. 그러므로 우리는 L^*를 주어진 D-N 설명에 내재하는 **최소포괄법칙**(*minimal covering law*)이라고 부를 수 있다.[16] 그러나 최소포괄법칙이 설명적 목적을 위해 사용될 수 있지만, 그런 법칙을 사용해야만 연역-법칙적 설명이라는 식으로 D-N 모형을 제한하지는 않을 것이다. 실제로 법칙을 그런 식으로 제한한다면 우리는 과학적 탐구가 지향하는 한 가지 중요한 목표를 정당화할 수 없을 것이다. 여기서 말하는 목표는 넓은 적용범위를 갖는 법칙들과 이론들을 정립하는 것인데, 그것들 아래에

---

16) 이 개념을 정밀하게 정의하는 문제에 얽매일 필요는 없다. 이 문제는 어떤 형식언어를 참조할 때에만 풀릴 수 있다. 우리의 목적을 위해서는 여기에서처럼 간단하게 제시한 특징들만으로 충분하다. 덧붙이자면, 주어진 설명에 나타나는 '법칙들의 수'라는 개념은 보이는 것처럼 분명한 것은 아니다. 왜냐하면 하나의 법칙은 종종 두 개 이상의 법칙들의 연언으로 매우 그럴듯하게 재서술될 수 있으며, 반대로 몇 개의 법칙들은 종종 하나로 그럴듯하게 합쳐질 수 있기 때문이다. 하지만 여기서 이 문제를 더 이상 다룰 필요는 없다.

서 좁은 범위를 갖는 일반화는 특수한 사례나 가까운 근사치로서 포섭
될 수 있다. 17)

---

17) 최근 논문에서 파이어아벤트는 설명에 대한 연역적 모형의 다음과 같은 측
면을 비판한다. 즉 그 모형은 "어떤 분야에서 성공적인 모든 이론들이 서로
일관적이어야 한다"(1962, p. 30), 혹은 좀더 자세하게 말한다면 "어떤 분야
에서 (설명과 예측을 위해) 받아들일 수 있는 이론은 해당 분야에서 이미
사용된 이론을 **포함하는** 이론이거나, 혹은 최소한 이미 사용된 이론과 **일관**
적인 이론이어야 한다"(1962, p. 44, 강조는 원저자에 의함) 는 것을 요구한
다. 파이어아벤트는 이런 요구가 실제 과학의 절차와 충돌하며, 건전하지
않은 방법론적 기초라고 주장했는데 그 주장은 옳다. 그러나 일반법칙이나
이론적 원칙 아래에 연역적으로 포섭하는 것이라는 설명의 개념이 잘못된
방법론적 격률을 함축한다는 그의 단언은 완전히 잘못됐다. 그는 이 단언에
대해 아무런 근거도 제시하지 않는다. 실제로 D-N 설명 모형은 단지 설명
항과 피설명항 사이의 관계에만 관심을 두고 있다. 그리고 D-N 설명 모형
은 경험과학의 특정 분야에서 이후에 채택될 수 있는 다른 설명원리들의 양
립가능성에 관해 아무것도 함축하지 않는다. 특히 D-N 설명 모형은 이전에
채택된 설명이론과 논리적으로 양립가능할 경우에만 새로운 설명이론이 채
택될 수 있다는 것을 함축하지 않는다. 하나의 동일한 현상이나 현상들의
집합은 상이한 그리고 논리적으로 양립불가능한 법칙들이나 이론들 아래에
연역적으로 포섭될 수 있다. 이런 점을 도식적으로 나타내 보자. a, b, c의
세 대상이 각각 P라는 성질을 가지며 Q라는 성질 역시 가진다는 사실은 P
인 것들은 모두 Q이며 P인 것들만이 Q라고 하는 가설 H_1에 의해서 연역적
으로 설명될 수 있다. 그리고 그 사실은 P인 것은 모두 Q이며 P가 아닌 것
의 일부는 Q라는 또 다른 가설 H_2에 의해서도 설명될 수 있다. 다시 말해
H_1과 H_2가 양립불가능함에도 불구하고, 피설명 문장 '$Qa \cdot Qb \cdot Qc$'은 H_1과
'$Pa \cdot Pb \cdot Pc$'를 연언으로 결합한 것으로부터 연역되고 H_2와 그것을 연언으
로 결합한 것으로부터도 연역될 수 있다. 그러므로 어떤 주어진 현상들의
집합에 대한 '새로운' 설명이론이 그 현상들을 연역적으로 설명할 수도 있
다. 비록 그 현상들을 연역적으로 설명하는 이전의 이론이 그 새로운 이론
과 논리적으로 양립할 수 없어도 그렇다. 그러나 충돌하는 이론들이 모두
참일 수는 없다. 이전의 이론이 거짓일 수도 있다. 그러므로 파이어아벤트
가 비판한 격률은 사실 건전하지 못한 것이다. 그러나 이것은 D-N 설명 모
형에 아무런 영향도 주지 않는다. 이 모형은 그 격률을 조금도 함축하지 않
기 때문이다.

2.2 인과적 설명과 D-N 모형

특정 사건에 대한 설명은 종종 무엇이 그것을 '야기했는지'(*cause*)를 지적하는 것이라고 이해된다. 따라서 존 듀이가 진술한 비누거품의 초기 팽창은 컵 안에 갇힌 공기의 온도가 상승함에 따라 야기되었다고 말할 수 있다. 그러나 이러한 유형의 인과적 귀속은 일정한 압력 하에서 기체의 온도가 상승하면 그 부피가 증가한다는 법칙과 같은 적절한 법칙을 전제로 삼는다. 그처럼 '원인'과 '결과'를 연결하는 일반법칙을 전제한다는 점에서 인과적 설명은 D-N 모형에 따른다. 이러한 점을 간략히 확장하고 구체화하기로 하자.

우선 인과적 연관(*causal connection*)에 대한 **일반**진술이라고 불릴 수 있는 것의 설명적 용도를 고려해 보자. 그러한 진술은 유형 *A*의 사건 (예를 들어 폐쇄된 전선회로를 통과하는 자석의 움직임)은 유형 *B*의 사건 (예를 들어 그 전선 안에 전류의 흐름)을 야기한다는 내용을 갖는다. 우리는 더 자세한 분석을 하지 않고도 가장 단순한 경우에서 이러한 유형의 진술은 *A* 유형의 사건이 발생하면 언제나 동일한 위치 또는 규정 가능한 다른 위치에서 대응하는 *B* 유형의 사건이 발생한다는 내용의 법칙을 주장한다고 말할 수 있다. 이러한 해석은 예를 들어 자석의 움직임은 이웃하는 전선회로에서 전류의 흐름을 야기한다는 진술이나 일정한 압력 하에서 기체의 온도상승은 부피의 증가를 야기한다는 진술과 잘 맞는다. 그러나 인과적 연관에 관한 많은 일반진술의 경우 이보다 복잡한 분석이 필요하다. 가령 포유동물의 경우 심장의 멈춤은 죽음을 야기한다는 진술은 명시적으로 진술되지는 않았지만 어떤 '표준적' 조건을 전제한다. 가령 그런 조건에는 인공호흡기의 사용은 분명히 배제되어 있다. 스크라이븐이 표현했듯이[18] "'*X*가 *Y*를 야기한다'

---

18) Scriven (1958), p. 185.

고 말하는 것은 '적당한 조건에서 X 다음에 Y가 발생할 것이다'라고 말하는 것이다". 이러한 유형의 인과적 표현이 사용될 경우, 일반적으로 우리는 주어진 맥락에서 어떠한 '적당한' 또는 '표준적' 배경조건이 전제되고 있는지를 이해하고 있다. 그러나 그러한 조건이 불확실하게 남아 있는 한 인과적 연관에 대한 일반진술은 기껏해야 주어진 진술에는 아직 규정되지 않은 또 다른 배경조건이 있다는 것과 그것을 명시적으로 언급하면 문제의 '원인'과 '결론'을 연결하는 진정한 일반법칙이 된다는 모호한 주장일 뿐이다.

다음으로 개별 사건들 사이의 인과적 연관에 대한 진술을 생각해 보자. 예를 들어 비누거품의 팽창과 뒤이은 수축이 유리잔에 갇힌 공기의 온도의 상승과 하강에 의해 야기되었다는 듀이의 주장을 생각해 보자. 분명히 그러한 온도의 변화는 다른 조건, 예를 들어 비누막의 존재나 유리잔 외부 공기의 일정한 온도와 압력 등과 같은 조건과 결합될 경우에만 필요한 설명이 된다. 따라서 설명의 맥락에서 '원인'은 상황과 사건의 어느 정도 복잡한 집합이라고 보아야 하고, 그것은 진술 C_1, C_2, $\cdots$, C_k의 집합에 의해 기술될 수 있다. "원인이 같으면 결과도 같다"라는 원리가 나타내 주듯이, 그러한 조건들이 합쳐져서 주어진 결과를 야기한다는 주장은 문제의 유형의 상황이 발생하면 언제나 어디서나 설명되어야 할 유형의 사건이 발생한다는 점을 함축한다. 따라서 인과적 설명은 C_1, C_2, $\cdots$, C_k에서 언급된 인과적 전제들의 발생이 피설명 사건이 발생하기 위한 충분조건이 되도록 하는 L_1, L_2, $\cdots$, L_r과 같은 일반법칙들이 있다는 점을 암묵적으로 주장한다. 인과적 요인과 결과 간의 이러한 관계는 도식 (D-N)에 반영되어 있다. 즉 인과적 설명은 적어도 암묵적으로는 연역-법칙적이다.

그 점을 더 일반적 용어로 다시 진술해 보자. 개별 사건 b가 또 다른 개별 사건 a에 의해 야기되었다고 말할 때는 확실히 '동일한 원인'이 실현될 경우에는 언제나 '동일한 결과'가 발생한다는 주장이 함축되어 있다. 그러나 이러한 주장이 a가 다시 발생할 경우에는 언제나 b가 발생한다는 점을 의미하는 것으로 간주될 수는 없다. 왜냐하면 a와 b는 특정한 시공간적 위치에 있는 개별 사건이고, 따라서 오직 한 번만 발생하기 때문이다. 오히려 a와 b는 또 다른 사례들이 가능한 어떤 유형의 특정한 사건(예를 들어, 기체의 가열과 식힘, 기체의 팽창과 수축과 같은 사건)으로 간주되어야만 한다. B 유형의 사건으로서의 b가 A 유형의 사건으로서의 a에 의해 야기되었다는 주장이 암묵적으로 함축하고 있는 법칙은, 적절한 상황 하에서 A의 사례는 B의 사례를 불변적으로 동반한다는 식의 인과적 연관에 대한 일반진술이다. 대부분의 인과적 설명에서, 필요한 상황은 완전히 진술되지는 않는다. 그렇다면 b가 a에 의해 야기되었다는 주장의 의미는 대략 다음과 같이 정식화될 수 있다. 즉 완전히 진술되지는 않았지만 유형 A의 사건이 발생하면 보편적으로 유형 B의 사건이 뒤따르는 그러한 유형의 상황에서 실제로 사건 a가 사건 b에 선행하여 일어났다는 것이다. 예를 들어 특정한 건초더미의 화재(유형 B의 사건)는 건초에 떨어진 담뱃불(유형 A의 특정한 사건)에 의해 야기되었다는 진술은 첫째, 후자의 사건이 실제로 발생했다는 것을 주장한다. 그러나 담뱃불은 어떤 또 다른 조건들이 충족될 경우에만 건초에 불을 붙일 것이지만 그 조건들은 현재로서는 완전히 진술될 수는 없다. 따라서 둘째, 인과 귀속은 곧바로 유형 A의 사건이 불변적으로 유형 B의 사건을 동반하는 완전히 진술되지 않은 또 다른 조건들이 실현되었다는 점을 함축한다.

　개별 인과에 대한 진술들에서 연관된 전제조건들이 불명확하게 남겨지고 따라서 필요한 설명적 법칙들도 불명확하게 남겨지는 만큼, 그 진술들은 마치 어딘가에 숨겨진 보물이 있다고 말하는 쪽지와 같다. 그 쪽지의 중요성과 유용성은 보물의 위치가 더 좁게 규정될수록, 연관된 조건과 대응하는 포괄법칙이 점차로 명백해질수록 증가할 것이다. 어떤 경우에는 그것이 매우 만족스럽게 이루어질 수 있다. 그 경

우 포괄법칙 구조가 드러나고 개별 인과적 연관에 대한 진술이 테스트
될 수 있게 된다. 다른 한편으로 연관된 조건이나 법칙이 대체로 불명
확하게 남아 있는 경우 인과적 연관에 대한 진술들은 오히려 인과법칙
에 의한 설명을 위한 프로그램이나 스케치의 성격을 갖는다. 우리는
그것을 장래의 연구에 새롭고 유익한 지침이 되어 그 가치가 증명될
수 있는 '작업가설'(working hypothesis)로 볼 수도 있다.

　개별 인과 진술들에 대해 우리가 여기서 채택하고 있는 견해는 다음
논제에 대한 논평들을 고려하면 더 분명해질 것이다. 그 논제에 따르
면, "X가 Y를 야기한다고 주장할 때 우리는 확실히 동일한 원인은 동
일한 결과를 산출할 것이라는 일반화를 수용한다. 그러나 우리가 그런
일반화를 수용한다고 해서 '동일한'이라는 용어를 포함하지 않으면서
이러한 주장을 정당화하는 법칙들을 산출할 필요는 없다. 법칙들을 산
출하는 것은 개별 인과 진술을 지지하는 다른 방식들보다 필연적으로
더 결정적이지는 않으면서 대개 더 쉽지도 않은 한 가지 방식이다…"
(내 생각에 개별 인과 개념은 바로 이처럼 사소하지만은 않은 기초 위에
성립해 있다). [19] 다음의 두 가지 문제가 여기서 분명히 구별되어야 한
다. 즉 (i) X가 Y를 야기한다는 진술이 무엇을 주장하고 있는지('개별
인과'의 경우에서 X와 Y는 개별 사건들이다), 그리고 특히 그것을 주장
하는 것은 일반화를 수용하는 것인지, (ii) 어떤 유형의 증거가 인과
진술을 지지하는지, 그리고 특히 법칙의 형태로 일반화를 해야만 지지
를 할 수 있는지의 여부이다.

　첫째 문제와 관련하여 나는 이미 주어진 인과 진술은 X가 Y를 야기
했다고 할 수 있는 적절한 일반법칙(들)이 성립한다는 것을 함축하는
주장으로 보아야 한다고 말했다. 그러나 앞에서 지적했듯이, 문제의
법칙을 동일한 원인은 동일한 결과를 산출한다는 말로 표현할 수는 없

---

19) Scriven (1958), p. 194.

다. 왜냐하면 X와 Y가 특정한 시공간적 위치를 갖는 개별 사건이라면, X와 동일한 원인 또는 Y와 동일한 결과가 다시 발생하는 일은 논리적으로 불가능하기 때문이다. 오히려 X가 Y를 야기했다는 개별 인과 진술이 함축하는 일반주장은, 앞에서 보았듯이 A의 사례로서의 개별 사건 a가 B의 사례로서의 개별 사건 b를 야기했다는 식의 주장이다.

이제 두 번째 문제를 검토해 보자. 듀이가 관찰한 비누거품의 경우와 같은 사례에서 개별 사건 X와 Y를 연결하는 법칙 중 일부는 명시적으로 진술될 수 있다. 그 경우 적절한 실험이나 관찰에 의해 그것들에 대한 지지증거를 확보하는 것이 가능하다. 그러므로 개별 인과적 연관에 대한 진술이 암묵적으로 근본적인 법칙의 존재를 **주장하고 있지만**, 그 주장은 일반법칙으로 구성된 증거보다 특별한 입증 사례들로 구성된 증거에 의해 더 잘 **지지될 수 있다**. 다른 경우들에서 인과 진술에 내재된 법칙적 주장이 단순히 X와 Y를 연결하는 적합한 요인과 적절한 법칙이 **존재한다**는 점을 의미할 때, 어떤 조건 아래에서 유형 X의 사건은 적어도 빈번하게 유형 Y의 사건을 동반한다는 점을 보임으로써 그 주장은 신뢰성을 얻을 수 있다. 이러한 점 때문에 배경조건이 궁극적으로는 엄격한 인과적 연관을 산출하는 방식으로 더 좁혀질 수 있다는 작업가설이 정당화될 수 있다. 예를 들어 흡연이 폐암의 '원인' 또는 '인과적 요인'이라는 주장을 지지하는 데 제시되는 것은 바로 이러한 종류의 통계적 증거이다. 이러한 경우에 여기서 가정되는 인과적 법칙들은 현재로서는 명백히 진술될 수 없다. 따라서 이러한 인과적 추측이 함축하는 법칙적 주장은 존재양화 형태이다. 그것은 앞으로의 연구를 위한 작업가설의 성격을 갖는다. 이렇게 제시된 통계적 증거는 해당 가설을 지지하고, 흡연이 폐암으로 연결되는 조건들을 보다 더 정확히 결정하는 미래의 탐구를 유발한다.

D-N 모형에 부합하는 설명들 중 최상의 예는 결정론적 성격을 갖는 물리이론에 기초를 두고 있다. 간단히 말하면 결정론적 이론은 어

떤 규정된 유형의 물리체계에서 '상태'의 변화를 다룬다. 주어진 시점
에서의 체계의 상태는 그것의 양적 특성에 의해, 즉 이른바 상태변수
에 의해 해당 시점에서 나타난 값에 의해 규정된다. 상태의 변화에 대
해 그러한 이론이 규정하는 법칙은 어떤 시점에서도 체계의 상태가 주
어지면 법칙은 이전의 시점이나 이후의 시점에서의 상태를 결정한다는
의미에서 결정론적이다. 예를 들어 고전역학은 오직 자신들의 상호 중
력적 인력의 영향 하에서만 운동하고 있는 질점들(또는 실질적으로 그
것들의 거리에 비해서 상대적으로 작은 물체들)의 체계에 대한 결정론적
이론을 제공한다. 주어진 시점에서 그러한 체계의 상태는 해당 시점에
서 그 체계를 구성하는 물체들의 위치와 운동량에 의해서 결정되며,
움직이는 물체들의 색이나 화학적 성분과 같은 변화할 수 있는 다른
측면은 포함하지 않는다. 그 이론은 법칙들의 집합, 즉 본질적으로 뉴
턴의 중력법칙과 운동법칙을 제공하는데, 그것은 어떠한 주어진 시점
에서 그러한 체계의 요소의 위치와 운동량이 주어지면 어떠한 다른 시
점에서의 그것들의 위치와 운동량도 수학적으로 결정할 수 있다. 특히
그러한 법칙에 의해 주어진 시점에서 어떤 상태에 있는 체계에 대한
D-N 설명을 제공할 수 있는데, 그것은 도식 (D-N)의 문장 C_1, C_2,
…, C_k에서 어떤 선행시점에서 해당 체계의 상태를 규정함으로써 이루
어진다. 여기서 언급된 이론은, 예를 들어 행성과 혜성의 운동, 일식
과 월식을 설명하는 데 적용되어 왔다.

결정론적 이론이 설명이나 예측에 사용되는 경우, 어느 정도 좁게
규정된 선행사건으로서의 원인 개념은 전체 체계의 어떤 선행상태라는
개념에 의해 대체되었는데, 그 상태는 설명되어야 할 이후의 상태를 결
정론적 이론으로 계산하기 위한 '초기상태들'을 제공한다. 만약 그 체계
가 고립되지 않았다면, 즉 언급된 초기상태로부터 설명되어야 할 상태
에 이르는 시간 동안에 연관된 외적 영향이 그 체계에 영향을 미치면,
설명항에서 진술되어야 할 특별한 상황에는 그러한 외부 영향도 포함되

어야 한다. 일상적인 원인 개념을 대체하고 연역-법칙적 설명의 도식적 표현 (D-N)에서 진술들 C_1, C_2, ⋯, C_k이 규정하는 것은 바로 '초기'조건들과 더불어 이러한 '경계조건들'(boundary conditions)이다.[20]

그러나 다양한 형태의 인과적 설명이 D-N 모형이 산출하는 유일한 설명양식은 아니다. 예를 들어 이론적 원리들 아래에 연역적으로 포섭하여 일반법칙을 설명하는 것은 분명히 원인에 의한 설명은 아니다. 그러나 심지어 개별 사건을 설명하는 데 사용되었더라도 D-N 설명이 항상 인과적인 것은 아니다. 예를 들어 단진자가 한 번의 완전한 진동을 하는 데 2초가 소요된다는 사실은 그것의 길이가 100cm이고 모든 단진자의 주기 t(초)는 법칙 $t = 2\pi \sqrt{l/g}$에 의해 길이 l(센티미터)과 연결된다는 점을 지적함으로써 설명될 수 있다(여기서 g는 자유낙하의 가속도이다). 이러한 법칙은 하나의 동일한 시점에서의 진자의 (양적인 성향적 특징인) 길이와 주기 사이의 수학적 관계를 표현한다. 이러한 유형의 법칙으로는 옴의 법칙(Ohm's law) 뿐만 아니라 보일 샤를의 법칙(law of Boyle and Charles)이 있는데, 그것은 종종 **공존법칙**(law of coexistence)이라고 불린다. 공존법칙과 대조적으로 체계 내에서의 시간적 변화를 설명하는 **연속법칙**(laws of succession) 있는데, 여기에는 가령 갈릴레오 법칙이나 어떤 결정론적 이론에 의해 포함되는 체계들에서 상태변화에 대한 법칙이 포함된다. 선행사건을 언급하여 제공되는 인과적 설명은 분명히 연속법칙을 전제한다. 공존법칙에만 의존하는 진자의 경우를 두고서는, 분명히 우리는 진자가 2초의 주기를 갖는 것이 100cm의 길이를 갖는 사실에 의해 **야기되었다**고 말하지 않을 것이다.

우리는 여기서 또 다른 사항을 지적할 필요가 있다. 우리는 단진자

---

20) 인과성과 결정론적 이론 및 결정론적 체계라는 개념에 대한 보다 자세한 설명은 예를 들어 다음 참조. Feigl(1953), Frank(1957) 11장과 12장, Margenau(1950) 19장, Nagle(1961), pp. 73~78, 7장과 10장.

에 대한 법칙을 이용하여 그것의 길이로부터 주기를 추리할 수 있을 뿐만 아니라 역으로 그것의 주기로부터 길이를 추리할 수도 있다. 어느 경우든 그러한 추리는 (D-N) 형식을 갖는다. 그러나 진자의 주기를 진술하는 문장이 그 법칙과 연합하여 진자의 길이를 설명하는 것으로 생각되는 것보다는 주어진 진자의 길이를 진술하는 문장이 그 법칙과 결합하여 진자의 주기를 설명하는 것으로 생각되는 것이 훨씬 더 쉬울 것이다. 이러한 차이는 우리가 진자의 길이를 마음대로 변경하여 주기를 '종속변수'로서 통제할 수 있지만 그 역은 불가능한 것처럼 보인다는 생각을 반영하는 것 같다.[21] 그러나 이러한 생각에는 문제가 있다. 왜냐하면 우리는 또한 주어진 진자의 길이를 변경함으로써 마음대로 그것의 주기를 변경할 수도 있기 때문이다. 첫 번째 경우에서 주기의 변경과 독립적으로 길이를 변경했다고 주장하는 것은 타당치 않다. 왜냐하면 만약 진자의 위치가 고정되어 있다면* 주기를 변경하지 않고서는 길이를 변경할 수 없기 때문이다. 이러한 경우와 같이, 일상적인 설명 개념은 법칙 아래에 사건을 연역적으로 포섭하는 어떤 논증이 설명으로서 자격이 있는지를 결정하는 데 분명한 근거를 제공하지 못하는 것 같다.

조금 전에 논의된 사례에서 우리는 특정 사건을 인과적 선행사건이 아니라 또 다른 동시적 사실을 언급함으로써 설명하였다. 때로 특정 사건은 후속사건을 언급함으로써 만족스럽게 설명될 수 있다고 볼 수도 있다. 예를 들어 하나의 광학적 매질에 있는 점 A로부터 그것과 평면을 따라서 접하고 있는 또 다른 매질에 있는 점 B로 나아가는 광선을 생각해 보자. 이 경우 페르마의 최소시간의 원리(*Fermat's principle*

---

21) 이와 관련하여, 인과적 진술을 주어진 결과를 산출하는 방법으로 이해하려는 입장에 대해서는 다음 참조. Gasking(1955).

 * 만약 진자의 위치가 고정되어 있다면 진자에 작용하는 중력가속도의 값은 고정될 것이고 그 결과 진자의 주기는 전적으로 그 길이에 따라 변한다.

of least time)에 따르면, 그 광선은 가능한 다른 경로들과 비교하여 A 로부터 B까지의 운동시간이 최소인 경로로 나아간다. 어느 경로가 최소인지는 두 매질의 굴절지수에 달려 있다. 굴절지수가 알려져 있다고 가정하자. 이제 페르마의 정리에 의해 결정된 최소경로가 중간점 C를 통과한다고 가정하자. 이러한 사실은 광학적 매질에 관한 적합한 자료, 빛이 A로부터 B로 나아간다는 정보와 더불어 페르마의 법칙에 의해 D-N적으로 설명가능하다고 말할 수 있다. 그러나 여기서 빛이 'B에 도달했다는 것'이 설명력 요인 중 하나로서 작용하고 있는데, 사실 그것은 설명되어야 할 사건인 빛이 C를 통과한 사건이 일어난 뒤에야 발생한다.

후행사건을 포함하는 요인을 언급해 하나의 사건을 설명하는 것에 대해 우리가 거북함을 느끼는 이유는 앞에서 제시된 예와 같은 보다 친숙한 종류의 설명에서 피설명 사건은 선행사건에 의해 산출되는 것으로 제시되고 있다고 보기 때문이다. 반면에 우리는 어떠한 사건도 그것이 발생한 시점에서 아직 실현되지 않은 요인에 의해 산출될 수는 없다고 본다. 아마도 이러한 생각은 또한 동시적 상황을 언급하여 설명하는 방식에 대해서도 의심을 불러일으킨다. 이러한 점을 고려하면 우리는 설명에 대한 앞의 여러 예와 모든 인과적 설명을 더 자연스럽고 그럴듯하게 생각할 수 있다. 그러나 주어진 사건을 '산출하는' 요인이라는 개념을 정확히 어떻게 이해해야 하는지, 그리고 시간적으로 설명될 사건보다 나중에 일어나는 것에 의존하는 설명은 모두 설명으로 인정하지 않아야 할 이유가 있는지는 분명치 않다. [22]

---

22) 이 주제에 관한 또 다른 견해에 대해서는 다음 참조. Scheffler(1957).

2.3 설명에서 법칙의 역할

앞에서 보았듯이 D-N 모형의 경우 법칙이나 이론적 원리가 설명적 논증에서 필수 불가결한 전제의 역할을 담당한다. 이제 설명에서의 법칙의 역할에 대한 다른 여러 견해를 살펴보기로 하자.

2.3.1 추리규칙으로서 법칙 개념

최근의 영향력 있는 어떤 견해에 따르면, 법칙이나 이론적 원리는 그것을 이용하여 경험적 사실에 대한 특정한 진술을 다른 경험진술로부터 추론할 수 있게 하는 추리규칙이다.

따라서 슐릭(Schlick)은 한때 "기본적으로 자연법칙이란 '명제'의 논리적 성격을 갖는 것이 아니라 '명제형성에 대한 지침'을 표현한다"는 견해를 지지하면서[23] 그것이 모두 비트겐슈타인의 견해라고 믿었다. 슐릭은 그 당시 진정한 진술은 특정한 경험적 발견에 의해 엄격히 검증될 수 있어야 한다는 생각을 가졌기 때문에 그런 견해를 지지한 것이다. 왜냐하면 일반법칙은 무한히 많은 특정 사례에 관한 것이기 때문에 엄격히 검증가능해야 한다는 이런 요건을 분명히 만족시키지 못하기 때문이다. 그러나 문장이 경험적으로 유의미한 것이 되려면 엄밀하게 검증이 가능해야 한다는 요건은 이미 오래전에 너무 제한적인 것으로 드러나 포기된 것이며,[24] 더구나 그것은 확실히 법칙을 진술이

---

23) Schlick(1931)의 영어 번역본 p. 190. 이 생각을 몇 가지 보완하여 채택하는 툴민의 논의 참조. Toulmin(1953), pp. 90~105. 툴민은 또 다소 비슷한 생각을 가지고 물리적 이론과 지도 사이의 광범위한 유비논증을 다음에서 제시한다. Toulmin(1953), 4장. 툴민의 관점에 대한 흥미로운 논평과 일반적인 문제점에 대해서는 툴민의 책에 대한 네이글의 다음 서평 참조. *Mind* 63, pp. 403~412(1954). 이것은 다음에 재수록되어 있다. Nagle(1956), pp. 303~315.

24) 자세한 논의는 이 책의 제 4장 "경험주의의 인지적 유의미성 기준: 문제와

아니라 규칙으로 해석할 만한 좋은 이유도 될 수 없다.

　이와는 조금 다른 맥락에서 라일(Ryle)은 법칙이 참이거나 거짓인 진술이기는 하지만, 어떤 사실적 진술의 주장으로부터 다른 진술의 주장으로 나아가는 추론을 허용해 주는 일종의 추리면허증(inference license) 같은 기능을 하는 진술이라고 보았다.[25] 이러한 생각은 과학적 설명과 역사적 설명에서 법칙의 역할에 대한 다른 학자들의 견해에도 영향을 미쳤다. 예를 들어 드레이(Dray)는 특히 역사적 설명과 관련해 그 생각을 지지하면서 몇 가지 흥미로운 생각들을 제시했다. 드레이는 구체적인 역사적 사건에 대한 설명은 일반적으로 아주 많은 관련요인들을 고려해야 하므로, 그에 대응하는 포괄법칙은 매우 제한을 받게 되고 그 결과 오직 하나의 단일사례, 즉 그것이 설명하는 사건만을 사례로 갖게 될 것이라고 지적했다. 드레이는 그런 상황에서 '법칙'이라는 용어를 적용할 수 있는지에 대해 의문을 제기했다. 왜냐하면 그 용어의 일반적 용법은 "'다른 사례들'이 있다"는 것을 의미하기 때문이다.[26] 따라서 드레이는 다음과 같이 생각했다. 역사가가 'C_1, C_2, $\cdots$, C_n 때문에 E가 발생했다'라고 설명할 때 그는 "'만약 C_1, C_2, $\cdots$, C_n이면 E가 발생할 것이다'라는 포괄적 일반진술이 참이라는 것을 받아들이는 셈이기는 하지만, 그 진술은 … 명시된 요인들로부터 그런 결과를 합리적으로 예측할 수 있었다는 것을 말해주는 **역사가의 추리원리**를 정식화한 것에 불과하다. 그 역사가의 추리는 이러한 원리에 **따른**다고 말할 수도 있다. 그러나 그의 설명이 그에 대응하는 어떤 **경험법칙**을 함축한다고 말하는 것은 또 다른 문제이다".[27] 드레이는 그러한 추리원리가 "만약 p이면, q"라는 형식을 갖는 '일반적 조건문'이라고 생각했고, '일반적 조건문'이

　　변화" 참조.

　25) 다음 참조. Ryle(1949), pp. 121~123 and Ryle(1950).

　26) Dray(1957), p. 40.

　27) Dray(1957), p. 39. 강조는 원저자에 의함.

역사가의 설명에서 암묵적으로 들어 있다고 말하는 것은 포괄법칙 이론
가들이 일반적으로 주장하는 것보다 **상당히 약한 주장이다**"는 입장을
유지했다. 왜냐하면 일반적 조건문이 라일의 의미에서 추리면허증으로
이해된다면, "역사가의 설명은 포괄 '법칙'을 받아들인다는 의미라고 말
하는 것은 단순히 그 사람이 'p 따라서 q'라는 〔일반적 조건문에〕 대응하
는 논증이 보편적으로 타당하다고 주장하므로, **앞으로 있을지도 모를**
추가사례의 경우에도 비슷한 방식의 추리를 받아들인다는 의미일 뿐이
기 때문이다".[28]

그러나 확실히 이러한 논증도식이 보편적으로 타당하다는 주장은
일반진술 "p이면 언제나 q이다"를 주장한다는 것을 함축하게 되고, 그
역도 마찬가지이다. 이런 주장들 사이의 강도에는 아무런 차이도 없
고, 단지 그것을 표현하는 방식이 다를 뿐이다. 일반진술이 오직 하나
의 사례만을 갖는다면, 대응하는 규칙도 마찬가지이다. 그런데 그러
한 원리나 규칙 개념도 법칙 개념에 못지않게 보편성을 띠고 있기 때
문에, 우리는 이전과 마찬가지로 그런 대응규칙을 추리의 원리로 인정
하는 것이 정당한지에 대해 의문을 제기할 수 있다.

하나의 법칙이 갖는 사례의 수효를 언급하면서 드레이는 역사적 설
명이 단지 하나의 일반적 조건문, 즉 앞서 말한 '최소포괄법칙'을 사용
하는 것으로 보는 것 같다. 그러나 대체로 설명이란 어느 정도 포괄적
인 여러 법칙들의 집합에 의존하고, 각각의 법칙은 많은 사례들을 갖
고 있으며, 이 가운데 더 좁은 포괄적 법칙은 단순히 그 집합의 매우
특수한 결과일 뿐이다. 그러나 주어진 설명이 단지 하나의 사례만을
갖는 단 하나의 매우 특별한 일반화에 의존한다고 가정해 보자. 그러
한 일반화를 법칙이라고 할 수 있을까? 우리가 2.1절에서 논의한 내용
이 이 문제와 관련이 있으므로, 여기서는 단지 몇 가지 간단한 점만을

---

28) Dray(1957), p. 41. 강조는 헴펠에 의함.

추가하는 것으로 충분할 것이다. "히틀러와 모든 점에서 정확히 똑같고 정확히 똑같은 상황에 직면한 사람은 누구라도 러시아를 침공하기로 결정한다"는 일반화에 의해서 히틀러가 러시아 침공을 결정한 것을 설명하려고 시도한다고 가정해 보자. 이것은 분명히 설명이 될 수 없다. 왜냐하면 여기서 사용된 그 일반진술은 "히틀러는 러시아를 침공하기로 결정했다"는 문장과 동치이고, 이 문장은 결코 일반진술이 아니며 피설명항을 단순히 재진술한 것에 불과하기 때문이다. 모든 점에서 히틀러와 정확히 똑같은 사람은 히틀러와 동일한 사람이기 때문이다. 그러므로 제안된 일반화는 본질적으로 일반화되지 않았으므로 법칙적이지 않다.

그러나 드레이가 생각한 매우 특별한 포괄법칙과 같은 일반진술이 논리적으로 단칭문장과 동치는 아니면서도 단 하나의 사례를 갖는 경우도 있을 수 있다. 앞에서 지적했듯이, 이러한 특성을 가질 경우 그러한 일반화가 법칙적 지위와 잠재적 설명력을 상실하는 것은 아닐 것이다.

그렇다면 우리가 여기서 간략히 검토한 논증은 법칙과 이론적 원리를 추리규칙이나 원리로 이해하는 견해를 별로 지지해 주지 못한다. 도리어 그렇게 보지 말아야 할 몇 가지 이유들이 있다.

첫째, 과학자들이 쓴 책에서 법칙과 이론적 원리는 진술로서 취급되고 있다. 예를 들어 일반진술은 특정 사실에 대한 단칭진술과 결합하여 그로부터 특정 사실에 대한 다른 진술을 추론할 수 있는 **전제**로 이용된다. 마찬가지로, 더 좁은 범위를 갖는 법칙이 그렇듯이, 일반형식을 갖는 진술은 때로 더 포괄적인 법칙으로부터 도출된 결론으로 등장하기도 한다. 게다가 일반법칙이나 이론적 원리는, 예를 들어 지구 내부의 구성에 대한 진술처럼, 특정 사실에 대한 진술과 똑같은 방식으로 경험적 테스트에 기초하여 수용되거나 거부된다.

그리고 두 번째 난점으로, 여기서 전제된 단칭문장과 일반문장의 구분은 자연언어로 정식화된 진술과 관련하여 볼 때 엄밀한 의미를 갖지 못한다. 예를 들어, 지구는 구형이라는 진술은 "Se" 형식을 갖는 단칭 문장으로 볼 수 있는데, 그것은 특정 대상인 지구에 특정 성질인 구형을 할당한다. 그러나 그 문장은 또한 지구 표면의 모든 점들과 동일한 거리에 있는 지구 내부의 한 점이 있다고 주장하는 일반진술로 해석될 수도 있다. 마찬가지로, 주어진 소금 결정이 물에서 녹는다는 진술은 특정 대상에 용해성을 부여하는 단칭진술로 해석될 수도 있고, "소금 결정을 물에 넣으면 그것은 항상 녹을 것이다"를 주장하거나 함축하는 일반성격의 진술로 해석될 수도 있다.

우리는 (i) 분류해야 할 진술들이 양화기호를 구비한 적절히 형식화된 언어에서 표현되고 (ii) 그 언어의 모든 논리외적 용어들이 원초적이거나 정의된 것으로서 규정된다면, 여기서 문제가 되고 있는 구분을 정확히 해낼 수 있다. 그 경우 각각의 용어는 원초용어에 의해 고유하게 정의된다. 그때 그 언어의 문장이 정의된 용어이나 양화사를 전혀 갖지 않은 문장과 논리적으로 동치인 경우, 본질적으로 단칭적이라고 말할 수 있다. 그 밖의 모든 다른 문장들은 본질적으로 일반적이다. 예를 들어 우리의 진술을 구성하는 언어에서 '지구'와 '구형이다'가 모두 원초용어로 간주된다면 "지구는 구형이다"라는 문장은 본질적으로 단칭적일 것이다. 한편 예를 들어 '구형이다'가 하나 이상의 제거불가능한 양화사를 포함하는 표현에 의해 정의된다면, 그것은 본질적으로 일반적일 것이다.

그러나 단칭진술과 일반진술을 이러한 방식이나 또는 이와 비슷한 방식으로 정확히 구분할 수 있다고 하더라도, 단칭진술을 서로 연결하는 추리규칙으로 일반진술을 이해하자는 제안은 여전히 또 다른 심각한 난점에 직면한다. 추리규칙으로 법칙진술을 정식화하기가 불가능하지는 않더라도 어렵다는 사실이 드러났고, 그렇게 해서 만드는 규칙들의 체계도 아주 이상하기 때문이다. 물론 간단한 형식 "모든 F는 G

이다” 또는 “$(x)\,(Fx \supset Gx)$”은 (단칭적인, 즉 양화사가 없는) “Fi” 형식의 문장으로부터 “Gi” 형식의 문장으로의 추론적 이행을 허용하는 규칙으로 대체될 수도 있다. 여기서 “F”와 “G”는 조금 전에 설명된 것처럼 원초술어이다. 그러나 과학적 설명은 종종 더 복잡한 구조를 갖는 법칙에 기초한다. 이러한 법칙의 경우 단칭진술을 연결하는 추리규칙의 형식으로 그것을 다시 표현하는 것은 문제가 있다. 예를 들어 모든 금속은 (대기압에서) 특정 용융점을 갖는다는 법칙을 생각해 보자. 즉 모든 금속의 경우, 대기압에서 그보다 더 낮지만 그보다 더 높지는 않은 모든 온도에서 그 금속이 고체인 상태로 있는 온도 T가 있다. 여기에 대응하는 추리규칙은 “i 는 금속이다”라는 형식의 문장으로부터 “대기압에서 그보다 더 낮지만 그보다 더 높지는 않은 모든 온도에서 i 가 고체인 상태로 있는 온도 T가 있다”는 문장으로의 추론을 허용하는 것이라고 해석될 수 없다. 왜냐하면 그렇게 해서 얻어진 결론은 단칭형식의 문장이 아니라 존재양화사와 보편양화사를 포함하는 진술이기 때문이다. 실제로 “T 이하의 모든 온도에서 i 는 고체이다”와 “T 이상의 모든 온도에서 i 는 고체가 아니다”라는 구절은 그 자체로 보편법칙의 형식이다. 그러므로 여기서 논의되고 있는 일반 개념은 그 구절을 진술이 아니라 추리규칙으로 해석할 것을 요구하는 것 같다. 그러나 주어진 맥락에서 그것은 “이러저러한 온도 T가 있다”는 존재양화사 구절에 의해 규정되므로 그러한 해석은 불가능하다. 요컨대 주어진 법칙은 추리를 하는 데 있어 단칭문장을 연결해 주는 역할을 하는 규칙과 같은 것이라고 해석할 수 없다. 그렇다고 이것은 법칙이 그러한 추론을 허용하지 않는다는 의미는 아니다. 실로 우리는 그 법칙의 도움을 받아서(즉 그것을 추가적인 전제로 삼아서) “이 열쇠는 금속이고 섭씨 80도와 대기압에서 액체가 아니다”라는 진술로부터 “그 열쇠는 섭씨 74도, 30도, 그리고 80도 이하의 다른 온도와 대기압에서 액체가 아니다”라는 취지의 또 다른 진술을 추론할 수 있다. 그러나 주어진 법칙이 매개하는 단칭진술들 사이에 성립하는 이러한 추리적 연관이나 그와 비슷한 추리적 연관은 분명히 법칙의 내용을 망라하지 못한다. 왜냐하면 이미 지적되었듯이 법칙은 또한 단칭문장("i 는 금속이다")과 양화문장("이러저러한 온도 T가 있다")을 연결하기 때문이다.

복잡한 형식을 갖는 두 개 이상의 법칙 가운데 어느 것도 그 자체로는 단칭문장 사이의 추론적 연관성을 보여줄 수 없지만 그것들이 결합하면 그렇게 할 수 있는 경우도 있을 수 있다. 예를 들어, "$(x)[Fx \supset (\exists y)Rxy]$"과 "$(x)(\exists y)(Rxy \supset Gx)$" 형식의 두 문장은 결합하여 "$Fi$"로부터 "$Gi$"에로의 추론을 허용하지만, 개별적으로는 그 중 어느 것도 단칭문장들의 연관성을 보여주지 못한다. 그러므로 법칙이나 이론적 원리의 어떤 집합에 의해 가능한 단칭문장들 사이의 추론적 이행의 총체는 개별적인 법칙이나 이론적 원리에 의해 가능한 동일한 단칭문장들 사이의 추론적 연관의 (논리적이거나 집합적) 합을 훨씬 능가할 수 있다. 그러므로 우리가 과학적 법칙이나 이론적 원리를 단칭문장들 사이의 이행을 허용하는 논리외적인 추리규칙으로 계속 보고자 한다면, 개개의 법칙과 이론적 원리에 대해서가 아니라 주어진 맥락에서 가정된 법칙들뿐만 아니라 원리들의 전체집합에 대해 그렇게 주장해야 한다. 이렇게 하는 가장 간단한 방식은 분명히 단 하나의 논리외적 규칙을 정식화하는 길이 될 것이다. 그 규칙은 순수한 논리적 추리규칙만을 사용하고, 법칙과 이론적 원리를 '마치' 그것이 연역논증에서 추가적 전제로 작용할 수 있는 진술들인 것처럼 취급하여, 단칭진술들 사이에 성립가능한 모든 이행을 허용하게 될 것이다. 그러나 이러한 규칙을 채택하는 것은 단순히 법칙을 진술이 아니라 규칙으로 해석하기 위한 말장난에 불과하다. [29]

---

29) 카르납이 자신의 논리적 구문론을 통해 논리외적 추론규칙을 지니는 언어를 구성할 수 있다는 가능성을 명시적으로 제시했다는 점은 여기서 주목할 만하다. Carnap(1937), 51절 참조. 그는 그런 규칙을 물리적 규칙, 혹은 P-

요약하면, 순수한 논리적 근거에서 모든 법칙과 이론적 원리를 추리 규칙으로 적절히 해석할 수 있는지는 매우 의심스럽다. 지금까지의 논의에서 드러났듯이, 설사 그러한 해석이 가능한 경우에도 우리가 여기서 관심을 갖고 있는 주제들을 명료화하기 위해서는 법칙과 이론적 원리를 진술로 간주하는 것이 더 단순하고 도움이 된다. 이제부터 그러한 논의가 시작된다.

2.3.2 설명에 대한 역할 정당화 근거로서의 법칙 개념

설명에서 법칙을 언급하는 것을 일반적으로 배제하는 또 다른 견해는 스크라이븐에 의해 비롯되었는데,[30] 그는 법칙들이 설명에 적합한 한, 그것들은 보통은 설명에 대한 '역할을 정당화하는 근거'(role-justifying grounds)로서 기능한다고 주장했다. 이러한 견해는, 라일이 표현했듯이,[31] "설명은 논증이 아니라 진술이다. 그것은 참이거나 거짓이다"라는 견해를 반영한다. 설명은 'p 때문에 q'(q because p) 형식을 취한다. 여기서 'p' 절은 특정 사실을 언급하지만 결코 법칙을 언급하지는 않는다. 우리의 도식 (D-N)에서 논증으로서 표현된 설명은 'C_1,

---

규칙이라고 불렀다. 그러나 그는 모든 일반법칙 혹은 이론적 원리가 그러한 규칙으로 해석될 수 있다고 주장하지는 않았다. 그리고 그는 언어를 구성하는 데에 있어 P-규칙을 어느 정도까지 유지해야 하는가의 여부는 편리성의 문제라고 강조했다. 예를 들어 P-규칙을 사용한다면, 이전에 채택했던 이론과 '충돌하는' 경험적 현상을 발견했을 때 우리는 과학적 언어의 추론규칙 및 전체 형식적 구조를 변경해야 할 것이다. 반면에 P-규칙이 없다면 우리는 이전에 채택한 이론진술 중 몇몇만을 수정하면 될 것이다. 셀라스 역시 가정법적 조건문에 대한 분석과 관련해서 실질적 추론규칙을 받아들여야 한다고 주장했다. W. Sellars (1953, 1958)

일반법칙을 추론규칙으로 해석하는 것에 대한 명쾌한 개괄과 다양한 지지 근거에 대한 비판적 평가는 다음 참조. Alexander (1958).

30) Scriven (1959), 특히 3. 1절.
31) Ryle (1950), p. 330.

C_2, $\cdots$, C_k 때문에 E'(E *because* C_1, C_2, $\cdots$, C_k) 형식의 진술에 의해 표현될 것이다. 스크라이븐에 따르면, 법칙을 거론하는 것이 적절한 때는 '왜 q인가?'라는 질문에 대답(이 경우 'p이기 때문에 q'가 대답으로 제시된다) 하기 위한 경우가 아니다. 도리어 그와는 아주 다른 질문인, 'p'절에서 언급된 사실이 'q'절에서 언급된 사실을 설명한다고 주장할 수 있는 근거가 무엇인가를 묻는 질문에 대답할 경우이다. 스크라이븐에 따르면, 설명의 진술 안에 관련법칙을 포함시킨다면 그것은 설명의 진술과 그 설명의 근거에 관한 진술을 서로 혼동하는 것이다.

분명히 일상적 담화와 과학적 맥락에서 "왜 이러저러한 사건이 발생했는가?"라는 형식의 질문은, 관련법칙이 진술될 수 있는 경우에도, 오직 특정 사건들만을 거론하는 '때문에 진술'(*because-statement*) 로 종종 대답되곤 한다. 설명 진술, "그 얼음 덩어리는 상온에서 물에 있었기 때문에 녹았다"가 그런 예 가운데 하나이다. 그러나 그 문장은 또한 부분적인 설명은 서로 결합해서 문제의 사건을 설명해 줄 수 있는 여러 특정 사실 집합 가운데 일부만을 언급한다는 점도 보여준다. 그것은 주변 공기분자들과 물 역시 적절한 시간 동안 상온에서 그대로 유지되었다와 같이 당연하게 여겨지는 다른 요인들은 언급하지 않는다. 그러므로 우리는 실제로 제시된 사실에 설명적 역할을 부여하기 위해서는 법칙뿐만 아니라 이들의 설명적 사실들 중에는 명백하게 언급되지 않았던 관련 특정 사실들도 거론해야 할 것이다. 따라서 왜 법칙만이 그러한 기능을 하는 것으로 보아야 하는지 분명하지 않다.[32] 만약 우리가 특정 사실에 대한 진술도 설명에서의 역할 정당화 근거로서 기능한다는 점을 허용한다면, 설명적 사실과 역할 정당화 근거 사이의 구분은 모호해지고 임의적인 것이 될 것이다.

스크라이븐은 설명적 법칙이 역할을 정당화하는 근거로서 작용한다

---

32) 알렉산더가 동일한 지적을 한 바 있다. (Alexander, 1958, 1절.)

고 분류하는 데 만족하지 않고, 우리가 때때로 어떤 법칙을 언급해 주어진 설명을 정당화하지 않고서도 그것을 매우 확신할 수 있다고 주장했다. 스크라이븐의 표현에 따르면, "어떤 증거는 법칙으로부터 연역이라는 도움을 받지 않고도 적절히 설명을 보장할 수 있다". 33) 그가 제시한 예들 중 하나는 다음과 같다.

> 당신이 그 사전을 집으려 할 무렵, 당신의 무릎이 탁자의 모서리를 쳤고, 그 결과 잉크병이 넘겨졌고 그 내용물이 탁자의 가장자리를 넘어서 흘러서 양탄자를 더럽혔다. 만약 당신이 어떻게 양탄자가 더럽혀졌는지를 설명하라는 질문을 받는다면 당신은 하나의 완벽한 설명을 갖고 있다. 당신은 잉크병을 넘어뜨렸다는 것을 이용해 설명을 한다. 이러한 설명의 확실성은 옛날 사람이 보기에도 성립한다. 그것은 유관한 물리학의 법칙들에 관한 당신의 지식과 아무런 관련도 없다. 석기시대인도 그와 동일한 설명을 할 수 있고 그것에 대해 매우 확신할 수 있다. … 만약 당신이 그 설명에 대해 역할을 정당화하는 근거들을 제시하라는 주문을 받는다면, 당신은 무엇을 할 수 있겠는가? 당신은 전건이 동일한 방식으로 존재하고(즉, 거기에는 "적당히 강하게 치다"와 같은 용어들이 나타나지 않는다) 후건은 설명이 되어야 할 결과가 되는 **어떠한 참인 보편가설도 제시할 수 없을 것이다.** 34)

스크라이븐은 계속해서 우리는 기껏해야 탁자를 적당히 강하게 치면 그로 말미암아 탁자 위에 충분히 안전하게 놓여 있지 않은 잉크병이, 거기에 잉크가 가득 들어 있을 경우 넘어지게 될 것이라는 식의 모호한 일반화를 제시할 수 있을 뿐이라고 말한다. 그러나 그러한 일반화는 여러 가지 방식으로 다듬어져야 하며, 그것은 문제의 예시의 경우 '연역적 모형을 살리는' 참인 보편가설로 변환될 수 없다. 특히

---

33) Scriven(1959), p. 456.
34) *Loc. cit.*, 강조는 원저자에 의함.

물리학이 그런 가설을 제공해 주리라고 기대할 수도 없다. 왜냐하면 '탄성법칙과 관성법칙이 발견된 이래 그 설명이 조금이라도 더 확실해 졌다고 말할 수는 없기' 때문이다.[35]

의심할 바 없이 일상적 탐구와 과학적 논의에서 우리는 종종 스크라 이븐이 제시한 예에서 나타나는 식의 설명을 제시하거나 수용한다. 그 러나 설명에 대한 분석적 연구는 단순히 이러한 사실을 기록하는 것에 만족할 수 없다. 분석적 연구는 그러한 사실을 분석을 위한 재료로 다 루어야 하며, 이러한 유형의 설명적 진술에 의해 무엇이 **주장되는지**, **어떻게 그 주장이 지지될 수 있는지**를 명료화해야 한다. 스크라이븐은 적어도 첫 번째 질문에 대해 어떠한 명백한 대답도 제시하지 않았다. 그는 자신의 해석에서 법칙을 동원하지 않은 설명이 무엇을 주장하는 지를 말하지 않았다. 그러므로 그가 정확히 어떤 주장이 석기시대 사 람이나 현대 물리학자에 대해 분명한 확실성을 갖는다고 생각하는지가 분명하지 않은 채로 남아 있다. 아마도 그가 염두에 둔 설명은 개략적 으로 탁자를 건드렸기 때문에 양탄자에 잉크자국이 생겼다는 의미를 지니는 진술로 표현될 것이다. 그러나 확실히 이러한 진술은 의존하는 선행상황들이 설명되어야 할 결과를 일반적으로 낳는 종류일 것이라고 암묵적으로 주장한다. 실로 여기서 성립된 인과적 귀속과 "우선 그 탁 자를 건드려서 병이 엎어지고 마지막으로 잉크가 바닥에 떨어진다"는 것을 의미하는 단순한 순차적 이야기를 구별해 주는 것은 바로 일상적 연관들을 포섭하는 그러한 암묵적 주장이다. 이제 잉크의 엎지름과 같 은 경우에서 우리는 적어도 일반적 의미에서는 정확히 진술할 수 없음 에도 불구하고 그러한 연관된 일양적 연관들에 친숙함을 느끼며, 그렇 기 때문에 명백한 언급이 없이 그것들을 기꺼이 당연하다고 여기게 된 다. 다른 한편으로 다양한 상상가능한 특별한 전제들이 있는데, 그 중

---

35) *Loc. cit.*

어떤 것은 대략적으로 동일한 일반적 일양성에 의해 잉크병의 엎어짐을 설명할 수 있을 것이다. 내가 탁자에 부딪쳤을 수도 있고, 고양이가 잉크병을 밀었을 수도 있으며, 산들바람에 커튼이 병에 닿았을 수도 있었을 것이다. 따라서 어떻게 잉크자국이 바닥에 생기게 되었는가라는 질문은 일반적으로 그러한 손상을 낳게 된 특정 선행사건들에 대한 정보를 얻으려는 목적을 갖는다. 그러므로 설명은 일양성이나 법칙과는 아무런 관련이 없는 것처럼 보일 수 있다. 그러나 이러한 느낌은 확실히 선행상황들에 의해 제시된 모든 특정한 설명적 주장은 여전히 적절한 포괄법칙들을 전제로 한다는 점을 논박하지는 못한다.

　이러한 점 때문에 우리는 스크라이븐의 논증이 제기하는 하나의 중요한 질문에 이르게 된다. 어떻게 선행하는 설명적 사건들에 대한 정보가 주어졌을 때, 피설명항을 연역하여 실제로 역할 정당화를 제공하는 법칙들의 집합을 규정하는 것이 가능한가? 그 질문은 지극히 모호하기 때문에 우리는 그것에 대해 명료하게 대답할 수 없다. 설명적 진술이 'p 때문에 q'라는 형식을 취한다고 가정하더라도, 우리는 엎어진 잉크병의 경우에서 'p'와 'q'의 자리에 무엇이 들어가는지에 대해 정확한 설명을 듣지 못했다. 예를 들어, 'p 진술'이 마개가 없이 잉크로 가득 찬 병이 실제로 엎어졌다는 정보를 포함한다면, 그리고 'q 진술'이 단순히 잉크가 새어나온다는 것을 보고한다면, 유체역학의 기본법칙들은 설명적 진술에 대한 적절한 법칙적 지지를 충분히 제공할 것이다. 이와 대조적으로 'q 진술'이 잉크가 엎어졌다는 것뿐만 아니라 그 때문에 바닥에 일정한 크기와 모양의 자국이 만들어졌다는 것을 서술한다면, 확실히 (어떠한 가능한 해석에서도) 'p 진술'로부터 이러한 'q 진술'로 나아가는 추론을 허용해 줄 법칙은 전혀 없다. 바로 이러한 이유 때문에 우리는 결코 스크라이븐의 예가 제안하는 유형의 설명을 잉크 얼룩의 크기와 모양을 설명하는 것으로 간주할 수 없다.

　의심할 바 없이 스크라이븐이 고안한 설명적 주장은 이러한 양극단 사이에 놓여 있으며, 개략적으로 마개가 열린 잉크병이 놓여 있는 탁자가 나의 무릎에 닿아서 끌렸기 때문에 바닥에 자국이 생겼다고 설명한다. 이러한 주장은 바닥에 있는 얼룩자국의 존재를 선행하는 상황과 연결하는 법칙들이 있다는 주장으로 바꾸어 말할 수 있는데, 그러한 선행상황에는 탁자 위에 마개가 열린 잉크병이 놓여 있고 그 탁자의 모서리가 끌렸다는 사실이 포함된다. 문제의 현상에 대해 점차로 정교하고 상세한 설명을 제공해 줄 법칙들로 이루어진 집합을 제시할 가능성은 충분히 있다.

우리는 스크라이븐의 견해에 동의하면서 이러한 법칙들이 주어진 왜냐하면-진술을 지지하거나 정당화한다고 말할 수 있다. 그러나 우리는 그와 같은 지지하는 법칙들의 집합을 확장하면 정상적으로는 고려하고 있는 선행상황들의 집합이 확장되고 그 결과 설명적 왜냐하면-진술 그 자체를 엄격히 수정해야 한다는 점도 유의해야 한다.

더구나 왜냐하면-진술을 지지하는 데 사용될 수 있는 법칙이나 특정 사실의 진술을 확립하는 과제는 분명히 과학적 탐구의 영역에 속한다. 그러므로 우리는 물리학이나 화학 연구의 진보가 가까운 장래의 설명에 대해 아무런 의미도 없다고 주장할 수는 없다. 따라서 스크라이븐이 언급한 석기시대 사람뿐만 아니라 어린이도 어떠한 불투명 액체라도 직물에 떨어지면 스며들어 얼룩을 만든다고 추측할 수 있다. 이 때문에 그는 수은이 바닥에 떨어지거나 또는 잉크가 염색되지 않도록 특별히 처리된 직물에 엎어질 때도 얼룩을 예상하게 될 것이다. 만약 바닥에 있는 잉크자국에 대한 설명이나 이해가 그러한 가정을 전제로 한다면, 그것은 결코 확실한 것이라고 할 수 없으며 사실 그것은 거짓일 것이다.

요약하면, 석기시대 사람도 바닥의 얼룩을 현대 과학자와 같은 '확실성'을 갖고서 설명할 수 있다는 주장은 처음에는 놀랍도록 그럴듯해 보였지만 다음을 고려하면 그런 인상은 이내 사라진다. 즉 우리 스스로 그 설명이 무엇을 주장하는지, 그것이 무엇을 함축하는지를 자문할 때, 또한 그것이 단순히 고려하고 있는 과정에 속하는 선택된 단계들에 대한 이야기로 제시된 것은 아니라는 점을 분명히 할 때, 그러한 인상은 사라진다. 설명이 순차적인 이야기의 형태를 띨 수도 있다. 하지만 그것이 설명이 되려면, 그것은 적어도 거론된 여러 단계들 사이에 일정한 법칙적 연관성이 있다는 점을 전제해야 한다. 그런 '발생적' 설명에 대해서는 이 글 후반부에서 좀더 자세히 검토할 것이다.

앞의 논의에서 우리는 'p 때문에 q' 형태의 설명적 진술을 다음과 같은 내용을 갖는 주장으로 해석했다. 즉 p가 사실이고(또는 사실이었고), (명백히 규정되지 않은) 법칙이 있어서 그 결과 q가 사실이다(또는 사실이었다)는 진술이 p와, p에는 포함되어 있지 않지만 설명에서 암묵적으로 전제된 선행사건들을 규정하는, 다른 진술들과 함께 그러한 법칙들로부터 논리적으로 따라 나올 수 있다. 법칙의 설명적 역할에 대한 논의를 하면서 스크라이븐은 바닥의 얼룩과 같은 특정한 사건의 원인을 규정할 때, "우리는 구체적으로 어떤 법칙이 적용되는지를 판단할 수는 없지만 어쨌건 어떤 법칙이 적용되어야 한다는 점은 판단할 수 있다"는 생각을 고려했는데, 그것은 앞의 생각과 밀접히 연관되어 있다. 그다음으로 그는 "우리가 때때로 연관된 법칙들을 알지 못할 때라도 인과적 진술에 대해 매우 확신할 수 있다고 말하지 않고 그렇게 말하는 것은 매우 이상하다. 원인을 확인하는 이러한 능력은 학습될 수 있고, 이 사람들보다는 저 사람들에게 더 잘 계발될 수 있고, 테스트될 수 있고, 우리가 판단이라고 부르는 것에 대한 기초가 된다"고 이의를 제기했다.[36]

그러나 이것은 분명히 어떠한 강력한 반대도 될 수 없다. 왜냐하면 무엇보다도 그 논제가 분명한 의미를 가지려면, '특정 사건의 원인을

---

36) *Loc. cit.*, 강조는 원저자에 의함.

확인하는 것'이 정확히 무엇을 의미하는지, 따라서 어떻게 원인을 확인하는 능력이 테스트되는지를 알 필요가 있기 때문이다. 스크라이븐은 이러한 정보를 제공하지 않았다.

둘째, 형식 'p 때문에 q'의 진술은 암암리에 어떤 포괄법칙의 존재를 주장한다는 생각은 결코 사람들이 적절한 포괄법칙을 상술하거나 그들이 사용하는 원인 개념을 해명할 수 없을 때라도 인과적 판단을 할 수 있다는 견해와 양립불가능한 것이 아니다. 비슷한 경우를 생각해 보자. 경험이 많은 목수나 정원사는 내접 다각형이나 외접 다각형의 면적으로 이루어진 수렴급수로 원의 면적에 대한 해석학적 정의를 제시할 수는 없지만, 원으로 둘러싸인 면적의 크기를 매우 정확하게 판단할 수 있다. 그러나 이 점 때문에 능숙한 장인의 판단과 같은 아주 특수한 경우에는 적어도 원의 면적 개념에 대한 수학적 분석이 부적절하다거나 적용되지 않는다는 주장이 정당화되지는 않는다. 마찬가지로 외과의사, 자동차 정비사, 전기 기사는 특별한 경우에 무엇이 문제인지를 판단하는 상당한 능력을 지니지만 그들이 항상 그 진단을 지지하는 일반법칙을 제시할 수 있는 것은 아니며, 실로 그 진단이 그러한 법칙의 존재를 전제한다고 믿지도 않는다. 그러나 이것을 인정한다고 해서 문제의 인과적 진술을 그에 대응하는 법칙을 언급하거나 또는 적어도 그 법칙의 존재를 함축하는 것으로 해석할 수 없다는 결론이 나오는 것은 아니다.

그러한 실제적 '판단'에 기초를 둔 인과적 진술이 테스트되고 구체화되는 방식은 그 진술이 적어도 암묵적으로는 일반적 성격을 지닌 주장이라는 점을 시사한다. 따라서 주어진 경우에서 어떤 처방을 하니까 건강이 나아졌다는 주장은, 인과적 연관성과 대비되는 단순한 우연적 일치의 가능성을 배제하기 위해, 비슷한 경우에서 비슷한 결과를 통해 확인될 필요가 있다.

그러나 설명이 종종 '왜냐하면'-진술로 정식화되므로, 우리는 적어도 설명을 논증이 아니라 'p 때문에 q' 형식의 진술로 해석하는 또 다른 모형을 도입해야 되는 것은 아닌가? 어떤 유형의 설명을 단순히 그 형식을 갖는 것으로 규정하는 것은 확실히 충분치 못하다. 잘 연구된 모형의 주된 과제는 설명적 맥락에서 단어 '왜냐하면'의 의미를 명료화하는 것이며, 이것은 또 다른 분석을 요구한다. 우리는 때로 아주 확실하게 'p 때문에 q' 형식의 설명을 제시하기도 한다거나 또는 법칙의 도움 없이도 적절한 유형의 증거에 의해 설명을 보증할 수 있다고 주장하는 것은 이러한 주제를 회피하는 것이다. 사실 그런 주장은 단어 '왜냐하면'의 설명적 용도에 대한 분석과 독립적으로 평가될 수 없다. 앞에서 제안된 '왜냐하면 진술'을 다른 말로 풀어 쓰는 것은 다소 모호하며 물론 개선의 여지가 있지만, 적어도 나에게는 그러한 설명적 정식화에 들어 있는 법칙적 연관성의 가정을 드러내는 것이 올바른 것으로 보인다.

2.4 잠재적 예측으로서의 설명

D-N 설명은 법칙과 이론적 원리에 본질적으로 의존하기 때문에 과학적 예측과 아주 유사할 것이라고 예상된다. 왜냐하면 법칙과 이론적 원리는 일반적 주장을 하는 것이어서 아직 검사되지 않은 사례들까지 포괄하고 그것들에 대해서도 일정한 함축을 지니기 때문이다.

이러한 〔설명과 예측 사이의〕 유사성은 갈릴레오의 저서 《새로운 두 과학에 관한 대화》(*Dialogues Concerning Two New Sciences*)*의 4부에서 생생하게 기술되어 있다. 거기서 갈릴레오는 발사체 운동에 대한 자신의 법칙을 개발하고 그로부터 발사체가 동일한 속도로 동일한 장소에서 다른 각도로 발사되면 최대 사거리는 그 각도가 45°일 때 얻어

---

* 갈릴레오 갈릴레이, 이무현 옮김(1996), 《새로운 두 과학 : 고체의 낙하 법칙에 관한 대화》, 민음사.

진다는 결과를 연역한다. 그다음 갈릴레오는 사그레도(Sagredo)*의
발언을 제시한다. "포수들의 설명으로부터 나는 이미 대포와 박격포의
경우 최대 사거리는 … 발사각이 45°일 때 얻어진다는 사실을 알고 있
었다. 그러나 왜 이러한 사실이 발생하는지를 이해하는 것은 다른 사
람들의 증언이나 심지어 반복된 실험에 의해 얻은 단순한 정보보다 훨
씬 더 중요하다."37) 그러한 이해를 제공하는 추론은 쉽게 형식
(D-N)으로 표현될 수 있다. 그것은 (i) 발사체의 운동에 관한 갈릴레
오 이론의 근본법칙들과 (ii) 고려된 모든 대포탄환이 동일한 장소에
서 동일한 속도로 발사되었다는 점을 상술하는 특정 진술을 포함하는
전제들의 집합으로부터 논리적이고 수학적 수단에 의하여 그 결과를
연역하는 것에 해당한다. 그렇다면 분명히 포수들이 앞에서 말한 현상
은 갈릴레오 이론에서 제시된 어떤 일반법칙들에 비추어 규정된 상황
들에서 그것이 발생할 것이라고 예상되었다는 것을 보임으로써 여기에
서 **설명되고**, 따라서 **이해된다**. 갈릴레오는 자신의 법칙들로부터 비슷
한 방식으로 연역에 의해 얻어질 수 있는 **예측들**을 매우 자랑스럽게
지적했다. 즉 갈릴레오 법칙들은 "경험적으로 아마도 지금까지 결코
관찰되지 않았던 것, 즉 발사각 45°에 동일한 양만큼 미달하거나 초과
한 발사들이 동일한 사거리를 갖는다는 것"을 함축한다. 따라서 갈릴
레오 이론이 제공한 설명에 의해 "우리는 실험에 의지하지 않고도" 즉
그 설명이 기반을 둔 법칙들 아래에 연역적으로 포섭함으로써, "다른
사실들을 이해하고 확인할 수 있다".38)

설명에서 사용된 일반법칙이나 이론적 원리로부터 연역된 예측을

* 사그레도는《새로운 두 과학에 관한 대화》에 등장하는 세 명의 대화자 가운
데 한 사람이다. 그는 갈릴레오를 대변하는 살비아티(Salviati), 아리스토텔
레스주의를 대변하는 심플리치오(Simplicio)를 중재하면서 대화를 이끌어
간다.

37) Galilei(1946), p. 265.
38) *Loc. cit.*

검토하는 것은 '포섭하는' 일반화들을 테스트하는 중요한 방식이고, 긍정적 결과는 그것들에 대한 강력한 지지가 된다. 예를 들어, 스승인 갈릴레오를 당혹스럽게 만들었던 사실에 대한 토리첼리의 설명을 생각해 보자. 그 사실은 우물로부터 물을 끌어올리는 양수펌프는 우물의 표면으로부터 약 34피트 이상 물을 끌어올리지 못한다는 것이었다. [39] 이 점을 설명하기 위해 토리첼리는 물 위의 공기는 무게를 갖고 있으므로 우물물에 압력을 가하며, 피스톤을 올리면 외부 압력과 조화를 맞출 내부 공기가 없으므로 물을 펌프 통으로 빨아올린다고 생각했다. 이렇게 가정하면, 물은 우물 표면에 대한 펌프의 압력이 표면에 대한 외부 공기의 압력과 동일한 지점까지만 올라갈 수 있고, 표면에 대한 외부 공기의 압력은 약 34피트 높이의 물기둥의 압력과 같을 것이다.

　이러한 진술이 갖는 설명력은 지구가 '공기의 바다'로 둘러싸여 있으며, 그것은 연통관(連通管, communicating vessel)에 들어 있는 유체의 평형상태를 지배하는 기본법칙들을 따른다는 생각에 달려 있다. 토리첼리의 설명은 그러한 일반법칙들을 전제하기 때문에 그것은 아직 검사되지 않은 현상들에 대한 예측을 낳는다. 이러한 예측 중의 하나는 바로 만약 물의 약 14배인 비중을 갖는 수은으로 물을 대체하면 공기는 길이가 약 35/14피트 또는 2.5피트 미만 높이로 수은 기둥의 균형을 유지할 것이라는 것이다. 이러한 예측은 그의 이름을 낳게 된 고전적 실험에서 토리첼리에 의해 입증되었다. 게다가 제안된 설명은 해발고도가 증가하면 균형을 유지하는 공기의 무게가 감소하기 때문에 대기압이 지탱하는 수은 기둥의 길이는 줄어든다는 것을 함축한다. 이러한 예측에 대한 면밀한 테스트는 토리첼리가 그의 설명을 제안한 지 단 몇 년 후에 파스칼(Pascal)의 제안으로 수행되었다. 파스칼의 처남은 수은기압계(즉 본질적으로 대기압이 균형을 유지하는 수은주)를 퓌드

---

[39] 다음 설명은 그 경우에 대한 코넌트의 제시 방법에 근거한다. Conant(1951), 4장.

돔(Puy-de-Dome) 산* 정상으로 가져가서, 올라가는 동안 그리고 다시 내려오는 동안 여러 고도에서 수은주의 길이를 측정했다. 관측결과는 예측과 놀랄 만큼 일치했다.[40)

그러한 예측을 얻게 해주는 추리 역시 연역-법칙적 형식이다. 전제들은 문제의 여러 설명적 법칙(우리의 마지막 예에서는 특히 토리첼리 가설)과 특정 사실에 대한 몇몇 진술들(예를 들어, 이러저러하게 구성된 기압계가 산의 정상으로 운반되었다)로 이루어진다. (D-N) 형식을 갖는 예측적 논증을 D-N 예측이라고 하자. 경험과학에서 많은 예측적 논증은 이러한 종류이다. 그런 예 가운데 가장 놀라운 예는 주어진 시각에 태양, 달, 행성의 상대위치와 일식과 월식에 관하여 천체역학과 광학의 원리에 기반을 둔 예측이라고 할 수 있다.

고전역학의 원리나 다른 결정론적 법칙과 이론이 매우 인상적인 D-N 설명과 예측의 기초를 이루고 있기는 하지만, 이러한 목적을 위해서 필요한 추가전제들은 체계의 상태가 추론되어야 할 시점 t_1보다 앞선 t_0에서 체계의 상태를 상술해야 할 뿐만 아니라 t_0와 t_1 사이에 나타나는 경계조건들도 진술해야 한다는 점을 여기서 강조할 필요가 있다. 이것들은 문제의 시간간격 동안에 그 체계에 작용하는 외적 영향들을 규정한다. 천문학에서는 어떤 목적상 그처럼 명백히 고려된 것이 아닌 천체 물체들의 교란적 영향은 하찮은 것으로 무시될 수 있고, 고려 중인 체계는 '고립된' 것으로 취급될 수 있다. 그러나 이 점 때문에 우리는 연역-법칙적 예측의 그러한 예들조차도 현재에 대한 정보에 기초하여 미래의 사건을 엄격히 예측할 수 있는 것은 아니라는 사실을 간과해서는 안 된다. 예측적 논증에서는 또한 미래에 관한 전제들, 예를 들어 화성과 기대되지 않았던 혜성의 충돌과 같은 교란적 영향이

---

*   프랑스 중부에 있는 높이 1,465m의 휴화산.
40) '위대한 실험'에 대한 파스칼 자신의 설명과 평가는 다음 책에 영어로 번역되어 재수록되었다. Moulton and Schifferes(1945), pp. 145~153.

없다는 전제가 필요하다. 이러한 경계조건들의 시간적 범위는 예측된 사건이 발생하는 바로 그 시점까지 확장되어야 한다. 따라서 우리는 결정론적 형태의 법칙과 이론에 의해서 현재에 대한 정보로부터 미래의 어떤 측면에 대해 예측할 수 있다는 주장을 에누리해서 받아들어야 한다. 이 점은 연역-법칙적 설명에도 적용된다.

특정한 사건에 대해 완전히 서술된 D-N 설명에서라면 설명항은 논리적으로 피설명항을 함축하기 때문에, 설명항에 제시된 법칙과 특정 사실이 이미 알려졌고 고려되었더라면, 설명적 논증은 피설명항-사건에 대한 연역적 예측을 위해 사용될 수도 있었다고 보아야 한다. 이러한 의미에서 D-N 설명은 잠재적인 D-N 예측이다.

이 점은 오펜하임과 내가 이전에 쓴 논문에서 이미 제시되었으며,[41] 그 논문에서 우리는 (연역-법칙적 유형의) 과학적 설명은 논리적 구조가 아니라 화용론적 측면에서 과학적 예측과 구별된다는 점도 이미 말했다. 과학적 설명의 경우, 결론에서 진술된 사건은 이미 발생한 것으로 알려져 있고 그 사건을 설명하기 위해 일반법칙과 특정 사실에 관한 진술들이 동원된다. 과학적 예측의 경우, 문제의 사건이 발생하리라고 생각되는 시점 이전에 일반법칙과 특정 사실에 관한 진술들이 주어지고 그 사건을 서술하는 진술이 그러한 진술들로부터 도출된다. 이러한 생각은 때때로 **설명과 예측의 구조적 동일성 (또는 대칭성) 논제**(*the thesis of the structural identity (or the symmetry) of explanation and prediction*)라고 불리는데, 최근에 여러 학자들이 그 논제에 대해 의문을 제기했다. 그들의 논증 가운데 일부를 살펴보면 이 문제를 좀더 잘 알 수 있을 것이다.

우선 몇몇 학자들은[42] 일반적으로 예측이라고 불리는 것은 논증이 아니라 문장이라고 지적했다. 쉐플러(Scheffler)가 지적했듯이, 더 정

41) Hempel and Oppenheim(1948), 3절.
42) Scheffler(1957), 1절과 (1963), 1부 3절, 4절, Scriven(1962), p. 177.

확히 말하자면, 그것은 문장-토큰(sentence-token)이다. 즉 그 토큰이 산출된 이후에 발생할 어떤 사건을 기술해 주는 문장의 구체적 발화나 그것을 적는 것(inscription)이다.[43] 이 말은 확실히 옳다. 그러나 경험과학에서 예측적 문장은 보통 이용가능한 정보에 기초하여 연역적이거나 귀납적 성격을 지닌 논증에 의해 정립된다. 당연히 우리는 그 논제를 설명적 논증과 예측적 논증을 가리키는 것으로 이해해야 한다.

이처럼 해석하면 구조적 동일성 논제는 두 가지 세부논제들의 연언에 해당한다. 즉 (i) 모든 적합한 설명은 잠재적으로 위에서 시사된 의미에서 예측이다. (ii) 역으로, 모든 적합한 예측은 잠재적으로 설명이다. 나는 이제 그 논제에 대해 제기된 많은 반대들을 검토할 것이다. 먼저 나는 첫 번째 세부논제와 관련된 반대를 다루고 이어서 두 번째 세부논제에 관한 반대를 다루겠다. 나는 첫 번째 세부논제는 건전하지만 두 번째 세부논제는 실제로 의문의 여지가 있다고 주장할 것이다. 비록 다음 논의들이 우선적으로 D-N 설명과 관련되지만 그 중 몇몇은 또한 다른 유형의 설명에도 적용될 수 있다. 통계적 설명의 경우에 대한 구조적 동일성 논제의 적합성은 3.5절에서 자세히 검토된다.

이미 지적되었듯이, D-N 설명의 경우 설명항이 피설명항을 논리적으로 함축하기 때문에 첫 번째 세부논제는 명백히 참이다. 그러나 그 논제는 또한 더 일반적인 원리에 의해서도 지지된다. 그 원리는 다른 유형의 설명에도 적용되고, **특정 사건에 대한 합리적으로 수용가능한 설명이 되기 위한 적합성 조건**을 표현해 준다. 그 조건이란 다음과 같다. "왜 사건 X가 발생했는가?"라는 질문에 대한 합당한 답변은 X가 D-N 설명의 경우처럼 확실하지 않다면 적어도 적당한 확률을 갖고 예상되었다는 것을 보여주는 정보를 제공해야 한다. 따라서 설명적 정보는 X가 실제로 발생했다고 믿을 수 있게 해주는 좋은 근거를 제공해야

---

43) Scheffler(1957), 1절 참조. 유형과 토큰을 구별하는 관점에서 설명과 예측에 관한 보다 자세한 연구는 다음 참조. Kim(1962).

한다. 그렇지 않다면 그 정보는 "설명항이 그 사건을 설명한다, 즉 그것이 왜 X가 발생했는가를 보여준다"고 말할 적절한 이유를 제공한다고 할 수 없다. 물론 이러한 조건을 충족하는 설명은, 만약 설명항에 포함된 정보를 그 사건이 발생하기 전에 이용할 수 있었다면 그것을 (연역적으로나 또는 어느 정도 높은 확률로) X의 발생을 예측하는 데 쓸 수 있었다는 의미에서, 잠재적 예측이기도 하다.

방금 진술된 적합성 조건은 개별 사건이 아니라 법칙에 의해 표현된 경험적 일양성과 관련된 설명에도 확장될 수 있다. 그러나 우리는 그러한 설명을 잠재적 **예측**이라고 말할 수는 없다. 왜냐하면 법칙-진술은 무한한 일양성을 표현하고자 하는 것이므로, 과거, 현재, 미래든 상관없이 어떤 특정한 시간을 지시하지 않기 때문이다. 44)

물론 피설명항-진술을 뒷받침하는 근거를 제시하는 것이 설명의 **목적**은 아니라는 점은 아무리 강조해도 지나치지 않다. 왜냐하면 이 글의 1절에서 언급한 것처럼, 설명을 요청한다는 것은 이미 설명항-진술이 참이라는 점을 대개 **전제하기** 때문이다. 오히려 앞선 주장의 요점은 다음과 같다. 즉 적합한 설명은 적절히 확립되면 피설명항-진술을 뒷받침하는 근거를 제시하는 정보를 제공할 수밖에 없다. 1절의 용어법으로 표현하면, 설명을 추구하는 왜-질문에 대한 적합한 답변은 항상 그에 대응하는 인식적 왜-질문에 대한 답변이기도 하다고 말할 수 있다.

그러나 그 역은 성립하지 않는다. 적합성 조건은 수용될 수 있는 설명이 되기 위한 필요조건이기는 하지만 충분조건은 아니다. 예를 들어 어떤 경험적 발견 결과는 지구 자기장의 방향이 주간 및 세기 변화를 나타낸다는 믿음을 뒷받침해 주는 훌륭한 근거이지만 왜 그런지는 전혀 설명해 주지 않을 수도 있다. 마찬가지로 어떤 실험자료들은 금속

---

44) 예를 들어, 이 점은 다음에서 주장되었다. Scriven (1962), pp. 179 이하.

의 전기적 저항이 온도와 비례하여 증가한다거나 어떤 화학물질이 암세포의 증식을 억제한다는 추측을 강하게 **뒷받침해 주지만** 왜 그런 경험적 규칙성이 성립하는지에 대해서는 아무런 **설명도** 해주지 못할 수도 있다. 여기에 포함된 예측적 추리들은 연역적이라기보다는 귀납적이다. 그러나 그것들이 잠재적 설명이 될 수 없는 이유는 그러한 귀납적 특징을 지니기 때문이 아니라(3절에서 완벽하게 좋은 과학적 설명을 제공하는 귀납논증들이 논의된다), 일반적 주장을 하는 설명적 진술에 해당하는 어떠한 법칙이나 이론적 원리에도 의존하지 않는다는 사실 때문이다. 일반적인 연결원리에 의존한다는 점이 예측의 경우에는 필수 불가결하지 않지만 설명의 경우에는 필수 불가결하다. 어떠한 특정 상황이 설명항에 등장하더라도 위의 원리들만으로도 그 상황은 설명되어야 할 사건에 대한 설명적 요인의 지위를 얻을 수 있다.

　설명과 예측의 구조적 동일성 논제에 대해 최근에 제기된 몇몇 비판은 사실상 두 가지 세부논제 중 우리가 지금까지 살펴본 첫 번째 논제, 즉 적합한 설명적 논증은 모두 잠재적으로 예측적이라는 주장과 관련된 것이다. 나는 잠재적 예측은 될 수 없지만 아주 만족스러운 설명이 있다는 식의 세 가지 비판을 살펴볼 것이다.

　스크라이븐은 어떤 사건 X의 발생은 때때로 "예를 들어 '매독성 진행마비의 유일한 원인은 매독이다'와 같이 'X의 유일한 원인은 A이다'는 형식을 취하는 명제"에 의해 적절히 설명된다고 주장했다. 이러한 명제를 통해 우리는 특정 환자가 매독에 걸린 적이 있다는 점을 지적해 그가 왜 매독성 진행마비에 걸렸는지를 설명할 수 있다. 스크라이븐에 따르면, 매독 환자 가운데 매독성 진행마비에 걸리는 비율이 아주 낮아서 "우리는 〔어떤 환자가 매독에 걸렸다는〕 증거로부터 그가 〔매독성 진행마비에〕 걸리지 **않을** 것이라고 예측해야 할지라도"[45] 이러한 설명은 여전

---

45) Scriven(1959a), p. 480. 강조는 원저자에 의함.

히 성립한다. 그러나 매독성 진행마비가 실제로 발생하면, 매독성 진행마비의 유일한 원인은 매독이라는 원리가, 이전에 매독에 감염되었다는 것을 이용해, "설명을 제공하고 보증할 수 있게 된다".46) 그렇기 때문에 우리는 여기서 잠재적 예측으로는 실제로 적합하지 않지만 설명이라고 생각되는 것을 보게 된다는 것이다. 그러나 엄밀히 말하자면 매독에서 매독성 진행마비로 진행하는 경우는 아주 드물기 때문에, 이전에 매독에 감염되었다는 사실이 그 자체로 매독성 진행마비를 적절히 설명해 준다고 할 수는 없다. 어떤 사건이 발생하는 데 법칙적으로 필수적인 조건은 일반적으로 그것을 설명해 주지 못한다. 그것만으로 설명이 된다고 한다면, 우리는 이전에 한 남자가 복권 한 장을 구입했다는 점과 복권을 소유한 사람만이 1등 상금을 탈 수 있다는 점을 지적함으로써 아일랜드 스테이크 경마복권에서* 그 남자가 1등 상금을

---

46) *Loc. cit.* 바커는 비유적으로 다음처럼 논증한다. "구체적인 예측이 불가능한 많은 경우에 설명에 대해 말하는 것은 옳을 수 있다. 그러므로 예를 들어 환자가 폐렴의 모든 증상을 보여주고 앓다가 죽었다면 나는 그의 죽음을 설명할 수 있다 ― 나는 그가 무엇 때문에 죽었는지 안다 ― 그러나 나는 그가 죽게 될 것이었다고 미리 정확하게 예측할 수는 없었다. 왜냐하면 폐렴은 보통 치명적이지 않기 때문이다"(Barker, 1961, p. 271). 이 논증은 스크라이븐의 경우에 발생했던 것과 유사한 문제점에 직면하는 것으로 보인다. 첫 번째로 폐렴이 환자를 죽인다고 주장하는 것이 무엇인지가 분명하지 않다. 확실히 그 환자가 폐렴에 걸렸다는 정보만으로는 그의 죽음을 설명하기에 충분하지 않다. 그 이유는 엄밀하게 보면 폐렴이 대부분의 경우에 치명적이지 않기 때문이다. 만약 설명항이 진술하는 바가 환자는 매우 심각한 폐렴을 앓고 있었다는 것이라면 (그리고 그가 나이가 많거나 허약했다는 것이라면) 그것은 최소한 환자의 죽음에 대한 확률적 설명의 기초를 제시할 것이다. 이 경우에 설명항은 분명히 그의 죽음을 동일한 확률로 예측하도록 할 것이다. 바커의 논증에 대한 좀더 자세한 논의 및 파이어아벤트와 루드너의 논평 그리고 바커의 답변은 다음 참조. Feigl and Maxwell (1961), pp. 278~285. 스크라이븐의 매독성 진행마비 사례에 대한 더 자세한 비판적 논의는 다음 참조. Grünbaum (1963), (1963a, 9장). 이에 대한 스크라이븐의 답변은 다음 참조. Scriven (1963).

탄 사실을 설명할 수 있을 것이다.

스크라이븐의 논증처럼, 처음에는 상당히 그럴듯해 보이는 논증 가운데 두 번째 논증은 툴민이 제시한 것으로, 그는 변이와 자연선택에 의해 종의 기원을 설명하는 다윈의 이론을 들고 있다. "어떠한 과학자도 여태까지 새로운 종의 생물체가 존재하게 된 것을 예측하는 데 그 이론을 사용한 적은 없다. 그러나 많은 유능한 과학자들은 다윈의 이론이 위대한 설명력을 갖는다고 인정해 왔다."[47] 툴민의 논증을 검토할 때, 우리는 진화에 대한 **이야기**라고 불릴 수 있는 것과 돌연변이와 자연선택의 근본기제에 대한 **이론**을 구별하기로 한다. 다양한 유형의 유기체들의 점진적 발생과 그 중 많은 유기체들의 차후 멸종에 관한 가설로서의 진화에 대한 이야기는 진화과정의 단계들을 **서술하는** 가설적인 역사적 이야기의 성격을 지닌다. 이 과정에서 **설명적 통찰**을 제공하는 것은 바로 그와 연관된 이론이다. 예를 들어, 진화에 대한 이야기는 우리에게 그 과정의 어떤 단계에서 공룡이 출현했다는 것, 그로부터 훨씬 후에 공룡이 전멸했다는 것을 말해줄 수 있다. 물론 그러한 이야기는 왜 나름의 특징을 지닌 다양한 종류의 공룡이 존재하게 되었는지를 설명하지 못하며, 왜 그것이 멸종했는지도 설명하지 못한다. 실제로 돌연변이와 자연선택에 관련된 이론이 후자의 문제를 해명하는 데 도움을 줄 수 있을지는 모르겠지만, 전자의 문제에 대해 적절한 답을 제공할 수 없다는 것은 분명하다. 게다가 공룡의 멸종을 설명하려면, 공룡이 처한 물리적이고 생물학적 환경과 그것들이 생존하기 위해 경쟁해야 했던 여러 종에 대한 다양한 추가가설이 필요하다. 그

---

* 정식 명칭은 "Irish Hospitals' Sweepstakes"이며 1930년에 인가를 받았다. 1등 상금은 우승마의 복권을 소유한 사람에게 수여되며 2등과 3등 복권을 소유한 사람에게도 상금이 수여된다.

47) Toulmin(1961), pp. 24~25. 스크라이븐과 바커는 같은 맥락에서 논증을 제시했다. Scriven(1959a), Barker(1961). 스크라이븐의 입장에 대한 비판적인 논의는 다음 참조. Grünbaum(1963), (1963a), 9장.

러나 우리가 자연선택의 이론과 함께 공룡의 멸종에 대해 적어도 확률적 설명을 제공하기에 충분한 정도로 구체적인 가설들을 갖고 있다면, 분명히 거기에 제시된 설명항은 또한 확률적인 잠재적 예측을 위한 기초로서의 자격을 갖게 될 것이다. 툴민의 논증이 갖고 있는 부정할 수 없는 큰 설득력은 두 가지 원천으로부터 유래하는 것 같다. 그 중 하나는 기본적으로 진화에 대한 서술적 이야기를 진화과정의 다양한 상태들을 설명하는 것으로 보려는 광범위한 경향이고, 다른 하나는 돌연변이와 자연선택 이론이 설명할 수 있는 진화단계의 세부내용의 범위를 과대평가하려는 광범위한 경향이다.

이제 적합한 설명은 또한 잠재적 예측이기도 하다는 주장에 대한 세 번째 비판을 살펴보기로 하자. 이 비판은 때때로 설명항에 어떤 진술이 포함되어야 한다고 보는 유일한 근거는 우리가 피설명항에 나오는 사건이 실제로 발생했다는 사실을 알고 있기 때문인 경우도 있다는 것과 연관되어 있다. 그 경우 그런 설명적 논증은 분명히 해당 사건을 예측하는 데 사용될 수 없을 것이다. 스크라이븐이 제시한 예 가운데 하나를 고려해 보자.[48] 한 남자가 자신에게 충실하지 않다고 생각한 아내를 살해했는데 그의 행위는 심한 질투심의 결과로 설명된다고 가정하자. 그 남자가 질투심이 심했다는 사실은 그 행위 이전에도 확인할 수 있었을 것이다. 하지만 그 행위를 설명하기 위해서는 그의 질투심이 그를 살인에 내몰 정도로 심했는지를 알아야 한다. 그런데 우리는 그것을 오직 그 행위가 실제로 발생한 이후에라야 알 수 있다. 그렇다면 피설명 사건이 발생했다는 것이 설명항에서 중요한 역할을 하는 한 가지 주장을 포함시켜야 할 유일한 근거가 되는 셈이다. 그러므로 피설명 사건은 설명적 논증에 의해 예측될 수 없었을 것이다. 또 다른 예에서[49] 스크라이븐은 교량의 붕괴가 금속피로에 의해 야기되

---

48) Scriven (1959), pp. 468~469.
49) Scriven (1962), pp. 181~187.

었다고 주장하는 설명을 고려한다. 교량의 붕괴는 오직 과도한 하중 (荷重), 외적 손상, 금속피로에 의해서만 야기될 수 있었다는 점, 처음 두 가지 요인은 그 경우에 존재하지 않았지만 금속피로에 대한 증거는 있다는 점을 지적함으로써 그 설명을 뒷받침할 수 있다는 것이다. 그 교량이 실제로 붕괴되었다는 정보가 주어지면, 그 정보는 금속피로가 원인이라는 점뿐만 아니라 붕괴를 일으킬 정도로 충분히 강했다는 점을 확립할 것이다. 주어진 사건의 '유일하게 가능한 원인'이라는 스크라이븐의 개념이 추가적 해명이 필요하기는 하지만, 그렇더라도 그가 제시한 예는 해명적 설명을 구성하는 가설들 중 하나가 오직 설명될 사건의 발생에 의해서만 지지되는 경우가 있으며 그 결과 피설명 사건은 설명적 논증에 의해 예측될 수 없음을 보여주는 또 다른 사례이다.

　그러나 스크라이븐이 예증한 논점은 만약 설명항에 포함된 정보가 알려져 있고 피설명 사건이 발생하기 전에 그것을 고려했다면, 적절한 설명적 논증은 그 사건을 예측할 수도 있었을 것이라고 하는 조건부 논제에 아무런 영향도 주지 못한다. 스크라이븐의 사례들이 보여주는 것은 우리는 때때로 피설명 사건이 발생한 것과 독립적으로 설명항에 나열된 모든 조건들이 실현되었다는 점을 알지 못한다는 것이다. 그러나 이것은 단지 그러한 경우에 그러한 조건적 논증이 반사실적이라는 점, 즉 조건절이 충족되지 않았다는 것을 의미할 뿐 논제 자체가 틀렸다는 점을 의미하지는 않는다. 더구나 스크라이븐의 논증은 심지어 그가 언급한 유형의 사례들에서 피설명 사건의 발생 이전에 혹은 그것과 독립적으로 우리가 결정적인 설명적 요인을 아는 것이 논리적으로나 법칙적으로나 불가능하다(논리학의 법칙들이나 자연법칙 때문에 불가능하다)는 점을 보여주지도 못한다. 오히려 그러한 불가능성은, 지식이나 진술에 대한 현재의 한계를 반영하는, 실천적이며 어쩌면 일시적인 불가능성으로 보인다.

그러므로 스크라이븐의 견해는 우리의 논제에 아무런 영향도 미치지 못하지만 그 자체로서는 방법론적으로 흥미롭다. 그의 사례는 어떤 사건은 때로 그것이 발생했다는 사실이 유일한 이용가능한 증거적 지지가 되는 가설에 의해 설명되기도 한다는 점을 보여준다. 앞에서 보았듯이, 이러한 일은 설명적 가설들 중 하나가 어떤 적합한 요인이 문제의 사건을 야기하기에 충분한 정도로 강력하다고 진술할 때 일어날 수 있다. 그러한 사례는 또한 다른 경우에도 적용된다. 따라서 2.1절에서 간략히 제시된, 비누거품의 발생과 초기의 팽창에 대한 설명은 설명항 안에 비누막이 접시와 컵의 가장자리 사이에서 형성되었다는 가정을 포함하고 있다. 이러한 설명적 추측을 지지하는 데 이용가능한 유일한 증거는 비누거품이 컵의 가장자리로부터 나타난다는 사실이다. 또한 특정한 별의 흡수 스펙트럼에서 특유의 검은 선에 대한 설명을 고려해 보자. 그 설명항 안에 있는 핵심가정은 별의 대기가 검은 선에 상응하는 파장의 복사를 흡수하는 원자들을 갖는 수소, 헬륨, 칼슘과 같은 원소들을 포함한다는 것이다. 물론 그 설명은 분광학의 기초를 형성하는 광학이론과 사용된 장치는 적절하게 구성된 분광기라는 가정을 포함하는 많은 다른 가정들에 의존한다. 그러나 이러한 후자의 설명항 진술이 테스트와 확인으로부터 독립적일 수 있지만, 그러한 핵심적인 설명적 가설을 지지하는 데 이용가능한 유일한 증거는 바로 그 논증이 설명하고 있는 스펙트럼에서의 그 선들의 발생이다. 엄밀히 말하자면 피설명 사건은 여기서 오직 배경이론에 의해서만 핵심적 설명적 가설에 대한 지지를 제공하는데, 배경이론은 별의 대기에서 어떤 원소들의 현존을 스펙트럼에서 대응하는 흡수선의 모양에 연결시킨다. 따라서 피설명 사건이 발생했다는 정보는 그 자체로는 문제의 설명적 가설을 지지하지는 않지만, 그것은 해당 가설을 지지하는 데 이용가능한 유일한 증거의 핵심적 부분을 구성한다.

여기서 고려한 유형의 설명도 도식적으로 (D-N) 형식의 논증이라고 볼 수 있다. 이 경우 E가 참이라는 정보나 가정이 설명항 진술들 중 하나, 예를 들어 C_1의 유일한 증거를 이룬다. 그러한 설명을 **자기 증거적** (*self-evidencing*) 이라고 하자. 피설명 사건이 실제로 발생했다는 것은 항상 독립적인 증거에 기초하여 수용된 문장들로 구성된 설명항에 대해서도 약간의 추가적 지지를 제공하며, 이러한 의미에서 참인 피설명항을 갖는 모든 D-N 설명은 어느 정도는 자기증거적이라고 볼 수도 있다. 그러나 우리는 이 표현을, 설명이 제시된 순간에 피설명 사건의 발생이 설명항 진술들의 일부를 지지하는 데 이용가능한 유일한 증거 또는 유일한 증거의 필수 불가결한 부분을 이루는 설명의 경우에만 적용할 것이다.

자기증거적 (D-N) 형식을 갖는 설명적 논증은 그러한 이유로 순환적이거나 무의미하지는 않다. 만약 똑같은 논증이 피설명 사건이 발생했다(또는 E가 참이다)는 주장을 지지하기 위해 제시되었다면, 그것은 인식적 순환성을 범할 가능성이 있다. 그 논증이 목적을 달성하려면, E를 지지하기 위해 제시된 근거, 즉 C_1, C_2,.., C_k, L_1, L_2,.., L_r은 모두 E와 독립적으로 확립되어야 할 것이다. 이 경우 이런 조건이 위배된다. 왜냐하면 C_1을 믿거나 주장하는 근거는 E가 참이라는 가정뿐이기 때문이다. 그러나 똑같은 논증이 설명적 목적을 위해 사용될 때라면, 그것은 E가 참임을 확립하려는 것이 아니다. 그 점은 "왜 E가 진술하는 사건이 발생했는가?"라는 질문에 **이미 전제되어** 있다. 자기 증거적 설명이 설명적 순환일 필요도 없다. 피설명 사건이 발생했다는 정보는 설명항에 포함되어 있지 않다. (그러므로 피설명 사건의 발생이 '그 자체로 설명되는' 것이 아니다.) 오히려 그 정보는 설명적 맥락이 아닌 곳에서 설명항 진술들 중 한 가지를 지지하는 증거로서 작용한다. 따라서 수용가능한 자기증거적 설명은 피설명 사건이 발생했다는 정보로부터 도출된, 흔히 말하는 뒤늦은 깨달음에 의해서 이득을 보긴 하지만, 순환적 설명을 제시하기 위해서 그 정보를 부당하게 사용하지는 않는다.

자기증거적 설명은 그러한 이유로 약하게 지지되는 설명항에 의존할 수 있으며 따라서 경험적 건전성을 강하게 주장하지 못할 수 있다. 그러나 이조차도 반드시 그런 것은 아니다. 예를 들어, 별의 흡수 스펙트럼의 경우에 적합한 이론을 포함하여 이전에 수용된 배경정보는 관찰된 검은 선은 오직 특정 원소가 그 별의 대기에 존재할 경우에만 관찰된다는 점을 나타낼 수 있다. 그 경우에 피설명항은 배경정보와 결합하여 중요한 설명적 가설에 대해 강한 지지를 제공한다.

자기증거적 설명이라는 개념은 이전의 매독 감염을 들어 매독성 진행마비를 설명하는 데에서 나타난 문제를 해명하는 데 도움을 줄 수 있다. 또 다른 예를 살펴보자. 어떤 피부암은 강한 자외선 때문에 발생한다고 추정된다. 그러나 그 요인은 자주 암을 유발하지 않으므로 그 결과 어떤 사람이 강한 자외선에 노출되었다는 정보로부터 암을 예측할 수는 없다. 그럼에도 불구하고 이러한 정보만으로도 강한 자외선에 노출된 이후의 피부암의 발병을 설명하는 데 충분하지 않은가? 의심할 바 없이 종종 선행하는 그런 자외선 노출만을 언급해 설명을 하기도 할 것이다. 하지만 그렇게 하는 근거는 확실히 더 복잡할 것임에 틀림없다. 그 문제의 중요한 양적 측면을 제쳐 놓으면, 그러한 근거에서 핵심은 다음과 같이 도식적으로 진술될 수 있을 것 같다. 비록 모두는 아니지만 사람들은 강한 자외선에 노출되었을 때 피부암에 걸리는 경향을 갖는다. 이러한 경향을 노출 민감성이라 부르기로 하자. 우리는 그 설명에서 주어진 개인이 강한 자외선에 노출되었고(C_1), 그 영향을 받은 부위에 피부암이 발생했다(E)는 것을 알고 있다. 그러나 이러한 두 가지 정보는 함께 그 사람이 노출 민감성을 갖고 있다(C_2)는 가정을 지지하는데, 그것은 예측의 경우에는 지지를 받지 못한 가설이다. 왜냐하면 거기서는 C_1은 이용가능하지만 E는 그렇지 못하기 때문이다. 두 가지 진술 C_1과 C_2는 (노출 민감성을 지닌 개인들은 강한 자외선에 노출되었을 때 피부암에 걸릴 것이라는 일반진술과 더불어) E에 관한 적합한 설명을 제공한다. 만약 그 설명이 C_1 이외에도 C_2에 의존하는 것으로 해석된다면 그것은 자기증거적으로 보일 것이다. 만약 C_2가 미리 알려진다면 그것은 예측에 대해 적합한 기초를 제공하는 설명항을 포함하는 것으로 보일 것이다. 물론 노출 민감성에 대한 유일한 이용가능한 테스트가 개인이 강한 자외선에 노출되면 피부암에 걸리는지 여부를 확인하는 데 있는 한 그러한 해석은 불가능하다. 그러나 분명히 노출 민감성을 테스트할 수 있는 다른 방식이 있을 것이며, 그 경우에 C_2는 E에 의해 진술된 사건의 발생과 독립적으로 잘 확립될 수 있고, 심지어 그 사건이 발생하기 이전에도 확립될 수 있을 것이다.

설명과 예측의 구조적 동일성을 논의하면서 나는 앞서 구분했던 두 개의 세부논제 가운데 첫 번째 것, 즉 적합한 설명은 모두 또한 잠재적 예측이기도 하다는 주장만을 지금까지 다루었다. 나는 이 주장에 대해 제기된 여러 비판들은 설득력이 없으며, 첫 번째 세부논제는 건전하고, 사실 그것을 명시적으로 진술되고 합리적으로 받아들여질 만한 적합한 설명이 되기 위한 필요조건으로 볼 수 있다고 주장하였다.

이제 두 번째 세부논제, 즉 모든 적합한 예측적 논증은 또한 잠재적 설명을 제공한다는 논제를 다루기로 하자. 이러한 주장은, 다음 예에서 드러나듯이, 연역-법칙적 특징을 갖는 예측적 논증의 경우에도 의문시된다. 홍역의 초기증세 중 한 가지는 뺨의 점막내층에 코플릭 반점(Koplik spots)이라고 불리는 조그만 희끄무레한 반점이 출현하는 것이다. 따라서 코플릭 반점이 나타나면 항상 나중에 홍역이 발생한다는 진술 L은 하나의 법칙으로 간주될 수 있고, 그것은 "환자 i 는 시점 t에서 코플릭 반점을 갖고 있다"는 또 다른 전제와 결합해 "환자 i 는 이후에 홍역의 징후를 보인다"는 결론을 낳는 D-N 논증의 전제가 될 수 있다. 이러한 유형의 논증은 예측적 목적상 적합하지만 그것의 설명적 적합성은 의문시된다. 예를 들어 우리는 환자 i 가 이미 코플릭 반점을 가졌기 때문에 그가 고열과 홍역의 다른 증세를 보인다고 말하지는 않을 것이다. 그러나 이러한 사례와 그와 비슷한 다른 사례도 두 번째 세부논제에 대한 결정적 반대가 되지 못한다. 왜냐하면 우리가 코플릭 반점의 출현을 설명적이라고 간주하기를 망설이는 이유는 보편법칙의 문제상 그러한 반점이 나타나면 항상 이후에 홍역이 발생하는지의 여부에 대한 의문을 반영하는 것이라고 볼 수도 있기 때문이다. 아마도 적은 양의 홍역 바이러스를 통한 국부적인 접종을 하면 완전한 홍역에 이르지 않으면서도 반점을 야기할 것이다. 만약 사정이 그렇다면, 방금 언급한 유형의 예외적인 조건들은 아주 드물기 때문에, 반점의 출현은 여전히 뒤이은 징후들의 발생을 예측할 수 있는 믿을 만한 기초가 될 것이다. 그러나 코플릭 반점이 나타나면 항상 홍역 증세가 나중에 발생한다는 일반화는 법칙을 표현하는 것이 아니며, 따라서 대응하는 D-N 설명을 적절히 지지할 수 없다.

조금 전에 논의한 반대입장은 D-N 형식을 갖는 예측적 논증의 설명적 잠재성에 관한 것이다. 그러나 두 번째 세부논제는 일반적 형식에서는 D-N 예측에 한정되지 않는데, 특히 쉐플러와 스크라이븐은 과학적 예측에 대해서는 적합하지만 설명에 대해서는 그렇지 못한 또 다른 유형의 예측적 논증이 있다는 근거에서 그 논제를 비판했다.[50] 쉐플러가 지적했듯이 특히 과학적 예측은 어떠한 법칙도 포함하지 않고 어떠한 설명력도 없는 데이터의 유한집합에 기반을 둘 수 있다. 예를 들어, 금속의 전기저항은 온도에 따라 증가한다는 가설에 대한 광범위한 테스트에서 획득된 데이터의 유한집합은 해당 가설을 충분히 지지할 수 있고, 따라서 아직 테스트되지 않은 사례의 경우 금속 도체에서 온도가 증가하면 저항의 증가를 동반할 것이라는 예측에 대해 만족스러운 기초를 제공할 수 있다. 그러나 만약 이러한 사건이 실제로

---

50) Scheffler (1957), p. 296과 (1963), p. 42, Scriven (1959a), p. 480을 참조할 것.

발생하면 테스트 데이터는 분명히 그것에 대한 설명을 제공하지 못한
다. 마찬가지로 주어진 동전을 오랫동안 던져서 얻어진 결과들의 목록
은 동일한 동전을 추가로 1,000번 던졌을 때 기대되는 앞면과 뒷면의
백분율을 예측하는 데 좋은 기초를 제공한다. 그러나 여기서도 데이터
목록은 그러한 추가적 결과에 대한 어떠한 설명도 제공하지 못한다.
이와 같은 사례들은 적합한 설명을 위해서는 필요한 것처럼 보이는 일
반법칙의 도움을 받지 않고 개별 사건들로부터 개별 사건들로 이행하
는 과학적 예측의 건전한 양상이 있는가라는 문제를 제기한다. 그런데
방금 전에 검토한 예측적 논증은 특성상 연역적이 아니라 확률적이다.
설명과 예측에 있어서 확률적 추리의 역할은 이 글의 3절에서 자세히
검토될 것이다. 그러나 구조적 동일성 주장의 두 번째 세부논제와 관
련하여 여기서 그 점을 좀더 언급하고자 한다. 즉 위의 예에서 제시된
예측은 모집단의 관찰된 표본으로부터 아직 관찰되지 않은 또 다른 표
본으로 나아간다. 확률적 추리에 관한 현대의 이론에 따르면, 그러한
논증은 일반적 경험법칙의 가정에 의존하지 않는다. 예를 들어, 카르
납의 귀납논리에 따르면,[51] 그러한 추리는 순수하게 논리적 근거에서
가능하다. 주어진 표본에 대한 정보는 아직 관찰되지 않은 표본에 대
해 제안된 모든 예측에 일정한 논리적 확률을 부여한다. 다른 한편으
로 확률적 추리에 대한 어떤 통계적 이론은 순수하게 논리적인 확률
개념을 피하면서, 전체 모집단으로부터 개별 사례를 추출하는 것은 일
반적인 통계적 특징을 지닌 하나의 무작위 실험의 성격을 갖는다는 또
다른 가정에 근거하여 여기서 고려되고 있는 유형의 예측을 건전한 것
으로 간주한다. 그러나 그 가정을 명시적으로 표현하면 그것은 통계-
확률적 형식을 갖는 일반법칙의 형식을 갖는다. 그러므로 그러한 예측
은 결국은 포괄법칙에 의해 그 목적을 달성하게 된다. 비록 이러한 법

---

51) Carnap(1950), 110절.

칙은 D-N 설명과 예측에서 사용된 법칙이 갖는 엄격히 일반적인 특징
을 갖는 것은 아니지만 설명력을 가질 수 있다. 이렇게 해석하면 우리
가 여기서 논의하고 있는 예측도 (불완전하게 정식화된) 잠재적 설명으
로 볼 수 있다.

확률적 추리에 대한 서로 다른 견해에서* 논쟁의 대상이 되고 있는
기본문제들은 여전히 토론과 연구의 주제이다. 이 글은 상반되는 견해
들에 대한 완전한 평가를 시도하는 자리가 아니다. 그러므로 설명과
예측의 구조적 동일성 주장의 두 번째 세부논제는 여기서는 미해결 문
제로 간주할 것이다.

3. 통계적 설명

3.1 통계적 형식의 법칙

이제 우리는 지금까지 논의하지 않았던 종류의 법칙적 진술에 기반
을 둔 설명에 주목할 것인데, 그 설명은 경험과학에서 점차적으로 중
요한 역할을 차지하고 있다. 나는 그러한 진술을 **통계-확률적 형식을
갖는 법칙**이나 **이론적 원리**(*laws or theoretical principles of statistical-
probabilistic form*) 또는 간단히 **통계법칙**(*statistical laws*)이라고 부를 것
이다.

우리가 논의할 내용은 대부분 매우 단순한 종류의 통계법칙을 설명
에 사용하는 경우와 관련된 것이다. 우리는 그러한 법칙들을 **기본적인
통계적 형식의 법칙**(*laws of basic statistical form*)이라고 부를 것이다.

---

* 헴펠이 여기서 말하는 확률에 대한 서로 다른 개념들은 카르납으로 대표되
는 논리적 해석과 라이헨바흐(Reichenbach)에 의해 대표되는 경험적 해석
을 의미한다.

이것들은 종류 F의 사건이 종류 G가 될 확률은 r이라는 의미를 갖는 진술인데, 간단히 표현하면 다음과 같다.

$$p(G, F) = r$$

개략적으로 말하면 이러한 진술은 장기적으로 G의 사례이기도 한 F의 사례들의 비율이 개략적으로 r이라는 점을 주장한다. (보다 자세한 설명은 3.3절에 나온다.)

예를 들어, 약간 비정상적인 주사위를 던지면(종류 F의 사건) 0.15의 확률로, 즉 장기시행에서 모든 경우들의 약 15퍼센트로, '1'(종류 G의 사건)이 나타난다는 진술은 그러한 기본적인 통계적 형식을 갖는다. 라돈의 반감기가 3.82일이라는 법칙도 마찬가지이다. 즉 하나의 라돈 원자가 3.82일 동안에 붕괴할 통계적 확률은 1/2이라는 법칙도 그러한 형식을 갖는데, 그것은 개략적으로 많은 라돈 원자들로 구성된 표본에서 그 원자들의 거의 절반이 3.82일 이내에 붕괴한다는 것을 의미한다.

기본적인 통계적 형식의 법칙들은 다음과 같은 보편조건문 형식을 갖는 법칙들에 대한 느슨한 대응물로 간주할 수 있다.

$$(x) (Fx \supset Gx)$$

위의 형식은, 예를 들면 "모든 기체는 일정한 압력에서 가열되면 팽창한다"와 같이 F의 모든 사례는 G의 사례라는 점을 주장한다. 사실 이 두 종류의 법칙은 한 가지 중요한 성질을 공유하고 있는데, 그것들은 모두 법칙적 성격을 지닌다는 점이다. 즉 둘 다 잠재적으로 무한하다고 볼 수 있는 사례들의 집합에 대한 일반적 주장이다. 앞에서 말했듯이, 단칭진술들의 유한한 연언과 논리적으로 동치이고, 그러한 의미에서 오직 유한한 사례들의 집합에 대해서만 주장을 하는 진술은 법칙의 자격이 없으며 법칙적 진술의 설명적 힘도 갖지 못한다. 법칙적 문장은, 참이건 거짓이건 간에, 단순히 특정 사례에 관한 유한한 데이터들을 간단히 요약한 것이 결코 아니다.

예를 들어, 일정한 압력에서 가열된 기체는 팽창한다고 말하는 법칙은 지금까지 관찰한 또는 지금까지 발생한 모든 사례에서는 일정한 압력에서 기체의 온도가 증가하면 부피의 증가가 뒤따랐다는 진술과 동등하지 않다. 오히려 그것은 과거, 현재, 미래에 상관없이, 실제로 관찰되었는가의 여부에 상관없이, **어떠한 경우에도** 일정한 압력에서 기체의 부피의 증가는 기체의 가열과 관련된다는 점을 주장한다. 그것은 심지어 만약 주어진 기체가 일정한 압력에서 가열되거나 가열되었더라면 부피도 역시 증가했거나 증가했었을 것이라는 점을 의미하는 반사실적 조건문과 가정적 조건문을 함축한다.

마찬가지로 유전학이나 방사능 붕괴에 관한 확률적 법칙들은 어떤 종류의 현상이 관찰된 사례들의 유한집합에서 발생한 것으로 발견된 빈도를 진술하는 보고문과 같은 것이 아니다. 그런 법칙은 잠재적으로 무한한 발생사례들 사이에 성립하는 연결의 어떤 특별한 양상, 즉 확률적 양상을 주장한다. 기본형식의 통계법칙의 경우, 어떤 유한집합에서의 상대빈도를 규정하는 통계적 진술과는 대조적으로, '준거집합' F는 유한하다고 가정되지 않는다. 실로 "$p(G, F) = r$" 형식의 법칙은 F의 모든 실제 사례들뿐만 아니라 잠재적 사례들의 집합까지도 모두 포괄한다. 예를 들어 표면에 'I', 'II', 'III', 'IV'가 표시된 균질의 정상적인 사면체가 있다고 가정하자. 이 경우 III을 얻을 확률, 즉 사면체를 던졌을 때 그것이 III의 면으로 정지할 확률은 1/4이라고 주장할 수 있다. 이 주장이 사면체를 굴린 결과 III이 얻어지는 빈도에 관해 무언가를 말해주고 있기는 하지만, 그것이 단순히 지금까지 그 사면체로 행해진 모든 던지기의 집합에 대한 빈도를 나타낸다고 볼 수는 없다. 왜냐하면 그 사면체가 존재한 이래로 실제로 단지 몇 회만 던져졌다는 점을 알았다고 하더라도 우리는 그 가설을 유지할 것이기 때문이다. 이 경우에 우리의 확률진술은 그러한 던지기의 1/4이, 정확히 또는 개략적으로, 결과 III을 산출할 것이라는 점을 주장하지 않는다. 더구나 우리의 진술은, 설사 그 사면체가 전혀 던져지지도 않았고 파괴되었다고 하더라도, 완벽하게 의미가 있고 실제로 (예를 들어, 비슷한 사면체나 정상적으로 단단한 형태의 다른 균일한 물체에서 얻어진 결과들에 의해서) 잘 지지된다. 그러므로 확률진술이 그 사면체에 부여하는 것은 실제적으로 과거나 미래의 굴림에서 결과 III이 얻어지는 빈도가 아니라 어떤 **성향**(disposition), 즉 장기적으로 네 번의 사례에서 약 한 번의 비율로 결과 III을 낳을 성향이다. 이러한 성향은 가정적 조건문에 의해 규정될 수 있다. 만약 그 사면체가 많은 횟수로 던져졌더라면, 그 사례들의 약 1/4은 결과 III을 산출할 것이다.[1] 따라서 반사실적 조건문이나 가정적 조건문의 형식을 함축한다는 것은 엄밀히 보편적이거나 통계적 형식의 법칙적 진술이 지닌 특징이다.

---

1) 카르납(1951~1954, pp. 190~192)은 유사한 취지에서 어떤 주사위가 1의 눈이 나올 통계적 확률을 물리적 특징이라 하고 주사위의 "확률상태"라고 부른다. 카르납은 그 주사위가 1의 눈이 나오는 상대빈도는 그 상태의 징후이며, 온도계의 수은주가 팽창하는 것이 그 온도상태의 징후인 것과 마찬가지라고 주장한다.
   통계적 확률의 개념으로 개략한 이런 경향적 해석은 포퍼가 주장하는 "성향적 해석"과 밀접하게 관련된 듯이 보인다. 성향적 해석은 "순수하게 통계적이거나 빈도적 해석과 다음의 측면에서만 다르다. 즉 확률을 어떤 계열의 특징적인 성질이 아니라 실험장치의 특징적인 성질로 간주한다는 것이다". 해당하는 [실험장치의 특징적인] 성질은 명시적으로 **성향적인** 것으로 해석된다 (Popper 1957, pp. 67~68). 포퍼의 논문에 대한 쾨르너의 논의는 다음 참조. Körner 1957, pp. 78~89. 그러나 성향적 해석에 대한 최근의 글은 모두 간단하다. 보다 상세한 설명은 앞으로 나올 포퍼의 책에서 볼 수 있다.
   [역주] 헴펠이 여기서 언급한 포퍼의 책은 Karl R. Popper(1990), *A World of Propensities*이다.

　사람들은 때때로 엄밀하게 보편적인 형식의 법칙적 문장과 확률적 또는 통계적 형식의 법칙적 문장 사이의 구별에 대해 다음과 같이 생각한다. 갈릴레오 법칙이나 뉴턴 법칙과 같이 엄격히 보편적인 연관을 주장하는 진술은 결국에는 유한하고 따라서 어쩔 수 없이 불완전한 증거집합에 의존하게 된다. 따라서 그 진술들에는 아직 탐지되지 않은 예외가 있을 것이다. 결과적으로 그 진술들 역시 오직 확률적으로만 이해되어야 한다. 그러나 이러한 논증은 주어진 진술이 주장하는 것과 그것을 지지하는 데 이용가능한 증거를 혼동하고 있다. 후자의 측면에서 보면 모든 경험진술들은 적합한 증거에 의해서 어느 정도 잘 지지되었을 뿐이다. 또는 다른 이론가들이 표현하듯이, 그것들은 증거가 부여하는 어느 정도 높은 논리적 또는 귀납적 확률을 가질 뿐이다. 그러나 엄격하게 보편적인 형식의 법칙적 진술과 확률적 형식의 법칙적 진술 사이의 차이는 그 진술들이 갖는 증거적 지지가 아니라 그것들이 주장하는 것에 관련된다. 개략적으로 말하자면 전자는 어떤 집합의 모든 원소들에 (참으로나 거짓으로) 어떤 특성을 부여하지만, 후자는 그 원소들의 특정 비율에 어떤 특성을 부여한다.

　경험과학이 제시하는 모든 보편법칙은 궁극적으로 근본적인 통계적 일양성을 반영하는 것으로 간주되어야 한다고 할지라도, 예를 들어 물질의 동역학 이론이 고전 열역학 법칙들에 대해 제시한 해석처럼, 두 종류의 법칙과 그에 상응하는 설명들 사이의 차이가 없어지는 것은 아니다. 실제로 그 차이는 법칙을 형성하는 바로 그 순간에 미리 전제된다.

　보편적 조건문 형식을 갖는 다음의 진술은

$$(x)\,(Fx \supset Gx)$$

다음과 같은 그에 대응하는 기본적 통계적 형식의 진술과

$$p(G, F) = 1$$

논리적으로 동치가 아니다. 왜냐하면 나중에 3.3절에서 더 완전히 드러나듯이 후자는 단지 F의 많은 사례들 중 거의 모든 사례가 G의 사례라는 점이 실제로 확실하다는 점만을 주장하기 때문이다. 그러므로 확률적 진술은 그에 대응하는 엄격하게 보편적인 형식의 진술이 거짓일 경우에도 참일 수 있다.

지금까지 우리는 기본적 형식의 통계법칙만을 다루었다. 이제 보다 일반적으로, 하나의 진술이 통계적 확률에 의해서 형성된 경우, 즉 그것이 '통계적 확률'이나 그와 개념적으로 동등한 용어, 또는 통계적 확률에 의해 정의되는 '반감기'와 같은 용어를 포함할 경우, 그 진술은 통계법칙의 형식을 갖는다고 말하기로 하자.

예를 들어, 두 개의 동전을 동시에 던질 때 한 동전이 나오는 면과 다른 동전이 나오는 면은 독립적이라는 진술을 생각해 보자. 이러한 진술은 첫째 동전이 앞면이 나올 때 두 번째 동전이 앞면이 나타날 확률은 첫째 동전이 뒷면이 나올 때 두 번째 동전이 앞면이 나올 확률과 같고 그 역도 마찬가지라는 말에 해당한다. 일반적으로 통계적으로 독립되어 있다는 주장은, 기본적인 통계적 형식은 아닐지라도, 통계법칙의 형식을 갖는다. 마찬가지로 통계적 의존성이나 '후속작용'을 주장하는 진술도 통계법칙의 형식을 갖는다. 예를 들어, 어떤 지역에 전날에 구름이 끼었을 때 다음 날에 구름이 낄 확률은 전날에 구름이 끼지 않았을 때 다음 날이 구름이 낄 확률보다 더 높다는 진술이 있다. 또 다른 통계적 형식을 갖는 법칙은 기체 안에서의 분자들의 평균에너지와 평균 자유경로와 같은 변항의 평균값에 의해 정식화된다. 이 경우 평균값 개념은 통계적 확률을 언급함으로써 정의된다.

이제 통계적 설명이란 통계적 형식을 갖는 적어도 하나의 법칙이나 이론적 원리를 본질적으로 사용하는 설명이라고 이해하기로 하자. 다음의 소절에서 우리는 그러한 설명의 논리적 구조를 검토할 것이다. 우리는 두 가지의 논리적으로 다른 유형의 통계적 설명이 있음을 알게 될 것이다. 그 중 한 가지는 기본적으로 더 포괄적인 법칙들 아래에서 더 좁은 통계적 일양성을 연역적으로 포섭한다. 나는 그러한 설명을 **연역-통계적 설명** (*deductive-statistical explanation*) 이라고 부를 것이다. 다른 하나는 통계법칙 아래 특이한 비연역적 의미에서 특정 사건을 포섭한다. 나중에 제시될 이유 때문에 나는 그것을 **귀납-통계적 설명** (*inductive-statistical explanation*) 이라고 부를 것이다.

3.2 연역-통계적 설명

정상적인 동전을 여러 차례 연속적으로 던져 앞면이 나왔을 때 다음 던지기에서 앞면보다 뒷면이 나올 확률이 더 높다고 추측하는 것은 흔히 말하는 도박사의 오류 (*gambler's fallacy*) 의 한 사례이다. 왜 그러한 주장이 성립하지 않는지는 통계법칙의 형식을 갖는 두 가지 가설들에 의하여 설명될 수 있다. 첫 번째 가설에 따르면, 하나의 정상적인 동전을 던지는 임의실험은 1/2의 통계적 확률로 앞면을 산출한다. 두 번째 가설에 따르면, 정상적 동전의 다른 던지기의 결과들은 통계적으로 독립적이므로 두 번의 앞면이 나오는 것과 같은 결과들의 특정한 계열은 그 계열을 구성하는 단일 결과들의 확률의 곱과 같다. 통계적 확률로 표현된 이러한 두 가지 가설은 앞면들로 구성된 긴 계열 이후에 앞면이 나올 확률은 여전히 1/2이라는 점을 **연역적으로** 함축한다.

과학에서 제시되는 어떤 통계적 설명도, 비록 종종 수학적으로 매우 복잡하기는 하지만, 동일한 연역적 특징을 갖는다. 예를 들어, 모든 방사능 물질의 원자에 대해 주어진 단위 시간간격 동안 붕괴할 고유한 확률이 있고, 그 확률은 해당 원자의 수명과 모든 외적 환경으로부터 독립적이라는 가설을 생각해 보자. 이러한 복잡한 통계적 가설은 연역적 함축에 의해 방사능 붕괴의 다양한 통계적 측면들을 설명한다. 그 중에는 다음도 포함된다. 어떤 방사능 물질의 개별 원자들의 붕괴는 붕괴하는 원자로부터 방출된 알파입자에 의해 감도 스크린에 생성된 섬광에 의해 기록된다고 가정하자. 그 경우 연속적인 섬광을 분리하는 시간간격의 길이는 상당히 다를 것이지만, 다른 길이의 간격은 다른 통계적 확률로 발생한다. 특히 연속적인 섬광들 사이의 평균 시간간격이 s초라면, 두 개의 연속적 섬광이 $n \cdot s$ 초보다 더 많이 분리될 확률은 $(1/e)n$이다. 여기서 e는 자연로그의 밑이다.[2]

여기서 예시된 종류의 설명을 **연역-통계적 설명**(*deductive-statistical explanation*), 또는 **D-S 설명**(*D-S explanation*)이라고 부르기로 한다. 연역-통계적 설명은 반드시 적어도 하나의 통계적 형식의 법칙이나 이론적 원리를 포함하는 설명항으로부터 통계법칙의 형식의 진술을 연역한다. 그러한 연역은 통계적 확률에 관한 수학이론에 의해 이루어진다. 우리는 그 이론을 이용하여 경험적으로 확인되거나 가설적으로 추측된 (설명항에서 규정된) 다른 확률에 기초하여 (피설명항에서 언급된) 파생적 확률을 계산할 수 있다. 따라서 D-S 설명이 설명하는 것은 항상 통계적 형식의 추정적 법칙에 의해 표현된 일반적 일양성이다.

그러나 궁극적으로 통계법칙은 특정한 사건들에 적용되고 그러한 사건 사이의 설명적이고 예측적인 연관을 확립하기 위한 것이다. 우리는 다음의 소절에서 특정한 사건에 대한 통계적 설명을 검토할 것이다. 우리의 논의는 설명적인 통계법칙이 기본형식을 갖는 사례에 국한될 것이다. 그렇게 함으로써 우리는 개별 사건에 대한 통계적 설명과 연역-법칙적 설명 사이의 기본적인 논리적 차이점들을 충분히 드러낼 수 있다.

---

2) Cf. Mises(1939), pp. 272~278. 이 책에는 경험적 내용들과 설명적 논증들이 모두 제시되어 있다. 이 책은 또한 우리가 여기서 연역-통계적 설명이라고 부른 많은 다른 사례들을 소개하고 있다.

3.3 귀납-통계적 설명

왜 환자 존 존스가 연쇄상 구균 감염으로부터 회복되었는지에 관한 설명으로 그가 페니실린 주사를 맞았다는 말을 할 수 있다. 그러나 이러한 설명적 주장을 페니실린 치료와 연쇄상 구균의 퇴치 사이의 일반적 연관을 지적함으로써 확장하려고 한다면, 우리는 그러한 감염의 경우에는 언제나 페니실린을 주사하면 회복된다는 일반법칙에 호소할 수는 없다. 여기서 주장할 수 있는 것과 여기서 당연시되고 있는 것은 다만 페니실린을 쓸 경우 높은 비율이나 높은 통계적 확률로 치료가 될 것이라는 점뿐이다. 이 진술은 통계적 형식을 갖는 법칙의 일반적 특징이며, 확률값이 규정되지 않았지만 그러한 진술은 그 값이 높을 것이라는 점을 시사한다. 그러나 연역-법칙적 설명이나 연역-통계적 설명의 사례와는 대조적으로, 그 환자가 페니실린을 맞았다는 진술과 더불어 이러한 통계법칙으로 구성된 설명항은 "그 환자가 회복되었다"는 피설명 진술을 연역적으로 확실하게 함축하지는 못하며, 단지 높은 가능도(*likelihood*) 또는 유사확실성(*near-certainty*)으로 함축할 수 있을 뿐이다. 그러한 설명은 간략히 말하면 다음의 논증에 해당한다.

(3a) 존 존스가 질병에 걸린 특정한 경우를 j라고 부르자. 그 경우는 심각한 연쇄상 구균 감염(Sj)의 사례인데 페니실린의 다량 투여(Pj)에 의해 치료되었다. S와 P가 공존하는 경우에서 회복의 통계적 확률 $p(R, S \cdot P)$는 1에 가깝다. 그러므로 그 사례는 실질적으로 확실히 회복(Rj)으로 끝나게 된다.

이러한 논증은 다음의 도식화로 표현될 수 있다.

$$p\,(R,\ \ S\cdot P)\,\text{는 1에 가깝다.}$$

(3b) $$Sj\cdot Pj$$

_____

(그러므로) 그것은 실제로 Rj일 것이 확실하다(매우 그럴듯하다).

귀납추리에 관한 문헌에서 통계적 가설에 근거를 둔 논증은 종종 이러한 형식이나 이와 유사한 형식을 갖는 것으로 해석되어 왔다. 이러한 해석에서 결론은 '거의 확실하게', '높은 확률로', '매우 그럴듯하게' 등과 같은 양상한정사를 포함한다. 그러나 우리는 이러한 특징을 갖는 논증 개념을 지지할 수 없는데, 그 이유는 "p일 것이 실제로 확실하다" 또는 "p일 것이 매우 그럴듯하다"는 표현은 참이나 거짓이 될 수 있는 완전한 자기충족적 문장이 아니기 때문이다. 여기서 p의 자리는 진술들로 채워진다. 'p'의 자리를 차지하는 진술, 예를 들어 'Rj'는 어떠한 이용가능한 적합한 증거와도 전적으로 독립적으로 참이거나 거짓이겠지만, 그것은 오직 **증거집단에 상대적으로** 어느 정도 그럴듯한, 개연적인 또는 확실하다고 말할 수 있다. 'Rj'처럼 하나의 동일한 진술이 어떤 증거가 고려되는가에 따라 확실한, 매우 그럴듯한, 매우 그럴듯하지 못한, 매우 가망이 없는 등이 될 수 있다. 그러므로 "Rj가 거의 확실하다"는 표현은 그 자체로 참도 아니고 거짓도 아니다. 그것은 (3b)에서 규정된 전제들이나 어떠한 다른 진술들로부터 추론될 수 없다.

도식 (3b)에 숨어 있는 그러한 혼동은 연역적 논증의 경우 그에 해당하는 것이 어떤 것일지를 생각해 보면 더 잘 알 수 있다. "모든 F는 G이다"와 "a는 F이다"로부터 "a는 G이다"로 나아가는 추리와 같이 연역적 추리의 힘을 때로 만약 전제가 참이면 그 결론은 필연적으로 참이거나 참임이 확실하다고 말로 나타내기도 한다. 그것은 다음 도식으로 표현될 수 있을 것이다.

모든 F는 G이다.

a는 F이다.

─────────────────────────

(그러므로) a가 G이라는 점은 필연적이다(확실하다).

그러나 주어진 전제들, 예를 들어 "모든 인간은 죽게 마련이다"와 "소크라테스는 인간이다"는 문장 "a는 G이다"("소크라테스는 죽게 마련이다")가 필연적 참이나 확실한 참임을 확립해 주지는 못한다. 이 논증을 비형식적으로 표현할 때 쓰는 확실성은 관계를 나타내는 것이다. 진술 "a는 G이다"는 **상술된** 전제들에 **상대적으로** 확실하거나 필연적이라는 것이다. 즉 전제들의 참이 그 진술의 참을 보증한다는 것이며, 이것은 "a는 G이다"가 전제들의 논리적 귀결이라는 말과 다르지 않다.

마찬가지로 도식 (3b)의 방식으로 통계적 설명을 제시하면 설명의 형식적 용법에서 나타날 원래 그대로의 '거의 확실한'이나 '매우 그럴듯한'의 단어들의 기능을 잘못 해석하는 것이다. 그러한 단어들은 분명히 설명항에 의해 제시된 증거에 의해서나 또는 증거에 상대적으로 피설명항이 실질적으로 확실하거나 매우 그럴듯하다는 점을 나타낸다. 즉

(3c) 'Rj'는 문장 "$p(R, S \cdot P)$는 1에 가깝다"와 "$Sj \cdot Pj$"를 포함하는 설명항에 상대적으로 실질적으로 확실하다(매우 그럴듯하다).[3]

─────────────────────────

3) 여기서 제시된 관계적 해석이 주어지더라도, 'j가 회복된다는 것은 거의 확실하다(매우 그럴듯하다)'와 같은 구절은 명시적으로, 논증의 전제와 결론을 형성하는 문장들에 의해서 표현된 것과 같은, 명제들 사이의 관계에 관한 것이다. 그러나 현재의 논의를 위해 명제 관련 논의를 피할 수 있는데, 이는 해당 구절을 대응하는 **문장들**, 즉 논증의 결론문장과 전제문장들 사이의 논리적 관계를 표현하는 것으로 해석하면 된다. 이 논문에서는 (3c)를 제시할 때 그런 해석을 사용할 것이다. 편리성 때문에 종종 다른 표현을 사

그러므로 (3b)에 의해 잘못 표현된 설명적 논증은 다음과 같이 적절히 도식화될 수 있다.

$p(R,\ S \cdot P)$는 1에 가깝다

(3d) $Sj \cdot Pj$

===================== 〔실제로 확실하게(매우 그럴듯하게) 만든다〕

Rj

이러한 도식에서 '결론'으로부터 '전제'를 분리하는 이중선은 전제에 대한 결론의 관계가 연역적 함축이 아니라 귀납적 지지의 관계, 즉 괄호에 나타난 강도라는 점을 나타낸다. [4][5]

용할 수도 있다.

4) 연역논증의 도식화에서는 전제와 결론을 구분할 때 하나의 선을 이용한다. 이 도식화가 의도한 것이 무엇이든 간에 약한 주장과 강한 주장은 명시적으로 구분되지 않는다. (i) 전제들이 결론을 논리적으로 함축한다, 그리고 (ii) 이와 더불어 전제는 참이다. 확률적 논증의 경우에 (3c)는 (i)과 유사한 약한 주장을 표현한다. 반면에 (3d)는 '제안된 설명'(이 용어는 쉐플러로부터 빌려 옴. Scheffler(1957), 1절)을 표현하는 것이라고 간주할 수 있는데, 여기에서는 추가로 설명적 전제들이 — 잠정적일지라도 — 참이라고 주장된다.

5) 여기서 '아마도'와 '확실하게'와 같은 용어를 개별 진술에 대한 양상연산자로 사용하는 것에 대해 개괄한 사항들은 루이스가 다음 글에서 제시한 단정적 확률진술(categorical probability statement)이라는 개념과 반대가 되는 듯이 보인다. (강조는 원저자에 의한 것이다.)

"만약 D라면 (확실하게) P이고, D는 사실이다'가 '그러므로 (확실하게) P이다'라는 단정적 귀결(categorical consequence)을 끌어내고, 마찬가지로 '만약 D이면 아마도 P이고, D는 사실이다'는 '아마도 P이다'로 표현된 단정적 귀결을 끌어낸다. 이런 결론은 단순히 'P'와 'D' 사이의 확률적 관계에 대한 진술이 아니다. 그것은 마치 '그러므로 (확실하게) P'가 '만약 D이면 (확실하게) P이다'라는 진술에 대한 것 이상인 것과 마찬가지이다. '만약 기압계의 눈금이 높으면, 내일은 아마도 맑은 것이다. 그리고 기압계의 눈금이 높다'는 '내일은 아마도 맑을 것이다'에 의해 표현된 바

따라서 우리의 도식은 명백히 설명을 포함하여 확률적 논증의 표현에서 종종 사용되는 '거의 확실한', '매우 그럴듯한', '실질적으로 불가능한'이나 그와 비슷한 표현들이 명제들이나 또는 그것에 대응하는 문장들이 갖는 성질이 아니라 문장들이 다른 문장들에 대해 갖는 관계를 나타낸다는 생각을 반영한다. 이러한 이해에 따르면, 피설명항을 거

─────────────

를 단정적으로 보증한다. 이 확률은 여전히 판단의 근거에 상대적이다. 그러나 만약 이 근거가 현실적이고 관련된 유용한 모든 증거를 포함하고 있다면 그것은 단지 단정적일 뿐만이 아니라 해당 사건의 **바로** 그 확률이라고 부르는 것이 적절할 것이다."(1946, p. 319)

내가 보기에는 이런 입장이 본문에서 제시된 것과 같은 반론에 직면한다. 만약 'P'가 진술이라면 위의 인용문에서 나타나는 '확실하게 P' 또는 '아마도 P'라는 표현은 진술이 아니다. 만약 이런 것들이 참인지를 어떻게 확인할 수 있는지를 묻는다면 진술들이나 가정들의 준거집합이 규정되어서 그것에 상대적으로만 P가 확실한지 혹은 매우 그럴듯한지 혹은 둘 다 아닌지를 알 수 있지 다른 도리가 없다고 할 것이다. 그렇다면 해당 표현들은 본질적으로 불완전한 것이다. 그것들은 관계적 진술들의 생략된 형식들이다. 그것들 중에 어떤 것도 추론의 결론일 수 없다. 루이스의 제안이 아무리 그럴듯해 보일지라도, 귀납논리에는 연역논리의 **전건긍정 규칙** 또는 '분리 규칙(*rule of detachment*)'과 유사한 것이 없다. 분리 규칙에 따르면, 'D'와 'D이면 P이다'가 모두 참인 진술이라는 정보가 주어졌을 때 우리는 전제에 포함된 조건문의 후건 'P'를 분리할 수 있고, 그 'P'가 자족적인 진술로서 참이어야만 한다고 주장할 수 있다.

인용문의 마지막 부분에서 루이스는 중요한 생각을 제시한다. 그것은 '아마도 P'의 의미를 그 시점에 확보가능한 관련증거 전체가 P에 높은 확률을 부여하는 것으로 볼 수 있다는 생각이다. 그러나 이 진술마저도 관계적이라고 할 수 있는데, 그것은 그 진술이 암묵적으로 어떤 규정되지 않은 시점을 지시하기 때문이다. 또한 그것은 논증의 결론이 되는 단정적 확률진술의 일반적 개념은 확보가능한 모든 관련증거를 논증의 전제가 포함해야 한다는 가정에 의존하지 않기 때문이다.

그러나 루이스는 다른 곳에서 (논리적) 확률의 상대성, 결국 단정적 확률진술의 개념을 배제하게 되는 바로 그 특징을 강조하고 있다는 점에 주목해야만 한다.

내 생각으로는 확률적 논증에 대한 툴민의 해석에 대해서도 유사한 비판이 가능하다. Toulmin(1958)과 Hempel(1960), 1~3절 참조.

의 확실하게 또는 매우 그럴듯하게 만드는 (3d)의 설명항 개념은 어떤 진술 h에 대해 대체로 강한 귀납적 지지, 입증, 신뢰성을 부여하는 진술이나 진술들의 집합 — 근거 또는 증거 e라고 하자 — 이라고 보는 생각의 특수 사례일 뿐이다. 물론 여기서 개략적으로 규정된 생각을 명료화하고 체계적으로 정교화하는 것은 귀납추론의 여러 이론이 지닌 목표이다. 여기서 문제가 되는 개념들에 대해서 어느 정도 분명한 기준과 정확한 이론이 개발될 수 있는지는 여전히 논란의 대상이 되고 있다. 강도를 수적 또는 비(非)수적 정도로 표현할 수 있는 귀납적 지지의 개념을 위한 엄밀한 논리적 이론을 형성하기 위해 여러 시도가 있어 왔다. 그러한 노력 중 두 가지 두드러진 예는 케인즈(Keynes)의 확률이론과 카르납(Carnap)의 귀납논리 체계이다.[6] 카르납의 경우 문장이나 가설 h가 증거문장 e에 의해 입증되는 정도를 함수 $c(h, e)$로 표현한다. 여기서 h의 값은 0과 1 사이에 있고 h는 추상적인 확률이론의 기본 원리들을 충족시킨다. 따라서 $c(h, e)$는 e에 조건적인 h의 **논리적** 또는 **귀납적** 확률이라고 불린다. 진술들 사이의 양적인 논리적 관계로서의 귀납적 확률 개념은 사건들의 종류나 집합 사이의 양적인 경험적 관계로서의 통계적 확률 개념과 분명히 구별되어야 한다. 그러나 두 가지 확률 개념은 그것들을 확률로서 분류할 수 있는 형식적 구조를 공유한다. 즉 둘 다 모두 각각의 형식이론들에서, 0과 1 사이의 값을 갖는 음이 아닌 가산적 집합함수에 의해 정의된다. 카르납의 이론은 문장 h와 e가 상대적으로 단순한 종류의 형식화된 언어에 속하는 경우에 $c(h, e)$에 대한 엄밀한 정의를 제시한다. 카르납의 생각을 고급 과학이론의 형식화를 위해 적절한 논리적 장치를 갖는 언어에까지 확장할 수 있는지 여부는 아직 미해결로 남아 있다.

그러나 설명항에 대한 피설명항의 관계를 귀납적 확률에 대한 카르

---

6) Keynes(1921). 그 주제에 대한 카르납의 많은 저술 중에는 특히 다음 참조. Carnap(1945), (1950), (1952), (1962).

납의 양적 개념에 의해서 어느 정도로 분석할 수 있는가라는 문제와 독립적으로, 확률적 설명은 여기서 개략적으로 제시된 넓은 의미에서 귀납적이라고 보아야 한다. 귀납적 지지나 입증에 관한 어떤 특정한 이론에도 관련되지 않고 정도로 표현될 수 있는 것으로서의 귀납적 지지에 대한 일반이론을 언급하기 위해서 우리는 e와 관련한 h의 귀납적 지지(의 정도)((degree of) inductive support of h relative to e)라는 말을 사용할 것이다. 7)

따라서 통계적·확률적 법칙에 의해 특정 사실이나 사건을 설명하는 것은 설명항이 피설명항에 대체로 높은 정도의 귀납적 지지 또는 논리적(귀납적) 확률을 부여한다는 의미에서 **귀납적 또는 확률적 논증**이라는 인상을 준다. 따라서 우리는 그러한 설명을 (3d)에서와 같이 **귀납-통계적 설명**(inductive-statistical explanation) 또는 I-S 설명(I-S explanation)이라고 부를 것이다. 여기서 언급된 통계법칙은 기본형식을 갖는 것으로, 우리는 그것을 **기본형식의 I-S 설명**(I-S explanation of basic form)이라고 부를 것이다.

나는 이제 특정 사실에 대한 통계적 설명을 위해 여기서 제안된 귀납적 이해는 통계적 확률과 그 적용에 관한 최근 형태의 이론에서 확률적 법칙을 경험적으로 해석하는 데도 마찬가지로 필요하다는 점을 보일 것이다.

통계적 확률을 다루는 수학이론은 확률적 과정이나 무작위 실험이라고 말하는 반복가능한 과정이 지닌 통계적 측면을 이론적으로 설명

---

7) 이런 일반개념에 대한 정밀한 해명을 제시하려는 몇몇 최근의 시도는 확률 함수의 모든 형식적 특징을 드러내지 못했다. 그러한 해석 가운데 하나는 다음 책에서 제시되었다. Helmer and Oppenheim(1945). 덜 전문적인 방식으로는 다음에서 제시되었다. Hempel and Oppenheim(1945). 또 다른 해석은 사실적 지지의 정도라는 개념으로 다음 책에서 제안되고 이론적으로 발전된 바 있다. Kemeny and Oppenheim(1952). 다양한 증거 개념을 구분하고 비교한 작업은 다음 책 참조. Rescher(1958).

하는 데 목적이 있다. 무작위 실험은 개략적으로 인간이나 자연에 의해 무한히 반복될 수 있는 일종의 과정이나 사건이다. 또한 무작위 실험은 그러한 과정이나 사건의 경우에 '결과들'의 유한집합이나 무한집합에서 한 가지 결과를 산출하는데, 그 결과들은 불규칙적이고 예측불가능한 방식으로 사례마다 다르지만 다른 결과들이 발생하는 상대빈도는 대체로 시행수효가 증가하면 일정해진다. 앞면이나 뒷면이 나올 수 있는 동전 던지기는 무작위 실험의 친숙한 예이다.

확률이론은 무작위 실험의 결과와 관련된 장기시행 빈도의 일반적인 수학적 성질과 상호관계에 관한 '수학적 모형'을 제공한다.

그러한 모형에서 주어진 무작위 실험 F에 부여된 각각의 다른 '가능한 결과들'은 문제의 결과를 산출하는 실험의 시행들의 집합으로 간주될 수 있는 집합 G에 의해 표현된다. 반면에 F는 무작위 실험의 모든 시행들의 집합으로 간주될 수 있다. 종류 F의 실험을 시행한 결과로서 종류 G의 결과를 얻을 확률은 집합 F와 관련된 집합 G의 크기의 측도 $P_F(G)$로 표현된다.

수학적 이론의 공준에 따르면 P_F는 최댓값이 1인, 즉 F의 모든 가능한 결과 G에 대하여 $P_F(G) \geq 0$인 음이 아닌 가산적 집합함수라고 규정된다. 만약 G_1, G_2가 F의 상호배타적 결과이면 그 경우에 $P_F(G_1 \vee G_2) = P_F(G_1) + P_F(G_2)$이고 $P_F(F) = 1$이다. 이러한 규정에 따라서 기초확률이론의 정리들이 증명된다. 무한히 많은 다른 결과들을 허용하는 실험을 다루기 위해 가산성의 요건은 상호 배타적인 결과들의 집합 G_1, G_2, G_3, …, 의 무한계열로 적절히 확장된다.

그렇게 해서 얻은 추상적 이론은 집합측도로서의 확률에 의한 진술을 임의실험의 결과와 연관된 장기적 상대빈도에 대한 진술에 관련시키는 해석에 의해 경험적 문제에 적용된다. 나는 이제 본질적으로 크래머(Cramér)가[8] 제안한 형식화를 이용하여 이러한 해석을 진술할 것이다. 앞으로는 편의상 기호 '$P_F(G)$'를 '$p(G, F)$'로 대체한다.

(3e)   **통계적 확률에 대한 빈도적 해석**
   F를 주어진 종류의 임의실험이라고 하고, G를 F의 결과 가
   운데 하나라고 하자. 진술 $p(G, F) = r$은 F의 반복들의 긴 수
   열에서 결과 G의 상대빈도는 대략 r과 동일할 것이라는 점이
   실제로 확실하다는 것을 의미한다.

크래머는 또한 r이 0이나 1로부터 많이 떨어지지 않은 경우를 언급
하는 두 가지의 따름정리를 제시했다. 그 정리들은 확률적 설명에 대
한 앞으로의 논의에서 특별한 관심의 대상이다. 따라서 나는 본질적으
로 크래머의 형식화를 따르면서 그것들을 여기서 다루기로 한다.[9]

(3e. 1) 만약 $1- p(G, F) < \varepsilon$이라면(여기서 ε는 매우 작은 양수이다),
   무작위 실험 F가 단 한 번 시행되었을 경우 결과 G가 발생
   할 것이라는 점은 실질적으로 확실하다.

(3e. 2) 만약 $p(G, F) < \varepsilon$이라면(여기서 ε는 매우 작은 양수이다), 무
   작위 실험 F가 단 한 번 시행되었을 경우 결과 G가 발생하
   지 않을 것이라는 점은 실질적으로 확실하다.

여기서 형식화된 빈도해석은 '긴 수열', '실질적으로 확실한', '개략
적으로 동일한' 등과 같은 모호한 어구를 사용하기 때문에 분명히 관

---

8) Cramér(1946), pp. 148~149. 크래머의 책은 통계적 확률이론과 그 적용에
   관한 상세한 논의를 담고 있다. 빈도해석에 대한 유사한 형식화는 통계적
   확률을 측정 이론적으로 개념화하려고 했던 콜모고로프와 같은 초기의 대표
   적인 인물에 의해서 제시되었다. Kolmogoroff(1933, p. 4).
9) (3e. 1)에 대해서는 다음 참조. Cramér(1946), p. 150. (3e. 2)에 대해서는
   다음 참조. Cramér(1946), p. 149. (3e. 2)에 대해서는 다음에 나타나는 매
   우 유사한 형식화 역시 참조. Kolmogoroff(1933), p. 4.

찰가능한 상대빈도에 의해 통계적 확률에 대한 엄밀한 정의를 제공하지 못한다. 그러나 수학적 확률계산 체계가, 관찰된 표본이 증가할 때 대략적으로만 일정하게 유지되는 경험적으로 확인된 상대빈도 사이의 수학적 관계를 이론적으로 나타내는 것인 이상, 약간의 모호성은 피할 수 없는 것 같다.[10]

그러나 I-S 설명을 분석하는 데 있어서 특히 흥미로운 것은 "그것이 실질적으로 확실하다"는 구절이 통계적 해석에 관한 일반적 진술 (3e)에서 나타난다는 점이며, 그것의 두 가지 특별한 따름정리인 (3e. 1)과 (3e. 2)에도 비록 모호한 표현인 '반복들의 장기계열', '개략적으로 동일한'이 나오고 있지는 않지만 그 구절은 여전히 포함되어 있다는 점이다. "어떤 점이 실질적으로 확실하다"는 구절의 기능은 분명하다. 즉 그것은 통계적 확률진술과 그것과 연관된 경험적 빈도진술 사이의 논리적 연결은 연역적이라기보다 귀납적이라는 점을 나타낸다. 우리는 이 점을 다음과 같이 (3e)를 다시 서술해 더 분명하게 할 수 있다.

---

10) 어떤 수학이론에서는 주어진 결과의 통계적 확률이 명시적으로 정의된다. 즉 그것은 적절한 무작위 실험을 무한 번 시행했을 때 그 결과의 극한 상대빈도라고 정의된다. 미제스(Mises, cf. (1931, 1939))와 라이헨바흐 (Reichenbach, 1949)는 이런 정의방식의 대표적인 형태 두 가지를 발전시켰다. 그러나 무한한 시행은 실현가능하지도 않고 관찰가능하지도 않다. 따라서 통계적 확률의 극한 정의에는 관찰가능한 경험적 주제에 적용할 수 있는 어떤 기준도 없다. 이런 측면에서 확률에 대한 극한해석은 이상화된 이론적 개념이며, 그 개념을 경험적으로 적용하기 위한 기준은 또다시 (3c)와 그것의 보조정리에 나타나는 것과 같은 모호한 용어들을 사용해야 한다. 특히 무작위 실험 F를 무한 번 시행할 때 결과 G의 극한 상대빈도를 규정하는 진술은 어떤 유한 번의 시행에서, 그 유한 번이 아무리 크더라도, G의 빈도에 관해 어떤 연역적 함축도 하지 않는다. 그렇게 해석된 확률진술과 그것에 대응하는 유한시행에서의 상대빈도에 관한 진술 사이의 관계는 다시 귀납적인 것으로 간주되어야 한다.

통계적 확률에 대한 극한 개념에 대한 간략한 설명과 그 개념의 몇 가지 난점에 대한 명쾌한 논의는 다음 참조. Nagel(1939), 특히 4절과 7절.

즉 $p(G, F) = r$이고 S는 F의 n번의 시행들의 집합이라는 정보는(여기서 n은 큰 수이다) 결과가 G인 S에서의 시행들의 수는 개략적으로 $n \cdot r$이라는 진술에 거의 확실성(높은 귀납적 지지)을 부여한다. 두 가지 따름 정리도 비슷한 식으로 해석될 수 있다. 따라서 (3e. 1)은 다음과 같이 재진술될 수 있다. 즉 $1 - p(G, F) < \varepsilon$(여기서 ε는 매우 작은 양수이다)이고 개별 사건 i가 F의 임의실험의 하나의 시행(또는 줄여서 Fi)이라는 정보는 i가 결과 G를 산출한다(또는 줄여서 Gi)는 진술을 귀납적으로 강하게 지지한다. 우리는 이 점을 약간 다르게 다음과 같이 표현할 수도 있다. 'Gi'는 두 문장 "$p(G, F)$는 1에 매우 가깝다"와 'Fi'에 상대적으로 실질적으로 확실하다. 이런 마지막 표현은 (3c)와 동일한 형식을 갖는다. 따라서 (3d)에서 예시된 방식으로 확률적 법칙들의 설명적 내용에 대해 귀납적 해석을 부여하는 데 있어서 우리는 통계적 확률에 관한 현대 이론에서 확률법칙들에 대해 부여하는 경험적 해석에 기본적으로 동의한다. 11)

연쇄상 구균으로부터 회복에 관한 앞의 예에 나온 통계법칙은 페니실린에 의한 회복의 확률이 정확히 얼마인지를 수치로 말해 주지는 않는다. 이제 우리는 I-S 설명의 단순한 사례를 고려할 것인데, 그 경우에 관련된 확률적 진술은 매우 구체적이다. 실험 D(좀더 정확히 말하면 종류 D의 실험)에서 우리는 연속적으로 복원하면서 999개의 흰 공과 1개의 검은 공이 담긴 항아리에서 1개의 공을 꺼낸다. 공은 모두 크기가 같고 동일한 재료로 만들어져 있다. 그 경우 우리는 '흰 공'(W)과 '검은 공'(B)이라는 결과와 관련하여 D가 흰 공을 얻을 확률이 $p(W, D) = 0.999$인 무작위 실험이라는 통계적 가설을 수용할 수 있

---

11) 그러나 현대 통계이론의 대표적인 인물들은 일반적으로 확률진술에 대한 통계적 해석이 지닌 귀납적 특징에 제대로 주목하지 않고 있다. 더구나 그들은 실제적인 확실성이라는 귀납적 개념을 깊이 분석하려 시도하지 않는다. 그 개념은 분명히 그들의 주요 관심사인 수학적 이론 밖에 있는 것이다.

다. 통계적 해석에 따르면, 이것은 유한한 통계적 표본에 의해 쉽게 테스트할 수 있는 가설이다. 그러나 우리는 단지 가설의 설명적 용도에만 관심이 있기 때문에 현재 목적상 그 가설을 수용하는 근거를 고려할 필요는 없다. 규칙 (3e. 1) 에 따르면 그 가설은 항아리로부터 개별적 추출의 결과, 즉 D의 시행의 결과를 확률적으로 설명하는 데 이용될 수 있다. 예를 들어 특정한 추출 d가 흰 공을 산출했다고 가정하자. $p(W, D)$는 1과 예를 들어 0.0011보다 적은 차이가 나고 그 값은 매우 작은 양이므로 규칙 (3e. 1) 은 (3d) 와 유사하게 다음의 설명적 논증을 제공한다.

$$1- p(W, D) < 0.0011$$

(3f) $\qquad\qquad Dd$

$\qquad$ ================= 〔실질적으로 확실하게 만든다〕

$\qquad\qquad Wd$

여기서 설명항은 논리적으로 피설명항을 함축하지 않는다. 이 논증은 설명항에서 제시된 진술들의 참을 가정하더라도 피설명 현상이 '확실히' 기대된다는 점을 보여주지 못한다. 오히려 이 논증은 설명항이 제공하는 정보에 근거하여 피설명 사건이 '실질적' 확실성이나 매우 높은 가능도를 갖고 기대된다는 점을 보여준다.

귀납논리에 대한 카르납의 견해는 (3f) 의 꺾쇠괄호에서 나타나는 '실질적으로 확실하게 만든다'는 모호한 구절을 더 명확한 양적 표현으로 대체할 수 있는 방법을 제안한 것이다. 이렇게 하려면 카르납의 이론을 통계적 확률진술들이 형식화될 수 있는 언어로 확장해야 할 것이다. 카르납이 발표한 저작에서 다루어진 언어들의 논리적 장치가 이러한 목적에 충분할 정도로 풍부하지는 않지만[12] (3f) 에서 예화된 단순한 종류의 경우에서 논리적 확률의 수치는 그에 대응하는 통계적 확률

의 수치와 동일해야 한다는 점은 분명한 것 같다. 예를 들어 항아리로
부터의 하나의 추출은 통계적 확률 0.999로 흰 공을 산출할 것이고 특
정한 사건 d는 그 항아리로부터의 하나의 추출이라는 정보는 d에 의해
산출된 공은 흰색이라는 '결론'에 0.999의 논리적 확률을 부여해야 한
다. 더 일반적으로 이러한 규칙을 다음과 같이 진술할 수 있다.

   (3g) 만약 e가 진술 "$(p\,(G,\ F) = r)\ \cdot Fb$"이고 h는 "Gb"이면, 그 경우
         $c\,(h,\ e) = r$이다.

   이러한 규칙은 카르납이 제안한 논리적 확률 개념, 즉 e에 기초하여
h에 내기를 걸기 위한 공정한 내기 비율로서의 논리적 확률 개념과 일
치한다. 그러한 규칙은 증거 e에 비추어 볼 때 특정 사례 b가 규정된
성질 M을 가질 것이라는 가설의 논리적 확률은 증거 e가 보고하지 않
은 사례들의 모든 집합 K에서 e에 준거한 M의 상대빈도의 추정값이라
는 카르납의 견해와 일치한다. 실로 카르납은 e에 근거한 'Mb'의 논리
적 확률은 어떤 경우에서는 M의 통계적 확률의 추정값으로 간주되어
야 한다고 덧붙였다. [13] 그러므로 e가 실제로 M의 통계적 확률이 r이
라는 정보를 포함하고 있다면 e에 근거한 통계적 확률, 따라서 'Mb'의
논리적 확률도 마찬가지로 분명히 r이어야 한다.
   규칙 (3e. 1)이 (3f)와 같은 통계적 설명들에 대해 논리적 이유를
제공하듯이, 규칙 (3g)도 비슷한 종류의 확률적 설명에 대해 근본적
이유를 제공한다. 그러한 확률적 설명은 양적으로 일정한 통계법칙을
언급하는데 다음과 같이 도식화될 수 있다.

---

12) 카르납 교수와의 개인적인 의견교환에 따르면, 카르납 교수의 체계는 이제
    그쪽 방향으로 확장되었다.
13) Carnap (1950), pp. 168~175.

$$p(G,\ F)=r$$

(3h)　　Fi

$$============ \quad [r]$$

　　　　Gi

　　이러한 형식을 갖는 설명적 논증은 다음의 사실을 설명하는 데 이용될 것이다. 즉 그 논증은 주어진 개별 사례 i 가 F의 사례라는 점, F가 성질 G를 나타낼 통계적 확률은 r이라는 점, 그리고 규칙 (3g)에 따르면 이러한 설명적 정보는 피설명 진술에 논리적 확률 r을 전달한다는 점을 지적함으로써 i 가 G의 성질을 나타낸다는 사실을 설명하는 데 이용될 것이다. 나는 r을 설명과 **연관된** 확률이라고 부를 것이다. 물론 이러한 종류의 논증은 r이 1에 매우 근접할 경우에만 설명적이라고 간주될 것이다. 그러나 임의적이지 않으면서 어떤 특정한 수, 예를 들어 0.8을 어떤 설명에서 허용가능한 확률 r의 최솟값이라고 부르기는 어려울 것 같다.

　　우리의 예에서 흰 공의 추출에 대한 확률적 설명은 다음과 같은 형식 (3i)를 갖는다.

$$p(W,\ D)=0.999$$

(3i)　　Dd

$$============ \quad [0.999]$$

　　　　Wd

　　사람들은 종종 확률적 법칙은 큰 표본들의 통계적 측면을 설명하는 데 이용될 수 있지만 개별 사례에 대해서는 아무것도 설명할 수 없다고 말한다. 다음 예는 이러한 주장을 지지하는 것처럼 보인다. 우리는 정상 동전을 던지면 1/2의 확률로 앞면이 나온다는 법칙을 이용하여 왜 특정한 던지기가 앞면을 산출했는지를 설명할 수 없다. 반면에 동일한 법칙은 (다른 던지기의 결과들은 통계적으로 상호 독립적이라는 가정과 더불어) 10,000번의 던지기의 특정한 수열에서 얻어진 앞면의 수효는 4,900과 5,100 사이에 있다는 사실을 설명하는 데 이용될 수 있다. 왜냐하면 이러한 결과는 0.95를 초과하는 확률을 갖기 때문이다. 그러나 우리가 설명항이 이러한 결과에 부여한 높은 확률 때문에 그 결과를 설명된 것으로 간주한다면 분명히 우리는 (3i)와 같은 논증에 대해서도 설명적 위상을 부여해야 할 것이다. 여기서 (3i)의 설명항은 적절한 무작위 실험이 단 한 번만 시행되더라도 주어진 결과가 발생할 것이라는 점에 매우 높은 확률을 부여한다.

또한 사람들은 때때로 확률적 논증은 논리적으로 결정적이지 못하기 때문에 설명하는 데 이용될 수 없다고 생각한다. 왜냐하면 설명항이 참이라고 하더라도 여전히 피설명 현상이 발생하지 않을 수 있기 때문이다.[14] 예를 들어 (3i)의 경우, 공을 꺼내면 흰 공이 나올 확률이 높음에도 불구하고 검은 공이 나올 수도 있다. 그러나 확률적 설명의 개념에 대한 이러한 비판은 과학적 설명을 지나치게 좁게 본 결과이다. 왜냐하면 경험과학이 제공하는 많은 중요한 설명은 분명히 통계법칙들을 사용하고 있기 때문이다. 그런 설명에서 통계법칙은 제시된 여타의 설명적 정보와 결합하여 피설명항을 매우 개연적인 것으로 만들어 준다.

---

14) 그래서 스크라이븐은 "통계적 진술들은 너무 약하다. 그것들은 개별적인 경우에 성립했던 것을 포기한다. … 하나의 사건은 통계법칙의 네트워크 안에서 이리저리 굴러다닐 수 있다"라고 말한다(Scriven, 1959, p. 467). 드레이도 이와 유사한 관점을 제시한다(Dray, 1963, p. 119). 만약 이런 말이 단지 통계법칙이 개별 사건에 관해 아무것도 연역적으로 함축하지 않는다는 것을 의미한다면 그 말은 옳다. 하지만 그 말이 통계법칙은 개별 사건에 관해 아무런 설명적 유의미성도 지닐 수 없다는 것을 제시하기 위해 사용된다면 그 말은 틀렸다.

예를 들어, 우리는 멘델의 유전원리들에 따라 순수한 흰 꽃과 순수한 붉은 꽃 계통의 부모들의 교배의 결과인 완두콩들의 모집단으로부터 취해진 임의표본에서 완두콩 중 약 75%는 붉은 꽃, 그 나머지는 흰 꽃을 갖는 것이 매우 그럴듯하다고 말할 수 있다. 설명이나 예측 목적으로 사용될 수 있는 이러한 논증은 귀납-통계적이다. 여기서 설명되거나 예측되는 것은 표본에서의 붉은 꽃 식물과 흰 꽃 식물의 개략적 비율이다. 제시된 비율들이 매우 그럴듯하다는 점과 관련하여 그 "전제들은" (1) 일부는 통계적 형식이고 나머지는 엄격한 보편적 형식을 갖는 적절한 유전법칙들과 (2) 표본이 취해진 식물들의 부모 세대의 유전적 구성에 대해 위에서 언급된 종류의 정보를 포함한다. 엄격하게 보편적인 형식의 유전원리에는 문제의 색이 특정한 유전자와 연결되어 있다는 법칙, 붉은 유전인자는 흰 유전인자에 비해 우성이라는 법칙, (유전인자에 의한) 색의 유전이나 아마도 유전인자와 연결된 형질의 보다 넓은 집합의 유전에 관한 다양한 일반법칙이 포함된다. 언급된 통계적 일반화 중에는 색-결정 유전인자의 네 가지 가능한 조합, 즉 WW, WR, RW, RR이 잡종세대인 두 식물의 후손에서 발생할 확률은 통계적으로 같다고 하는 가설이 있다.

이제 라돈의 방사능 붕괴와 관련해 법칙의 설명적 용도를 좀더 자세히 검토해 보자. 라돈의 방사능 붕괴에 대한 법칙에 따르면, 라돈 원소는 3.82일의 반감기를 갖는다. 그 법칙은 7.64일 이내에 10㎎의 라돈으로 구성된 표본이 방사능 붕괴에 의하여 2.4㎎에서 2.6㎎ 사이의 잔여량으로 줄었다는 사실을 통계적으로 설명하는 데 이용될 수 있다. 마찬가지로 그 법칙은 이러한 종류의 특정한 결과를 예측하는 데 이용될 수도 있다. 설명적 논증과 예측적 논증의 요지는 다음과 같다. 즉 라돈의 반감기를 진술하는 진술은 두 가지 통계법칙을 의미한다. (i) 하나의 라돈 원자가 3.82일의 주기 이내에 방사능 붕괴를 겪을 통계적 확률은 1/2이다. (ii) 다른 라돈 원자들의 붕괴는 통계적으로 독립적 사건을 구성한다. 여기서 사용되고 있는 또 다른 전제는 라돈 10mg에 있는 원자의 수효는 엄청나게 많다(10^{19}보다 크다)는 진술이다. 수학적 확률이론이 보여주듯이, 마지막 진술과 더불어 그 두 가지 법칙은 연역적으로 다음의 사실을 함축한다. 7.64일 이후에 남은 라돈 원자 덩어리가 2.5mg으로부터 0.1mg 이상 벗어나지 않을 통계적 확률, 즉 그것이 규정된 구간 이내에 속할 통계적 확률은 매우 높다. 더 분명히 말하면, 포함된 원자들의 큰 수에 대한 정보와 더불어 두 가지 통계법칙으로부터 연역가능한 결론은 다음의 의미를 갖는 또 다른 통계법칙이다. 즉 7.68일 동안 라돈이 10mg 붕괴하는 임의실험 F에서 종류 G의 결과, 즉 라돈의 잔여량이 2.4mg에서 2.6mg에 이르는 구간에 속할 통계적 확률은 매우 높다. 사실 해석 (9.2b)에 따르면, 그 확률은 아주 커서 실험 F가 단 한 번 시행될 경우 그 결과가 종류 G일 것이라는 점이 '실질적으로 확실하다'. 이러한 의미에서 주어진 정보에 근거해 결과 G가 F를 한 번 시행했을 때 발생할 것이라고 기대하는 것은 합리적이다. 또한 이러한 의미에서 우리는 라돈의 반감기와 종류 F의 실험에 포함된 원자들의 많은 수에 관한 정보로부터 해당 실험의 특정한 시행에서 G가 발생한다는 것을 통계적으로 설명하거나 예측할 수 있다.

또 다른 예로 액체에 떠 있는 작은 입자들이 보여주는 브라운 운동의 양적 측면을 설명하는 문제를 고려해 보자. 그동안 브라운 운동은 열운동에서 주위의 분자가 떠 있는 입자들에게 미치는 불규칙한 충돌의 결과라고 질적으로 설명되고 있었다. 열의 운동학의 확률적 원리에 근거를 둔 가정들로부터 아인슈타인은 그러한 입자들의 평균이동은 경과한 시간의 제곱근에 비례한다는 법칙을 유도했다.[15] 그러나 평균이

---

15) 이 정식의 몇 가지 실험적 테스트에 대한 세부적이고 상세한 설명을 위해서는 다음 참조. Svedberg(1912), pp.89 이하. 브라운 운동의 몇 가지 다른 정량적 측면에 대한 확률적 설명의 기본 생각은 다음에 명쾌하게 제시되어

동에 대한 이론적 정의는 다양하게 가능한 이동들의 통계적 확률에 의해 정식화되었고 그 결과 아인슈타인의 법칙은 확률적 성격을 갖는다. 그러므로 그 법칙은 유한한 수효의 입자들이 보여주는 평균이동에 관한 일정한 값을 논리적으로 함축하지 않는다. 그러나 그 법칙에 의하면 위에서 논의된 의미에서 유한한 표본에서 평균이동이 경과된 시간의 제곱근에 거의 가깝게 비례할 확률은 매우 높다. 아울러 그것은 실제로 사실로 드러났다. 따라서 아인슈타인의 법칙은 브라운 운동의 관찰된 측면에 대한 확률적 설명을 제공한다.

이러한 예와 다음에 검토할 다른 예에서 예시되듯이 통계법칙이나 이론에 의한 설명은 과학에서 매우 중요한 역할을 담당한다. 우리는 피설명항이 실현되지 않는 것이 설명항과 양립가능하다는 이유에서 통계법칙이나 이론이 설명적 위상을 갖지 못한다고 주장하지 않고, 그 대신 그것은 단어 '왜냐하면'의 다른 의미를 반영하는 논리적 성격을 지닌 설명을 제공한다는 점을 인정해야 한다. 폰 미제스(von Mises)가, 인과성 개념에서 최근의 변화를 검토하면서, "그 주사위가 '6의 면'이 더 빈번하게 나오는 것은 그것이 그쪽으로 편중되었기 **때문이다**(그러나 우리는 그다음에 무엇이 나올지 알지 못한다), 또는 진공이 강화되고 전압이 증가하였기 **때문에** 방사가 보다 더 강해졌다(그러나 우리는 다음 순간에 발생할 섬광의 엄밀한 수효를 알지 못한다)와 같은 유형의 인과적 진술들에 점차로 만족할 것이다"[16]라고 예상했을 때, 그는 이러한 관점을 표현한 것이다. 이러한 구절은 분명히 여기서 논의 중인 의미에서의 통계적 설명을 말하고 있다. 그것은 연역-법칙적 설명에 대응하는 엄격하게 결정론적인 설명과는 대조되는 '왜냐하면'에 대한 통계-확률적 개념이라고 불릴 수 있는 것을 나타낸다.

특정한 사건에 대한 통계적 설명을 둘러싼 지금까지의 논의는 설명

있다. Mises(1939), pp. 259~268.
16) Mises(1951), p. 188. 강조는 원저자에 의함.

이 갖는 귀납적 특징을 보이는 데 주목했다. 다음의 소절에서 우리는 I-S 설명과 그에 대응하는 연역적 설명을 구분해 주는 또 다른 중요한 특징을 검토할 것이다.

3.4 귀납-통계적 설명의 애매성과 최대상세화의 요건

3.4.1 설명적 애매성의 문제

존 존스가 걸린 질병의 특정 경우 j에서 회복한 것에 대한 설명 (3d)를 다시 생각해 보자. 여기서 언급된 통계법칙은 연쇄상 구균 감염의 모든 경우가 아니라 높은 비율에 대해서만 페니실린에 의한 회복을 주장한다. 실제로 어떤 연쇄상 구균 변종은 페니실린에 내성이 있다. 만약 질병의 특별한 경우 j와 같은 어떤 사건이 페니실린에 내성이 있는 연쇄상 구균의 변종으로 인한 감염의 사례인 경우 성질 S^*을 갖는다(또는 집합 S^*에 속한다)고 하자. 그 경우 페니실린 치료를 받은 S^*로부터 임의로 선택된 사례들 중에서 회복될 확률은 매우 낮을 것이다. 즉 회복될 확률 $p(R, \ S^* \cdot P)$는 0에 근접할 것이고 회복되지 않을 확률 $p(-R, \ S^* \cdot P)$는 1에 근접할 것이다. 존스의 병은 실제로 페니실린에 내성을 지닌 변종의 연쇄상 구균 감염이라고 가정하고, 다음의 논증을 살펴보자.

$$p(-R, \ S^* \cdot P)\text{는 1에 근접한다.}$$
$$(3k) \quad S^*j \cdot Pj$$
$$\overline{\qquad\qquad\qquad\qquad\qquad\qquad}\ \text{〔실질적으로 확실하게 만든다〕}$$
$$-Rj$$

이 '경쟁적' 논증은 (3d)와 동일한 형식을 갖는다. 우리의 추측에 따르면 그 전제들은 (3d)의 경우와 마찬가지로 참이지만 그 결론은 (3d)

의 결론과 모순된다.

이제 존스가 심장이 약한 80대의 남성이라고 하자. 그리고 이러한 집단 S^{**}에서 페니실린 치료에 의해 연쇄상 구균 감염으로부터 회복될 확률은 매우 낮다고 가정하자. 그 경우 (3d)와 경쟁적인 다음의 논증이 있는데, 그것은 참인 전제들에 의해 존스가 회복되지 않으리라는 것을 실질적으로 확실한 것으로 표현한다.

(31)
$$p(-R, \ S^{**} \cdot P) \text{ 는 1에 근접한다.}$$
$$S^{**}j \cdot Pj$$
$$\overline{\hspace{6cm}} \quad \text{(실질적으로 확실하게 만든다)}$$
$$-Rj$$

우리는 여기서 볼 수 있는 특이한 논리적 현상을 **귀납-통계적 설명의 애매성**(*ambiguity of inductive-statistical explanation*) 또는 줄여서 **통계적 설명의 애매성**이라고 부를 것이다. 이러한 애매성은 주어진 개별 사건(예를 들어 존스의 병)이 종종 ($S \cdot P$, $S^* \cdot P$, $S^{**} \cdot P$와 같은) 여러 가지 '준거집합' 중 하나로부터 임의로 선택되며, 그것과 관련하여 특정한 사건에 의해 사례화된 사건(예를 들어 R)이 매우 다른 통계적 확률을 갖는다는 사실로부터 유래한다. 그러므로 특정한 사건에 거의 확실성을 부여하는 참인 설명항을 갖는 확률적 설명에 대해 동일한 확률적 형식을 갖지만 그 사건이 발생하지 않으리라는 것에 똑같이 거의 확실성을 부여하는 참인 전제들을 갖는 경쟁적 논증이 종종 존재할 것이다. 우리는 특정한 사건의 발생에 대한 통계적 설명에 대해, 만약 그 사건의 미발생에 대해 논리적으로나 경험적으로 동일하게 건전한 확률적 설명이 가능하다면 그것을 의심해 보아야 한다. 이러한 난감한 **상황과 비슷한 일은 연역적 설명에서는 발생하지 않는다.** 왜냐하면 제안된 연역적 설명의 전제들이 참이라면 결론도 참이고, 결론의 모순은

거짓이므로 그것은 똑같이 참인 전제들을 가진 경쟁적 집합의 논리적
귀결일 수 없기 때문이다.

　여기에 I-S 설명의 애매성에 대한 또 다른 예가 있다. 11월 27일과
같은 어느 가을날에 스탠퍼드의 날씨가 따스하고 화창한 것을 보고 놀
라움을 표현하면 사람들은 스탠퍼드(N)에서 11월 어느 날에 따스하고
화창한 날씨(W)일 확률은 0.95이기 때문에 그러한 날씨는 오히려 예
상된 것이라는 설명을 제시할 수 있다. 이러한 설명은 도식적으로 다
음의 형식을 갖는다. 여기서 'n'은 '11월 27일'을 나타낸다.

$$p(W,\ N) = 0.95$$

(3m)　Nn

$$=\!=\!=\!=\!=\!=\!=\!=\!=\!=\!=\!=\!=\ [0.95]$$

$$Wn$$

　그런데 그 전날, 즉 11월 26일에 날씨가 춥고 비가 왔다고 가정하
고, 스탠퍼드에서 춥고 비가 온 날의 바로 다음 날(S)이 따스하고 화
창할 확률은 0.2라고 가정하자. 그 경우 설명 (3m)과 경쟁하는 다음
의 논증이 있는데, 그것은 동일하게 참인 전제들에 근거하여 11월 27
일은 따스하고 화창하지 않을 것임을 거의 확실하게 표현한다.

$$p(\mbox{-}W,\ S) = 0.8$$

(3n)　Sn

$$=\!=\!=\!=\!=\!=\!=\!=\!=\!=\!=\!=\!=\ [0.8]$$

$$\mbox{-}Wn$$

　이런 형식에서 애매성의 문제는, I-S 논증에서 우리가 그 전제들이
참인지를 알고 있는지의 여부와 무관하게, 그 전제들이 실제로 참인

I-S 논증에 관련된다. 그러나 곧 드러나듯이 애매성의 문제에는, 설명항 진술들이 실제로 참인가의 여부와 무관하게, 그 설명이 제안되고 검토되고 있는 바로 그 순간에 그 진술들이 경험과학에 의해 **주장되었거나 수용된** 설명들과 관련된 변형이 있다. 이러한 변형은 과학에서, 아마도 누구에게도 알려지지 않았지만 실제로는 사실인 것을 언급하는 것이라기보다는, 이미 알려졌다고 추정되는 것을 언급하기 때문에 **통계적 설명의 인식적 애매성의 문제**라고 부를 것이다.

K_t를 시점 t에서 경험과학에서 주장되었거나 수용된 모든 진술들의 집합이라고 하자. 이러한 집합은 시점 t에서의 전체 과학적 정보 또는 '과학적 지식'을 나타낸다. 여기서 '지식'이라는 단어는 어떤 주어진 시점에 과학적 지식이라고 말할 때 의미하는 것을 나타낸다. 그 단어는 K_t의 요소들이 참이라는 것을 의미하지 않으며 따라서 그것들이 확실히 참으로 알려졌다는 것을 의미하지도 않는다. 우리는 경험과학에서 성립된 어떠한 진술에 대해서도 결코 그 점을 정당하게 주장할 수 없다. 과학적 탐구의 기본적인 표준에 따르면 경험진술은 아무리 잘 지지되더라도 단지 잠정적으로만, 즉 만약 바람직하지 못한 증거가 발견되면 그러한 지지는 철회될 수 있다는 생각으로, K_t의 원소로서 수용되고 인정되어야 한다. 따라서 K_t의 원소는 시간이 흐르면서 변경된다. 왜냐하면 계속된 연구의 결과로서 새로운 진술들이 그 집합에 포함되고 다른 것들은 의심의 대상이 되고 제거되기 때문이다. 이제부터 특정한 시점에 대한 특정한 언급이 필요하지 않다면 이론진술들의 집합을 그냥 K로 나타낼 것이다. 우리는 K가 논리적으로 일관적이라고 가정할 뿐만 아니라, 그것은 논리적 함축 아래에 닫혀 있다고, 즉 그것의 부분집합이 함축하는 것은 무엇이나 그 안에 포함되어 있다고 가정할 것이다.

I-S 설명의 인식적 애매성은 이제 다음과 같이 규정될 수 있다. 즉 수용된 과학적 진술들의 전체집합 K는 앞에서 논의된 확률적 형식의

논증에서 전제로서 사용될 수 있고 논리적으로 모순적인 '결론들'에 높은 확률을 부여할 수 있는 진술들의 서로 다른 부분집합을 포함한다. 이전의 예 (3k), (3l), (3m), (3n) 의 전제들이 참이라기보다는 K에 속한다고 가정하면, 그 예들은 이 점을 보여준다. 만약 K에 속하는 전제들을 갖는 두 가지 경쟁적인 논증들 중 하나가 과학에서 발생한 것으로 간주되거나 또는 인정되고 있는 사건에 대한 설명으로서 제안된다면 그 논증의 결론, 즉 피설명항도 역시 K에 속하게 될 것이다. K는 일관적이기 때문에 그것과 경쟁하는 논증의 결론은 K에 속하지 않을 것이다. 그럼에도 불구하고 우리가 문제의 사건(예를 들어 스탠퍼드에서 11월 27일에 따스하고 화창한 날씨)이 발생했는지 아니면 발생하지 않았는지에 대한 정보를 갖고 있는가의 여부에 무관하게, 그 두 가지 경우에 보고된 결과에 대한 설명을 제공할 수 있고, 더구나 그 전제들이 보고된 결과에 높은 논리적 확률을 부여하는 과학적으로 확립된 진술들인 설명을 제공할 수 있어야 한다고 말하는 점은 논란의 여지가 많다.

이러한 인식적 애매성은 연역적 설명에서는 발생하지 않는다. 왜냐하면 K는 논리적으로 일관적이므로 논리적으로 모순적인 결론을 함축하는 전제-집합을 포함할 수 없기 때문이다.

인식적 애매성 때문에 통계적 논증들을 예측적으로 사용하는 것은 곤란하다. 이 경우 애매성은 우리에게 두 가지 경쟁적 논증들을 제공한다는 놀라운 측면을 지닌다. 즉 그 논증들의 전제들은 과학적으로 잘 확립되어 있지만 그 중 하나는 고려되는 미래의 사건을 실제로 확실한 것으로 규정하지만 다른 하나는 그것을 실제로 불가능한 것으로 규정한다. 설명이나 예측을 위해 이처럼 상충하는 논증들 중 어느 것에 (만약 그럴 수 있다면) 의존하는 것이 합리적인가?

3.4.2 최대상세화의 요건과 귀납-통계적 설명의 인식적 상대성

설명적 애매성을 보여주는 우리의 예는 제안된 확률적 설명이나 예측의 수용가능성에 대한 결정은 우리가 지닌 모든 정보에 근거하여 내려져야 한다는 점을 보여준다. 이 점은 또한 귀납적 추리에 대한 저명한 저술가들에 의해서도 인정되어 왔고(항상 매우 명백하게 그런 것은 아니지만) 다른 한편으로는 **전체 증거의 요건**(the requirement of total evidence)이라고 카르납이 강조한 일반원리에 의해서도 나타난다. 카르납은 그 원리를 다음과 같이 형식화했다. "귀납논리를 주어진 지식의 상황에 적용할 때는 이용가능한 전체 증거가 입증의 정도를 결정하는 기초가 되어야 한다."[17] 전체 증거 가운데 일부만을 사용하는 것이 허용되는 경우는 나머지 증거는 귀납적 '결론'과 무관할 때뿐이다. 즉 일부의 증거만으로도 결론이 입증되는 정도 또는 논리적 확률은 전체 증거와 똑같을 때뿐이다.[18]

전체 증거의 요건은 귀납논리의 공준도 아니고 정리도 아니다. 그것은 귀납논증의 형식적 타당성과 관련이 없다. 카르납이 강조했듯이,

---

17) Carnap(1950), p. 211.

이러한 요건은 예를 들어 이 절 각주 5에서 인용한 다음 책에 일부 제시되어 있다. Lewis(1946). 마찬가지로 윌리엄스는 "확률논리의 모든 규칙들 중에서 가장 근본적인 것은 어떤 명제의 '바로 그' 확률은 알려진 전제들과 오직 그 전제들에만 관계 아래에서의 확률"이라고 말한다(Williams, 1947, p. 72).

1945년에 나는 확률적 논증의 애매성을 처음으로 깨달았다. 그것은 카르납 교수 덕분인데, 그는 나에게 이 문제가 전체 증거 요건을 무시한 결과로 나타난 귀납논리의 몇몇 역설들 중 하나일 뿐이라고 알려주었다.

바커는 확률적 논증의 근본적 애매성을 명쾌하고 독립적으로 제시했다. 바커는 이 문제를 해결하기 위한 수단으로 제시된 전체 증거 요건에 대해서는 회의적이었다(Barker, 1957, pp. 70~78). 그러나 나는 이제 다소 많이 수정된 전체 증거 요건을 이용하여 확률적 설명의 애매성을 해결할 수 있는 방법을 제시할 것이다. 나는 그것을 최대상세화의 요건이라고 부를 것이다. 이 요건은 전체 증거 요건에 대해 제시된 비판을 피할 수 있다.

18) Carnap(1950), p. 211과 p. 494 참조할 것.

그것은 오히려 귀납논리의 **적용**을 위한 준칙(*maxim*)이다. 우리는 그 요건이 주어진 '지식상황'에서 적용의 합리성에 대한 필요조건을 진술한다고 말할 수 있다. 우리는 지식상황이 그 상황에서 수용된 모든 진술들의 집합 K에 의해 표현된다고 간주할 것이다.

그렇다면 전체 증거의 요건의 기본 생각은 확률적 설명과 어떤 관계를 갖는가? 우리는 분명히 설명항이 그 시점에서 이용가능한 모든 경험적 정보를 포함해야 하며 그런 정보만을 포함해야 한다고 주장하지 않는다. **모든** 이용가능한 정보가 아니다. 왜냐하면 그렇지 않으면 시점 t에서 수용가능한 모든 확률적 설명은 동일한 설명항 K_t를 가져야 할 것이기 때문이다. 이용가능한 정보**만**도 아니다. 왜냐하면 제안된 설명이 이용가능한 어떠한 적합한 정보도 무시하지 않는다는 점에서는 그 요건을 충족하지만, 그럼에도 아직 K_t에 포함될 만큼 충분히 테스트되지는 않은 설명 진술들에 설명이 의존할 수도 있기 때문이다.

전체 증거의 요건이 통계적 설명에 어느 선까지 부여되어야 하는지는 다음을 생각해 보면 알 수 있다. 존스가 연쇄상 구균에 감염되었고, 페니실린 치료를 받았으며, 그러한 경우에 치료가 될 통계적 확률이 매우 높다는 정보에 근거하여 존스의 회복을 설명하는 방안은, K에 존스의 연쇄상 구균은 페니실린에 내성이 있으며 존스가 심장이 약한 80대 남성이며, 이런 준거집합의 경우 회복될 확률이 낮다는 또 다른 정보들을 포함한다면 수용불가능하게 된다. 실로 우리는 받아들일 수 있는 설명이, 우리의 전체 정보에 따라 고려 중인 특정한 사건이 원소가 되는 가장 작은 준거집합에 적용되는, 하나의 통계적 확률진술에 근거하기를 바란다. 그러므로 만약 K가 존스는 연쇄상 구균에 감염되었고 페니실린 치료를 받았다는 점뿐만 아니라 그가 심장이 약한 80대라는 점을 말해 준다면(그리고 K는 그 외에 다른 어떠한 특별한 정보도 제공하지 않는다면), 우리는 치료에 대한 존스의 반응에 대한 이용가능한 설명은 우리의 전체 증거가 존스의 병에 확률을 부여하는 가장 작은 준거집합에서, 즉 약한 심장을 지닌 80대가 걸린 연쇄상 구균 감염의 집합에서, 그러한 반응의 확률을 진술하는 하나의 통계법칙에 기초를 두어야 한다고 요구할 것이다.[19]

10mg의 라돈 표본이 7.64일 후 남은 잔여량은 2.4mg에서 2.6mg 사이에 있다는 사실을 설명하기 위해서 라돈의 반감기는 3.82일이라는 법칙을 사용하는 앞의 예를 이용하여 이러한 제안을 확장시켜 보자. 현재의 과학적 지식에 따르면 방사능 원소의 붕괴비율은 전적으로 원자번호와 질량수에 의해 규정된 원자구조에 의존한다. 따라서 붕괴비율은 표본의 연대와 온도, 압력, 전자기력, 화학적 상호작용과 같은 요인들에 의해 영향을 받지 않는다. 따라서 라돈 표본의 초기질량과 문제의 시간간격뿐만 아니라 라돈 반감기를 규정함으로써 설명항은 통계법칙에 의해 주어진 결과의 확률을 평가하는 데 적합한 모든 이용가능한 정보를 고려한다. 이 점을 약간 다르게 표현해 보자. 여기서 가정된 상황에서 전체 정보 K는 경우들의 준거집합 F_1에 고려 중인 사례를 할당한다. 그 준거집합에서 10mg의 라돈 표본은 7.64일 동안 붕괴하도록 방치되었다. 그리고 라돈의 반감기 법칙은 잔여량이 2.4mg에서 2.6mg 사이에 있다는 사실, 즉 F_1에 속하는 결과 G에 매우 높은 확률을 할당한다. 이제 K가 역시 주어진 표본의 온도, 그것이 보관되는 압력과 상대습도, 주위의 전자기 조건 등에 대한 정보를 포함하고 있

---

19) 이러한 생각은 확률에 대한 엄밀한 통계적 해석의 틀 속에서 개별 사건에 확률값을 부여할 수 있다는 것을 보여주려고 했던 라이헨바흐의 생각과 밀접하게 관련되어 있다. (Reichenbach, 1949, 72절 참조.) 라이헨바흐는 특정 상업용 비행기의 예정된 비행이 안전하게 이루어지는 것과 같은 단일 사건의 확률이 다음과 같은 통계적 확률로 해석되어야 한다고 제안했다. 즉 해당 경우(해당 비행기의 안전한 비행)가 포함된 가장 좁은 준거집합 속에서 고려되는 사건의 종류(안전한 비행)가 갖는 통계적 확률이라는 것이다. 이때 이 통계적 확률을 위해서는(예를 들어 그 비행기의 노선과 같은 노선으로 지금껏 운행한 비행기들이 해당하는 비행날씨와 유사한 날씨조건에서 운행한 비행집합과 같은) 신뢰할 수 있는 통계적 정보가 확보가능해야 한다.

어서 그 결과 F_1보다 훨씬 더 작은 준거집합인 F_1 F_2 F_3 … F_n에 주어진 경우가 속한다고 가정해 보자. 이제 K에 마찬가지로 포함되어 있는 방사능 붕괴 이론에 따르면 더 작은 집합에서 G의 통계적 확률은 G에서의 확률과 같다. 이러한 이유 때문에 우리의 설명은 확률 $p(G, F_1)$에 의존하는 것만으로 충분하다.

　그러나 동일한 논증이 수용가능한 설명이 될 수 없는 '지식상황'도 생각해 볼 수 있다는 점에 유의해야 한다. 예를 들어 연구 중인 라돈 표본의 경우 7.64일이 끝나기 한 시간 전에 측정한 잔여량이 우연히 2.7㎎으로 밝혀졌고 그래서 2.6㎎을 상당히 초과했다고 해보자. 이는 라돈의 붕괴 법칙을 고려하면 매우 가능성이 낮지만 아주 불가능하지는 않은 사건에 해당한다. 이 경우 전체 증거 K의 일부를 이루게 될 그러한 발견 결과는 문제의 특정 사례를 가령 준거집합 F^*에 할당하게 된다. 여기서 라돈의 붕괴 법칙에 따르면, 그 한 시간의 테스트 시간 이내에 2.7㎎이 2.4㎎에서 2.6㎎ 사이의 양으로 감소하는 일은 라돈 표본의 붕괴에서 매우 비정상적으로 빠른 붕괴를 요구하기 때문에 결과가 G일 가능성은 매우 낮다. 그러므로 여기서 고려된 부가적인 정보는 무시할 수 없고, 관찰된 결과에 대한 설명은 오직 그것이 더 작은 준거집합, 즉 $p(G, F_1F^*)$에서의 G의 확률을 고려할 경우에만 수용가능할 것이다. (방사능 붕괴 이론은 이러한 확률은 $p(G, F^*)$와 동일하다는 것을 함축한다. 결과적으로 주어진 사례가 F_1의 원소인지의 여부를 고려할 필요는 없다.)

　우리는 이제 앞선 논의에서 제안된 요건을 더 분명히 진술할 수 있다. 우리는 그것을 귀납-통계적 설명에 대한 최대상세화의 요건이라고 부를 것이다. 앞서 제안한, 기본적인 통계적 형식을 갖는 설명을 고려해 보자.

$$p\,(G,\ F\,) = r$$

(3o) Fb

$$=\!\!=\!\!=\!\!=\!\!=\!\!= \ [r]$$

$$Gb$$

 s를 전제들의 연언이라고 하자. 그리고 K가 주어진 시점에서 수용된 모든 진술들의 집합이라면 k는 K와 논리적으로 동치인 하나의 문장이라고 하자(k가 K에 의해 함축되고 그것은 또한 K에 있는 모든 문장을 함축한다는 의미에서). 이 경우 제안된 설명 (3o)가 K에 의해 표현된 지식상황에서 합리적으로 수용가능하기 위해서는 다음의 조건(최대상세화의 요건)을 충족해야 한다. 즉 만약 $s \cdot k$가 b는 집합 F_1에 속하고 F_1은 F의 부분집합이라는 것을 함축하면[20] $s \cdot k$는 또한 G가 F_1에 속할 통계적 확률을 상세히 진술하는 다음의 진술을 함축한다.

$$p\,(G,\ F_1) = r_1$$

여기서 r_1은 위에서 제시된 확률진술이 단순히 수학적 확률론의 정리가 아닌 한 r과 동일해야 한다.

 위에서 추가된 '아닌 한' 구절로 제한하는 것은 매우 적절하며, 그것을 생략하면 바람직하지 못한 결과가 나타날 것이다. 순수수학적인 확률이론의 정리들은 경험적 문제들을 설명할 수 없기 때문에 그 구절은 적합하다. 따라서 $s \cdot k$가 G가 F보다 좁은 준거집합에 속할 확률을 상세히 진술하는 통계법칙들을 제공하는가의 여부를 조사할 때 그러한

---

20) 앞에서 지적한 것처럼 우리는 k가 아니라 $s \cdot k$에 준거해야 한다. 그것은 우리가 여기서 논의되고 있는 조건을 다음처럼, 즉 모든 설명항 진술들이 해당 시점에 과학적으로 채택된 것이어야 하며, 따라서 대응하는 집합 K에 포함되어야 한다고 해석하지 않기 때문이다.

정리들은 무시될 것이다. 또한 그 구절을 생략하는 것은 다음과 같은 이유 때문에 문제가 있다. 즉 (3o)가 설명으로 제시되는 경우라면, 아마도 Gb는 이미 사실로 수용되어 있게 마련이고, 그래서 'Gb'는 K에 속하게 되기 때문이다. 따라서 K는 더 좁은 집합 $F \cdot G$에 b를 할당하며, G가 그 집합에 속할 확률에 대하여 $s \cdot k$는 사소하게 $p(G, F \cdot G) = 1$을 함축한다. 그 진술은 단순히 통계적 확률에 대한 측도이론적 공준이 지닌 결과에 불과하다. $s \cdot k$가 G에 대해 (3o)에서 언급된 것보다 더 구체적인 확률진술을 함축하기 때문에 최대상세화의 요건은 (3o)에 경우에 어긋난다. 마찬가지로 최대상세화의 요건은 그것이 발생했다고 간주할 사건에 대해 제공된 어떠한 통계적 설명의 경우에도 '아닌 한' 구절이 생략되면 지켜지지 않는다. 이로부터 진술 "$p(G, F \cdot G) = 1$"이 추정된 사실 Gb를 설명하는 데 더 적절한 법칙을 제공한다는 생각은 사실상 근거가 없음이 드러난다.

그러므로 최대상세화의 요건은 여기서 전체 증거의 요건이 귀납-통계적 설명들에 적절히 적용되는 정도를 규정하는 것으로 잠정적으로 제시된다. 여기서 제안된 일반적 생각은 다음과 같다. 우리는 I-S 설명을 형식화하거나 평가할 때 피설명 사건에 대해 잠재적으로 **설명적 적합성**을 갖는 K가 제공하는 모든 정보, 즉 모든 적절한 통계법칙뿐만 아니라 그러한 통계법칙에 의해 피설명 사건과 연관될 수 있는 특정 사실들을 고려해야 한다. 21)

---

21) 여기에서 제안한 것처럼 이러한 일반적인 개념, 특히 최대상세화 요건에 의존함으로써 통계적 설명의 인식적 애매성을 제거하려 한 방법은 동일한 문제를 다룬 나의 이전 연구(Hempel, 1962, 특히 10절)에서의 시도와 매우 많이 차이가 난다. 그 연구에서는 이 절 앞부분에서 언급한 설명적 애매성의 두 가지 유형을 명시적으로 구분하지 않았다. 거기에서 나는 통계적 설명에 전체 증거 요건을 다음과 같은 방법으로 적용했다. 그 방법은 어떤 채택할 만한 설명의 설명항은 집합 K에 속한다는 것을 전제한 다음에 설명항이 피설명항에 전달하는 확률은 전체 증거 K가 피설명항에 부여하는 확률과

최대상세화의 요건은 인식적 애매성의 문제를 해결한다. 왜냐하면 높은 연관된 확률을 갖고 K에 모두 속하는 전제들을 갖는 두 가지 통계적 논증 중에서 적어도 하나는 최대상세화의 요건을 위반한다는 것이 즉시 드러나기 때문이다. 다음의 두 논증이 그러한 논증이라고 하자. 여기서 r_1과 r_2는 1에 가깝다.

$$p(G, F) = r_1 \qquad\qquad p(-G, H) = r_2$$
$$Fb \qquad\qquad\qquad\qquad\quad Hb$$
$$\underline{\qquad\qquad} [r_1] \qquad\qquad \underline{\qquad\qquad} [r_2]$$
$$Gb \qquad\qquad\qquad\qquad\quad -Gb$$

이 경우 K는 두 가지 논증의 전제들을 포함하므로 그것은 b에 성질 F와 H를 할당하고, 결과적으로 F·H를 할당한다. 그러므로 두 가지 논증이 최대상세화의 요건을 충족하면 K는 다음을 함축하게 된다.

$$p(G, F\cdot H) = p(G, F) = r_1$$
$$p(-G, F\cdot H) = p(-G, H) = r_2$$

그러나 $p(G, F\cdot H) + p(-G, F\cdot H) = 1$
그러므로 $r_1 + r_2 = 1$

r_1과 r_2는 둘 다 1에 가깝기 때문에 이러한 결론은 산술적으로 거짓이

같아야 한다는 것이다. 이런 접근방식에 대해 지금 내가 만족하지 않는 이유는 이 절에서 제시한 논증 때문이다. 특히 주목해야 할 것은 전체 증거 요건이 엄격하게 시행되면 과학에서 확립된 사실로 여겨지는 사건의 발생에 대해 유의미한 통계적 설명이 불가능하게 된다는 것이다. 왜냐하면 그러한 발생을 진술하는 어떤 문장도 K로부터 논리적으로 함축되고, 따라서 그 문장은 K에 상대적으로 논리적 확률 1을 가지게 되기 때문이다.

다. 그러므로 일관적인 집합 K는 그 결론을 함축할 수 없다.

최대상세화의 요건을 충족하는 I-S 설명의 경우 인식적 애매성의 문제는 더 이상 발생하지 않는다. 우리는 **결코** 특정한 사건이 발생하는 것과 상관없이, 두 결과 중 어느 한 가지 결과에 대한 수용가능한 설명을 제시한다. 주어진 결과에 높은 논리적 확률을 부여하는, 나아가 과학적으로 수용된 진술을 전제로 하여 설명을 제시할 수 있다고 말할 수는 없다.

인식적 애매성의 문제가 해결되었지만 이 절에서 논의된 처음의 의미에서 애매성은 최대상세화의 요건에 의해 영향을 받지 않은 채로 남아 있다. 즉 참인 전제들과 높은 연관된 확률을 갖는 통계적 논증에 대하여 동일하게 참인 전제들과 높은 연관된 확률을 갖지만 결론은 첫 번째 논증과 모순되는 경쟁적인 통계적 논증이 존재할 가능성은 여전히 남아 있다. 비록 어떠한 시점에서도 수용되는 진술들의 집합 K는 결코 실제로 참인 모든 진술들을(그리고 의심할 바 없이 거짓인 많은 진술들을) 포함할 수 없지만, K가 두 가지 상충하는 논증들의 전제들을 포함할 수는 있다. 그러나 우리가 이미 보았듯이 그 전제들 중 적어도 한 가지는 최대상세화의 요건을 위반하기 때문에 합리적으로 수용할 수 없다.

앞의 논의로부터 **특별한 사건들에 대한 통계적 설명**이라는 개념은 수용된 진술들의 집합 K에 의해 표현되는 것으로서의 하나의 일정한 지식상황에 본질적으로 **상대적**이라는 점이 드러났다. 실로 최대상세화의 요건은 그러한 집합을 분명히 거론하며 그것을 거론할 수밖에 없다. 따라서 그 요건은 'K에 의해 표현된 지식상황에 상대적인 I-S 설명' 개념을 규정하는 역할을 한다. 우리는 이러한 규정을 **통계적 설명의 인식적 상대성**(*epistemic relativity of statistical explanation*)이라고 부를 것이다.

제안된 D-N 설명이나 D-S 설명이 수용가능한지의 여부는 그것들이 연역적으로 타당하고 적합한 유형의 일반법칙을 본질적으로 사용하고 있는지 여부뿐만 아니라 그 전제들이 이용가능한 적합한 증거에 의해 잘 지지되는지의 여부에도 달려 있기 때문에, 연역적 설명 개념도 마찬가지 상대성을 갖는 것처럼 보일 수 있다. 실제로 그렇다. 경험적 입증의 이러한 조건은 주어진 지식상황에서 수용가능한 통계적 설명에도 마찬가지로 적용된다. 그러나 최대상세화의 요건이 I-S 설명에 대해 함축하는 인식적 상대성은 매우 다른 종류의 것이며 D-N 설명에서 나타난 것과 비슷하지 않다. 왜냐하면 최대상세화의 요건은 전체 증거 K가 설명 진술들에 제공하는 증거적 지지와 관계가 없기 때문이다. 그것은 설명 진술들이 K에 포함될 것을 요구하지도 않고 K가 그것들을 지지하는 증거를 제공할 것을 요구하지도 않는다. 최대상세화의 요건은 오히려 **잠재적인 통계적 설명 개념**이라고 불릴 수 있는 것에 관련된다. 왜냐하면 그것은 설명항에 대해 아무리 많은 증거적 지지가 있다고 하더라도, 만약 피설명항과 관련하여 잠재적 설명력이 K에는 포함되어 있지만 설명항에는 포함되어 있지 않은 통계법칙들과 그리고 경쟁하는 통계적 논증들이 제안되는 것을 허용할 수 있는 통계법칙들에 의해 낮아진다면, 어떤 I-S 설명은 수용불가능하다고 규정하기 때문이다. 우리가 보았듯이 이러한 위험은 연역적 설명에서는 결코 발생하지 않는다. 그러므로 연역적 설명들은 그러한 제한적 조건을 필요로 하지 않으며, (잘 입증된 설명항을 갖는 연역적 설명과 대비되는 것으로서) 잠재적인 연역적 설명 개념에서는 K와 관련된 상대화가 필요하지 않다.

결과적으로 우리는 참인 D-N 설명과 D-S 설명을 의미 있게 말할 수 있게 되었다. 그 설명들은, 전제와 결론이 참이라고 알려졌는지의 여부와 관계없이 참이고 따라서 그 전제들이 K에 포함되어 있는지의 여부와 관계없이 참인, 잠재적 D-N 설명과 D-S 설명이다. 그러나 이러한 생각은 I-S 설명의 경우에는 중요성을 갖지 못하는데 그 이유는 앞에서 보았듯이 잠재적인 통계적 설명 개념의 경우 K와 관련된 상대화가 필요하기 때문이다.

3.4.3 이산상태 체계와 설명적 애매성

레셔는 명료하고 교육적으로 유익한 논문에서[22] 자신이 이산상태 체계(*discrete state system*)라고 부른 특별한 종류의 물리적 체계는 연역적 설명과 확률적 설명에 대한 훌륭한 실례를 제공한다는 점과 우리는 그러한 체계에 대한 자세한 조사를 통하여 그러한 절차의 논리적 구조, 범위, 상호관계에 대해 많은 것을 알 수 있다는 점을 보여주었다. 나는 그러한 체계에 대한 연구는 또한 설명적 애매성의 문제에 직면한다는 점과 여기서 제안된 해결책을 지지해 준다는 점을 보일 것이다.

레셔에 따르면 **이산상태 체계** 또는 줄여서 *DS* 체계는 어떤 순간에 여러 가능한 상태들 S_1, S_2, ··· 중 하나에 있으며, 개개의 상태의 발생은 매우 짧지만 유한한 시간을 점유하는 물리적 체계이다. 이 글의 목적상 *DS* 체계의 가능한 상태들의 수는 유한한 것으로 간주한다. *DS* 체계에서 나타나는 상태들의 연속은 법칙들의 집합에 의해 규정되며, 각각의 법칙은 결정론적이거나 확률적(통계적)이다. 결정론적 법칙은 "상태 S_i 다음에는 항상 상태 S_j 가 곧바로 뒤따른다"는 형식을 취한다. 확률적 법칙은 "상태 S_i (의 발생) 다음에 곧바로 상태 S_j (의 발생)가 뒤따르게 될 확률은 r_{ij} 이다"는 형식을 취한다. 이러한 종류의 *DS* 체계는 모든 전이확률 r_{ij} 의 행렬에 의해서 규정될 수 있다.

DS 체계의 다양한 물리적 예들이 존재한다. 레셔는 그 중에서 전자계산 컴퓨터, 연속적인 붕괴상태에 있는 방사능 원소의 원자, 적절하게 도식화된 진술양상이 주어질 경우에 브라운 운동을 하는 입자를 언급했다. 갈톤 보드(*Galton Board*)* 에서 굴러 내려오는 공은 *DS* 체계의

---

22) Rescher(1963).

*   갈톤 보드는 통계적 이항분포를 실험할 수 있는 기구로서 'Quincunx' 또는 'Bean machine'으로도 불린다. 보드 자체는 위로 경사지게 놓여 있고, 그 위

또 다른 예이다.[23] 주어진 시점에서 그 공의 상태는 갈톤 보드의 판을 정중앙으로부터 그것을 수평으로 분리하는 핀들의 수에 의해서 표현된다.

레셔는 (DS 체계의 순간 상태에 대한) 잠재적인 확률적 설명을 "시간 간격 t에서 체계 상태는 S_i이다, 또는 줄여서 "$st(t) = S_i$"라는 형식의 결론을 갖고, 체계를 규제하는 법칙들과 다른 시간 간격들 t_1, t_2, ⋯, t_n(그 모두는 t와 다르다) 동안에 체계에 의해 나타나는 상태들을 규정하는 진술들의 집합을 전제로 갖는 논증으로 정의했다.[24] 그 논증은 "$st(t) = S_i$가 (조건적으로) **그렇지 않은 경우보다 더 그럴듯하다**는 ⋯ 강한 의미에서 확률적이거나 또는 $st(t) = S_i$가 $i \neq j$인 모든 경우에 (조건적으로) $st(t) = S_j$보다 더 그럴듯하다는 ⋯ 약한 의미에서 확률적이다."[25] 마지막으로 "잠재적으로 설명적인 논증은, 그 전제들이 실제적으로나 확률적으로 참인 경우에, (실제적) **설명**이 된다."[26]

이렇게 이해된 확률적 설명이 애매성 문제에 직면한다는 점을 보기

에 1개, 2개, 3개, ⋯ 등의 못들이 한 줄씩 박혀 있다. 갈톤 보드의 윗부분에서 공을 굴리면 그 공이 개개의 못에 부딪혀 오른쪽 또는 왼쪽으로 굴러가게 될 확률은 1/2이다.

[23] 이 과정에 대한 논의는 다음 참조. Mises(1939), pp. 237~240.

[24] 레셔는 잠재적 설명에 대해 시점 t_1, t_2, ⋯, t_n은 반드시 t보다 앞서야 한다는 것을 요구하지 않았다. 레셔는 잠재적 예측에 대해서는 이 점을 요구했는데, 이 점만 빼면 잠재적 예측과 잠재적 설명은 같은 방식으로 규정된다. 그 결과, 모든 잠재적 예측은 잠재적 설명이다. 하지만 그 역은 성립하지 않는다. 이런 해석을 하는 레셔의 근거에 대해서는 3.5절에서 검토할 것이다.

[25] Rescher(1963), p. 330. 강조는 원저자에 의함. 여기서 제시한 조건부 가능도라는 개념은 더 이상 명료화되지 않는다. 그러나 그것은 분명히 설명적 논증의 결론이 전제에 상대적으로, 혹은 전제를 조건으로 해서 갖는 가능도를 나타내려 한 것이다. 이 경우 가능도는 논리적 확률의 일반적 특징을 갖게 될 것이다. 그리고 레셔는 도식 (3h)이 반영한 개념에 따라 가능도를 다루고 있는데, 도식 (3h)에서 문제의 '가능도'는 전제와 결론을 분리하는 이중선 옆의 꺾쇠괄호 〔 〕안에 제시되었다.

[26] Rescher(1963), p. 329. 강조는 원저자에 의함.

위해 세 가지 상태 S_1, S_2, S_3와 다음의 도식에서 규정된 것과 같은 전이 확률을 갖는 DS 체계를 고려해 보자.

	S_1	S_2	S_3
S_1	0	0.99	0.01
S_2	0	0	1
S_3	1	0	0

위 표는 S_1 다음에 S_1이 곧바로 뒤따를 확률은 0이고, S_2가 곧바로 뒤따를 확률은 0.99이며, S_3가 곧바로 뒤따를 확률은 0.01이라는 점 등을 표시한다.

위의 표 대신 DS 체계는 레셔가 말한 전이 도표(*transition-diagram*)에 의해 규정될 수도 있다. 전이 도표는 다음과 같은 형식을 갖는다.

위의 도표에서 쉽게 알 수 있듯이 전이법칙은 다음의 두 가지 파생법칙을 함축한다.

(L_1) S_1의 두 구간 계승자가 S_3가 될 확률은 $0.99 \times 1 = 0.99$이다.

(L_2) S_3의 즉각적 계승자가 다시 S_3가 될 확률은 0이다.

이제 두 가지 특정한 연속적인 시간간격 t_1과 t_2에서 우리가 고려하는 체계가 각각 상태 S_1과 S_3을 나타낸다고 가정하자. 즉 다음의 진술이 참이라고 가정하자.

  (C_1) $st(t_1) = S_1$
  (C_2) $st(t_2) = S_3$

  이 경우 L_1은 C_1과 합쳐져 확률논증의 전제가 된다. 그 논증은 t_2를 즉각적으로 뒤따르는 t_3에서 체계가 상태 S_3에 있다는 결론, 즉 $st(t_3) = S_3$라는 결론에 '가능도' 0.99를 부여한다. 그러나 L_2도 C_2와 합쳐져 마찬가지로 $st(t_3) \neq S_3$라는 결론에 가능도 1을 부여한다. 우리의 가정에 따르면, 이러한 상충하는 논증에서 나오는 전제들은 참이다. 그러므로 그 논증들의 설명적 전제들이 모두 참이므로 그 논증들은 레셔의 의미에서 t_3 동안에 S_3의 발생과 미발생에 대한 강한 확률적 설명을 구성한다. 따라서 우리는 앞에서 제시된 두 가지 의미 중 첫 번째 의미의 설명적 애매성을 보게 된다. 두 번째의 인식적 의미에서의 애매성도 발생한다는 것은, 우리의 가정에 따르면 언급된 모든 전제들은 물론 그 당시에 수용된 진술들의 집합 K에 속한다는 점을 고려할 때 분명해진다. [27]

  이러한 바람직하지 못한 결과를 배제하기 위해, 확률적 설명과 예측에 대한 레셔의 정의는 적절한 요건을 추가하여 보완되어야 한다. 위의 예에서 두 가지 상충하는 논증들 중 첫 번째 논증은 분명히 어떤 적합한 정보를 무시했다는 이유로 거부되어야 한다. 이것은 정확히 최대상세화의 요건에 따른 결과이다. 왜냐하면 우리의 예에서 집합 K는 C_1, C_2, L_1, L_2에 의해 전달되는 정보는 포함하고 있지만, 경험적 근거에서 문장 "$st(t_3) = S_3$"에 확률을 부여할 수 있는 특정 정보는 전혀 포

---

27) 동일한 애매성 때문에 이 논증들을 예측적으로 사용하는 것은 위험하다. 비록 두 논증 모두 채택된(그리고 사실 참인) 전제들에 기초하고 있음에도 불구하고 그 둘은 t_3에서의 체계의 상태에 대해 모순된 예측을 낳는다.

함하지 않는다고 가정할 수도 있기 때문이다. 두 가지 확률적 논증 중 첫 번째는, 비록 K가 t_1에서 S_1이 발생한 이후에 즉각적으로 S_2가 발생한다는 점과 S_2가 뒤따라서 발생하는 S_1에 대해 두 구간 계승자로서의 S_3가 뒤따를 확률이 0이라는 점을 알려 주지만(왜냐하면 L_2는 S_2의 계승자가 무엇이 되든 간에 S_2의 발생 이후에 S_3의 발생이 뒤따르게 될 확률은 0이라는 점을 알려 주기 때문이다), t_1에서 체계의 상태가 S_1에 있다는 점만을 고려하기 때문에 최대상세화의 요건을 위반한다. 그러므로 최대상세화의 요건에 따르면 두 가지 경쟁하는 논증들 중 오직 두 번째 것만 수용할 수 있다.

3.5 통계적 설명의 예측적 측면

특정한 사건에 대한 귀납-통계적 설명도 연역-법칙적 설명처럼 그 사건에 대한 잠정적 예측이 될 수 있을까?

만약 문제의 사건을 서술하는 진술이 이미 수용된 진술들의 집합 K에 포함되어 있다면, 그 사건을 예측하는 문제는 K에 의해 표현되는 지식상황에서는 발생하지 않을 것이다. 따라서 우리의 문제를 다음과 같은 형식으로 표현해 보자. 유형 (3o)의 논증은 K에 상대적으로 최대상세화의 요건을 충족하며 그 설명항은 K에 의해서 잘 입증된다고 가정하자. 그러한 경우에 그 논증은 K가 규정하는 지식상황에서 예측적 논증으로 수용될 수 있는가? 물론 이 질문에 대한 대답은 통계적 논증이 주어진 지식상황에서 예측적 목적상 수용가능하려면 어떤 조건을 만족시켜야 한다고 보느냐에 달려 있을 것이다. 간단히 그 문제를 살펴보자.

합리성이 요구하는 바에 따르면, 분명히 우리는 미래의 사건에 관한 기대를 형성하는 데 있어서 그 시점에서 이용가능한 모든 적합한 정보를 고려해야 한다. 이는 전체 증거의 요건이 요구하는 바이다. 어떻게 이러한 요건을 더 상세히 해석할 수 있을까? 만약 논리적 확률이나 귀납적 확률에 대한 일반적 정의와 그것들에 관한 이론이 이용가능하다면 그 조건은 다음과 같을 것이다. 전제에 나와 있는 것들만을 고려했을 때 그것들이 예측적 논증의 결론에 부여하는 확률은 전체 증거 K에 의해 결론에 부여된 확률과 동일해야 한다. 그러한 경우에 우리는 전체 증거 가운데 나머지 것들은 무시해도 된다. 왜냐하면 나머지 것들을 전제에 추가하더라도 결론의 확률은 바뀌지 않을 것이기 때문이다. 현재로서는 우리가 마땅히 고려해야 할 모든 종류의 귀납적 논증에 다 적용될 수 있을 만큼 포괄적인 귀납적 확률에 대한 정의나 이론은 없다. 가령 카르납의 접근법을 일반화하여 그러한 정의를 구성할 수 있다 하더라도, 전제들은 K에 의해 잘 지지되고 최대상세화의 요건을 충족하는 통계적 논증이지만 그것이 우리가 고려 중인 엄밀한 양적 형식을 갖는 전체 증거의 요건은 제대로 충족하지 못할 수도 있기 때문이다. 예를 들어 K가 (3o) 의 전제들과 진술 'Hd'로 구성되어 있는 경우 직관적으로 'Hd'는 전적으로 결론 'Gb'와는 관련이 없지만, 여기서 가정된 의미에서 K에 상대적인 'Gb'의 논리적 확률은 (3o) 의 전제들에만 준거한 'Gb'의 논리적 확률 r과 차이가 날 수 있다. 또는 이와는 다르게 K가 진술, '$p(G, F) = 0.9$', '$p(G, H) = 1$' '$p(G, F \cdot H) = 0.85$', 'Fb', 'Hb'로 구성되어 있다고 가정하자. 이 경우 이러한 진술들 중 나중 세 가지를 전제로 하고 'Gb'를 결론으로 하는 통계적 논증은 K에 상대적으로 최대상세화의 요건을 충족한다. 그러나 K에 상대적인 'Gb'의 논리적 확률은 그 세 가지 전제진술들의 집합에 상대적인 'Gb'의 논리적 확률 0.85와 다를 것이다.

하지만 논리적 확률에 대한 적절한 일반적 정의가 없기 때문에, 지금까지 논의한 예측적 논증은 실로 K에 의해 표현된 지식상황에서 합리적으로 수용가능한 것으로 간주될 것이다. $F \cdot H$에서 G의 확률을 상세히 진술하는 통계법칙은 F와 H 각각에 상대적인 G의 확률을 상세히 진술하는 법칙들보다 더 정확한 것으로 생각될 것이다. 마찬가지로 전

제들이 잘 지지되고 최대상세화의 요건을 충족하는 논증은 결론에 의
해 진술된 사건에 관한 기댓값을 매기는 합리적 방식으로 간주될 것이
다. 일반적으로 과학에서 확률적 법칙에 근거를 둔 예측적 논증들은
최대상세화의 요건과 전제들에 대한 적합한 입증의 요건의 규제를 받
는 것으로 보인다. 그렇다면 그와 같은 정도로 K에 상대적으로 수용
가능한 통계적 설명을 구성하는 논증도 역시 K에 상대적으로 수용가
능한 잠재적 예측을 구성한다.

핸슨은 과학에서의 설명적 논증과 예측적 논증들 사이의 관계에 대해
흥미로운 견해를 제시했다. [28] 이를 기회로 나는 바로 앞에서 요약된 일
반적 입장을 확장하고 그것을 지지하는 논증을 제시하기로 하겠다.

핸슨에 따르면, 적합한 설명은 또한 잠재적 예측도 제공한다는 견해
는 결정론적 성격을 지닌 뉴턴 고전역학에 의해 가능한 설명과 예측의
특징을 보여주기는 하지만 근본적으로 비결정론적인 양자이론의 경우
에는 매우 부적절하다. 핸슨은 더 상세히 양자이론의 법칙들은, 방사
능 물질에 의한 베타입자의 방출과 같은, 개별적 양자현상 P에 대한
예측을 허용하지 않지만 "P는 완전히 사후에 **설명가능하다**. 우리는 …
양자이론의 잘 확립된 법칙들에 의해 어떤 종류의 사건이 발생했던가
를 완전히 이해할 수 있다. 이러한 법칙들은 '단일 미시적 사건을 설명
함'을 **의미한다**"고 주장했다. [29]

완전히 통계적인 성격을 띠기 때문에 방사능 붕괴 법칙을 이용해서
는 붕괴하는 원자들에 의한 베타입자의 방출과 같은 사건들을 각각의
발생에 대해 연역-법칙적이 아니라 오직 확률적으로만 예측할 수 있다
는 것은 물론 사실이다. 그러나 똑같은 이유로 우리는 그러한 법칙들
을 이용하여 특정한 방출 P에 대해서 '완전한' '사후' 설명이 아니라,

핸슨이 지적했듯이, 오직 확률적 설명만을 제시할 수 있다. 왜냐하면 '사후'라는 구절이 암시하듯이 P가 발생했다는 정보가 설명항에 포함되어 있다면 논증은 설명력이 없이 순환적일 것이기 때문이다. 핸슨은 확실히 그 점을 주장하지 않았다. 만약 설명항이 방사능 붕괴에 대한 통계법칙들 이외에 오직 선행하는 조건들만을 포함한다면, 기껏해야 우리는 P의 발생이 매우 그럴듯하다는 점만을 보일 수 있을 뿐이다. 이것은 P에 대한 확률적 예측, 즉 귀납-통계적 예측과 동일한 형식을 갖는 귀납-통계적 설명만을 제공한다. 30)

핸슨은 자신의 논증에서 또 다른 점을 주장했다. 즉 "모든 예측은 추론적으로 훌륭하려면 그에 대응하는 후측(postdiction)을 지녀야 한다"는 것이다. 31) 핸슨이 말하는 후측이라는 용어는 '단순히 예측의 논리적 역행'(simply the logical reversal of a prediction)을 의미했다. 예측은 "초기조건으로부터 경계조건을 거쳐서 미래의 사건 x에 대한 진술로 나아간다". 후측은 "현재의 사건 x에 대한 진술로부터 경계조건을 거쳐서 이미 **알려진** 초기조건에 대해 역으로 추론하는" 것이다. 32) 그러나 핸슨의 논제는 다음의 반례에 의해 나타나듯이 정확하지 못하다. 세 가지 가능한 상태 S_1, S_2, S_3가 다음의 법칙들에 의해 연결된 이산 상태 체계를 고려해 보자. 즉 S_2뿐만 아니라 S_1 이후에 항상 S_3가 뒤따른다. S_3 이후에 S_1이 뒤따를 확률은 0.5이고, S_3 이후에 S_2가 뒤따를 확률은 0.5이다. 이 경우에 대응하는 전이 도표는 다음과 같다.

---

30) 유사한 비평을 위해선 다음 참조. Hanson(1963). 그리고 비판적 답변을 위해선 파이어아벤트(Feyerabend, 1964) 참조.

31) Hanson(1963), p. 193을 보고, p. 40을 참조하라. 핸슨은 "이것은 헴펠 논제의 일부이며, 필연적으로 건전하다"고 말했다(Ibid.). 실제로 나는 이 논제를 **반박하는** 논변을 제시했었다. 이 논제는 결정론적 이론에 근거한 예측에 대해서는 참이지만, 일반적인 경우에는 참이 아니다. Hempel(1962), pp. 114~115를 볼 것.

32) Hanson(1963), p. 193, 강조는 원저자에 의함.

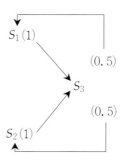

여기서 시간간격 t_5에서 체계가 S_2에 있다는 정보는 연역-법칙적 예측, 즉 t_6 동안에 그 체계는 S_3에 있을 것이라는 '추론적으로 훌륭한' 예측을 허용한다. 그러나 후자의 정보로부터 전자로 나아갈 수 있는 그에 대응하는 어떠한 후측도 가능하지 않다.[33]

결론적으로, 나는 레셔가 설명과 예측 사이의 관계에 대해 제안한 논증을 검토하고자 한다. 그 논증의 요지는 3. 4절에서 검토된 이산상태 체계에 대한 레셔의 연구를 이용하여 간단히 진술될 수 있다. 레셔의 정의에서 시간간격 t 에서 체계의 상태를 설명하는 논증은 설명항에서 t 보다 빠르거나 늦은 또 다른 시점에서의 그 체계의 상태를 언급할 수 있다. 반면에 t 에서 체계를 예측하는 논증에서는 단지 선행하는 상태들만이 언급되어야 한다. 이러한 규정의 결과로서 "예측이 … 제시될 경우에는 당연히 설명은 제시된다". 그러나 그 역은 성립하지 않는다. "왜냐하면 예측에 대한 우리의 정의적 조건은 … 실제로 설명에 대한 조건에 시간적 특성을 갖는 추가된 제한을 두기 때문이다."[34]

레셔는 예측에 대해 그러한 추가적 요건을 부과하는 것을 지지하면

---

33) 이 점에 대해서는 다음 참조. Grünbaum(1963), p. 76. 그륀바움의 논문은 설명과 예측의 구조적 동일성에 대해 상세한 논의를 제시하고, 그 생각에 대한 다양한 비판을 검토한다.

34) Rescher(1963), p. 329.

서 결과적으로 다음과 같이 주장한다. t에서 체계의 상태를 예측하는 논증의 전제들은 더 나중 시간간격 t_1 동안에 체계의 상태를 규정하는 진술을 포함한다고 가정해 보자. 그렇다면 그 논증은 예측적이므로 t는 '현재' t_N보다 이후이고, 그러므로 t_1도 그렇다. 이제 두 가지 가능성이 있다. 즉 (i) t_1과 관련된 전제는 그 자체로 법칙에 의해서 체계의 과거 상태들로부터 추론될 수 있다. 그 경우 우리는 법칙들의 도움으로 전적으로 과거 상태로부터 t에서의 상태를 추론하는 논증에 의해서 주어진 예측적 논증을 분명히 대체할 수 있다. 이러한 결과 제한적 요건은 충족되었다. (ii) t_1에 대한 설명적 전제는 과거 상태들에 대한 진술들로부터 추론될 수 없다. 그 경우 "우리는 실질적으로 전혀 적절한 예측을 갖지 못한다. 왜냐하면 우리는 '예측적' 논증의 근거를 이용가능한 정보에 의해 정당화될 수 없는 전제에 두기 때문이다".[35]

그러나 정당한 증거에 대한 언급이 의미하듯이 이러한 고려는 설명적 논증이 잠재적으로 예측적 논증이라는 논제, 즉 만약 t 이전에 설명항을 구성하는 진술들이 형식화되고 전제로서 사용된다면 설명적 논증은 t에서의 체계의 상태에 관한 예측적 문장을 도출하는 데 이용될 수 있다는 논제에 어떠한 영향도 미치지 못한다. 우리는 확실히 보통 사건이 발생한 이후에만, 즉 t 이후에만 주어진 상태에 대한 설명을 요구한다.[36] 그 논증이 지적하듯이 그 경우에 우리는 t 이전이라면 이용불가능했던 증거에 의해 중요한 전제를 지지할 수 있다. 그러나 그러한 전제에 대한 경험적 지지는 설명적 논증과 예측적 논증 사이의 구조적 관계에 대해 어떤 영향도 미치지 못한다. 내 생각으로는 그 점

---

[35] Rescher(1963), p. 333. 강조는 원저자에 의함.

[36] 실로 유추하자면 레셔는 우리의 사례에서 고려하고 있는 논증 역시 적절한 설명이 아니라고 말해야 할 것이다. 그 논증의 전제 중 하나는 t_1을 지시하는데 만약 그 논증이 (t 이후라도) t_1 이전에 제시되었다면 그 논증은 확보 가능한 증거에 의해 정당화되지 않는 전제에 의존하게 되기 때문이다.

에 근거한 고려들은 예측적 추론에 제한적인 형식적 조건을 부과할 만한 좋은 근거가 되지 못한다.

2. 4절에서 논의되었듯이 우리는 가장 완벽한 과학적 예측의 경우에도 보통은 과거에 대한 정보로부터 법칙에 의해 추리될 수 없는 미래에 대한 진술들을 이용한다는 점을 기억해야 한다. 따라서 한 달 전의 행성들의 위치와 운동량에 관한 필수적인 데이터에 근거하여 주어진 시점에서 행성들의 위치에 대한 예측을 하기 위해서는 그 체계에 대한 어떤 외적 간섭도 없다는 것을 의미하는 중간 시간간격 동안의 경계조건들에 관한 가정이 필요하다. 비록 이러한 가정이 다른 특정 사실들로부터 법칙에 의해 추리될 수 없을지라도, 그러한 경계조건들을 전제하는 논증들이 그 때문에 적절한 예측을 결코 제공하지 못하는 것으로 간주되는 것은 결코 아니다.

마지막으로 우리는 쉐플러와 같은 입장에서 때때로 미래의 사건을 설명한다는 말을 할 수 있으며, 실로 어떤 경우에는 하나의 동일한 논증이 어떤 사건을 예측한다고 볼 수도 있고 그것을 설명한다고 볼 수도 있다는 점을 주목해 두자. 가령 "왜 태양이 내일 뜨는가?"라는 물음에 대해 적절한 천문학적 정보를 들어 대답할 때가 바로 그런 예이다.[37] 이러한 이유에서도 설명적 논증과 예측적 논증에 대해 각기 다른 형식적 요건을 부여하는 것은 현명하지 못한 것 같다.

3.6 귀납-통계적 설명의 비연언성

귀납-통계적 설명은 지금까지 검토되지 않은 또 다른 중요한 측면에서 그것의 연역적 대응물과 차이가 난다. 주어진 설명항이 연역적으로 여러 가지 피설명항을 설명할 때 그것은 또한 그것들의 연언도 연역적

---

37) Scheffler(1957), p. 300.

으로 설명한다. 그러나 I-S 설명의 경우에는 이에 대응하는 사실이 성립하지 않는다. 왜냐하면 여러 가지 피설명항 각각에 대해서는 높은 확률을 부여하지만, 여러 피설명항의 연언에 대해서는 매우 낮은 확률을 부여하는 설명항도 있을 수 있기 때문이다. 이러한 의미로 I-S 설명은 연역적 설명과 대조적으로 비(非)연언적이다(*non-conjunctive*).

예를 들어 정상인 동전을 연속적으로 10회 던지는 임의실험 F를 생각해 보자. 이러한 실험의 각각의 시행은 결과로서 앞면이나 뒷면인 10가지의 개별 결과로서 구성된 총 $2^{10} = 1024$가지의 다른 가능한 수열 중 한 가지를 산출할 것이다. O_1, O_2, $\cdots$, O_{1024}가 그렇게 구성된 다른 종류의 결과들이라고 하자. 이러한 종류의 실험에 대한 표준적인 통계적 가설(S)에 따르면 동전을 던져서 앞면이 나올 확률은 $1/2$이고 다른 던지기의 결과들은 통계적으로 상호 독립적이다. 그러므로 연역적으로 F를 시행한 결과로서, 상이한 가능한 결과들 중 어떠한 하나의 결과에 대해서도, O_k를 얻을 통계적 확률은 $p(O_k, F) = 1/1024$이고, O_k가 아닌 결과를 얻을 확률은 $p(\text{-}O_k, F) = 1 - 1/1024 = 1023/1024$이다.

이제 F의 특정한 시행 f가 결과로 O_{500}을 산출했다고, 즉 $O_{500}(f)$을 가정해 보자. 이 결과는 f가 다음의 가능한 결과들 중 어떤 것도 산출하지 않았다고 표현함으로써 진술될 수도 있다.

$$\text{-}O_1(f) \cdot \text{-}O_2(f) \cdot \cdots \ \text{-}O_{499}(f) \cdot \text{-}O_{501}(f) \cdot \cdots \ \text{-}O_{1024}(f)$$

통계적 가설 S는 f가 F의 특정한 시행이었다, 즉 $F(f)$라는 정보와 더불어 상호 연결된 각각의 1023가지의 문장들(에 의해 진술된 사실들)에 대해 높은 연합확률(*associated probability*)을 갖는 I-S 설명을 제공한다.

$$p(-O_k, F) = 1023/1024$$
$$F(f)$$
$$============ [1023/1024]$$
$$-O_k(f)$$

　이러한 설명에서 최대상세화의 요건은 충족되었다. 왜냐하면 그 환경들에서 이용가능한 특정한 실험 f에 대한 또 다른 정보에 대하여, S는 그 정보가 O_k의 확률에 영향을 미치지 않는다는 것을 함축한다고 생각할 수 있기 때문이다. 그러나 비록 S가 $F(f)$라는 정보와 더불어 방금 제시된 1023가지의 상호 연합된 각각의 진술에 대해서는 높은 확률을 부여하지만 그것은 진술 "$O_{500}(f)$"과 같은 그것들의 연언에 대해서는 1/1024라는 매우 낮은 확률을 부여한다.

$$p(O_{500}, F) = 1/1024$$
$$F(f)$$
$$============ [1/1024]$$
$$O_{500}(f)$$

　따라서 S는 "$F(f)$"와 더불어 위에서 인용된 1023가지의 문장들(에 의해 진술된 사실들) 중 어느 것에 대해서도 높은 연합확률을 갖는 I-S 설명을 제공하지만 그것은 연언(에 의해 진술된 사실들)에 대해서는 그렇지 못하다.[38]

　I-S 설명의 이러한 비연언성은 하나의 동일한 문장들의 집합이 각각의 n개의 다른 진술들을 높은 확률로 입증할 수 있지만 그것들의 연언의 부정도 동일하게 높은 확률로 입증한다는 사실로부터 연유한다. 이

---

[38] 또 다른 예시에 대해서는 다음 참조. Hempel(1962), p. 165.

러한 사실은 확률에 대한 일반 곱 정리에 근원을 두고 있는데, 그 정리는 두 항목(즉 관련된 통계적 또는 논리적 확률에 따라서 특징이나 문장)의 연언의 확률은 일반적으로 단독으로 취해진 개별 항목의 확률보다 낮다는 것을 함축한다. 그러므로 일단 특정한 현상에 대한 통계적 설명에서 설명항과 피설명항의 연결이 귀납적으로 간주되면, 비연언성은 귀납논증의 피할 수 없는 측면으로 나타나고, 그 결과 I-S 설명을 그것의 연역적 대응물과 구분해 주는 근본적인 특징 중의 하나가 된다.

4. 해명 모형으로서의 포괄법칙적 설명이라는 개념

4.1 모형의 일반적 특징과 함의

우리는 지금까지 세 가지 유형의 과학적 설명, 즉 연역-법칙적, 귀납-통계적, 연역-통계적 설명을 구별했다. 그 세 가지 중 첫 번째 모형은 종종 설명에 대한 포괄법칙 모형 또는 연역적 모형이라고 불린다. 그러나 다른 두 가지 유형도 역시 포괄법칙을 언급하고, 그 중 한 가지도 연역적이기 때문에 우리는 첫 번째를 더 자세히 **설명에 대한 연역-법칙적 모형**이라고 부르고 나머지를 **귀납-통계적 모형**과 **연역-통계적 모형**이라고 부를 것이다.

앞에서의 논의에서 분명해졌듯이, 이러한 모형들은 연구 중인 과학자들이 어떻게 실제로 그들의 설명을 형식화하는가를 진술하려고 하는 것이 아니다. 오히려 그 모형들의 목적은 정확한 용어로 설명을 추구하는 '왜 질문'에 경험과학이 대답하는 다양한 방식들의 논리적 구조와 그 근거를 밝히는 데 있다. 그러므로 모형을 구성한다는 것은 어느 정도의 추상화와 논리적 도식화를 포함하게 마련이다.

이러한 점에서 우리의 설명 개념들은 메타수학에서 말하는 (주어진 수학이론 내에서) 수학적 증명의 개념과 비슷하다. 이들이 지닌 핵심적인 유사성을 살펴보기로 하자.

어느 경우든 모형은 일정한 '피해명' 용어, 즉 한 경우에는 '증명'이란 용어이고 다른 경우에는 '설명'이라는 용어의 용법과 기능을 설명하기 위한 것이다. 그러나 모형은 선택적이다. 즉 그것은 그 용어들의 모든 일상적 용법을 해명하고자 하는 것이 아니라 그 가운데 특수한 어떤 용법만을 해명하고자 한다. 따라서 메타수학의 증명이론은 수학에 나오는 증명 개념에만 관심을 둔다. 증명이론을 제안한다고 해서 증명이나 증명하기를 언급하는 다른 맥락들이 존재한다는 것을 부인하는 것도 아니고 메타수학적 개념이 그러한 맥락들에 적합하다고 주장하는 것도 아니다.

마찬가지로 과학적 설명에 대한 포괄법칙 모형을 제안한다고 해서 설명이라고 할 수 있는 다른 맥락이 있다는 것을 부인하는 것도 아니며, '설명하다'라는 단어에 대응하는 용법이 제시된 모형들 중 어느 것에 들어맞는다고 주장하는 것도 아니다. 분명히 그러한 모형들은, 우리가 어떤 경기규칙을 설명할 때, 쐐기문자나 복잡한 법조문 또는 상징주의 시 구절의 의미를 설명할 때, 빵을 어떻게 굽는지를 설명할 때, 라디오를 어떻게 수리하는지를 설명할 때와 같은 '설명하다'의 다양한 의미를 모두 반영해 내고자 하는 것이 아니다. 과학적 설명이라는 개념을 해명한다는 것은 옥스퍼드 영어사전에 '설명하다' 항목을 작성하는 것과 같지 않다. 그러므로 어떤 비판자가 그랬듯이 연역-법칙적 모형이 하노버 왕가의 계승규칙을[1] 설명하고 이해하는 데 잘 들어맞지 않는다는 이유로 그 모형에 대해 아쉬움을 표명하는 것은 그 모형의 의도를 간과하지 못한 것이다. 또한 연역-법칙적 모형은 설명이 '기술적 언어'에서 형식화된다는 것을 전제하지만, 예를 들어 우리가

---

1) Scriven (1959), p. 452.

자동차 정비사에게 차에 무슨 문제가 있는지를 설명할 때처럼, 언어를 사용하지 않고도 설명을 할 수 있는 경우가 분명히 존재한다고 지적하는 것도 역시 매우 부적절한 비판이다.[2] 이것은 마치 증명에 대한 메타수학적 정의가 "푸딩은 먹어 보아야 진가를 알 수 있다"(*the proof of the pudding is in the eating*)나 '86도 스카치위스키'(*86 proof Scotch*)라는 표현에서 나타나는 '증명'(*proof*)이라는 단어의 용법과 잘 들어맞지 않는다는 이유로 그 정의를 반대하는 것과 같다. 자동차 정비사에게 자동차에 어떤 문제가 있는가를 보여주기 위한 말없는 몸짓은 우리 모형의 어떤 것에 따르더라도 과학적 설명으로 분류되지는 않는다. 만약 그러한 경우를 설명으로 인정하면 그로 인하여 과학적 설명에 대한 이해가 매우 부적절하다는 점이 드러나기 때문에 그것은 마땅히 설명으로 분류되지 않아야 한다.

스크라이븐은 단어 '설명하다'의 모든 서로 다른 용법이 설명에 관한 하나의 적절한 분석에 의해 포괄되어야 한다는 생각을 지지하면서 그것들은 모두 동일한 '논리적 기능'을 갖는다고 주장한다. 스크라이븐은 그 기능에 대해 다음과 같이 지적한다. "설명을 요구한다는 것은 **어떤 것**이 이해되어야 한다는 점을 전제한다. 완벽한 대답은 탐구의 대상을 이해가능한 적절한 방식으로 이해영역에 연관 짓는 것이다. 이러한 방식이 무엇인지는 관심문제에 따라서 달라진다. … 그러나 설명의 **논리적 기능**은 개개의 분야에서 동일하다."[3] 그러나 여기서 인용된 부분의 시작부분에 나오는 말은 많은 종류의 설명에 잘 적용될 수도 있지만, 그것이나 스크라이븐이 하고 있는 다른 주장은 모두 설명의 **논리적 측**

---

2) Scriven(1962), p. 192. 그런 반론이 무관하다는 것은 브로드벡(Brodbeck, 1962, p. 240)도 강조했다. 이 주제와 "역사적 설명에 대한 논쟁"의 다른 측면에 대한 몇몇 통찰력 있고 좋은 비평은 바인가르트너의 논문(Weingartner, 1961)에서 발견할 수 있다.

3) Scriven(1962), p. 202. 강조는 원저자에 의함.

면이라고 불릴 수 있는 것과는 아무런 관련이 없다. 실로 '이해영역'이 나 '이해가능한'과 같은 표현은 논리학의 어휘에 속하지 않는다. 왜냐 하면 그것들은 설명의 심리적 측면이나 화용론적 측면을 가리키기 때 문이다. 우리는 다음 절에서 이러한 측면들을 고려할 것이고, 설명의 논리학보다는 화용론에 대한 생각으로 이해될 때 스크라이븐이 제시한 것과 같은 특징은 매우 적절하다는 점을 보게 될 것이다.

그러나 분명히 스크라이븐이 고려한 설명하기의 다른 방식들이 동 일한 논리적 기능을 갖는다고는 말할 수 없다. 왜냐하면 첫째, 다른 종류의 설명의 주제를 나타내는 데 이용되는 언어적 수단조차도 서로 다른 논리적 특징들을 갖고 있기 때문이다. 예를 들어 설명이 문학적 구절, 기호, 미술작품 등의 '의미'를 드러내는 것이라면 피설명항은 ('연언기호', '창세기의 첫 문장', '나치 십자가'와 같은) **명사구**에 의해 규 정될 것이다. 반면에 우리가 고려하고 있는 종류의 설명은 사실, 발생 한 것, 사건, 일양성에 관한 것이다. 그것들은 모두 (우리의 도식에서 피설명 문장으로 나타나는) **문장**에 의해 적절히 규정된다. 둘째, 사건 의 '원인'이나 행위의 이유의 의미를 상술하는 문제는 분명히 서로 다 른 논리적 특징들을 갖는다. 각각의 경우에서 제안된 해결책의 적합성 은 분명히 다른 기준에 의해 판단되어야 한다. 그러한 설명과 다른 종 류의 설명에 의해 수행된 과제들 사이의 차이는 사실상 정확히 그 각 각에 대응하는 설명들의 논리적 구조 사이의 차이이다.

증명과 설명의 해명적 모형이 선택적일 수밖에 없다는 점으로부터 또 다른 일반적 특징으로 우리의 관심을 돌려 보자. 수학적 증명 이론 은 수학자들이 자신의 증명을 어떻게 형식화하는지를 기술해 주는 설 명을 제시하고자 하는 것이 아니다. 실제로 수학자들이 제시하는 형식 화는 일반적으로 엄밀하고, 이를테면 '이상적인' 수학적 기준이 요구하 는 것과는 어느 정도 거리가 있을 것이다. 그러나 우리는 그러한 기준 은 수학적 증명의 논리적 구조와 원리를 나타낼 뿐만 아니라 앞으로 제안될 특정한 증명들에 대한 결정적인 평가를 위한 기준을 제공한다고 말할 수 있다.

　그렇다면 어떤 증명은 주어진 이론적 기준에 별로 크게 어긋난다고 보지 않을 수도 있다. 가령 논증에서 명백하다고 보아 중간 단계를 생략한다거나, 당연한 것으로 간주해 어떤 전제를 굳이 언급하지 않는다거나 혹은 필요할 경우 명시적으로 보충할 수 있는 전제를 굳이 언급하지 않는 경우가 그런 사례일 것이다. 그러한 경우에 우리는 그 증명이 **생략적으로 형식화되었다**고 말할 수 있다. 한편 그런 문제가 중요한 것일 수도 있다. 가령 유클리드 기하학의 다른 공준들에 기초하여 평행선 공준을 다양하게 증명해 보고자 하는 경우가 그렇다.

　비판적 평가를 위한 기준을 제공한다는 점 이외에도, 수학적 증명이라는 개념을 엄밀히 구성하게 됨으로써 특수한 종류의 수학체계에서 증명가능성, 결정가능성, 정의가능성에 대한 광범위하고 종종 전혀 예기치 못한 결과를 가져온 강력한 이론이 발전되게 되었다.

　내가 보기에 과학적 설명에 대한 분석적 모형도, 훨씬 좁은 영역이기는 하지만, 비슷한 역할을 할 수 있다. 예를 들어, 일반적인 체계적 발전의 가능성에 대해 말하자면 과학적 설명의 맥락에서는 관찰불가능한 "이론적" 실재들을 명시적으로 지시하는 원리들의 역할과 그것이 없어도 된다고 하는 램지(Ramsey)와 크레이그(Craig)의 연구에 대해 말할 수 있다.4) 이러한 결과들과 그것들이 과학적 절차의 논리에 전달하는 어떠한 통찰이라도 오직 과학적 설명에 대한 엄밀하게 정식화되고 어느 정도로는 도식적인 개념을 언급함으로써 달성될 수 있다.

---

4) Ramsey(1931), pp. 212~231과 Craig(1956)을 볼 것. 또한 이러한 결과에 대한 논의는 Hempel(1958), 9절을 참조할 것.

4.2 여러 형태의 설명적 불완전성

4.2.1 생략적 형태로 정식화하기

수학적 증명처럼 어떤 설명은 **생략적으로 정식화**될 수 있다. 예를 들어 버터 덩어리를 뜨거운 냄비에 넣었기 때문에 녹았다고 설명하거나 물뿌리개에서 나온 물방울이 햇빛에 반사되고 굴절되었기 때문에 작은 무지개가 생겨났다고 설명하는 경우 그것들은 D-N 설명의 생략 형태라고 말할 수 있다. 이러한 종류의 설명은 암묵적으로 당연하다고 간주되는 어떤 법칙들이나 특정 사실들을 언급하지 않는데, 설명항에 그것들을 분명히 포함하면 완전한 D-N 논증이 된다. 우리는 생략적으로 구성된 설명이 **불완전하다**고 말할 수 있지만 그것은 나쁘지 않은 의미에서 그렇다.

4.2.2 부분적 설명

하지만 설명은 종종 더 심각한 종류의 불완전성을 나타내기도 한다. 여기서 설명항에 실제로 포함된 진술들은, 다음의 예를 통하여 나타나듯이, 주어진 맥락에서 암묵적으로 당연시되어야 한다고 합리적으로 가정될 수 있는 진술들로 보충되더라도 상술된 피설명항을 단지 부분적으로만 설명한다.

프로이트는 자신의 저서 《일상적 삶의 정신병리학》에서 다음과 같이 메모 쓰기의 실수를 묘사하고 설명한다.

나는 사업상의 일상적인 짧은 기록들이 쓰인 한 장의 종이에서 놀랍게도 9월 20일이라는 날짜에 "10월 20일 목요일"이라고 잘못 쓴 메모를 발견했다. 이러한 기대는 소망의 표현이라고 쉽게 설명할 수 있다. 며칠 전에 나는 휴가를 마치고 상쾌한 기분으로 돌아왔고 어떠한 일도 처리할 준비가 되었지만 아직은 환자가 거의 없었다. 휴가를 마치고 도착했을 때 나는 10월 20일에 방문하겠다고 하는 환자의 편지 한 통을 받았다. 9월 20일에 메모를 할 때 나는 분명히 "X는 이미 여기에 왔어야 했어, 아직 꼬박 한 달이 남았다니!"라고 생각했을 것이다. 이렇게 생각하면서 나는 현재의 날짜를 한 달 뒤로 옮겨버렸던 것이다. 5)

분명히 의도된 설명에 대한 이러한 체계화는 조금 전에 말한 의미에서 생략적이다. 왜냐하면 그것은 잠재의식적 소망과 언급된 다른 특정한 환경들이 문제의 실수를 설명하는 데 적용될 수 있도록 해주는 법칙이나 이론적 원리들을 언급하지 않기 때문이다. 그러나 프로이트가 그 실수들을 해석하기 위해 제안했던 이론적 발상들은 다음을 강하게 시사한다. 즉 프로이트의 설명은 어떤 사람이, 아마도 무의식적이겠지만, 강한 소망을 갖고 있을 때 글이나 말이나 기억상의 실수를 했다면 그 실수는 해당 소망을 표현하고, 아마도 그것을 상징적으로 실현하는 형태를 갖는다고 주장하는 하나의 일반가설에 의해 규제된다는 것이다.

이러한 모호한 진술일지라도 프로이트가 기꺼이 주장하려고 했던 것보다는 더 명확하다. 아마도 프로이트의 결정론적 성향에도 불구하고, 그 핵심가설을 통계적 형식을 갖는 것으로 보고 제안된 설명을 확률적으로 간주하는 것이 더 적절할 것이다. 그러나 논증을 위해서 우리는 그 가설을 위에서 진술한 것처럼 받아들이고, 프로이트가 언급한 무의식적 소망을 가졌고 실제로 그는 메모를 작성하면서 실수를 했다는 것을 나타내는 특정한 진술과 더불어 그 가설을 설명항에 포함시키도록 하자. 우리는 그러한 경우에 설명항을 이용하여 그 실수가 프로이트의 무의식적 소망을 표현하고 아마도 그것을 상징적으로 실현하게 될 **이러저러한 형식**을 취할 것이라는 점만을 추론할 수 있다. 그러나 설명항은 그런 실수가 메모용 달력에 9월 20일이 들어갈 자리에 '10월

---

5) Freud(1951), p. 64.

20일 목요일'이라고 적는 특별한 형태를 가질 것이라는 점을 함축하지는 않는다.

그러나 후자의 형식을 갖는 실수들의 집합 F가 어떤 방식으로 상술된 소망을 표현하고 아마도 그것을 상징적으로 실현하는 글에서의 실수들의 집합 W의 진부분집합인 정도로, 우리는 프로이트가 진술한 피설명항, 즉 집합 F에 속하는 실수를 했다는 것은 그 실수를 보다 큰 집합 W에 포함시키는 이러한 설명에 의해 적어도 부분적으로 설명된다고 말해도 될 것이다. 우리는 이러한 종류의 논증을 **부분적 설명**이라 부를 것이다. 정신분석학6)과 역사편찬 분야의 문헌에서 제시되는 설명 중 상당수는 이러한 의미에서 부분적 설명이다. 설명항은 피설명 문장에 의해 규정되는 피설명 현상을 구체적으로 설명하지 못한다. 따라서 논증의 설명력은 그것이 주장하는 것이나 그러한 것처럼 보이는 것에 비해 약하다.

나는 그러한 부분적 설명을, 그것이 아무리 폭넓게 제안되고 수용되더라도 또한 그것이 아무리 효과적이고 시사하는 바가 많다 하더라도, **연역적으로 완전한 설명**, 즉 피설명항이 논리적으로 설명항에 의해 함축되는 설명과 구별하는 것이 중요하고 의미가 있다고 생각한다. 왜냐하면 연역적으로 완전한 설명은 피설명 문장이 기술하는 피설명 현상을 구체적으로 설명하지만 부분적 설명은 그렇지 못하기 때문이다. 7) 그러

---

6) 내 생각에 이 점은 프로이트의 《일상적 삶의 정신병리학》에 나오는 많은, 종종 매우 시사적이고 설명적인 분석의 경우에도 그렇다.

7) 부분적 설명은 분명히 다소 약할 것이다. 그런 설명은 피설명항 문장이 그것에 할당하는 집합(우리의 경우에서는 F)이 설명항이 문제의 경우를 포함시키도록 하는 집합(우리의 사례에서는 W)과 비교했을 때 얼마나 더 광범위한가에 의존한다. 더욱이 부분적 설명 가운데는 분명히 좋은 것도 있고, 완전한 설명이 되려면 어떤 연구를 추가로 해야 하는지를 시사해 주는 것도 있다. 하지만 그런 장점을 전혀 지니고 있지 못한 논증도 있다. 그 점은 그런 논증이 우리가 든 예와 형식적으로는 유사하며, 그래서 부분적 설명이라고 간주될 수 있는 경우에도 여전히 그렇다. 예를 들어 b가 F이면서 G라고

므로 D-N 모형에 들어맞는 설명은 이러한 의미에서 자동적으로 완전하다. 우리가 규정한 부분적 설명은 결코 D-N 설명이 될 수 없다.

통계적 설명에서 설명항은 논리적으로 피설명항을 함축하지 않는다. 그렇다면 우리는 그러한 설명은 모두 불완전하다고 해야 하는가? 드레이는 바로 그 문제를 다음의 질문을 통하여 제기했다. 즉 "특정 사건이 그것을 연역해 줄 수 있는 보편법칙 아래 포섭되지 않으며 이에 따라 그것이 발생해야만 했다는 점을 보이지 않고도 (아마도 다른 의미로) 완전하게 설명될 수 있을까?"[8] 통계적 설명이 연역적으로 불완전하다는 대답은 하나마나한 뻔한 소리이다. '아마도 다른 의미로'라는 말로 드레이가 제안하듯이, 우리는 현재까지 오직 D-N 설명과 관련하여 정의된 설명적 완전성이라는 개념을 합리적으로 확장하여 확률적 설명의 영역에도 적용할 수 있는가라는 문제에 직면한다. 설명적 완전성이라는 개념을 확장하여 모든 통계적 설명을 불완전한 것으로 규정한다면 그것은 현명하지 못한 것 같다. 왜냐하면 그러한 규정은 결점이라는 어감을 동반하기 때문이고, 확실히 통계적 설명을 단순히 실패한 D-N 설명으로 간주할 수는 없기 때문이다. 통계적 설명은 그 나름의 중요한 유형의 설명에 해당한다. 물론 19세기 초반 물리학에서는 다음과 같은 의미에서 통계법칙들과 이론을 설명에 사용하자고 한

가정하자. 그리고 우리는 b가 F라는 것에 대한 D-N설명을 갖고 있다고 하자. 그러면 (어떤 사소한 예외들을 제거한다면) 후자의 설명항은 자동적으로 b가 G라는 것에 대한 부분적 설명의 기초를 제공하게 될 것이다. 왜냐하면 그것은 b가 F라는 것을 함축하고, 따라서 b는 F 또는 G라는 것을 함축하기 때문이다. 그리고 'F 또는 G'에 의해서 규정되는 집합은 G를 진부분집합으로 갖게 된다. 그러나 나는 여기서 부분적 설명이 유익하다고 증명될 수 있을 조건들을 탐구하지 않을 것이다. 나는 단지 경험과학의 문헌에서 제시된 많은 설명들이 부분적 설명과 같은 형식적 특징을 가지며, 결과적으로 그것들은 자신들이 어떤 주어진 현상들을 설명한다는 것을 과장한다는 점에 주위를 환기시키고 싶을 뿐이다.

8) Dray (1963), p. 119.

적도 있다. 즉 연구 중인 물리적 과정에서 언급된 미시적 현상들은 모두 엄격히 보편법칙의 지배를 받으며, 통계적 가설들과 이론들의 사용은 그러한 미시적 현상들을 개별적으로 측정하고 완전히 미시적으로 주어진 물리현상을 설명하는 데 필요한 거대하고 복잡한 계산을 수행하는 인간능력의 한계 때문에 필요하다는 것이다. 그러나 이러한 생각은 점차적으로 포기되었다. 양자이론과 같은 물리학의 영역에서는 통계적 형식의 법칙이 자연의 근본법칙으로 수용되고 있다. 과학적 이론화의 미래가 어떻게 될지 모르지만 이러한 발전은 통계적 설명이 엄밀한 보편법칙들에 대한 그러한 가정과 논리적으로 독립적이고 그 결과 **독자적인** 설명의 형태를 이루게 되었음을 반영한다. 이런 점은 모두 설명적 완전성이라는 생각을 적절히 확장할 경우 통계적 모형을 따르는 설명도 모두 형식적으로 완전한 것으로 분류해야 한다는 점을 강력히 시사해 준다. 왜냐하면 그것은 피설명 진술(더 적절히 표현하면 피설명 진술 자체)에 의해 진술된 피설명 사건에 설명 진술과 피설명 진술 사이의 논리적 관계에 성립하는 논리적 확률을 부여하기 때문이다. 이러한 점에서 그러한 통계적 설명은 D-N 모형을 따르는 설명과 유사하고 따라서 그 사실은 피설명항이 설명항에 의해 함축된다(그러므로 설명항에 준거하여 논리적 확률값 1을 갖는다)는 점을 올바르게 보여준다. 이러한 유비에 비추어 보면, 어떤 제안된 통계적 설명의 설명항이 실제로 진술된 피설명항이 아니라 프로이트에 대한 예에서 나타난 방식으로 그 설명과 관련된 보다 약한 피설명항에 규정된 확률을 부여하면, 그 설명은 부분적이라고 분류되어야 한다. 이러한 생각은 똑같은 예를 참고하여 매우 도식적으로 예시될 수 있다. 이제 잠정적으로 우리가 프로이트가 제시한 설명의 추정적 기초로 정식화했던 일반법칙이 다음의 내용을 주장한다는 의미에서 오히려 통계법칙으로 해석된다고 가정해 보자. 즉 아마도 무의식적이겠지만 강한 소망이 존재할 경우에 메모 쓰기의 실수가 발생하면 그러한 소망을 표현하고 아마도 그것을 상징적으로 실현할 통계적 확률이 높다. 그 경우에 제시된 설명적 정보는 피설명 진술에 높은 논리적 확률을 부여하는 것으로 해석하는 프로이트의 설명은 **부분적인 통계적 설명**으로 간주될 것이다. 왜냐하면 설명항은 특정한 실수가 앞에서 정의된 집합 F에 속한다는 진술이 아니라 집합 W에 속한다는 더 약한 진술에 높은 확률을 부여하기 때문이다.

4.2.3 설명적 불완전성 대(對) 과잉결정

앞에서 제시된 생각들은 다음의 예에 나오는 문제에도 적용된다.[9] 구리(Cr)로 된 막대(r)가 동시에 열(Hr)과 세로응력(Sr)의 영향을 받으면, 그 과정에서 늘어난다고(Lr) 가정해 보자. 그 경우에 우리는 두 가지의 다른 논증을 구성할 수 있는데, 그 각각은 우리가 제안한 기준에 의해서 왜 그 막대가 늘어났는지에 대한 D-N 설명을 구성한다. 그 중 한 가지 설명은 구리로 된 막대는 가열하면 늘어난다는 법칙에 기초하고, 다른 설명은 구리로 된 막대는 세로응력을 받으면 늘어난다는 법칙에 기초한다고 하자. 그 두 가지 설명은 도식적으로 다음과 같이 표현된다.

$$(x)\,[(Cx \cdot Hx) \supset Lx] \qquad\qquad (x)\,[(Cx \cdot Sx) \supset Lx]$$

$$Cr \cdot Hr \qquad\qquad\qquad\qquad\qquad Cr \cdot Sr$$

$$\overline{} \qquad\qquad\qquad \overline{}$$

$$Lr \qquad\qquad\qquad\qquad\qquad\qquad Lr$$

---

9) 나는 프린스턴 대학교 음악과의 아서 멘델 교수에게 많은 신세를 졌다. 그는 내가 여기서 논의하는 문제들을 깨달을 수 있도록 도와주었다. 멘델은 그의 논문(Mendel, 1962)에서 출발점으로 음악사의 구체적인 문제들을 선택하여, 그것에 따라서 역사가들의 설명적 목표에 맞는 포괄법칙 모형의 의미에 대한 일반적 생각을 발전시켰다.

어떤 사람은 제시된 모든 전제들을 참이라고 인정하더라도 그 두 가지 설명은 '불완전하기' 때문에 수용할 수 없다고 비판할 수 있다. 각각의 설명은 길이 증가의 원인이 된 두 가지 요소 중 한 가지를 무시했다. 이러한 비판의 위력을 평가하려면 정확히 무엇이 설명되어야 하는지를 분명히 하는 것이 중요하다. 우리의 예와 같이 설명되어야 하는 것이 단순히 Lr, 즉 r의 길이가 늘어났다는 사실이라면, 내 생각으로는 두 논증 모두 그 사실을 단정적으로 설명하기 때문에 그것들을 불완전하다고 비판할 근거가 없다. 그러나 만약 우리가 자의 길이가 이러저러한 만큼 늘어났다는 사실을 설명하기를 바란다면, 분명히 두 논증 중 어느 것도 그 점을 설명하지 못할 것이다. 왜냐하면 우리는 온도 증가와 강압 모두를 고려해야 하기 때문이고, 그 경우 구리막대의 길이에 대한 그 두 가지의 효과를 지배하는 양적 법칙이 필요하기 때문이다. '금속막대의 길이의 증가를 설명함'과 같은 통상적 표현은 조심스럽게 다루어야 한다. 그 표현은 여기서 구별한 적어도 두 가지 매우 다른 과제들을 가리킬 수 있기 때문에 애매하다.

정신분석 이론에서 종종 사용되는 용어를 사용한다면, 어떤 사건에 대해서 동등하지 않은 설명항 집합을 갖는 둘 또는 그 이상의 설명이 가능할 경우 그 사건은 **과잉결정되었다**라고 말할 수 있다. 따라서 구리막대 r의 길이가 증가한 사건의 경우 위에서 언급된 다른 설명이 가능하기 때문에 **설명적 과잉결정**의 사례라고 할 수 있다. 이러한 예에서 다른 설명들은 각자 다른 법칙들에 (결과적으로 특정 사실에 대한 다른 진술들에) 호소한다. 이보다는 덜 흥미롭기는 하지만 다른 경우에는 우리 정의에 따르면 똑같이 설명적 과잉결정이지만 서로 다른 특정 상황을 끌어들이는 사례도 있다. [10] 예를 들어 시점 t에서 결정론적 물리체계의 상태는 적합한 법칙들의 도움을 받아 이전 시점에서의 그

---

10) 이 점에 대해서는 Braithwaite (1953), p. 320 참조할 것.

체계의 상태를 상술해 설명될 수 있다. 이렇게 할 경우 어떤 두 설명항 집합도 논리적으로 동치가 아닌 무한히 많은 다른 설명이 있을 수 있다.

스크라이븐은 방금 논의된 문제와 비슷한 문제를 다음의 예를 통하여 제기했다. 전쟁 중에 어떤 다리가 어떻게 파괴되었는가를 설명하기 위해서 "우리는 적절한 선행조건과 더불어 '원자폭탄이 다리 위에 정확하게 투하되고 최대위력으로 폭발할 경우에는 언제나 그 다리는 파괴된다'는 법칙에 호소할 수 있다". 그러나 "1000kg의 다이너마이트가 다리의 중심 지간(支間)에서 폭발할 때면 언제나 그것은 파괴될 수 있는데, 원자폭탄의 투하와 도달 사이에 다이너마이트가 폭발했고 그로 인한 지반의 움직임에 의해서 그 다리가 파괴될 수도 있다"고 설명할 수 있다. 스크라이븐은 후자의 설명은 폭탄 설명을 거짓으로 만든다고 주장한다. 그에 따르면 폭탄 설명은 "그 사건이 지닌 다른 측면, 가령 이 경우 파괴 순간을 설명하지 못한다". 그는 그러한 설명들을 배제하기 위해서 심지어 D-N 설명의 경우에도 보다 구체적인 형식을 갖는 전체 증거의 요건을 부과해야 한다고 결론짓는데, 그 요건에 따르면 "설명이 어떤 현상에 대한 설명으로 받아들여지려면, 그 현상의 발생과 관련된 상황 가운데 그 설명과 맞지 않는 사실은 알려진 것이 전혀 없어야 한다". [11)]

그러나 분명히 스크라이븐의 예에서 폭탄 설명은 받아들일 수 없는데, 왜냐하면 그 설명항은 폭탄의 압력파가 문제의 위치에 도달했을 때 그 장소에 파괴될 수 있는 다리가 있다는 가정들이 필요하기 때문이다. 그런데 그때는 지간이 이미 다이너마이트에 의해 파괴되었기 때문에 그 가정은 잘못이다. 그러므로 논의되고 있는 폭탄 설명은 2절에서 상술된 의미에서 잘못이고, 그 설명이나 그러한 종류의 다른 설명

---

11) Scriven(1962), pp. 229~230. 또한 동일한 의도를 갖고 있는 것으로 보이는 간략한 주장은 Scriven(1963a), pp. 348~349를 볼 것.

을 배제하기 위한 추가요건을 도입할 필요도 없다.

스크라이븐이 폭탄 설명과 그것과 유사한 설명을 배제하기 위해 제안한 특정 요건은 내 생각에는 불필요할 뿐 아니라 지지하기에 너무 강하다. 과학적 연구나 실제적 행동의 경우에서 우리는 결코 수용가능한 설명이 피설명 현상과 관련된 사실들에 대해 우리가 알고 있는(또는 우리가 알고 있다고 믿는) 모든 것을 해명할 것이라고 기대하지 않는다. 예를 들어 다리의 경우 이러한 사실들은 모양, 크기, 파괴 후 파편들의 위치와 아마도 다이너마이트 설치자의 신원, 그들의 목표, 그밖의 많은 것들에 관한 많은 정보를 포함할 것이다. 분명히 우리는 이 모든 것들이 "어떻게 그 다리가 파괴되었는가"라는 질문에 대한 어떠한 수용가능한 설명에 의해서 설명되어야 한다고 보지 않는다.

마지막으로 스크라이븐이 제안한 조건은 전체 증거의 요건과 아무런 관련도 없다. 특히 그것은 전체 증거의 요건의 '더 특별한' 형태도 아니다. 연역적 형식의 설명은 자동적으로 전체 증거의 요건을 충족하지는 않기 때문에[12] 그러한 조건이 연역적 설명의 경우에도 부과되어야 한다는 스크라이븐의 주장은 단순히 그렇지 않다는 점을 간과하고 있다.[13]

4.2.4 설명적 불완전성과 '구체적 사건들'

앞에서 지적했듯이 과학적 설명은 "왜 p인가?"의 형식을 갖는 질문

---

[12] Scriven(1962), p. 230.

[13] 연역적으로 타당한 논증이라면, 전제들은 결론을 주장하기 위한 결정적인 근거를 구성한다. 그리고 전체 증거의 어떤 부분이 전제에 포함되느냐 여부는, 그 증거를 전제에 추가한다면 그렇게 만들어진 문장들의 집합도 여전히 결론의 결정적인 근거를 구성한다는 엄격한 의미에서, 결론과 무관하다. 또는 귀납논리의 용어로 표현하자면 다음과 같다. D-N 논증의 전제가 결론에 전달하는 논리적 확률은 1이며, 전체 증거의 일부 혹은 전부가 전제에 추가되더라도 그것은 여전히 1이 된다.

에 대한 잠재적 대답으로 생각될 수 있다. 거기에서 'p'의 자리는 설명되어야 할 사실을 상술하는 경험문장이 차지한다. 따라서 설명에 대한 연역-법칙적 모형과 통계적 모형은 피설명 현상을 **문장**, 즉 피설명 문장에 의해 규정한다. 예를 들어, 주어진 구리막대 r의 길이가 오전 9시 정각과 9시 1분 사이에 증가했다는 사실이나 주어진 항아리에서 공을 꺼낸 결과 d가 흰 공이었다는 사실과 같은 개별 사실들에 대한 설명을 생각해 보자. 여기서 피설명 현상은 문장 "구리막대 r의 길이가 오전 9시 정각에서 9시 1분 사이에 증가했다"와 문장 "항아리에서 공을 꺼낸 결과 d는 흰 공이었다"에 의해 완전하게 진술되고 있다. 이런 의미에서 문장에 의해 완전하게 진술될 수 있을 경우에만 특정 사실이나 사건들은 과학적으로 설명될 수 있다.

그러나 개별 사건이나 특정 사건이라는 개념은 이와는 아주 다른 방식으로 이해되기도 한다. 두 번째 의미의 사건은 그 사건을 진술하는 문장이 아니라 개별 이름이나 한정 기술구(*definite description*)와 같은 명사구에 의해서 규정된다. 그러한 명사구의 예로는 '20세기의 첫 번째 일식', '서기 79년의 베수비오 산의 화산폭발', '레온 트로츠키의 암살', '1929년의 주식시장의 붕괴' 등이 있다. 이보다 더 나은 용법이 없기 때문에 그렇게 이해된 개별 사건들을 **구체적 사건**이라고 부르고,[14] 첫 번째 의미에서의 사실과 사건을 문장으로 규정가능한 또는 간략하게 **문장적 사실**과 **문장적 사건**이라 부를 것이다.

개별 사건이 완전히 설명될 수 있는가 하는 잘 알려진 문제는 분명히 대체로 개별 사건을 구체적 사건으로 보는 견해와 연관이 있다. 그

---

14) 나는 여기에서 막연하게 묘사된 구체적 사건이라는 개념이 아주 분명하다고 보지는 않는다. 나는 특히 구체적 사건의 동일성을 규정하는 필요충분조건을 어떻게 정식화할지 모르겠다. Gibson(1960), pp. 188~190에 나타난 "설명되어야 할 것"에 대한 그의 통찰력 있는 관찰은 우리가 여기서 다루고 있는 주제와 밀접하게 관련된다.

러나 이러한 경우에 완전한 설명이란 정확히 무엇을 의미하는가? 아마도 주어진 사건의 모든 측면들을 설명하는 설명일 것이다. 이러한 생각에 의하면 실로 어떠한 구체적 사건도 완전하게 설명될 수 없다. 왜냐하면 하나의 구체적 사건은 무한히 많은 다른 측면들을 갖기 때문이고, 따라서 완전하게 설명되기는커녕 완전하게 진술될 수조차 없기 때문이다. 예를 들어 서기 79년의 베수비오 산의 화산폭발에 대한 완전한 진술은 다음을 포함해야 할 것이다. 즉 정확한 발생 시각, 모든 지점에서의 온도, 압력, 밀도를 포함한 용암의 물리화학적 특징뿐만 아니라 용암 흐름의 경로, 이러저러한 장소에서 발견된 이러저러한 희생자들의 유물이 나폴리 박물관에 전시되어 있다는 사실을 포함하여 폼페이와 헤르쿨라네움이 입은 파괴에 대한 아주 자세한 내용, 그 재앙에 포함된 모든 사람과 동물에 대한 완전한 정보 등 무한하다. 구체적 진술은 또한 그 주제에 관한 모든 문헌을 언급해야 하는데, 왜냐하면 그것은 분명히 구체적 사건의 또 다른 측면을 구성하기 때문이다. 실로 여기서 언급된 구체적 사건의 측면들을 구성하지 못하는 사실들의 집합을 분리해 내는 분명하고 만족스러운 방식은 없는 것 같다. 그렇다면 분명히 그렇게 이해된 개별 사건에 대해 완전한 설명을 요구하는 것은 매우 부적절할 것이다.

요약하면, 우리가 문장적 사실과 사건이라고 불렀던 것에 대해서만 설명을 요구할 수 있다. 다시 말해 그런 것에 대해서만 "왜 *P*인가?"라는 형식의 물음을 던질 수 있다. 구체적 사건들의 경우, 그것들이 지닌 측면이나 특성이라고 불렀던 것은 모두 문장에 의해 진술될 수 있다는 점에 주목하자. 개개의 그러한 측면들은 문장적 사실이나 사건이다. (예를 들어 서기 79년의 베수비오 산의 화산폭발은 오랜 시간 동안 지속되었다. 또는 그 사건으로 폼페이에서 천 명 이상의 사람들이 희생되었다 등이다.) 그러므로 구체적 사건이 지닌 그런 특정한 측면들과 관련하여 설명의 문제가 의미심장하게 제기될 수 있다. 그리고 분명히 우

리가 에드워드 8세의 퇴위와 같이 특정 사건을 설명한다고 할 때 우리
는 보통 그 사건의 어떤 측면만을 고려한다. 따라서 어떤 측면을 골라
내 설명을 할지는 탐구의 맥락에 달려 있다. 15)

비록 여기서 다룬 문제는 아마도 역사적 사건의 '개별성과 유일성'과
연관 지어 논의되는 것이 일반적이기는 하지만, 구체적 사건이라는 개
념에 담겨 있는 문제가 역사에만 국한된 것은 아니다. 1963년 7월 20
일에 발생한 일식과 같은 사건도 무한한 측면 — 물리적, 화학적, 생물
학적, 사회학적, 그리고 또 다른 측면 — 을 지니며, 그래서 완전하게
기술될 수 없고 이에 따라 완전한 설명도 불가능하다. 그러나 일식이
지닌 어떤 측면, 가령 지속시간과 같은 측면과 알래스카에서 그것을
관측할 수 있었고 이후 메인(Maine) 주에서도 볼 수 있었다는 사실은
설명될 수 있다.

그러나 이 점을 설명의 대상은 항상 개별 사건이 아니라 사건의 **종류**
라고 말한다면 이는 부정확한 요약일 것이다. 왜냐하면 사건의 종류는
'개기일식' 또는 '화산폭발'과 같은 술어표현에 의해 규정되어야 하기
때문이다. 이러한 종류의 표현은 문장이 아니므로 사건의 종류에 대해
설명을 요구하는 것은 의미가 없다. 실제로 설명이 되고 있는 것은 오
히려 1963년 7월 20일 개기일식의 발생과 같이 **주어진 종류의 사건** 가
운데 **특정 사례가 발생했다는 것**이다. 따라서 설명되는 것은 확실히 개
별 사건이다. 실로 그 사건은 그것에 부여된 시간적 위치에 비추어 보
면 유일하고 반복불가능한 사건이다. 그러나 그것은 개별 **문장적** 사건
이다. 물론 그것은 1963년 7월 20일에 개기일식이 발생했다는 진술에

---

15) 특히 역사적 설명에 관해 막스 베버가 말했던 것처럼, "역사란 어떤 사건의
   개별성에서 그 사건의 구체적인 **실재**를 인과적으로 이해하려고 한다고 말할
   때, 분명 이것은 … 사건의 개별적 성질의 총체 속에서 그 사건의 구체적인
   실재를 인과적으로 설명한다는 의미가 아니다. 나중의 작업은 현실적으로
   불가능할 뿐만 아니라 원칙적으로 무의미한 작업이다"(Weber(1949),
   p. 169. 강조는 원저자에 의한 것이다).

의해서 진술될 수 있다. 그러므로 나는 설명과 예측은 결코 개별 사건
이 아니라 항상 어떤 종류의 현상을 지시한다는 하이에크(Hayek)의 견
해에 대한 만델바움의 비판에 동의한다. 즉 "우리는 비록 어떤 일식에
대한 예측이나 그것에 대한 설명이 태양의 온도나 지구의 온도에 대한
일식의 영향 등과 같은 어떤 사건의 모든 측면들을 지시하지 않은 경우
에도 그 사건을 지시하는 것으로 생각하곤 한다".16)

그러나 이처럼 일식이나 무지개 등과 같은 특별한 사건을 설명한다
는 개념이 주어지면, 우리는 일식이나 무지개 일반에 대한 이론적 설
명을 이차적으로 말할 수 있는데, 그러한 설명은 일식이나 무지개의
모든 사례들을 설명한다. 따라서 주어진 종류의 사건의 특별한 사례들
을 설명한다는 개념이 우선적이다.

4.2.5 설명적 완결: 설명 스케치

아마도 완전성에 대한 또 다른 개념은 설명이라는 생각과 관련된 것
처럼 보이는데, 우리는 그것을 설명적 완결(*explanatory closure*)이라고
부를 것이다. 이런 의미에서의 설명은 만약 그것이 의존하는 모든 사
실과 법칙을 차례로 설명한다면 완전하다고 볼 수 있다. 설명적 완결
성을 갖춘 설명이라면 설명되지 않은 것은 아무것도 없을 것이다. 그
러나 이러한 의미에서의 완전성은 분명히 설명에서의 무한퇴행에 빠지
게 되고 달성될 수 없는 것이 되고 만다. 그러한 완전성을 추구하는
것은 설명의 본질을 잘못 이해한 것이다.

경험과학의 어떤 발전단계에서든 어떤 (추정적인) 사실은 설명이 불
가능할 수도 있다. 특히 특정 시점에서 수용된 가장 근본적인 법칙이
나 이론적 원리들에 의해 표현된 사실이나 그것에 대해 '보다 깊은' 이
론에 의해 설명을 할 수 없는 사실들이 그런 것이다. 그러나 설명이

16) Mandelbaum(1961), p.233.

되지 않았다고 해서 이런 궁극적 원리를 뒷받침해 주는 것이 전혀 없는 것은 아니다. 왜냐하면 그것들은 경험과학의 가설이기 때문에 우리는 그 원리들을 테스트할 수 있고, 적절한 테스트를 통해 그것을 강력하게 뒷받침해 주는 증거를 제시할 수도 있기 때문이다.

이제까지 우리는 하나의 제안된 설명이 우리의 분석적 모형들에 포함된 기준들로부터 벗어날 수 있는 여러 가지 방식을 검토해 보았다. 경우에 따라서는 설명적 기술로 의도된 것이 그러한 기준들로부터 훨씬 더 강하게 멀어질 수 있다. 예를 들어 제안된 설명이 생략적으로 구성된 설명이나 부분적 설명으로 분류될 정도로 충분히 명시적이고 분명하지 않을 때가 있다. 우리는 그러한 설명을 **설명 스케치**(*explanatory sketch*)로 볼 수 있다. 즉 그 설명은 경험적 증거에 의해 더 상세히 진술되고 비판적으로 평가될 여지가 있는 가설들에 기초하여, 점진적인 정교화와 보완을 거쳐서, 더 자세히 추론된 설명적 논증으로 잘 발전할 수 있는 것에 대한 일반적 요약을 제시한다.

제안된 설명이 생략적으로 형성된 연역-법칙적 설명이나 통계적 설명인지, 부분적 설명인지, 설명 스케치인지, 또는 그 중 어떤 것도 아닌지에 대한 결정은 생각해 보아야 할 해석상의 문제이다. 그것은 주어진 설명의 의도와 주어진 맥락에 대한 평가에서 이해된 것으로 간주되었기 때문에 진술되지 않은 채로 남아 있을지도 모르는 배경가정들에 대한 평가를 할 필요가 있다. 그러한 목적으로 분명한 판단기준이 구성될 수는 없는데 이는 마치 연역적 타당성에 대한 합리적으로 엄격한 기준을 충족시키지 못하는 비형식적으로 진술된 논증이 그럼에도 불구하고 타당하지만 생략적으로 구성된 것인지, 오류인지, 건전한 귀납적 논증인지, 아니면 명료하지 않기 때문에 그 중 어느 것도 아닌 것으로 간주되어야 하는지를 결정하기 위한 분명한 기준이 구성될 수 없는 것과 마찬가지이다.

하나의 제안된 설명이나 증명이 그것들에 대한 비(非)화용론적 모

형에 포함된 논리적 기준들을 만족시키지 못할 수 있는, 우리가 여기
서 검토한, 다양한 측면들 중에는 그 논증을 제안한 인물이나 그 논증
에서 다루어지고 있는 인물의 지식, 이해, 의도 등을 참조해야만 규정
될 수 있는 여러 가지 것들이 있다. 그러므로 이에 대응하는 개념들은
본질적으로 화용론적이다. 이러한 사실은, 예를 들어, 생략적 설명,
생략적으로 구성된 설명, 그리고 설명 스케치의 개념들에 대해서 적용
된다.

4.3 포괄법칙 모형에 대한 결론

우리는 과학과 일상 맥락에서 실제로 형성된 설명들이 설명항과 피
설명항을 상술하는 명시성, 완전성, 정확성의 정도에서 크게 다르다
는 것을 알게 되었다. 따라서 그 설명들은 대체로 이상화되고 도식화
된 포괄법칙 모형과 대체로 큰 차이가 날 것이다. 그러나 나는 이 점
을 받아들이면 모든 적합한 과학적 설명들과 그것의 일상적 대응물들
은 적어도 암묵적으로 일반법칙들이나 이론적 원리들 아래서 설명되는
것의 연역적 포섭이나 귀납적 포섭을 주장하거나 전제한다고 생각한
다. 17) 개별 사건에 대한 설명에서 그러한 일반적인 법칙적 원리들은

---

17) 이 생각은 내가 제안하지 않은, 즉 어떠한 경험적 현상이든 포괄법칙 아래
    에 연역적으로 혹은 귀납적으로 포섭됨에 의해서 설명될 수 있다는 생각과
    분명히 구분될 필요가 있다. 여기에서 제안된 것은 모든 과학적 설명의 논
    리는 기본적으로 포괄법칙 모형의 변형이라는 것이지, 모든 경험적 현상이
    과학적으로 설명가능하다는 것도 아니며, 물론 모든 경험적 현상들이 모두
    결정론적 법칙들의 체계에 지배를 받는다는 것도 아니다. 모든 경험적 현상
    이 과학적으로 설명될 수 있는가라는 물음은 얼핏 보기만큼 명료하지 않다.
    그리고 그것은 엄청난 양의 분석적 명료화를 요구한다. 나는 그것에는 어떤
    명석한 의미도 주어질 수 없다는 생각을 갖고 있다. 그러나 어쨌든 그리고
    아주 대략 말하자면 어떤 법칙이 자연에서 성립하는가, 어떤 현상이 확실하
    게 설명될 수 있는가에 대한 견해는 분명히 분석적 근거만으로 형성될 수 있

피설명 사건을 다른 특별한 사건들에 연결하는 데 필요하고, 특별한 사건들이 설명력을 갖게 되는 것은 바로 그러한 법칙적 연결 때문이다. 일반적인 경험적 일양성을 설명하는 데 이용된 법칙적 원리들은, 피설명항이 그것의 엄격한 또는 개략적인 특수 사례가 되는, 더 포괄적인 일양성을 표현한다. 내가 아는 한, 포괄법칙 모형은 그러한 설명적 포섭에 대한 주요한 방법의 기본적인 논리적 구조를 표현한다.

물론 여기서 개략적으로 요약된 해석에 대해 엄격한 '증명'을 제시할 수는 없다. 그것의 건전성은 경험과학의 다른 분야들에서 제안된 설명의 원리와 힘을 해명하는 정도에 의해 판단되어야 한다. 설명에 대한 이러한 해석이 의미 있는 것으로 드러날 수 있는 몇 가지 방식들은 이미 포괄법칙 모형을 개발하고 그것의 의도된 기능을 규정하는 과정에서 제안되었다. 다른 방식들은 논의가 진행되면서, 특별히 다음 절에서 우리가 설명에 대한 포괄법칙 해석과 일치하지 않은 것처럼 보이는 설명적 과정을 논의할 때, 나타날 것이다.

5. 설명의 화용론적 측면

5.1 들어가는 말

누군가에게 무엇인가를 설명하는 일은, 간단히 말하면, 그가 이해할 수 있도록 쉽고 분명하게 해주는 것이다. 이렇게 이해할 때 '설명'이라는 단어나 그와 같은 어근을 지니는 단어는 **화용론적** 용어들이다. 즉 화용론적 용어를 사용할 때에는 설명과정에 포함된 사람들에 대한 언급이 필요하다. 예를 들어 화용론적 맥락에서 우리는 어떤 설명 *A*

는 것은 아니다. 그것은 경험적 연구의 결과에 근거해야만 한다.

는 사람 P_1에게 사실 X를 설명한다고 말할 수 있다. 그렇다면 동일한 설명이 다른 사람 P_2에 대해서는 X에 대한 설명이 되지 못할 수도 있다는 점을 명심해야 한다. P_2는 X가 설명이 필요하다고 생각하지 않거나, 설명 A를 이해할 수 없다거나 도움이 되지 않는다고 생각할 수도 있으며 또는 설명 A는 X에 대해 궁금한 것과 아무런 관련이 없다고 생각할 수도 있다. 그러므로 이러한 화용론적 의미에서의 설명은 상대적 개념이다. 이런 의미에서는 이 사람이나 저 사람을 두고서만 어떤 것이 진정으로 설명이란 말을 할 수 있다.

　이와 마찬가지로 '증명'이나 이와 같은 어근을 지니는 단어도 이런 화용론적 의미로 사용될 수 있다. 즉 그 경우 논증을 제시하는 특정 사람이나 논증을 받아들이는 특정 사람에 대한 언급이 필요하다. 예를 들어, 초심자가 완전히 만족하도록 간단한 기하학적 정리를 증명하는 논증 Y는 어떤 수학자에게는 결코 받아들일 수 없는 것이고 이에 따라 증명도 아니라고 볼 수 있다. 역으로 수학자에게는 건전하고 훌륭한 증명이지만 초심자에게는 이해할 수 없는 것이거나 무의미한 것일 수도 있다. 일반적으로 어떤 증명 Y가 어떤 사람 P에게 어떤 항목 X를 증명(또는 설명)해 주는지 여부는 X와 Y에 의존할 뿐만 아니라 P의 지식, 비판적 기준, 개인적 특이성 등과 당시 그가 가진 믿음에도 의존한다.

　증명의 화용론적 측면은 경험적 탐구가 필요한 흥미롭고도 중요한 주제이다. 예를 들어 피아제(Piaget)는 다른 연령대의 어린이들에게 성립하는 증명의 기준에 대한 심리학적 연구에 많은 노력을 기울였다. 그러나 객관적〔지식의〕분야로서의 수학과 논리학의 목적상, 우리는 분명히 개인에 상대적이고 또한 개인에 따라 변한다는 의미에서 주관적이지 않은 증명 개념이 필요하다. 즉 우리에게는 Y를 이해할 수 있는 사람을 전혀 언급하지 않고도 주어진 논증 Y가 (특정 이론에 있는) 주어진 문장 X에 대한 증명이라는 말을 할 수 있는 그런 증명 개념이 필요하다. 이러한 특징을 갖는 증명 개념들은 일단 그것들이 사용되어야 하는 수학분야가 적절히 형식화되면 정의될 수 있다.

과학적 설명의 경우도 마찬가지이다. 왜냐하면 과학적 연구는 법칙과 이론에 의해 경험적 현상을 설명하려고 하는데, 그러한 법칙과 이론의 경험적 함축과 증거적 지지는 어떤 사람이 그것들을 테스트하거나 적용하는지와 독립적이라는 의미에서 객관적이기 때문이다. 그러한 법칙과 이론에 기반을 둔 예측뿐만 아니라 설명 역시 비슷한 의미로 객관적이다. 이러한 이상적인 목적은 과학적 설명에 대한 비(非) 화용론적 개념을 구성하는 문제를 제기한다. 여기서 비화용론적 개념이란 화용론적 개념으로부터 추상화된 것으로서, 수학적 증명의 개념이 그러하듯이 문제를 제기하는 개인과 관련된 어떠한 상대화도 필요하지 않은 개념이다. 포괄법칙 모형이 해명하려는 것이 바로 이런 식의 비화용론적인 설명 개념이다.

그러므로 이러한 모형을 제안한다고 해서 그것이 설명의 화용론적 '차원'을 부정하거나 그 중요성을 경시하는 것은 아니다. 게다가 어떤 설명이 포괄법칙 모형들 가운데 어느 하나와 맞아야만 사람들은 그것이 만족스러운 설명이라고 본다고 주장하고자 하는 것도 아니다. 특정 현상을 어떤 사람에게 설명하기 위해서는 종종 그가 적절히 깨닫지 못한 특정 사실에 주의를 환기시키는 것만으로도 충분할 수 있다. 몇 년 전에 신문에 보도되었듯이, 겨울에 텔레비전을 시청할 때마다 집이 추워진다는 점을 알고는 어리둥절해한 어떤 남자의 경우가 이에 해당한다고 할 수 있다. 그 남자의 경우에는 텔레비전 수상기가 난방온도 센서 바로 밑에 있어서 텔레비전을 켤 때마다 온도가 올라가 그 결과 난방이 꺼지게 되었다는 설명을 해주기만 하면 된다. 따라서 설명을 추구하는 일은 때로 여기서 예시된 느슨한 의미에서 궁금한 사건의 '원인'을 찾는 것이라고 할 수 있다. 특정 인과적 설명을 만족스럽다고 받아들이는 사람은 때때로 인과적 귀속을 정당화할 수 있는 배경정보,

예를 들어, 온도계의 작동에 대한 법칙적 배경정보를 가지고 있는 것
이다. 그런 정보를 갖지 않고 있지만 그럼에도 그 설명을 만족스럽다
고 보는 경우도 있을 수 있다. 제안된 설명이 받아들일 만한가를 결정
하는 화용론적 조건이 포괄법칙 모형이 해명하려는 논리적이고 체계적
조건과 일치하는 것은 아니다. 설명을 필요로 하는 사람이 이미 관련
법칙을 어느 정도 분명하게 이해하고 있고 그런 것을 당연한 것으로
여기고 있는 경우라면, 그의 물음이 포괄법칙을 들추어내는 화용론적
기능을 한다고 말하는 것은 적절하지 않을 것이다. 그러나 설명의 논
리, 특히 언급된 특정 사실들의 설명력을 분명히 해야 하는 경우라면,
그런 법칙을 언급하는 것은 불필요한 일도 아니며 올바르지 않은 것도
아니다.

다른 맥락에서는 — 가령 과학탐구에 자주 그렇다 — 설명을 하고자
하는 화용론적 관심은 주어진 현상을 포괄하는 법칙이나 이론적 원리
를 발견하고자 하는 바람에서 나온다. 또 다른 맥락으로는, 설명을 하
고자 하는 사람이 필요한 특정 자료나 법칙은 잘 알고 있지만 피설명
항이 어떻게 해서 이런 정보로부터 도출되는지를 알고 싶어 하는 경우
도 있을 수 있다.[1]

그러나 설명이 갖는 중요한 화용론적 측면에 관심을 기울인다는 것
과 설명이 요구되는 당혹감을 해소하기 위해 맥락에 따라 다를 수 있
는 여러 가지 적절한 절차를 보여주는 것이 곧 과학적 설명의 비화용
론적인 모형이란 부적절할 수밖에 없다는 것을 나타내는 것은 아니다.
이는 증명 개념을 둘러싼 유사한 논증이 비화용론적인 증명 모형은 쓸

---

1) 대략 말해 설명의 화용론적 측면에 대한 흥미로운 논의를 하는 과정에서 스
   크라이븐은 단지 도출가능성을 증명하는 것으로 이루어진 설명을 나타내기
   위해 '도출-설명'이라는 용어를 쓰고 있다. 그는 도출이 가진 주목할 만한
   수학적 난점을 제시하고 그 도출을 발견하지가 쉽지 않다는 것을 보여주는
   과학사의 사례들을 제시한다. (Scriven 1959, pp. 461~462.)

모가 없을 뿐만 아니라 아무런 도움도 되지 못한다는 점을 보여줄 수 없는 이치와 같다.

그러므로 포괄법칙 모형은 실제 과학자들의 설명방식과 맞지 않는 다는 비판은 순전히 논점을 벗어난 것이다. 그러한 형식화는 일반적으로 특정 부류의 청중을 염두에 두고 고른 것이며 그러므로 특정한 화용론적 요건을 염두에 두고 한 것이다. 이 점은 수학자들이 증명을 제시하는 방식에서도 역시 성립한다. 그러나 증명에 대한 메타수학적 이론은 이러한 화용론적 고려사항들을 추상화한 것이다. [2]

5.2 어떻게 가능한가를 설명하기

설명의 중요한 화용론적 측면은 어떤 사건이 '왜 필연적으로 발생했는지를 설명하기'와 어떤 사건이 '어떻게 발생할 수 있었는지를 설명하기'에 대한 드레이의 구분에서 나타난다. [3] 우리가 보게 되듯이, D-N 설명은 전자의 목적을 위해서는 적합한 것으로 간주될 수 있지만 후자의 목적을 달성하는 것은 매우 다른 과제이다.

한 친구가 나에게 지난번 참석한 송년파티에서 찻숟가락을 뜨거운 펀치 잔에 넣었는데 즉시 녹았다고 말한다면, 금속은 그렇게 낮은 온도에서 녹지 않기 때문에 나는 어떻게 그런 일이 발생할 수 있는가라고 질문할 것이다. 마찬가지로 안드리아 도리아 호(Andrea Doria)* 가 충돌한 결과 침몰했다는 뉴스를 들으면 그 배가 가장 최신 안전장치를

---

2) 또한 이 논점에 대한 비평은 Bartley(1962) 1절에서 볼 수 있다. 그곳에서 포퍼가 제시하는 연역적 모형을 이런 비판에 맞서 옹호하고 있다. 비슷한 점을 지적하고 있는 것으로는 Pitt(1959), pp. 585~586을 볼 것.

3) Dray(1957), pp. 158 이하 참조.

* 1956년 7월 25일 안드리아 도리아 호는 1,134명의 승객을 태우고 뉴욕으로 항해하던 중 짙은 안개 속에서 반대편으로 행하던 스톡홀름 호와 충돌하여 침몰하였다.

구비하고 경험이 많은 승무원들이 운행하고 있었다는 점을 고려했을 때 우리는 어떻게 그런 일이 발생했을 수 있었는가라는 질문을 떠올리게 된다.

이 예들이 보여주듯이, 우리가 어떻게 X가 발생할 수 있었는지를 묻는 경우는 대개, 드레이가 말하듯, "우리가 아는 것이 설명되어야 할 사건의 가능성을 배제하는 것처럼"[4] 보이는 경우에 국한된다. 즉 연관된 사실에 대한 우리의 신념 중 어떤 것이 X가 발생했다는 것을 불가능하거나 적어도 매우 비개연적으로 만드는 것처럼 보이는 경우에 국한된다. 이러한 점에서 화용론적 측면이 관련된다. 그러므로 '어떻게 가능한가'에 대해 만족스런 설명을 제시하려면, 우선 질문의 배후에 놓여 있는 경험적 가정들을 확인해 그들 가운데 일부가 거짓임을 보이거나 아니면 가정들에 따를 때 X는 발생할 수 없다는 믿음을 보증해 준다고 본 그 사람의 생각에 문제가 있다는 점을 보여야 할 것이다. 찻숟가락의 경우, 우드 합금(合金)(Wood's alloy)*과 같은 금속은 뜨거운 펀치의 온도에서 녹는다는 점을 지적하는 것만으로 충분할 것이다. 완전한 포괄법칙 설명은 문제의 숟가락이 실제로는 속임수를 위해 우드 합금으로 만들어졌다는 것을 언급함으로써 달성될 수 있다. [5]

---

4) Dray(1957), p. 161.

*   가융합금으로서 비스무트 50%, 납 27%, 주석 13%, 카드뮴 10%로 구성되어 있고 비중은 7.9이다. 65℃ 정도의 물에서 녹기 때문에 퓨즈, 소화용 스프링클러 등에 사용된다. 또한 응고할 때 팽창하기 때문에 모형 제작, 파이프의 굽힘 가공의 충전재 등으로도 사용된다.

5)   드레이의 책에 대한 서평에서 패스모어(Passmore, 1958)는 "'어떻게 가능한가'라는 질문에 대답하려면 그것이 단순한 추측이 아닌 이상, 그것이 '왜 필연적인가'를 대략적으로 보여야 한다"고까지 주장한다. 이런 지적은 기본적으로 건전한 듯이 보이지만, 나는 '왜 필연적인가' 혹은 '왜 가능한가'에 대한 스케치가 요청되는 한에서 그것은 자유로울 수 있을 것이라고 생각한다. X가 일어나는 것이 어떻게 가능했는가를 묻는 사람은 대개 단순히 X의 발생을 막는다고 그가 생각했던 경험적 가정 중 몇몇이 잘못이었다는 것을 들

안드리아 도리아 호의 경우에서처럼, 만약 "어떻게 X가 발생할 수 있었는가"라는 질문이 X의 발생을 매우 비개연적으로 보이게 하지만 논리적으로는 그것을 배제하지 않는 것처럼 보이는 가정으로부터 발생한다면, 그에 대한 적절한 대답은 질문자의 사실적 가정 중에 잘못이 있거나 또는 그의 가정에 따르면 X의 발생이 매우 비개연적이라는 믿음에 잘못이 있다는 점을 지적하는 데 있을 것이다. 이러한 두 가지 가능성은 앞의 예에서 검토한 것과 비슷하다. 더구나 우리는 여기서 세 번째 가능성을 보게 되는데, 그것은 통계적 설명의 논리에 관한 앞의 논의에서도 나왔다. 즉 질문자의 모든 연관된 가정들이 참일 수 있고, 그 가정들에 의하면 X의 발생이 매우 비개연적이라는 그의 믿음이 참일 수 있다. 그 경우에는 "어떻게 X가 발생할 수 있었는가"라는 질문에 의해 표현된 당혹감은 질문자의 전체 증거를 확장함으로써, 즉 이전에 고려된 가정들에 추가하면 X의 발생을 덜 비개연적으로 만드는 또 다른 사실들에 자신의 주의를 환기시킴으로써 해결될 수 있다.

비슷한 생각이 "왜 p가 아닌가?"라는 형식을 갖는 질문에도 적용될 수 있다. 우선 그 질문은 '어떻게 발생할 수 있었는가?'라는 질문, 즉 "어떻게 $not\ p$가 발생할 수 있었는가?"라는 질문으로 다시 표현할 수 있다. "왜 피사의 사탑은 쓰러지지 않는가?", "왜 지구 반대편에 사는 사람들은 지구에서 떨어지지 않는가?", "평면거울에서 투사체가 오른

는 것으로는 만족하지 못할 것이다. 그는 또한 대안적인, 아마도 참인 가정, 즉 그의 나머지 배경믿음과 더불어 왜 X가 발생했는지를 그에게 설명해 줄 가정들의 집합을 얻고 싶어 할 것이다. 녹는 스푼의 경우가 이런 상황을 말해 준다. 그러나 우리의 질문자가 소금이 엎질러진 뒤 삼 일 안에 항상 악운이 닥친다고 믿었다면, 그리고 '내가 삼 일 전에 소금을 엎질렀음에도 어떻게 악운을 피할 수 있는가?'라고 묻는다면 답은 그의 일반가설은 거짓이라는 것을 지적하는 것, 그리고 아마도 많은 경우에 소금을 엎지르는 것 다음에 악운이 따르지 않는다는 것 이상은 아닐 것이다. 그러나 질문자가 악운을 피했는지에 대한 '왜 필연적인가'의 설명은 있을 수 없을 것이다.

쪽과 왼쪽이 바뀐다면 왜 위아래는 바뀌지 않는가?"와 같은 질문들은 보통은 질문자가 상술한 현상들이 확실히 또는 매우 개연적으로 발생할 것이라고 말하는 연관된 경험적 문제들에 대한 가정을 갖고 있을 경우에만 제기될 수 있다. 화용론적으로 적절한 대답이라면, 이러한 믿음을 뒷받침하는 경험적이거나 논리적으로 잘못된 이해를 불식시켜야 할 것이다.

물론 표준적 유형의 '왜 p인가?'라는 설명을 추구하는 질문은 항상 그런 것은 아니지만 종종 실제로는 p가 아니라는 믿음, 즉 질문자가 참으로 받아들이는 다른 경험적 가정들에 의해 어느 정도 강하게 지지되는 것처럼 보이는 믿음에 의해 유발된다. 그 경우에 질문자에게 단순히 왜 p인가에 대한 포괄법칙 설명을 제공한다면 그는 만족을 느끼지 못할 수도 있다. 그의 당혹감을 누그러뜨리기 위해서는 그의 반대 생각을 뒷받침하는 몇몇 가정들이 잘못이라는 점을 보여줄 필요가 있다.[6]

5.3 설명 대 친숙한 것으로의 환원

질문자의 당혹감을 제거하는 것을 목적으로 하는 설명에 대한 유력한 화용론적인 개념은 널리 수용된 한 가지 견해를 뒷받침하는데, 그 견해에 따르면 설명은 질문자가 당혹감을 느끼는 현상을 그가 친숙한 것, 그가 문제가 없는 것으로 수용하는 것에로 환원하거나 그것과 연결해야 한다. 예를 들어 브리지먼에 따르면 "설명의 본질은 어떤 상황을 우리가 매우 친숙해서 당연한 것으로 간주하는 요소들로 환원함으로써 우리의 호기심이 사라지게 하는 데 있다".[7] 이러한 명백한 화용

---

6) 브롬버거(S. Bromberger, 1960)는 설명의 이런 측면과 이와 관련된 다양한 것들을 통찰력 있고, 명쾌하게 검토하였다. 설명의 화용론적 측면에 대한 몇몇 관찰은 Passmore(1962)에서도 볼 수 있다.

7) Bridgeman(1927), p. 37. 이런 생각의 화용론적 특징은 브리지먼의 "설명

론적 특징에 대한 검토는 나아가 과학적 설명에 대한 비화용론적 개념
을 구성하는 일을 명료화하고 지지하는 데 도움이 될 수 있다.

분명히 많은 과학적 설명들은 어떤 점에서 '친숙한 것에로의 환원'이
다. 이 점은 예를 들어 광학 굴절과 간섭에 대한 파동이론적 설명이나
열운동학에 의한 일부 설명에도 해당한다. 이러한 경우에 설명항에서
언급된 개념들과 원리들은, 물의 표면에서 파동운동의 전파나 당구공
의 운동과 같은, 친숙한 유형의 현상에 대한 진술과 설명에서 오랫동
안 사용되어 왔던 개념이나 원리들과 밀접한 유사성을 갖는다.

설명을 친숙한 것에로의 환원이라고 보는 일반적 견해와 관련해, 우
리는 우선 어떤 사람에게 친숙한 것은 다른 사람에게는 그렇지 않을
수 있으며, 그렇기 때문에 이러한 견해는 설명을 질문자에 상대적인
것으로 보게 된다는 점을 지적할 수 있다. 그러나 앞에서 논의했듯이
경험과학이 추구하는 종류의 설명은 객관적 관계를 드러내는 것을 목
적으로 한다.

둘째, 여기서 논의 중인 견해는 친숙한 것은 설명을 필요로 하지 않
는다는 점을 전제로 한다. 그러나 이러한 생각은 과학자들이 '친숙한'
현상을 설명하기 위해서 많은 노력을 기울여 왔다는 사실과 일치하지
않는다. 그러한 친숙한 현상의 예로서는 조수의 변화, 번개, 천둥, 비,
눈, 푸른 하늘색, 부모와 자손 사이의 유사성, 달이 하늘에 높이 있을
때보다 지평선 근처에 있을 때 더 크게 보이는 사실, 어떤 질병은 '전염
성'이지만 다른 질병은 그렇지 않다는 사실, 심지어는 밤에는 어둡다는
사실들이 있다. 올버스의 역설(*Olbers' paradox*)*에 비추어 볼 때, 실제

은 절대적인 것이 아니다. 한 사람에게 만족스러운 것은 다른 사람에게 만
족스럽지 않을 수 있다"라는 말에 분명히 반영되어 있다. *Loc. cit.*, p. 38.
* 올버스의 역설은 1823년 독일 천문학자 올버스(Heinrich Wilhelm Olbers)에
의해 진술된 역설적 관찰을 가리킨다. 정적인 무한우주에서 밤하늘이 밝아야
하지만 어둡게 관찰된다는 것이다. 이것은 대폭발 모형(*Big Bang model*)과
같은 비(非)정적 우주에 대한 증거를 제공한다.

로 밤하늘의 어둠은 설명이 필요한 현상처럼 보인다. 1826년 독일 천문학자 하인리히 올버스가 제기한 논변은 대략 다음과 같은 의미를 갖는 몇 가지 단순한 가정들에 근거를 두고 있다. 즉 별들의 거리와 실질 광도는 현재뿐만 아니라 과거에도 전체 우주에 동일한 빈도로 분포되어 있다. 빛의 전파에 대한 기본법칙들은 우주의 모든 시공간 영역에서 참이다. 우주는 일반적으로 정적이다. 즉 우주에서는 어떠한 대규모의 체계적 운동도 발생하지 않는다. 이러한 가정들로부터 모든 방향과 모든 시간에 하늘은 균일한 밝기를 갖고, 따라서 지구 표면으로 흘러드는 에너지는 화씨 10,000도가 넘는다는 점이 추론된다. [8]

따라서 올버스의 역설은 '어떻게 발생할 수 있는가?'라는 질문을 제기한다. 그 질문에 대한 대답은 우주는 계속 팽창하고 있다는 최신 이론에 의해 제시되었다. 우선 그 이론은 올버스의 정적 우주 가정이 잘못이라는 점을 함축하고, 이어서 매우 먼 곳에 위치한 항성들로부터 받은 방사 에너지는 그 항성들이 후퇴하는 속도가 빨라짐에 따라 크게 감소한다는 점을 보임으로써 밤하늘이 검다는 사실을 설명한다.

이러한 예는 과학적 설명의 또 다른 점을 보여준다. 즉 친숙하지 않은 것을 친숙한 것으로 환원하는 대신 과학적 설명은 종종 친숙한 것을 친숙하지 않은 것으로 환원하기도 한다는 것이다. 과학적 설명은 친숙한 현상들을 이론적 개념들의 도움을 받아 설명하는데, 그러한 이론적 개념들은 낯설고 심지어는 반직관적으로 보일 수 있지만 매우 다양한 사실들을 설명하고 과학적 테스트의 결과에 의해 잘 지지된다. [9]

이러한 사실은 자연과학 이외의 영역에도 적용될 수 있다. 예를 들

---

8) 이 역설에 대한 완전한 소개와 현재 우주론에 비춘 비판적 분석은 예를 들어 Bondi(1961), 2장과 Sciama(1961), 6장에서 볼 수 있다.

9) 이 점은 파이글의 간략하고 명료한 논문(Feigl, 1949)에서 강조되었다. 그리고 그것은 Frank(1957), pp. 133~134에서 상대성 이론에 의거하여 명쾌하게 묘사되고 있다.

어 그 점이 사회학에서도 성립한다는 점이 호만스(Homans)의 책 서문에 나온다. "나의 주제는 잘 알려진 대혼란이다. 그 어떤 것도 사람들의 통상적이고 일상적인 사회적 행동보다 친숙하지 않다. … 모든 사람은 자기 자신의 사회적 경험에 대해 일반화를 하지만 그 일반화들을 각자가 적용하는 상황의 범위 이내에서 임시방편(*ad hoc*)으로 사용하며 그것들의 즉각적인 적합성이 끝이 나자마자 폐기하고 그것들이 상호 간에 어떻게 연관되는가를 결코 질문하지 않는다. 이 책의 목적은 그러한 친숙한 대혼란으로부터 지적 질서를 추출하는 것이다."[10] 이어서 호만스는, 낮은 차원의 일반화에 의해 표현되는, 경험적으로 확립된 사회학적 사실들의 집단이 보여주는 순서는 그러한 사실들에 대한 **설명**을 필요로 한다는 점과 그러한 설명은 "경험적 명제들과 동일한 형식을 갖는 보다 일반적인 명제들의 집합에 의해 이루어지는데, 우리는 그 집합으로부터 논리적으로 일정한 조건 하에서 경험적 명제를 연역할 수 있다. 그 경험적 명제를 성공적으로 연역하는 것은 그것들을 설명하는 것이다"[11] 라고 주장했다.

사회학자들이 사회적 행동에 대한 '친숙한' 일반화를 이론적으로 설명하는 데 관심이 있다는 점을 강조하기 위해서는 라자스펠드가 강조했던 점을 들 수 있을 것이다. 일상적으로 심리적이나 사회적인 경험 가운데 분명하고 친숙한 사실이라고 널리 간주되고 있는 것들은 때로 실제로는 전혀 사실이 아니며 대중적 고정관념일 뿐이라는 것이다. 이 점은 사실인데, 라자스펠드의 흥미로운 예 가운데 하나를 들면 그것은 다음과 같다. 지식인들은 심리적으로 무감각한 보통 사람들보다 정서적으로 덜 안정적이고, 2차 세계대전 동안 미군 병사 중에서 잘 교육받은 군인은 덜 교육받은 사람들보다 더 정신신경증 증세를 보일 것으로 기대되었다. 그러나 사실은 그 반대임이 드러났다.[12] 따라서 이러

10) Homans(1961), pp. 1~2.
11) Homans(1961), pp. 9~10. 강조는 원저자에 의함.

한 고정관념의 낮은 수준의 일반화에 의거하여 어떤 특별한 경우를 설명하는 것은, 설사 그것이 친숙한 것으로 환원한다고 말할 수 있더라도, 명백히 잘못이다.

그렇다면 이러한 환원은, 앞에서 어느 정도 충분히 주장했듯이, 과학적 설명이 받아들일 만한 것이 되기 위한 필요조건일 수 없다. 그것은 충분조건도 될 수 없다. 왜냐하면 설명에 대한 요청은 때때로 과학적으로 받아들일 만한 설명을 제시하지 않더라도 질문자가 처음에 당혹감을 느꼈던 현상에 대해 친숙감을 느끼도록 함으로써 그의 호기심을 잠재우는 식으로 대답될 수도 있기 때문이다. 우리는 이러한 경우에 친숙함은 내용을 제공하지만 어떤 통찰력도 제공하지 못한다고 말할 수 있다. 예를 들어 우리가 방금 보았듯이, 제시된 설명이 친숙하지만 잘못된 믿음에 근거할 수도 있으며, 그 경우에 그 설명은 거짓이다. 또는 제시된 설명이 일반적인 경험적 가설이 아니라 테스트 불가능한 은유적이거나 형이상학적인 생각에 근거할 수도 있다. 그 경우 그 설명은 잠재적인 과학적 설명일 수도 없다. 예를 들어 '공통 잠재의식 가설'(hypothesis of a common subconscious)의 경우를 생각해 보자. 그 가설은 어떤 이른바 텔레파시 현상을 설명하기 위해서 제안되었다.[13] 그 가설에 따르면, 의식영역에서 인간 마음들은 별도의 실재이지만 그것들은 공통의 잠재의식에 의해 연결되어 있으며 그 잠재의식으로부터 개인의 의식은 해저대륙에 의해 연결된 산악성 섬들처럼 나타난다. 이러한 설명을 통해 얻게 되는 어떤 시사적인 심상 때문에 텔레파시 현상을 직관적으로 이해할 수 있게 된다고 볼 수도 있다. 그러한 직관적 이해감은 친숙한 생각에로의 환원에 의해서 설명된 것처럼

12) Lazarsfeld(1949), pp. 379~380.
13) Price(1945)의 비판적인 언급을 보라. 그리고 카링톤은 공통 잠재의식이라는 개념을 보다 상세히 설명할 뿐만 아니라(Carington, 1949, pp. 208 이하) '직유'로서 이 개념을 사용한다(Carington, 1949, pp. 223 이하).

보인다. 그러나 우리에게 제시된 것은 과학적 설명이 아니라 직유였다. 그 설명은 우리에게 텔레파시 현상의 발생을 기대하는 것이 합리적일 수 있다는 어떠한 근거도 되지 못하며, 그러한 현상이 발생하기 쉬운 조건에 대한 아무런 단서도 제공해 주지 못한다. 실로 여기 나온 그 형식으로는, 공통 잠재의식의 개념은 경험적 현상에 대한 어떠한 분명한 함축도 갖지 못하며 따라서 객관적으로 테스트될 수 없고 유의미한 설명적 용도나 예측적 용도도 갖지 못한다.

비슷한 비판이 엔텔레키에 의해 생물학적 현상을 설명하는 신(新)생기론의 설명에도 적용된다. 그러한 설명은 어떤 조건에서 엔텔레키가 영향을 미치는지, 그것의 발현은 어떤 특정한 형태를 갖는지를 상술하지 않으며, 유기체와의 외적 간섭의 경우에 엔텔레키가 어느 정도로 간섭의 결과로 발생하는 교란을 보상하는지에 대해서도 상술하지 못한다. 대조적으로 뉴턴의 중력이론에 의해 행성운동을 설명하는 경우에는 관련된 질량과 거리가 주어지면 태양과 다른 행성들이 어떤 행성에 어느 정도로 중력을 미치게 되는지를 상술하며, 그러한 힘의 결과로서 운동에서 어떤 변화가 기대되는지를 상술한다. 두 가지 설명 모두 직접적으로는 관찰이 불가능한 어떤 '힘'에 호소한다. 그 중 하나는 생기이고 다른 하나는 중력이다. 하지만 후자는 설명적 지위를 갖지만 전자는 그렇지 못하다. 이러한 차이는 뉴턴 이론은 중력을 규제하는 특정 법칙을 제공하지만 신생기론은 생기를 규제하는 어떠한 법칙도 상술하지 못하며 단지 은유일 뿐이라는 점 때문에 발생한다. 따라서 과학적 설명에서 중요한 것은 용어들이 전달할 수 있는 친숙감이 아니라 포괄법칙이나 이론적 원리이다.

제안된 과학적 설명에서 언급된 법칙들은 물론 테스트될 수 있으며, 그 이론들은 불리한 테스트 결과 때문에 기각될 수 있다. 그러한 기각의 운명도 직유나 은유로 제시되는 설명을 위협하지는 못한다. 그러한 설명들은 어떤 경험적 조건에서 무엇을 기대할 수 있는지를 상술하지 않으며, 어떠한 경험적 테스트도 그것들을 기각할 수 없다. 그러나 과학적 연구가 그러하듯이 우리가 객관적으로 테스트가능하고 경험적으로 잘 지지된 경험적 지식의 집단에 관심을 기울일 때, 결코 반입증될 수 없다는 점은 장점이 아니라 치명적 결점이다. * 경험적 현상에 대해 어떠한 함축도 갖지 못하는 설명은 그것이 직관적 호소가 강하더라도 그러한 목적에 들어맞지 않는다. 과학의 관점에서 보았을 때 그것은 **사이비 설명**(*pseudo-explanation*)이며 피상적 설명일 뿐이다.

요약하면 설명은 피설명항을 우리에게 이미 친숙한 것에로 환원해야 한다는 것은 설명이 과학적으로 적합하기 위해 만족시켜야 할 필요조건도 아니고 충분조건도 아니다.

6. 과학적 설명에서 모형과 유비

경험과학에서 설명은 때때로 설명되어야 할 현상에 대한 '모형'이나 설명되어야 할 현상과 이전에 이미 탐구된 다른 현상들 사이의 유비를 통해 이루어진다. 이 절에서 나는 이러한 절차의 몇 가지 형식을 검토하고 그것들의 설명적 중요성을 평가할 것이다.

먼저 전기, 자기, 광학 현상, 빛나는 에테르 등에 대한 모형들로서 ─19세기와 20세기 초에 매우 널리 퍼진─어느 정도 복잡한 역학체계들의 사용을 고려해 보자. 유명한 과학자들이 그러한 모형들에 대해 부여한 중요성은 윌리엄 톰슨 경(이후에 캘빈 경이 된 인물)의 유명한 연설에 반영되고 있다.

---

* 우리는 이러한 대목에서 헴펠의 논리경험주의와 포퍼의 반증주의의 공통점을 발견한다. 포퍼가 강조했듯이 반확증이나 반증에 대한 강조는 반증주의의 고유한 특징이 아니라 논리경험주의 사상에서도 올바로 이해되고 있었다는 점이 드러난다.

나는 결코 어떤 사물에 대한 역학적 모형을 만들 수 있기 전까지는 만족하지 않을 것이다. 만약 내가 역학적 모형을 만들 수 있다면 나는 그것을 이해할 수 있다. 내가 역학적 모형을 만들 수 없는 한 나는 계속하여 이해할 수 없다. …[1]

나의 목표는 우리가 고려하고 있는 물리적 현상들에서 요청되는 조건들을, 그것들이 무엇이든 간에, 충족시키는 역학적 모형을 어떻게 만들 것인지를 보이는 것이다. 우리가 고체에서의 탄성현상을 고려할 때 나는 그것에 대한 모형을 제시하기를 원한다. 또 다른 경우에 우리가 빛의 진동을 고려할 때 그 현상에서 나타난 행동에 관한 모형을 제시하기를 원한다. … "우리가 물리학에서 특정한 주제를 이해하고 있는가 또는 그렇지 못한가?"에 대한 테스트는 "우리가 그것에 관한 역학적 모형을 만들 수 있는가?"에 있는 것처럼 보인다. [2]

올리버 로지 경은 다수의 역학적 모형들을 제공하는 전기에 관한 책에서 비슷한 투로 말하고 있다.

전기현상을 젤리 속에 끼워 넣어진 투과성이 강한 액체에 의해 발생한 것으로 생각하라. 도선을 그러한 젤리 속에 있는 구멍과 파이프로 생각하고, 발전기를 펌프로 생각하고, 전하를 액체의 과잉 및 부족으로 간주하고, 인력을 당기는 힘 때문으로 생각하고, 방전을 폭발로 생각하라. 이렇게 생각함으로써, 비록 여전히 엄밀하게 알려지지 않을 수도 있지만, 원격작용에 대한 예부터 전래된 생각을 수용하거나 사실을 연결시킬 어떤 이론도 없는 경우에 만족하는 것보다는, 좀더 해당 주제를 잘 이해하고 자연에서 발생하는 실제 과정에 대한 통찰을 얻게 된다. … 또한 이해하기 어렵고 엄밀한 수학적 등식들 이외의 다른 것들이 제공하는 안내를 받지 않고 거대한 복잡한 현상들 사이를 헤매는 것은 현명치 못하다. [3]

---

1) Thomson (1884), pp. 270~271.
2) Thomson (1884), pp. 131~132.

이러한 선언은 과학에서의 설명이 친숙한 것에로의 환원을 포함해야 한다는 것과 비슷한 생각을 반영한 것이다. 이러한 변형이 요구하는 것은 설명이 현상을 그럴듯하게 또는 친숙하게 만들 뿐만 아니라 설명이 역학법칙에 의해 규제되는 모형을 제공해야 한다는 좀 특별한 것인데, 이러한 맥락에서 그 모형들은 친숙한 원리의 지위를 지닌다.

그러나 역학모형을 구성하여 얻고자 하는 바는 정확히 무엇인가? 물론 그러한 모형구성은 모형을 이용하여 모형화되는 현상을 확인하기 위한 것이 아니다. 건전지에 의해 전선에 흐르는 전류는 파이프를 통과하는 액체의 흐름과 같은 것으로 주장되지 않는다. 그것은 또한 펌프에 의해 유지되는 것으로 주장되지 않고 가라앉는 무게에 의해서 도르래 위에서 계속 순환하는 연장불가능한 밧줄의 고리와 같은 것으로 주장되지도 않는다.[4] 주장되는 것은 단순히 모형과 그것이 표현하는 현상 사이에 유비가 있다는 것이다. 관련된 유비는 역학체계를 규제하는 어떤 법칙과 모형화된 현상에 대응하는 법칙 사이의 형식적 유사성에 있다.

예를 들어 종종 인용되듯이 전선 안에서의 전류의 흐름과 파이프 안에서의 액체의 흐름 사이의 유비를 생각해 보자. 액체가 상당히 좁은 파이프를 통하여 적당한 속도로 흐른다고 하자. 푸아죄유 법칙(*Poiseuille's law*)에 따르면 초당 일정한 횡단면을 관통하여 흐르는 액체의 부피 V는 파이프의 양 끝 사이의 압력의 차이에 비례한다.

$$(6.1a) \quad V = c \cdot (p_1 - p_2)$$

---

3) Lodge(1889), pp. 60~61.
4) 이런 풍부한 모형들은 Lodge(1889)와 Thomson(1884)에서 발견할 수 있다. 신경체계 행태의 어떤 측면을 매우 유사한 방식으로 나타내는 유체역학 모형은 S. B. Russell(1913)이 제시했다.

이 법칙은 금속도체에서의 전기의 흐름에 대한 옴의 법칙(*Ohm's law*)과 같은 형식을 갖는다.

(6. 1b) $I = k \cdot (v_1 - v_2)$

여기서 전류 I의 세기는 초당 전선의 일정한 횡단면을 통해 흐르는 전하의 양을 나타낸다고 말할 수 있다. 여기서 $v_1 - v_2$는 전선의 양 끝 사이에 유지되는 전위차이고 k는 저항의 역수이다.

이러한 유비는 더 확장된다. (6. 1a)에서 인수 c는 파이프의 길이 l_1에 반비례한다.

(6. 2a) $c = \dfrac{c'}{l_1}$

마찬가지로 (6. 1b)에서의 인수 k는 전선의 길이 l_2에 반비례한다.

(6. 2b) $k = \dfrac{k'}{l_2}$

따라서 전류의 흐름을 액체의 흐름으로 유비하여 구성한 모형은 다음과 같은 특징을 갖는다. 후자의 현상(액체의 흐름)을 규제하는 법칙들의 집합은 전자의 현상(전류의 흐름)에 대한 대응하는 법칙들의 집합과 동일한 구문론적 구조를 갖는다. 또는 더 분명하게 표현하면, 법칙들의 첫 번째 집합에 나타나는 경험용어들(즉 논리적이거나 수학적이지 않은 용어들)5)은 법칙들의 두 번째 집합에 나타나는 용어들과 일대

---

5) (6. 3a)와 (6. 3b)에 나타나는 '*s*'와 '*q*' 같은 물리적 상수는 여기에서 경험적인 용어로 간주된다.

일로 대응될 수 있는데, 그 경우에 첫 번째 집합의 법칙들 중 하나에서 개개의 용어들이 그것과 대응하는 두 번째 집합의 법칙에 나타나는 용어로 대체되면 두 번째 법칙이 얻어지고, 그 역도 마찬가지이다. 이러한 종류의 두 가지 법칙들의 집합은 구문론적으로 동형이라고 부른다. 그렇다면 여기서 고려되고 있는 종류의 모형과 현상의 모형화된 유형 사이의 적합한 유사성이나 '유비'는 **법칙적 동형성, 즉 법칙들의 두 가지 대응하는 집합 사이의 구문론적 동형성**이다. 물론 그렇게 획득된 모형 개념은 역학체계에만 국한되지 않는다. 우리는 또한 동일한 의미에서 전기적, 화학적, 그리고 다른 종류의 '유비적 모형'에 대해 말할 수 있다.

그러나 우리의 예시에서 동형성은 유비적 모형화의 다른 경우와 마찬가지로 자체적 한계가 있다. 즉 파이프에서 액체의 흐름에 대한 어떤 법칙들은 전선에서의 전류에 적용되지 않는다. 예를 들어 만약 파이프의 길이와 파이프 양 끝 사이의 압력이 고정된 경우에 V는 횡단면의 반경의 4제곱 승에 비례하지만, 대응하는 조건 하에서 전류는 전선의 횡단면의 제곱에 비례한다.

$$(6.3a) \quad V = \frac{\pi r_1^4}{8 l_1 s}(p_1 - p_2)$$

$$(6.3b) \quad I = \frac{\pi r_2^2}{l_2 q}(v_1 - v_2)$$

여기서 s는 액체의 점성률이고 q는 전선을 구성하고 있는 금속의 특정한 저항이다. r_1은 파이프의 내부 횡단면의 반경이고 r_2는 전선의 반경이다.

따라서 체계 S_1이 체계 S_2의 유비모형이라는 진술은 생략적 표현이다. 그 관계를 표현하는 완전한 문장은 다음 형식을 갖게 될 것이다. "S_1은 법칙들의 집합 L_1, L_2와 관련하여 S_2의 유비 모형이다." 만약 L_1에 있는 법칙들이 S_1에 적용되고 L_2에 있는 법칙들이 S_2에 적용되며, L_1과 L_2가 구문론적으로 구조적 동일성을 갖는다면, 그 문장은 참이된다.[6]

법칙적 동형성으로서의 유비 개념은 패러데이(Faraday)의 역선(力線)에 관한 맥스웰의 논문에서 중요한 역할을 하고 있다. 맥스웰은 "내가 말하는 물리적 유비라는 것은 과학의 법칙들과 다른 과학의 법칙들 사이의 부분적 유사성을 의미하는데, 그 유사성에 의해 법칙들 각각은 다른 것들을 예시한다"라고 말했다. 또한 맥스웰은 빛과 탄성적 매체의 진동 사이의 유비에 관하여 "비록 그 중요성과 유용성을 높이 평가해야 하지만, 우리는 그것이 단지 빛의 법칙과 진동의 법칙 사이의 **형태상의** 유사성에만 기초하고 있다는 점을 상기해야 한다"[7]고 말했다. 맥스웰은 계속해서 "내가 전기현상을 연구하는 데 필요한 수학적 개념들을 편리하고 다루기 쉬운 형식으로 상기하려고 시도하는 것은 이러한 종류의 유비이다. … 나는 물리이론을 정립하려고 하지 않는다. … 나의 기획의 경계는 패러데이의 개념과 방법을 엄격히 적용하여 그가 발견했던 다른 순서들을 갖는 현상들의 연결이 분명하게 수학적 정신을 가진 사람들에게 이해될 수 있도록 보이는 것이다"라고 말했다.[8] 맥스웰이 전개하는 유비는 패러데이가 역선을 비압축성 유

---

6) 유비모형에 대한 이런 규정은 물리학에서의 유비에 대한 맥스웰과 뒤앙의 견해와 일치한다. 이에 대해서는 곧 이야기할 것이다. 그것은 또한 볼츠만(Boltzman, 1891, 2장)이 열 이론에서 카르노 순환과 다양한 전기현상을 표상하기 위해서 기계적 모형을 사용하고 있는 방식에 의해서도 지지될 수 있다. 하인리히 헤르츠의 '동적 모형'이라는 일반개념도 같은 기본적인 생각을 반영하고 있다. cf. Hertz(1894), p. 197.

7) Maxwell(1864), p. 28. 강조는 원저자에 의함.

8) Maxwell(1864), p. 29.

체가 흐르는 튜브로 표현한 것에 근거한다. 맥스웰은 매우 많은 전자기 현상들에 대한 유비표현을 제시하고 있지만 패러데이가 전기적 긴장상태라고 불렀던 것을 논의하게 되었을 때는 흥미롭게도 그러한 유비를 더 이상 확장할 수 없음을 깨닫게 되었다. 여기서 그는 순전히 수학적 형식으로 이론을 구성하는 방식에 호소했다.[9)]

뒤앙은 물리학에서의 설명에 대한 유비모형의 중요성에 대해 캘빈과 로지와 같은 학자들의 견해를 신랄하게 비판한다. 뒤앙은 물리학의 목적이 정확한 수학적 용어들로 표현된 이론의 구성에 있으며 그 이론으로부터 경험적으로 확립된 법칙들이 연역될 수 있다고 보았다. 뒤앙은 또한 수학적 모형들은 그러한 목적에 전혀 기여하지 못한다고 주장했다. 뒤앙은 로지의 책에 대해 다음과 같이 논평했다. "여기에 현대 전기이론을 상술하려는 목적을 지닌 책 한 권이 있다. … 그 책은 단지 도르래 위를 움직이고, 속이 빈 나무를 감싸고 원기둥을 관통하고, 무게를 지탱하는 끈, 물을 끌어올리는 튜브, 팽창하고 수축하는 것들, 서로 꽉 물려서 시렁을 운반하는 톱니바퀴 등에 대해서만 말하고 있다. 우리는 평화롭고 용의주도하게 질서 잡힌 이성의 장소에 입장하고 있다고 생각하지만 실제로는 공장에 있다는 것을 알게 된다."[10)] 뒤앙은 이어 그러한 수학적 모형을 이용하는 것은 '프랑스 독자의 경우에는' 그 이론을 이해하는 것을 촉진하는 것이 아니라고 불평한다. 즉 복잡한 장치의 작동을 이해해야 하고 모형의 성질과 예시되고 있는 이론 사이의 유비를 인지하기 위한 많은 노력이 필요하다는 것이다. *

---

9) Maxwell(1864), pp. 51 이하. 물리이론에 있어 유비의 중요성에 대한 맥스웰의 견해에 대한 완전한 논의는 터너의 연구(Turner, 1955; 1956)를 볼 것.

10) Duhem(1906), p. 111 번역.

* 뒤앙은 자신의 여러 저서에서 프랑스, 영국, 독일의 과학방법론을 구별했다. 프랑스의 과학방법론(프랑스 정신)은, 파스칼과 데카르트의 견해에서 나타나듯이, 지식은 제 1원리를 직관하고 그것으로부터 엄격한 연역을 통하여 획득된다. 이와 대조적으로 독일의 과학방법론은 후자의 능력이 뛰어나

뒤앙은 수학적 모형을 설명적으로 사용하는 것을 반대했지만 대조적으로 유비는 물리학 연구에서 매우 유용하다고 강조했다. 그가 염두에 둔 유비는 우리가 법칙적 동형성이라고 불렀던 것에 기초한 유비이다. 그는 예를 들어 옴이 열의 전도로부터 전기전도로 이동한 것을 언급했고, 두 가지 구별되고 다른 현상들의 범주에 관한 포괄적 이론이 동일한 대수적 형식을 갖는 경우들의 중요성을 강조했다. 11)

그러나 만약 우리의 규정이 옳다면, 뒤앙이 경멸한 역학모형들은 그가 보기에 모형들의 용어로 명확하게 구성되지 않았다는 의미에서 과학적 유비와 기본적으로 동일한 종류의 법칙적 동형성을 보여준다. 뒤앙이 주장한 모형과 유비의 구분은 논리적 지위에서의 차이가 아니라 오히려 법칙들의 동형적 집합의 정확성과 범위에서의 차이를 반영한다. 그러나 뒤앙은 그 구분에 대한 정확한 기준을 제시하지는 않았다. 역학적 모형을 규제하는 법칙들 중에 모형화된 현상에도 동형적으로 적용될 수 있는 법칙은 대개 수적으로 얼마 되지 않으며 범위도 제한되어 있다. 그 결과 때때로 여러 가지 상이한 모형들이 한 가지 종류의 물리적 대상이나 현상의 상이한 측면을 표현하는 데 사용된다. 예를 들어 캘빈은 수정의 탄성력, 빛의 산란, 광선의 편광축의 회전을 표현하기 위해서 분자에 대한 매우 다른 모형들을 제안했다. 12) 로지

지만 전자의 능력은 결여되어 있다. *German Science* (Open Court, 1991) 참조할 것. 한편 영국의 과학방법론은 맥스웰의 전자기 이론에서 잘 나타나듯이 모형을 사용하는 데 있다. 뒤앙에 따르면 물리학 이론, 특히 장 이론은 모형이 아니라 수학적으로 구성될 수 있는 역학적 해석이 필요하다. *La théorie physique. Son objet et sa structure* (1906) 참조할 것.

11) Duhem (1906), pp. 152~154. 볼츠만은 물리적 유비를 비슷한 방식으로 특징짓고 있다. "… 이른바 자연은 엄청나게 다양한 것들을 정확히 똑같은 계획에 따라 만든 것 같다. 수학에서 해석학자들이 말하는 방식으로 바꾸어 말한다면, 똑같은 미분방정식이 엄청나게 다양한 현상에 대해서 성립한다." 볼츠만의 영어 번역본 (1907), p. 7.

12) Thomson (1884) 참조할 것.

는 다양한 정전기적, 전기역학적, 전자기적 현상을 표현하기 위해 앞
에서 인용된 구절에서 뒤앙이 말한 것과는 전혀 다른 역학체계들을 구
상했다. 다른 한편으로 뒤앙이 생각했던 종류의 유익한 유비의 경우에
서 동형적 법칙들이나 이론적 원리들은 정확한 수학적 용어로 진술되
며 그 자체로 중요한 법칙에 해당하는 매우 다양한 결과들을 연역할
수 있을 정도로 강력하다. 이 점은 파동운동에 관한 수학적 이론을 역
학, 광학, 양자역학의 일부에 적용할 수 있는 포괄적인 법칙적 동형성
을 통해 볼 수 있다.[13]

　유비모형의 설명적 중요성과 좀더 일반적으로 법칙적 동형성에 기
반을 둔 유비의 설명적 중요성을 평가하기 위해 다음을 가정해 보자.
즉 어떤 '새로운' 탐구분야가 조사되고 있고, 우리가 '오래된' 이전에
조사된 탐구영역에 대한 유비에 의해 새로운 분야에서 발생한 현상을
설명하려고 시도한다고 가정해 보자. 이것은 오래된 영역에 속하는 법
칙들의 집합 L_1과 새로운 영역에 속하는 대등한 집합 L_2 사이에 동형
성이 성립할 것을 요구한다. 그러한 목적을 갖고 우리는 먼저 새로운
영역에서 법칙들의 적절한 집합 L_2를 찾아내야 할 것이다. 그러나 일
단 그것이 달성되면 그 법칙들은 집합 L_1과 동형적이라는 점을 언급하
지 않고 직접적으로 '새로운' 영역을 설명하는 데 사용될 수 있다. 따
라서 과학적 설명의 체계적 목적상 유비에 의존하는 것은 비본질적이
고 필수적인 것도 아니다.

　마찬가지로 이러한 생각은, 특히 생물학적으로 종종 고려되는 현상
을 모방하는 데 사용되어 왔던 물리화학적 체계와 같은, 비역학적인 종
류의 유비모형에도 적용된다. 예를 들어,[14] 르뒤크(Leduc)는 순전히

---

13) 물리학에서 법칙적 동형성에 근거한 유비의 더 많은 사례들은 Seeliger
　　(1948)에서 볼 수 있다. 사례들에 의해서 잘 묘사된 물리학에서의 법칙적 동
　　형성의 중요성에 대한 명쾌한 논의는 Watkins(1938) 3장에서도 볼 수 있다.
14) 많은 예로는 Leduc의 책(1911), (1912)를 볼 것.

화학적 수단에 의해서 다양한 삼투성 성장들을 산출할 수 있었다. 성장의 매우 다양한 형식들은 놀랍게도 친숙한 식물과 동물의 성장을 닮았으며, 그것들이 발생에 있어서 유기체적 성장과 놀랄 만한 유비를 나타낸다. 따라서 유비모형은 양적이 아닌 법칙들의 동형성에 근거한다.

> 삼투성 성장은 진화적 생존방식을 갖는다. 그것은 삼투와 흡수에 의해 영양분을 받는다. 그것은 제공된 물질들을 선택한다. 그것은 영양분을 소화하기 전에 그것의 화학적 성분을 변경한다. 생물체와 마찬가지로 그것은 자신의 환경에 기능 폐기물을 방출한다. 더구나 성장은 성장하며 살아 있는 유기체의 구조와 같은 구조를 발전시키고, 형태와 발생에 영향을 미치는 많은 외적 변화에 민감하다. 그러나 영양, 동화, 민감성, 성장, 조직과 같은 이러한 형상들은 일반적으로 생명의 유일한 특징이라고 주장되고 있다. [15]

유기체와 물리화학적 체계 사이의 이러저러한 유비들은 종종 성장, 신진대사, 재생 등은 '기계' 혹은 물리화학적 법칙들에 의해서만 규제되는 체계에 의해서는 나타날 수 없는 현상이라는 생기론적 주장에 대답하기 위해 사용되어 왔다. [16] 그러나 그 모형들이 앞의 주장을 논박할 수는 있지만, 그것들이 문제의 생물학적 현상을 적극적으로 이론적으로 설명해 주는 것은 아니다. 실제로 르뒤크는 화학적 수단으로 삼투성 성장이 나타나는 특수한 식물 모양의 형태를 설명해 줄 아무런

---

15) Leduc(1911), p. 159.
16) 수정 유비에 대해서는 예를 들어 Bertalanffy(1933), pp. 100~102를 참조하라. 그리고 생물학적 현상의 물리-화학적 모형에 대한 좋은 논의는 Bonhoeffer(1948)에서 볼 수 있다. 여기에서 언급된 동기를 제공하는 고려사항들이 이 책에 명시적으로 제시되어 있다. 이런 맥락에서 학습의 어떤 측면에 대한 보다 최근의 물리학적 모형도 언급할 수 있다. 그것은 또다시 최소한 물활론적인 주장에 반대하고자 하는 바람에서 제시되었다. 그런 모형은 Baernstein and Hull(1931)과 Krueger and Hull(1931)에 제시되었다.

물리화학적 법칙도 진술하지 못했다. 심지어 그는 그러한 인공적 성장
에 의해 모형화된 ‘자연’ 식물의 형체들을 설명하는 동일한 법칙을 확
립하지도 못했다. 삼투성 성장과 유기적 성장에서의 ‘신진대사’, ‘재생’
등에 대해서도 이와 비슷한 비판을 할 수 있다.

　더구나 르뒤크의 모형이나 그와 유사한 모형에 의해 예시되는 동형
성은 오직 위에서 인용된 구절에서 나타나는 모호한 질적인 종류의 일
양성에만 관련된다. 예를 들어 유기체는 성장하고 죽으며, 그것의 삼
투성 대응물도 그렇다, 유기체와 환경 사이에 물질의 교환이 있으며
각각의 모형과 그것의 환경 사이에도 물질의 교환이 있다, 유기체와
그 물리화학적 모형에서 상처 치료가 어느 정도 있다는 등이다. 그 모
형들이 구체성을 결여하고 있기 때문에 이러한 종류의 일반화는 충분
한 설명력을 갖지 못한다. 이러한 점에서 여기서 제시된 유비들은, 예
를 들어 수면파와 전자기파 사이의 유비에 비해 매우 열등하다. 수면
파와 전자기파 사이의 유비는 수학적 용어들로 구성된 두 가지 포괄적
이론들의 구문론적 동형성에 기초를 두고 있다.

　앞에서 지적했듯이 유비나 유비모형에 대한 언급은 과학적 설명을
체계적으로 진술하는 데 반드시 있어야 하는 것은 아니다. 그러나 법
칙들이나 이론적 원리들의 다른 집합 사이의 동형성을 발견하는 것은
다른 면에서는 유용하다고 볼 수도 있다.

　첫째, 그것은 ‘지적 경제성’에 도움이 될 수 있다.[17] 만약 현상들의
‘새로운’ 집합을 규제하는 어떤 법칙들이 다른 집합을 규제하는 법칙들
과 동형적이라면(이 점은 이미 자세히 논의되었다), 후자의 모든 논리
외적 용어들을 대응물로 간단히 대체함으로써 그것의 모든 논리적 결
론들을 새로운 영역으로 옮겨 갈 수 있다. 가우스(Gauss)의 중요한
연구의[18] 출발점은 두 ‘요소’ 사이의 중력의 인력과 전자기의 인력 및

17) Duhem(1906), p. 154.
18) Gauss(1840).

척력은 그것들의 거리의 제곱에 반비례하고 질량이나 전하 또는 자기
력에 비례한다는 관찰이었다. 이러한 법칙적 동형성에 기초하여 가우
스는 특정한 형식의 법칙에 의해 규제되는 모든 힘들에 관한, 특히 대
응하는 포텐셜에 관한, 귀결되는 이론이 적용될 수 있는 상이한 문제
들을 구별하지 않고 수학적인 일반이론을 개발했다.[19] 법칙적 동형성
의 이러한 측면은 최근에 그에 상응하는 컴퓨터와 그와 비슷한 도구들
을 제작하는 데 실제적으로 적용될 수 있음이 드러났다. 예를 들어,
대규모의 값비싼 양수체계의 설계자들은 파이프에서 액체의 흐름과 전
선에서 전류의 흐름 사이의 유비를 뒷받침하는 동형성에 기초하여 펌
프와 파이프 망의 최적 특징을 소규모의 값싼 전기 유비체에 의해 결
정할 수 있게 되었다.

또한 법칙적 동형성에 기반을 둔 유비와 모형은 보다 친숙한 영역에
대한 설명적 원리들과의 유사성을 보임으로써 새로운 탐구영역에 대한
설명적 법칙이나 이론적 원리들의 집합에 대한 이해를 쉽게 만든다.
이러한 방식으로 그것들은 설명에 대한 화용론적 효율성에 도움이 될
수 있다.

더 중요한 점은 잘 선택된 유비나 모형들은 '발견의 맥락'에서 유용
할 수 있다는 점이다. 즉 그것들은 새로운 설명적 원리들을 탐색하는
데 효율적인 안내자 역할을 할 수 있다. 따라서 유비모형 자체는 설명
하는 것이 없지만 그것이 원래 기초하고 있는 유비의 확장을 제시할
수 있다. 노버트 위너(Norbert Wiener)는 이러한 종류의 사례를 언급
했다. 그와 비겔로우(Bigelow)가 고안했던 자발적 인간행동의 유형과

---

19) 다른 탐구영역들 간의 법칙적 동형성의 발견과 그 이용은 베르탈란피가 생
    각한 "일반체계 이론"의 목표 중 하나이다. Bertalanffy(1951; 1956)를 보
    라. 거기에서 더 많은 참고문헌을 발견할 수 있다. 베르탈란피가 예견한 방
    식으로 동형성을 찾으려는 프로그램에 대한 몇몇 논평은 Hempel(1951a)에
    있다.

부정적 피드백 체계에 의해 규제되는 기계의 행동 사이의 유비로부터
그들은, 목적에 합치하는 행위의 경우에, 피드백 체계가 일련의 가벼
운 진동에 의하여 붕괴되는 조건들에 대한 유비체가 존재할 수 있다는
것을 제안했다. 여기서 그 조건들은 이론적으로 잘 이해되고 있는 것
이다. 그러한 유비체는 실로 의도진전(意圖振顫, *purpose tremor*)*의
병리학적 조건에서 발견되었는데, 그 조건에서 특정 대상을 잡으려는
환자는 표적을 지나치고 나서 통제할 수 없는 동요로 빠져들었다. [20]
또 다른 예를 들어 보자. 맥스웰은 전자기 현상에 대한 역학적 유비를
적절히 사용하여 전자기장에 대한 자신의 방정식들을 구한 것처럼 보
인다. 이러한 점 때문에 볼츠만(Boltzmann)은 다음과 같이 말했다.
맥스웰의 업적에 대해 하인리히 헤르츠(Heinrich Hertz)가 높이 칭찬
한 것은 일차적으로 맥스웰의 수학적 분석 때문이 아니라 유용한 역학
적 유비를 고안하는 그의 재능 때문이었다. [21]

유비는 열의 운동 이론이나 유전자의 분자구조에 대한 특정한 가설
들에 의해 유전정보의 암호화와 전달을 설명하는 이론과 같은 미시구
조적 이론들을 고안하고 확장하는 데 유용할 수 있다. 그러한 이론들
은 기초를 이루는 미시적 구조와 과정에 대한 적절한 가정을 함으로써
관찰가능한 거시적 일양성을 설명하려는 이론들이라는 점과 또한 그
가정들은 대체로 규칙이 아니라 유비모형으로서만 제시되었다는 점에
주목해야 한다. 캘빈 경이 스프링에 의해 서로 분리되어 있는 포개진
금속구체들의 집합에 대한 모형에 의해 이러한 과정들에 포함된 개개

---

* 의도진전은 특정 목적을 위한 동작이 불가능한 상태를 말한다. 예를 들어, 물
  이 들어 있는 컵을 쥐거나 입에 대는 동작, 글씨를 쓰려고 종이에 펜을 갖다
  대는 동작 등을 할 때 손이 떨려서 원하는 행동을 할 수 없는 경우가 있다.
20) Wiener(1948), pp. 13~15와 4장.
21) Boltzmann(1905), p. 8; (1891), p. iii. 물리이론에서 유비의 역할에 대한
    다른 설명과 명쾌한 일반적 논의들은 Nagel(1961), pp. 107~117에서 볼
    수 있다.

의 물질분자들을 해석하여 빛의 흡수와 분산에서의 일양성을 설명하려고 시도했을 때, 물론 그는 물질의 실제 미시구조를 기술한다고 주장하지 않았다. 분자들이 겹쳐진 금속구체와 스프링으로 이루어졌다는 가정을 지지하는 증거를 요구하는 것은 논점을 벗어난 것이다. 그러나 열의 동역학 이론은 다른 무엇보다도 기체는 빠른 운동 중에 있는 분자들로 구성되어 있다고 주장한다. 그 이론은 포함된 입자들의 수와 질량, 입자들의 속도의 분포와 그러한 분포의 온도에로의 의존, 분자들의 평균 자유경로와 연속적인 충동 사이의 평균 시간간격 등을 상술한다. 이러한 함축과 많은 다른 특정한 함축들과 관련하여 우리는 그것을 지지하는 증거를 찾아낼 수 있고 실제로 그러한 증거를 제시할 수도 있다.

마찬가지로 다양한 원소들의 원자핵을 구성하는 기본입자들이나 유전자의 분자구조에 대한 이론들은 문제의 체계의 실제 구조에 대한 유비모형으로 제시된 것이 아니라, 설명으로 제시된 것이다. 경험과학에서 다른 이론들처럼 그러한 미시구조 이론들은 '다음 통고가 있을 때까지' 제안된다. 즉 그것들은 이후에 발견된 바람직하지 못한 증거에 비추어 수정되거나 완벽하게 철회될 수 있으며, 종종 오직 근사치라는 양해 하에 제안된다. 그럼에도 불구하고 그것들은 방금 언급된 점에서 유비모형에 의해 구성된 설명과 차이가 난다.

일부 미시구조 이론의 경우 연구 중인 거시적 현상의 기본요소들은 이미 잘 연구된 탐구분야를 규제하는 법칙들의 집합과 동일하거나 구문론적으로 동형적인 법칙들에 의해 규제된다고 가정된다. 대표적인 예로 기체분자들의 운동과 충돌은 탄성력 있는 당구공의 운동과 충돌에 대한 법칙을 따른다는 가정이 있다. 실제로 어떤 학자들은 훌륭한 과학이론의 기본가정들이나 방정식들은 그러한 종류의 유비를 보여야 한다고 주장했다. 이러한 견해들을 설득력 있게 지지한 사람은 물리학자 캠벨(N. R. Campbell)이다.

캠벨은 이론의 중요한 기능은 법칙들, 즉 '실험이나 관찰에 의해 발견된 일양성을 주장하는 명제들'에 대한 연역적 설명을 제시하는 데 있다고 생각한다.[22] 그는 이론을 자신이 가설과 사전이라고 부른 두 종류의 명제들의 집합으로 구성된 것으로 규정한다. 가설은 '이론을 특징짓는 사상들'이나 흔히 말하듯이 이론적 개념들에 의해 구성된다. 사전은 전체 명제가 아니라 일부 명제를, 이론적 개념들을 포함하지 않으면서 적절한 실험이나 관찰에 의해 이론에 전혀 의존하지 않고 검증되거나 반증될 수 있는 다른 명제들로 번역함으로써 가설에 대한 물리적 해석을 제공한다.[23]

캠벨은 과학적 이론은 경험적으로 확립된 법칙들을 설명할 수 있어야 한다고 주장했다. 그러한 설명은 가설과 사전으로부터 법칙을 연역하는 것이다. 캠벨은 다음과 같이 주장한다. "그러나 이론이 가치 있기 위해서는 그것은 두 번째 특징을 지녀야 한다. 즉 이론은 유비를 제공할 수 있어야 한다. 가설의 명제들은 이미 알려진 법칙들과 유사해야 한다." 그는 또한 다음을 덧붙인다. "유비는 이론들을 확립하는 '보조수단'이 아니다. 유비는 이론들의 매우 본질적인 부분이며, 유비가 없으면 이론은 전혀 가치가 없고 이론이라고 부를 수도 없다."[24] 이러한 주장을 뒷받침하기 위해 캠벨은 연역적으로는 경험적 법칙을

---

22) Campbell(1920), p. 71.

23) 캠벨(Campbell, 1920, p. 122)은 다음과 같이 말한다. "사전은 참 혹은 거짓이 알려진 명제들 중 몇몇과 가설을 포함하는 어떤 명제들을 관련시키는데, 그 방식은 첫 번째 집합의 명제들이 참이면 두 번째 집합도 참이고 그 역도 성립한다고 하는 것이다. 이 관계를 첫 번째 집합은 두 번째 집합을 **함축한다**는 말로 표현할 수도 있을 것이다"(강조는 헴펠). 이는 분명히 '함축한다'라는 단어를 표준적으로 쓴 것이 아니다. 따라서 아래 논의에서 나는 캠벨이 염두에 두고 있는 대칭적 관계와 대비되는 비대칭적인 논리적 관계를 나타내기 위해 '연역적으로 함축한다'는 표현을 쓸 것이다. 캠벨에 따르면 사전은 어떤 이론적 명제를 경험적 명제로 번역해 준다고 할 수 있다.

24) Campbell(1920), p. 129.

함축하지만 과학적 이론으로는 분명히 수용이 불가능한 단순한 준(準) 이론체계를 구성한다. 캠벨에 따르면 그것이 과학적 이론이 못되는 이유는 그 가설은 이미 알려진 법칙들에 대한 유비를 제공하지 못하기 때문이다. 간략히 그 체계를 고려해 보자. 나는 그 체계를 S라고 부르겠다.[25]

S의 가설은 네 가지 양적인 이론적 개념 a, b, c, d에 의해서 표현되는데, 그 개념들은 '독립변수' u, v, w, …의 함수이다. 그 가설은 a와 b는 상수함수이고 c는 d와 동일하다고 진술한다.

S의 사전은 다음의 두 가지 규정으로 구성된다. 진술 $(c^2 + d^2) a = R$ (여기서 R은 양의 유리수이다) 은 순수한 금속의 특정 부분의 저항은 R이라는 점을 의미한다. $cd/b = T$라는 진술은 금속의 동일한 부분의 온도는 T라는 점을 의미한다.

이제 S의 가설은 연역적으로 다음을 함축한다.

$$(c^2 + d^2) a \ / \ \frac{cd}{b} = 2\, ab = \text{일정}$$

캠벨에 따르면, S의 사전을 이용하여 왼편 항을 해석하면 우리는 다음의 법칙을 얻는다. "순수한 금속 부분의 절대온도에 대한 저항의 비율은 일정하다." (실제로 이 명제는 사전에서 언급된 금속의 특정 부분에 대해서만 성립한다. 그러나 이 점은 논의 중인 생각에 본질적이 아닌 것이라고 보고 넘어가기로 한다.)

그렇다면 법칙은 체계 S로부터 논리적으로 연역될 수 있고, 그러한 의미에서 S에 의해 설명된다. 그러나 캠벨은 다음과 같이 주장한다. "만약 이것을 제외한 어떤 것도 필요가 없다면 이론이 부족하여 법칙을 설명하지 못하는 일은 결코 발생하지 않을 것이다. 어린 학생이라

25) Campbell (1920), pp. 123~124.

도 하루 동안 노력하면 수 세대들이 사소한 시행착오의 과정을 거쳐 해결하려고 노력해 온 문제들을 풀 수 있다. 그 이론의 문제는 무엇인가? … 그 이론이 불합리하고 일고의 가치도 없는 것인 이유는 … 어떠한 유비도 제공하지 못한다는 데 있다."[26]

캠벨이 '이론' S를 거부한 것은 확실히 옳지만, 그 이론의 단점에 대한 그의 진단은 부정확해 보인다. 내가 보기에 그 이론의 문제는 그것의 법칙(그리고 오직 그것에 의해 논리적으로 함축되는 모든 것) 외에는 어떠한 경험적으로 테스트가능한 결론도 갖지 못한다는 데 있다. 반면에 가치 있는 과학적 이론들은 자신을 보다 포괄적인 근원적 일양성들의 한 가지 측면으로 나타냄으로써 경험적 법칙을 설명한다. 그러한 일양성은 또한 다양한 다른 테스트가능한 측면을 갖는다. 즉 그것은 또한 다양한 다른 경험적 법칙들을 함축한다. 그러므로 그 이론은 서로 다른 여러 경험법칙들을 체계적으로 통합하여 설명할 수 있다. 게다가 2절에서 지적되었듯이 이론은 보통 원래 구성된 것으로서의 법칙을 연역적으로 함축하는 것이 아니라 이전에 확립된 경험적 법칙들의 개량화와 정교화를 함축할 것이다.

S의 이론적 자격을 부정하는 것은 유비의 부재가 아니라 이러한 결점 때문이라는 진단은 다음과 같은 생각에 의해서도 지지될 것이다. 즉 우리는 이미 알려진 법칙들에 대한 유비를 나타내지만 그럼에도 불구하고 S와 똑같은 결점을 갖기 때문에 과학에서 가치가 없는 체계들을 쉽게 구성할 수 있다. 예를 들어 체계 S'의 가설이 대상 u에 대해 네 가지 이론적 양 a, b, c, d의 관계를 주장한다고 가정하자.

---

26) Campbell(1920), pp. 129~130. 그러나 캠벨은 푸리에의 열전도 이론에 의해 묘사된 유형의 이론이 있다는 것을 받아들인다. 여기에서 유비는 보다 덜 중요한 역할을 한다. (pp. 140~144) 지금의 논의를 위해 이러한 이론들을 고려할 필요는 분명히 없을 것이다.

$$c(u) = \frac{k_1 a(u)}{b(u)} \;\; ; \;\; d(u) = \frac{k_2 b(u)}{a(u)}$$

여기서 k_1과 k_2는 상수이다. S'의 사전이 순수한 금의 부분 u에 대해 $c(u)$는 저항이고 $d(u)$는 절대온도의 역수를 나타낸다고 하자. 그 경우 S' 역시 위에서 인용된 법칙을 연역적으로 함축하고 더구나 그 가설의 개개의 두 명제는 이미 알려진 법칙에 대한 유비를 나타낸다. 예를 들어 옴의 법칙(Ohm's law)이 있다. 그러나 S'은 S가 그러하듯이 과학적 이론으로 분류될 수 없고, 분명히 S와 동일한 이유로 과학적 이론으로 분류되지도 않는다.

따라서 내가 판단하기에, 캠벨은 유비가 과학적 이론화와 이론적 설명에서 본질적인 논리체계적 역할을 한다는 점을 보여주지 못했지만, 그의 생각 중 일부는 유비에 대한 요구가 설명의 화용론적이고 심리학적인 측면에 속한다는 점과는 잘 맞는다. 이 점은 그가 한 다음의 진술에 의해서도 확인된다. 즉 "유비는 사고하는 마음의 작용이다. 명제들의 한 집합이 다른 집합과 유사하다고 말할 때, 우리는 마음에 미치는 그 영향에 대해 무엇인가를 말한 것이다. 유비가 다른 사람들의 마음에 효과를 낳는지의 여부와 관계없이 그것은 여전히 우리 자신의 마음에 영향을 미친다".27) 이처럼 주관적으로 이해된 유비는 객관적인 과학적 이론이 지닐 필수 불가결한 측면이 될 수 없다.

구조적 유비들의 위대한 발견적 가치를 고려하면 새로운 이론을 고안하려고 시도하는 과학자들은 이전에 탐구된 영역에서 유용하다고 판명된 개념과 법칙을 이용하여, 자연스럽게 자신을 인도해야 한다. 그

27) Campbell (1920), p. 144. 이 주제에 대한 더 나아간 논의를 위해선 Hesse (1963)을 보라. 이 책의 2장은 "캠벨주의자"와 "뒤앙주의자" 사이의 대화의 형식을 갖추고 있다. 이 대화에서 과학적 이론화를 위한 모형과 유비의 중요성에 관한 다양한 논변들이 조사되고 평가된다.

러나 이런 것들이 성립하지 않으면 과학자는 점점 더 친숙한 것으로부터 멀어지는 생각에 의지하게 될 것이다. 예를 들어 보어(Bohr)의 초기 원자이론에서, 에너지를 방사하지 않고 핵 주위를 도는 전자라는 가정은 고전 전기역학의 원리를 위반한 것이었다. 그 이후의 양자이론의 발전에서 '알려진 법칙들'에 대한 기본적인 이론적 원리들의 유비들은 범위가 증가하고 설명력 및 예측력이 커짐에 따라 상당히 감소되었다.

따라서 과학적 설명에 대한 주요한 요청으로서 남은 것은 포괄적인 일반원리 아래에 피설명항을 추론적으로 포섭하는 것이고, 그 원리들이 이전에 확립된 법칙들과 유비가 성립하느냐 하는 문제와 아무런 관련도 없다.

그러나 또 다른 종류의 모형이 있는데, 그것은 종종 이론적 또는 수학적 모형이라고 한다. 그러한 모형은 설명을 목적으로 가령 심리학, 사회학, 경제학 등에서 널리 사용되고 있다. 이러한 사실은 학습에 관한 수많은 수학적 모형, 태도변화와 충돌하는 행동에 대한 이론적 모형, 사회적, 정치적, 경제적 현상에 대한 매우 다양한 모형들에 의해 예시된다.[28]

---

28) 관련문헌은 무척 많다. 그리고 얼마 되지 않은 구체적인 참고문헌들은 여기서 제시할 수 있다. 충돌행동에 대한 구체적인 모형과 더불어 심리학 속 이론적 모형에 대한 특별히 명쾌하고 일반적인 논의는 Miller(1951)에 제시되어 있다. 학습모형에 대해선 예를 들어 Bush and Mosteller(1955)를 보라. 이 책의 서문은 저자의 방법론을 명쾌하게 형식화한다. 논문 모음집 Lazarsfeld(1954)는 개별 모형에 대한 분석이나 모형구성의 방법론이 가지는 일반적인 문제를 다루는 논문뿐만 아니라 사회적 행위의 다양한 측면을 다루는 수학적 모형에 대한 소개를 포함하고 있다. 사회과학에서 수학적 모형들에 대한 뛰어난 일반적 설명은 Arrow(1951)에서 볼 수 있다. 실험생물학 협회 심포지엄(Society for Experimental Biology, 1960)과 국제 과학사 및 과학철학 연합(International Union of History and Philosophy of Sciences, 1961)은 경험과학에서 모형의 역할에 대한 몇몇 흥미로운 논문들을 담고 있다. 논문 Brodbeck(1959)는 이론적 모형의 특징과 기능에 대한 뛰어난 관찰을 담고 있다.

대략 말해, 그리고 많은 미세한 차이는 무시하고 말한다면, 이러한 종류의 이론적 모형은 제한된 적용범위를 갖는다는 이론적 특징을 지닌다. 그것의 기본가정은 문제가 되고 있는 주제들의 서로 다른 특성들이 서로 의존하고 있다는 데 있다. 이러한 특징은 항상은 아니지만 종종 양적 매개변수나 '변수'에 의해 표현된다. 그것들은 어느 정도 직접적으로 관찰가능하거나 측정가능하다. 또는 적어도 부분적인 경험적 해석을 갖는 이론적 개념의 지위를 가질 수도 있는데, 그 해석은 '조작적 정의'에 의해 영향받은 것이다. 예를 들어 이 점은 어떤 종류의 행동에 대한 통계적 확률을 표현하는 매개변수의 경우 참이다. 그 모형의 기본가설은 종종 몇몇 매개변수를 다른 변수들의 수학적 함수로 해석하지만 그것들이 항상 이러한 양적 특징을 갖는 것은 아니다. [29)] 그러한 해석과 함께 기본가설로부터 그 모형이 관계하는 경험적 현상에 대한 특정한 결론들이 추론될 수 있다. 따라서 그 모형을 테스트하는 것이 가능하고 그것을 설명적으로나 예측적으로 사용할 수 있다. 그 결과 얻는 설명과 예측은 그 모형에 포함된 가설의 형태에 따라 연역-법칙적이거나 귀납-통계적일 것이다.

'이론'보다 '이론적 모형'이라는 용어를 사용하는 것은 아마도 문제의 체계가, 특히 고등 물리학 이론과 비교했을 때, 뚜렷한 한계를 갖는다는 점을 나타내기 위한 것으로 생각된다. 우선 그 모형들의 기본가정들은 종종 이상화 또는 과잉 단순화된 것이라고 알려져 있다. 예를 들어 그것들은 주어진 문제에 약간의 관련성을 갖는 것으로 알려진 요인들을 무시할 수 있다. 이 점은 예를 들어 문제의 행위자가 엄밀한 경제적 합리성을 지닌다는 가정에 기반을 둔 경제행위에 대한 이론적 모형에서 참이다. 다음으로 서로 다른 요인들 사이의 상호관계의 정식화

---

29) 예를 들어, 이것은 충돌행동에 대한 밀러의 이론적 모형에서 참이다. "주체가 목표에 가까이 있을수록 그 목표에 접근하려는 경향이 강해진다"와 같은 비교적 가설을 이용하여 충돌행동은 정식화된다. Miller(1951), p. 90.

가 의도적으로 지나치게 단순화될 수 있는데, 아마도 그 모형을 수학
적으로 다룰 수 있는 특별한 경우에 적용하기 위해서 그럴 수 있다.
덧붙여 그 모형이 나타내고자 하는 현상의 집합이 매우 제한적일 수
있다. 예를 들어 위험상황 아래에서의 의사결정에 대한 이론적 모형은
인위적이고 실험적으로 통제된 조건 아래서 이루어진 결정과 적은 수
의 비교적 사소한 선택지에 제한된 결정들에 국한될 수 있다.

　그러한 특이성은 또한 물리적 이론화의 분야에서도 발견될 수 있다.
그것들 때문에 우리는 문제의 체계가 잠재적으로 설명적 이론의 지위
를 갖지 못한다고 판단하지 않는다. 그러나 범위가 제한되어 있고 그
범위 안에서 근사적인 타당성만을 갖는다는 점 때문에 이론적 모형의
실제적인 설명적이고 예측적인 가치는 심각하게 제한될 수 있다.

7. 발생적 설명과 포괄법칙

　포괄법칙 모형은 종종 경험과학이 제시하는 일부 설명들의 구조와
내용을 정확히 표현할 수는 있지만 그 외의 많은 설명들의 경우에는 그
렇지 못하다는 비판을 받아 왔다. 현재의 절과 다음 절에서 나는 이러
한 주장을 지지하는 데 인용되어 왔던 과학적 설명의 몇 가지 중요한
방식과 측면을 검토하고, 포괄법칙 개념이 그러한 방식과 측면의 논리
와 위력을 설명하는 데 어떤 도움을 줄 수 있는지를 살펴볼 것이다.

　반드시 역사학에서만 그런 것은 아니지만 그 분야에서 널리 사용되
고 있는 한 가지 설명적 절차는 발생적 설명(genetic explanation)의 절
차이다. 그것은 연구 중인 현상을 현상들이 발생하는 계열의 최종 단
계로 표현하며, 현상들의 발생계열의 연속적 단계를 진술함으로써 그
현상을 설명한다.

　예를 들어, 루터(Luther)가 젊었을 때 유행했던 면죄부 판매 관행을

고려해 보자. 교회역사가 뵈머(Böhmer)에 따르면, 20세기 이전까지
는 "면죄부는 실제로 여전히 해명되지 않은 대상이었다. 고전학자는
면죄부를 보고 한숨을 쉬면서 '어떻게 이것이 생겨났지?'라고 자문할
것이다". 고틀로프(Adolf Gottlob)는 이 질문에 대한 한 가지 대답을
제시했는데, 그는 교황들과 주교들이 면죄부를 발행하게 된 이유를 생
각함으로써 그 문제를 해결하고자 했다. 그 결과, "당시까지 알려지지
않았던 대상의 기원과 과정이 분명히 알려지게 되었고, 면죄부의 본래
의 의미에 대한 의심이 사라지게 되었다. 면죄부는 기독교와 이슬람교
사이의 대투쟁 시대의 진정한 산물인 동시에 독일 기독교의 독특한 산
물로 알려지게 되었다".[1]

이러한 견해에 따르면,[2] 면죄부의 기원은 9세기까지 거슬러 올라가
는데, 당시의 교황들은 이슬람교와의 투쟁에 강한 관심을 가졌다. 이
슬람 전사들은 전투에서 죽으면 그들의 영혼이 즉시 천국으로 갈 것이
라는 종교의 가르침을 확신했지만, 기독교인들은 죄를 규칙적으로 회
개하지 않으면 자신의 영혼이 계속 지옥에 머무를지도 모른다고 걱정
해야만 했다. 이러한 우려를 불식시키기 위해 교황 요한 7세는 877년
전투에서 사망한 십자군들의 죄를 사면하는 것을 허용했다. "일단 십
자군이 매우 높이 평가되자, 십자군에 참여하는 행위는 속죄를 수행한
것에 해당하며 교회의 적을 공격하는 데 참여한 것에 대한 보상으로
속죄 의무의 면제를 약속해 준다고 간주되기는 쉬웠다."[3] 따라서 십
자군 면죄부가 도입되었는데, 그로 인하여 종교전쟁에 참여한 모든 사
람들은 속죄의 벌을 완전히 면제받게 되었다. "만약 우리가 교회의 속

---

1) Böhmer(1930), p. 91. 고틀로프의 *Kreuzablass und Almosenablass*는 1906
   년에 출판되었다. Schwiebert(1950)에 있는 고틀로프와 다른 연구자들의
   연구에 대한 참고문헌은 10장의 각주를 참조하라.
2) 여기에서 나는 Böhmer(1930), 3장과 Schwiebert(1950), 10장에 있는 설
   명을 따르고 있다.
3) Böhmer(1930), p. 92.

죄가 함축하는 불편함, 즉 교회에서의 불이익과 세속적인 불이익을 생
각한다면, 면죄부를 얻기 위해 참회자들이 무리를 지어 몰려왔다는 것
을 이해하기란 어렵지 않다."[4] 또 다른 강한 동기는 면죄부를 얻은 사
람은 누구나 속죄의 벌로부터 자유로울 뿐 아니라 사후의 연옥에서의
고통으로부터 자유롭다는 믿음으로부터 유래했다. 면죄부의 혜택은
종교전쟁에 참여하는 데 신체적으로는 부적합하지만 십자군에 병사를
보내는 데 소요되는 기금을 기부한 사람들에게로 확대되었다. 1199년
교황 인노켄티우스 3세는 돈을 기부한 사람은 십자군 면죄부의 혜택을
받을 수 있는 자격이 있다고 인정했다.

십자군이 쇠퇴할 무렵에 면죄부를 통해 기금을 확대하려는 새로운
방식이 모색되었다. 따라서 매(每) 백년을 축하하기 위해 당시에 로마
로 향하는 순례자에게 혜택을 주기 위한 "성년(聖年) 면죄부"가 제정
되었다. 이러한 첫 번째 면죄부는 1300년에 막대한 수입을 낳았고 따
라서 이어지는 성년 면죄부의 간격이 50년, 33년, 25년으로 점차 줄
어들었다. 성년 면죄부는 1393년부터는 적절한 액수의 돈을 받고 회
개하는 죄인을 면제하는 권한을 가진 특별 대리인들을 통하여 로마뿐
만 아니라 유럽의 모든 곳에서 이용될 수 있었다. 면죄부의 발전은 여
전히 계속되었다. 1447년 교황 식스투스 4세의 독단적 선언은 면죄부
에 연옥에서 죽은 자의 영혼을 구해내는 힘을 부여했다.

우리가 인정할 수밖에 없듯이 이러한 종류의 발생적 설명은 역사적
현상에 대한 이해를 촉진할 수 있다. 그러나 그것의 설명적 역할은 기
본적으로 법칙적 성격을 갖는 것으로 보인다. 왜냐하면 논의를 위해
선택된 연속적 단계들은 분명히 시간적 계열을 형성하는 동시에 설명
되어야 할 최종 단계에 선행한다는 사실보다는 그 기능 때문에 적합하
다고 분류되기 때문이다. 연감에서 사건들이 발생한 순서로 '올해의

---

4) Böhmer(1930), p. 93.

중요한 사건들'을 단순히 나열하는 것은 분명히 최종사건이나 다른 어떤 것에 대한 발생적 설명이 될 수 없다. 우리는 발생적 설명에서 개개의 단계는 다음 단계로 '연결된다'는 점과, 따라서 일반원리들에 의해 그것의 후속단계에 연결된다는 점을 보여야 한다. 그러한 일반원리들은 선행단계가 주어지면 나중 단계의 발생을 적어도 개연적으로 만든다. 그러나 이러한 의미에서 돌멩이의 자유낙하와 같은 물리적 현상에서의 연속적 단계조차도 발생적 계열을 형성하는 것으로 간주될 수 있는데, 다른 시각에 돌멩이의 속도와 위치에 의해 규정되는 계열의 다른 단계들은 엄밀하게 보편법칙에 의해 상호 연결되어 있다. 갈톤 보드를[5] 지그재그 방식으로 내려가는 강철 공의 연속적 운동의 단계들은 확률적으로 연결되는 발생적 수열을 형성하는 것으로 간주할 수 있다.

물론 역사가들이 제공하는 발생적 설명들은 물리학에서 유래하는 이러한 예들이 제안하는 법칙적 성격을 지닌 종류는 아니다. 오히려 발생적 설명들은 규칙적 상호연관성의 정도를 어느 정도 많은 양의 정확한 진술과 연결한다. 발생적 설명에서 언급된 중간 단계를 고려해 보자. 그것의 어떤 측면은 (종종 단지 암시되기만 하는 법칙들을 연결함으로써) 선행단계들로부터 발전한 것으로서 표현될 것이다. 발전에 대한 선행정보에 의해 설명되지 않은 다른 측면들에 대한 진술들이 추가되는데, 그 이유는 그 진술들이 발생적 계열에서 그 이후의 단계들에 관련되기 때문이다. 따라서 도식적으로 말하면 발생적 설명은 초기 단계에 대한 정확한 진술로부터 비롯된다. 그로부터 발생적 설명은 두 번째 단계에 대한 설명으로 진행하며, 두 번째 단계의 일부분은 초기 단계의 특징들과 법칙적으로 연결되고 또한 그 특징에 의해 설명된다. 또한 두 번째 단계의 나머지 부분에 대한 진술이 추가되는데 그 진술

---

5) 장치에 대한 진술과 그 작동에 대한 확률적 분석은 예를 들어 Mises(1939), pp. 237~240을 볼 것.

들은 세 번째 단계의 일부 부분을 설명하는 데 관련된다. 6)

다음의 도표는 도식적으로 법칙적 설명이 이러한 종류의 발생적 설명에서 정확한 진술과 결합되는 방식을 보여준다.

$$S_1 \nearrow \left.\begin{matrix} S_2{'} \\ +D_2 \end{matrix}\right\} S_2 \nearrow \left.\begin{matrix} S_3{'} \\ +D_3 \end{matrix}\right\} S_3 \nearrow \cdots \nearrow \left.\begin{matrix} S_{n-1}{'} \\ +D_{n-1} \end{matrix}\right\} S_{n-1} \rightarrow S_n$$

개개의 화살표는 두 가지 계속적 단계들 사이에 성립한다고 추정되는 법칙적 연결을 나타낸다. 화살표는 일반적으로 완전하고 명백히 진술되지는 않았지만, 보편적이거나 통계적일 가능성이 높은 일양성을 전제한다. S_1, S_2, ⋯ S_n은 발생적 설명이 첫 번째, 두 번째, ⋯, n번째 단계에 제공하는 모든 정보를 표현하는 문장들의 집합이다. 첫 번째와 마지막 단계를 제외한 개개의 단계들의 경우에 제공된 정보는 두 부분으로 나뉜다. $S_1{'}$, $S_2{'}$, ⋯ $S_n{'}$에 의해 표현된 부분은 선행단계에 의해 설명되는 주어진 단계에 대한 사실들을 진술한다. D_2, D_3, ⋯ D_{n-1}에 의해 표현되는 다른 부분은 다음 단계에 대한 설명적 중요성 때문에 설명이 없이 제시된 또 다른 사실들에 대한 정보를 구성한다. 발생적 설명에 대한 이러한 규정이 매우 도식적이라는 점을 재삼 강조할 필요는 없을 것이다. 그러한 규정은 한편으로는 이러한 절차가 법칙적 설명에 대해 갖는 관계를 보여주고 다른 한편으로는 그것이 진술

---

6) 역사학에서의 발생적 설명의 구조에 대한 이러한 견해는 기본적으로 Nagel (1961), pp. 564~568에 나오는, 역사적 탐구의 논리 속에 나타나는 문제들에 대한 매우 실질적이고 포괄적인 논의맥락 속에서 제시한 것과 같다. 역사 - 발생적 설명에서 일반화를 연결해 주는 전제가 있다는 점은 Frankel (1959), p. 412와 Goldstein (1958), pp. 475~479에서 강조되었다. 자연사에서 "정합적 네러티브"와 포괄법칙적 설명의 역할에 관해서는 Goudge (1958)을 볼 것.

에 대해서 갖는 관계를 보이기 위한 것이다. 실제로 이러한 두 가지 요소는 종종 분리되기 어렵다. 발생적 설명은 시간적 연속에서 상호 연결되지만 구별되는 단계들의 집합을 정연하게 제시하는 대신에, 시간적 범위에 퍼져 있고 연속적 단계를 구성하는 부분들로 쉽게 그룹화되지 않는 다양한 종류의 사실들과 사건들을 진술하고 그것들 사이의 관계를 제안하는 것 같다.

우리의 예에서 법칙들과 법칙적 원리들을 연결하는 가정은 동기를 유발하는 요인을 언급한다. 예를 들어, 전투력을 확보하거나 많은 기부금을 모집하려는 교황의 희망에 대해 제시된 설명적 주장은 분명히 지적인 사람이 주어진 목표를 추구할 때 자신의 실제 신념에 비추어 행동하게 되는 방식에 대한 심리학적 가정을 전제한다. 심리학적 일양성은 또한 면죄부를 구입하려는 열망에 대한 설명으로서 연옥에 대한 공포를 언급하는 부분에도 암시되어 있다. 첫 번째 성년 면죄부의 막대한 재정적 성공은 "교황들의 탐욕스러운 욕구를 자극했을 뿐이며 면죄부 발행간격이 100년으로부터 50년, 33년, 25년으로 단축되었다"[7]는 사실을 역사가가 알게 되면, 그렇게 제안된 설명은 보상에 의한 강화라는 심리학적 가정에 의존하게 된다. 그러나 물론 이러한 생각이 형성된 이유가 명백히 제시되었더라도 그 결과로 나타나는 설명은 기껏해야 부분적 설명을 제공할 것이다. 예를 들어 그 설명은 왜 도중에 등장한 시간간격들이 여기서 언급된 특정한 간격을 갖게 되었는지를 보여줄 수 없다.

우리의 예에서 그러한 요인들은 단순히 진술되거나 암묵적으로 전제되고 있는 것으로, 네이글의 용어를 이용하면[8] '적나라한 사실'인데, 예를 들어 관련된 교리, 조직, 교회의 힘, 십자군의 발생, 십자군 운동의 최종적인 퇴보, 명백히 언급되지 않았지만 만약 발생적 설명이

7) Schwiebert (1950), p. 304.
8) Nagel (1961), p. 566.

설명의 목적을 달성하려면 배경조건으로서 이해되어야 하는 매우 많은 부차적 요인들이 있다.

　발생적 설명에 대한 또 다른 예로서 토인비로부터 인용한 경우를 생각해 보자. 1839년 알렉산드리아의 제 1산부인과 병원이 해군 무기고 부지에 위치하게 되었다. 토인비는 "참 이상한 일이다. 그러나 우리는 첫 번째 놀라운 결과에 이르게 된 사건들의 계열을 거슬러 올라가자마자 납득이 된다는 점을 깨닫게 될 것이다"라고 말한다. [9] 토인비의 발생적 설명은 간략히 말하면 다음과 같다. 오스만 투르크의 이집트 총독이었던 메메드 알리 파샤(Mehmed 'Ali Pasha)는 1839년까지 30년 이상 동안이나 효율적 군사력, 특히 서양식 전함들로 구성된 함대를 구비하려고 노력하고 있었다. 파샤는 군함들이 이집트에서 자국 기술자들에 의해 건조될 수 없다면 해군 편제는 자급자족이 되지 못할 것이라는 점과 이집트 출신의 유능한 해군기술자 집단은 그 목적을 위해 고용해야 할 서양 해군전문가들에 의해서만 훈련될 수 있다는 점을 깨달았다. 파샤는 외국 전문가들에게 자신의 계획을 알리고 그들에게 매우 매력적인 봉급을 제안했다. 그러나 그 일에 지원한 전문가들은 가족과 떨어져 이집트로 오는 것을 꺼려했고, 서구 기준에 맞는 의료치료를 보장받기를 원했다. 따라서 파샤는 해군전문가들과 그들의 가족을 돌보게 될 서양 의사들도 고용하게 되었다. 그러나 의사들은 자신들이 부수적인 일을 할 수 있는 여유시간이 있다는 점을 알게 되었다. "그들은 원기 왕성하고 공공심이 강한 의료인들이었으므로 현지 이집트인들을 위해서 무엇인가를 하겠다고 결심했다. … 산부인과는 분명히 첫 번째 필요한 부분이었다. 그러므로 이제 우리가 알게 되듯이, 필연적인 사건들의 연쇄에 의해 산부인과 병원이 해군 무기고 부지 안에 설립되었다."[10]

---

9) Toynbee(1953), p. 75.
10) *Ibid.*, p. 77.

따라서 토인비는 초기에 이상하게 보였던 문제의 사건이 어떻게 상호 연결된 사건들의 계열의 최종 단계로서 '필연적으로' 발생하게 되었는가를 보임으로써 설명하고자 한다. 그는 그 경우를 이종문화 관계에서 '어떤 것이 또 다른 것으로 진행되는 과정'[11]의 예라고 부른다. 그러나 어디에 어떤 것이 다른 것으로 연결되는 필연성이 있는가? 토인비의 설명에서 나타난 여러 가지 요점에 따르면 추정상의 연결은 행위자들의 동기를 유발하는 이유들에 대한 설명적 언급에 의해 제시된다. 그러나 그 이유들은 이러저러한 이유에 의해 동기화된 사람들이 **일반적으로** 어떤 특징적인 방식으로 행위를 하거나 행위를 하는 **경향이 있**다는 가정 하에서만 귀결되는 행위에 대한 설명적 근거를 제공한다. 따라서 어떤 것이 또 다른 것으로 필연적으로 연결된다는 개념은 여기서 어떤 종류의 인간행위에 대해 적용되는 법칙적 원리들에 의한 연결성을 전제한다. 그러한 원리들과 그것들에 기초를 둔 설명의 논리의 특징은 이 논문의 9절과 10절에서 자세히 검토될 것이다.

나는 이제 역사에서의 발생적 설명에 대한 몇 가지 논쟁의 여지가 있는 주제들을 간략히 고려할 것인데, 우리의 앞선 논의들이 그것들을 설명하는 데 도움이 될 수 있다.

드레이는 역사에서 발생적 설명은 그가 '연속적 계열의 모형'(*the model of continuous series*)[12]이라고 부른 모형과의 비교를 통하여 분명해질 수 있는 논리적 특수성을 지닌다고 주장했다. 그는 그러한 모형의 예로서 자동차 엔진이 정지한 원인을 기름통의 누유에서 추적하는 경우를 제시한다. 누유의 결과로 오일이 없어지고 그것 때문에 실린더와 피스톤의 윤활성이 사라진다. 그에 따라 마찰로 인한 열이 발생하고 피스톤과 실린더 벽의 팽창이 발생한다. 그 결과 금속부분들이 꽉 끼게 되고 엔진이 멈추게 된다. 드레이가 강조하는 점은 순차적인 설

---

11) *Ibid.*, p. 75.
12) Dray(1957), pp. 66 이하.

명이 엔진 정지의 과정을 밝힘으로써, 엔진 정지를 직접적으로 누유에 연결하는 포괄법칙을 인용하여 전달될 수 없는 이해를 제공한다는 것이다. "당연히 엔진은 정지했다 — 나는 이제 누유와 엔지 정지 사이에 **발생한 것들의 연속적 과정**을 상상할 수 있으며 그것들 자체는 잘 이해할 수 있기 때문에 그렇게 말한다 — 그러나 '누유에서 정지'라는 원래의 계열은 잘 이해되지 않는다."13)

내가 제대로 이해했다면 이러한 주장에 대한 드레이의 변호는 두 가지 설명들 사이의 부인할 수 없는 화용론적 차이에 상당 부분 근거한다. 즉 순차적 설명은 최종 단계가 즉시 초기 단계에 연결될 경우에 나타나지 않은 통찰을 제공한다. 그러나 내 생각에는 이러한 화용론적 차이는 두 가지 설명이 설명력에서 차이가 난다는 주장을 정당화하는 비(非) 화용론적 차이와 연관되어 있다. 그 이유를 알기 위해 논증의 목적상 잘 제작된 자동차의 기름통에서 누유가 발생할 때면 언제나 그 차의 엔진은 정지한다는 진술 *L*에 법칙적 지위를 부여해 보자. 그 경우 이러한 법칙은 엔진이 정지하는 특별한 경우에 대한 낮은 차원의 설명을 위해 사용될 것이다. 다른 한편으로 순차적 설명은 단계들의 계열을 통한 과정을 추적하고 그 각각을 드레이가 말한 '하위법칙' (*sub-laws*)에 의해 규제되는 것으로 본다. 여기서 그러한 하위법칙들은 피스톤과 실린더 벽 사이의 마찰을 열과 금속부분들의 팽창과 연결하는 법칙들이다. 그러나 우리는 그 법칙들의 적절한 집합에 의해 엔지 정지의 특별한 경우들뿐만 아니라 왜 법칙 *L*이 성립하는지, 즉 잘 제작된 자동차에서 오일 누유가 **일반적으로** 엔진 정지를 야기하는 이유를 설명할 수 있다.

역사에서 발생적 설명의 경우에 단계에 의한 설명을 이해를 하는 데 본질적인 것으로 간주하는 또 다른 이유가 있다. 이 경우에는 앞선 예

---

13) *Ibid*., p. 68. 강조는 원저자에 의함. 비슷한 의도에서 제시된 생각과 또 다른 예시는 Danto(1956), pp. 23~25를 볼 것.

에서의 법칙 L과 유사하게 과정의 최종 단계를 즉시 초기 단계로 연결하는 일반법칙은 없다. 우리의 도식적 규정이 보여주듯이 초기 단계에 대한 특정한 자료는 그 자체로는 최종 단계의 모든 상술된 측면들을 설명하기에 충분하지 않다. 우리가 최종 단계의 모든 상술된 측면들을 설명하기 위해서는 더 많은 자료가 필요하고, 그 자료들은 중간 단계들에 대한 진술에서 부차적인 '적나라한 사실'에 대한 정보에 의해 부분으로 나뉘어 제공된다.

  발생적 설명에 대한 우리의 이해는 또한 다음의 불평이 옳다는 것도 보여준다. 즉 우리가 역사적 설명의 맥락에서 제시할 수 있는 심리학적 법칙과 일상적 경험에 관한 다른 법칙들을 포함한 법칙들은, 우리가 역사적 사건들이 유일하게 되고 그렇기 때문에 역사가들의 특별한 관심을 끄는 풍부하고 구별되는 특이성을 설명하려고 노력할 때, 사소하고 부적합하게 된다는 것이다. 예를 들어, 역사적 인물들의 행위에 대해 제시된 몇몇 심리학적 설명의 세밀함과 복잡성을 고려할 때 이러한 비난은 다소 과장될 수 있다. 그러나 부인할 수 없을 만큼 그 비난은 충분히 고려할 만한 가치가 있다. 방금 요약된 모형은 다른 특별한 사실들과 연결하는 일양성을 언급하여 설명하지 않고 단순히 진술되는 어느 정도 광범위한 세부사항들을 발생적 설명에 도입함으로써 그러한 문제가 발생할 여지를 남긴다.

8. 개념에 의한 설명

  드레이는 역사적 탐구에서 설명의 역할을 검토하면서 포괄법칙 개념의 문제점을 제시하는 것으로 보이는 설명의 다른 형태를 지적한다. 드레이는 그러한 설명의 다른 형태를 '본질을 설명하기'(*explaining what*) 또는 '개념에 의한 설명'(*explanation-by-concept*)이라고 불렀는데, 그것은 이러한 종류의 설명에 대한 요청은 전형적으로 "이러한 경우에 발생한 것은 무엇인가?"라는 형태를 갖고 역사가는 "'그것은 이런 것이다'라는 형태의 설명을 제공함으로써 그 질문에 대답하기" 때문이다.[1] 이 점을 예시하기 위해 드레이는 뮈어(Ramsey Muir)의 《영연방 소사》(*Short History of the British Commonwealth*)에 나오는 구절을 제시한다. 그 구절은 — 농토의 공유지 사유화(*enclosure*), 산업생산의 시작, 통신의 진보와 같은 — 18세기 후반 영국에서 발생한 변화들을 기술한 뒤 다음처럼 쓰고 있다. "그렇게 시작된 것은 단순히 경제적 변화는 아니었다. 그것은 사회혁명이었다." 드레이는 비록 역사가들이 여기서 왜 그리고 어떻게 조사 중인 사건들이 발생했는가를 말하려고 하지 않지만 "'그것은 사회혁명이었다'는 주장은 설명이다. 그 주장은 발생한 일이 사회혁명**이라고** 설명한다"[2]고 말한다. 드레이는 이러한 종류의 설명을 "일반법칙이 아니라 일반개념에 의한 설명"이라고 규정한다. "왜냐하면 설명이 필요한 것처럼 보이는 것에 대해 만족스런 **분류**를 찾아낸 설명을 했기 때문이다."[3] 드레이는 또한 이러한 종류의 설명에서 일반화가 본질적이더라도 그 일반화는 일반법칙의 형식을 취하지는 않을 것이라고 덧붙인다. 왜냐하면 "설명되어야 하는 것은 발생한 일련의 사건들이거나 조건들 x, y, z이고 관련된 일반화는 'x, y, z는 Q에 해당한다'는 형태일 것이기 때문이다. 그러한 설명적 일반화는 x, y, z를 '무엇 무엇이라고' 한꺼번에 묶어 말하는 것을 허용한다는 의미에서 축약적이다. 그리고 역사가들은 연구 중인 사건들과 조건들을 이렇게 연관된 것으로 나타낼 수 있다는 것을 학문적으로 만족스러워한다".[4]

그러나 우리는 분명히 그러한 모든 표현들을 설명적이라고 간주할

---

1) Dray(1959), p. 403.
2) *Ibid.*, 강조는 원저자에 의함.
3) Dray(1959), p. 404. 강조는 원저자에 의함.
4) *Ibid.*, p. 406.

수는 없다. 예를 들어 뮈어가 언급한 특별한 사건들은 1,000명 이상의 사람들을 포함하고 100제곱마일을 넘은 면적에 영향을 미치는 변화로 분류될 수도 있는데, 그와 같은 분류는 참이더라도 분명히 할 수 없는 분류이다. 만약 x, y, z를 한꺼번에 묶어 Q로 규정하는 것이 설명적이라는 의미를 지닌다면, 그 이유는 특정한 경우가 Q의 특징인 어떤 일반적 양식에 들어맞거나 그것에 부합한다는 점을 그 규정이 함축하기 때문이다.

나는 문제의 절차가 역사문헌학 영역 밖에서도 사용된다는 점을 보여주는 몇 가지 예들을 이용하여 그 점을 예시할 것이다.

단순 흡입 펌프가 물을 34피트 이상 끌어올릴 수 없는 이유에 대한 토리첼리의 설명은 지구를 둘러싸고 있는 '공기의 바다'라는 '개념도식'(conceptual scheme)에 의존한다.[5] 그러나 그 도식은 오로지 그것이 공기의 바다와 물의 바다 사이의 법칙적 유비를 전제하기 때문에 설명력을 갖는다. 즉 "바다의 수면 아래에 수압이 있는 것처럼 정확히 공기의 바다에 잠긴 모든 대상들에는 대기압이 작용할 것이다".[6] 대기압은 문제의 물체 위에 있는 공기기둥의 무게에 의해 정해진다. 이것이 바로 토리첼리가 추리했던 방식이다. 따라서 그의 개념도식에 의한 설명은 일반가설 아래 피설명항 현상을 포섭하는 결과를 낳는다.

다음으로 드레이가 인용한 예와 분명한 유사성을 보여주는 예로서 다음의 진술을 생각해 보자. 즉 "오토(Otto)의 콧물, 충혈된 눈, 뺨의 점액선에 이제 막 나타난 흰 부분으로 둘러싸인 붉은 반점들은 독립적으로 발생한 것이 아니다. 그것들은 모두 홍역이 상당히 진행되었음을 알리는 증상들이다". 이러한 진단적 분류는 그것들이 모두 홍역의 임상적 양상에 부합한다는 점, 즉 그것들이 어떤 특정한 종류의 것이며 특정한 시간순서로 발생한다는 점, 그것들 다음에 또 다른 특정한 증

---

5) Conant(1951), p. 69.

6) *Ibid*.

상들이 나타날 것이라는 점, 그 병은 어떤 특정한 경과를 보일 것이라는 점을 지적함으로써 앞에서 말한 특정한 고통들을 설명한다. 그러한 고통들을 홍역의 발병으로 해석하는 것은 분명히 그것들이 어떤 규칙성의 양상에 들어맞는다는 점을 주장하는 것이다. (그 규칙성은 엄밀한 보편적 형태가 아니라 통계적 형태일 것이다.) 그러한 설명은 포괄법칙적 설명 개념과 일치한다.

연속적인 번개와 천둥을 공기의 격렬한 교란을 일으키는 강력한 전기방전으로 '분류하는 것'을 고려해 보자. 이러한 분류는 실제로 설명적 의미를 갖는다. 그러나 그것은 분명히 특정한 사건들의 집합이 강력한 방전과 공기에 만들어 내는 교란에 의해서 일반적으로 나타나는 특징들을 보여준다는 점, 또는 더 정확히 표현하면 특정한 사건이 하나의 경우로 분류되거나 해석되는 종류의 현상을 규정하는 법칙을 따른다는 점을 지적함으로써 설명적 의미를 갖는다.

드레이가 뮈어의 저서로부터 인용한 구절에서 나타난 "그것은 사회혁명이었다"는 선언은 마찬가지로 설명적 진단을 제시하고 있다. 즉 그러한 제안은 드레이가 인용한 문장 바로 뒤에 나오는 다음의 구절에 의해 강화된다. "우리가 18세기 중반 영국에 존재했던 것으로 진술한 옛날의 정착되고 안정된 질서는 완전히 변형되었다. … 그러나 이러한 변화의 완전한 의미는 아직 완전하게 실현되지 못했다. 안정된 권력을 지닌 옛 통치계급은 그들의 발아래에서 그들의 권력의 기반을 파괴하고, 나아가 조만간 필연적으로 정치체계가 사회질서에서의 변화에 일치하도록 재조정을 이끌어 낼 힘에 대해 전혀 모르고 있었다."[7] 우리는 여기서 뮈어가 앞에서 진술한 농업, 산업생산, 통신에서의 특정한 변화는 상이한 국면들이 우연적으로 연합된 것이 아니라 어떤 불가항력으로 연결된 더 큰 과정의 초기발현이었다는 결과를 낳는 진단이나

---

7) Muir(1922), p. 123.

해석을 제안하고 있음을 알게 된다. 따라서 모호하고 개략적일지 모르지만, 특정한 경우들은 포괄적인 연결양상 속에서 위치를 갖게 된다. 뮈어의 진술이 어떤 설명적 의미를 갖든 간에 내가 볼 때 그것은 별로 중요한 것처럼 보이지 않지만, 넓은 의미에서 포괄법칙 개념에 부합하는 것으로, 앞의 아주 평이한 사례에서 제시한 두 가지 예시와 같은 종류를 진단하는 과정에서 찾을 수 있다.

드레이가 개념에 의한 설명이라고 부른 것에 대해 제시한 다른 예들은 미국의 남북전쟁에 대한 다음의 다양한 해석들이다. 즉 남북전쟁을 북부 또는 남부의 '사악한 사람들'의 집단에 의한 음모의 결과로 보거나, 두 경쟁하는 지역 사이의 분쟁으로 보거나, 정부의 유형에 대한 투쟁으로 보거나, 자유와 노예제도 사이의 '억제할 수 없는 분쟁'의 결과로 보거나, 근본적으로 경제적 투쟁 등으로 보는 해석들이다.[8] '무엇 무엇으로서의' 남북전쟁에 대한 이러한 개개의 설명들은 어떤 특별한 유형의 요인들에 특별한 또는 지배적인 인과적 의미를 할당하며, 따라서 그러한 가정들을 지지하는 데 있어서 적절한 법칙적 연결을 전제한다.[9]

드레이는 명백히 "개념에 의한 설명은 어떤 경우에는 **실제로** 법칙 아래에 피설명항을 포섭할 수 있다"[10]고 인정하지만 그것은 일반적으로 사실이 아니라고 주장한다. 특히 그는 다음과 같은 나의 이전 진술에 대해 이의를 제기한다. "때때로 어떤 **개념**에 의한 설명이라고 잘못 불리는 것이 있는데 그것은 사실상 경험과학에서는 개념을 포함하는 **보편가설**에 의해 설명되는 것이다."[11] 이러한 견해에 반대하여 드레이

---

8) 이러한 상이한 해석들에 대해서는, 예를 들어, Beale(1946)를 볼 것.
9) 역사적 설명에서 인과적 요인들의 상대적 중요성에 따라 각 요인에 가중치를 부여하는 문제는 Nagel(1961), pp. 582~588에서 명쾌하게 다루어지고 있다.
10) Dray(1959), p. 405. 강조는 원저자에 의함.

는 다음과 같이 주장한다. "어떤 것을 혁명이라고 설명할 때, 그 배후
에 놓인 법칙은 아마 그것의 귀결절에 있는 해당 개념을 포함하는 법
칙일 것이다. … 그러나 1789년에 프랑스에서 발생한 것을 '혁명으로
서' 설명하는 것은 분명히 'C_1, C_2, … , C_n이면 언제나 혁명이다'라는
형태를 갖는 법칙 아래에 그것을 포섭하는 것과 동일하지 않다."[12] 그
러나 나의 이전 진술은 개념에 의한 설명을 일반가설에 국한하지 않으
며 설명적 가설을 드레이가 생각하는 유형에 국한하지도 않는다. 예를
들어 그 견해는 어떤 고통을 '홍역의 증상으로' 설명하는 것에도 적용
되는데, 그것은 만약 어떤 사람이 홍역으로 고통받고 있다면 그는 이
러저러한 증상을 보일 것이라는 의미를 갖는 일반가설에 의존한다. 여
기서 설명적 개념은 귀결절이 아니라 조건절에서 언급된다.

또는 느슨한 의미로 '떨어지는 유성의 작열을 마찰에 의해 생성된
격렬한 열의 경우로서 설명하는 것'으로 불리는 경우를 고려해 보자.
여기에는 여러 가지 법칙들이 포함되어 있는데 그 중 두 가지 법칙은
각각 공기 중에 움직이는 물체는 마찰을 겪는다는 것과 그 마찰은 열
을 생성한다는 것이다. 그 결과 설명적 개념들은 부분적으로는 대응하
는 일반법칙의 조건절에서 나타나고 부분적으로는 귀결절에서도 나타
난다.

드레이 자신의 예는 매우 개략적으로 진술되고 있기 때문에 그로부
터 얻어질 것이라고 예상되는 설명을 평가하기는 어렵다. 1789년에

---

11) Hempel(1942), 각주 3. 강조는 원저자에 의함. 호만스는 최근에 사회학에
    서 같은 점을 강조했다. 그는 많은 현대 사회학 이론이 무언가를 설명하는
    데 실패한다고 말한다. 그것은 부분적으로 "많은 이론들이 범주체계, 혹은
    서류함의 체계로 구성되고, 이론가들은 사회적 행위의 다른 측면들을 거기에
    맞추기 때문이다. … 그러나 이 자체는 설명적 힘을 갖기에 충분하지 않다.
    … 과학은 범주 사이의 관계에 관한 일반적 명제들을 필요로 한다. 왜냐하면
    그런 명제들 없이 설명은 불가능하기 때문이다." Homans(1961), p. 10.

12) Dray(1959), p. 404.

프랑스에서 발생한 것을 혁명으로 규정하는 진술은 그 사건에 대한 설명이라기보다는 매우 모호한 진술을 제시한 것처럼 보인다. 어떤 설명적 의미는 만약 혁명 개념이 제한된 전문적 의미로 이해된다면 주장될 수 있다. 그 전문적 의미는 아마도 그 과정에서 독특한 단계들의 계열을 함축하거나 또는 정치권력의 구조에서 어떤 독특한 변화 등을 함축한다. 그렇다면 1789년의 몇몇 특정한 사건들은 주어진 혁명의 개념에 의해 함축된 양상을 따르는 것으로 보이거나 또는 그 개념에 의해 부분적으로 설명된 것으로 간주될 수 있다. 그러나 이러한 경우에 설명은 명백히 함축된 일양성을 언급함으로써 획득될 것이다.

요약하면 개념들을 설명적으로 사용하는 것은 언제나 대응하는 일반가설에 의존해야 한다.

9. 성향적 설명

포괄법칙 분석에 도전한다고 알려진 또 다른 종류의 설명은 대상들이나 행위자들의 '행동'을 설명해야 할 때 그 대상 또는 행위자의 성향적 성질들을 독특한 방식으로 언급한다. 나는 이러한 절차를 성향적 설명(*dispositional explanation*)이라고 부를 것이다.

인간의 결정과 행위를 목적, 신념, 성격 등에 의해 설명하는 친숙한 방법은 기본적으로 이러한 종류에 속한다. 왜냐하면 행위자에게 그러한 동기적 요인들을 귀속시키는 것은 그 사람이 어느 정도 복잡한 성향적 특징들을 갖고 있다고 전제하는 것이기 때문이다. 이 점을 세세하게 주장한 사람은 라일(Ryle)[1]인데, 그의 사상은 이 주제에 대한 논의에 큰 영향을 미쳤다. 동기가 된 이유들에 의한 설명은 10절에서

---

1) 특히 Ryle(1949)를 볼 것.

자세히 검토될 것이다. 이 절에서 우리는 물리학에서의 성향적 설명의 논리적 구조를 고려하고, 그것을 포괄법칙에 의한 설명의 논리적 구조와 비교할 것이다.

우선 라일이 논의한 예를 검토해 보자. 라일에 따르면, 창문 유리가 돌멩이에 부딪혀 산산이 부서졌을 때 우리는 돌멩이가 유리를 쳤다는 점을 지적함으로써 유리의 깨짐을 인과적으로 설명할 수 있다. 그러나 우리는 종종 다른 의미의 설명을 추구한다. "우리는 왜 유리가 돌멩이와 부딪혔을 때 산산이 부서지는가를 질문하고 그다음 우리는 유리가 부서지기 쉽기 때문이라는 대답을 얻는다."[2] 여기서 설명은 '결과에 대한 원인으로서 유리의 부서짐을 야기한[3] 독립된 사건을 상술하는 것이 아니라, 그 유리에 어떤 성향적 성질, 즉 부서지기 쉬움을 부여함으로써 이루어진다. 이러한 성질을 특정한 유리창에 부여하는 것은 적어도 암암리에 일반가설을 주장하는 것인데, 그 가설은 대략 다음과 같다. 만약 어느 때라도 유리창이 어떤 물리적 대상에 심하게 부딪히거나 또는 행위자에 의해 심하게 비틀어진다면 그것은 산산조각이 날 것이라는 내용을 갖는다. 성향적 진술은 성격상 그렇게 일반적이지만 그럼에도 불구하고 유리창과 같은 특별한 개체를 언급한다. 이러한 점에서 성향적 진술은 일반법칙들과 차이가 나는데, 라일은 일반법칙이 전혀 개체들을 언급하지 않는다고 해석한다. 라일은 성향적 진술들이 일반법칙에 대해 갖는 유사성과 차이점을 나타내기 위해서 그 진술을 '법칙적'이라고 부른다.[4]

---

2) Ryle (1949), p. 88.

3) Ibid.

4) 상세한 논의를 위해서는 Ryle (1949), pp. 43~44, 89, 120~125를 보라. 라일 (loc. cit., p. 123)이 언급한 대로 엄밀하게 말해 법칙적 문장과 일반법칙 사이의 의도된 구분은 해당 문장이 "개별적인 사물이나 사람들을 언급"하는지 혹은 그렇지 않은지를 이용해서 만족스럽게 해명될 수 없다. 어떤 개체에 대한 명시적 언급은 재서술을 통해 교묘하게 피할 수 있기 때문이다.

그러나 라일이 여기서 구분한 두 종류의 설명 중 어느 것도 그 자체로는 주어진 사건을 설명하는 데 충분하지 못하다는 점에 주목해야 한다. 유리창이 돌멩이에 의해 깨졌다는 보고는 유리창이 깨지기 쉽다는 부차적인 정보와 결합하는 경우에만 깨짐을 설명한다. 돌멩이에 부딪힘이 유리창의 부서짐과 관련하여 우연적인 선행사건이 아니라 원인이 되는 것은 바로 이러한 성향적 부여에 의해 함축된 일반가설에 의해서이다. 마찬가지로 성향적 진술은 유리창이 돌멩이와 심하게 부딪혔다는 보고와 결합되었을 경우에만 유리창의 부서짐을 설명할 수 있다. 실로 우리가 보았듯이 라일 자신은 성향적 진술이 단순히 왜 유리창이 부서졌는지가 아니라 "왜 유리창이 돌멩이와 부딪혔을 때 깨지는지"를 설명하는 것으로 진술했다. 따라서 여기서 구분된 각각의 두 가지 설명은 불완전하고 다른 것에 의해 보완될 필요가 있다. 그것들은 결합하여 적합한 설명을 제공하는데, 그 설명을 도식적으로 구성하자면 다음과 같다.

예를 들어 일반문장 "북극에서 100마일 이내에 있는 지구의 표면 위 모든 지역은 춥다"는 법칙적 진술로 간주될 것이다. 왜냐하면 그것은 북극을 언급하고 있기 때문이다. 그러나 이것은 '극지방'이 '북극에서 100마일 이내에 있는 지구 표면 위 지역'과 동의어로 사용된다면 "모든 극지방은 춥다"로 재서술될 수 있다. 그리고 심사숙고한 기준 아래에서 이런 재서술은 일반법칙으로 간주되어야 한다. 왜냐하면 그것은 어떤 개별적인 사람, 장소, 혹은 사물도 언급하지 않기 때문이다. (즉 그것에 대한 어떤 지시도 포함하지 않는다.) 이 주제에 대한 더 풍부한 논의를 위해서는 Hempel and Oppenheim (1948) 6절과 Goodman (1955) 중 특히 1장과 3장을 참조하라. 부수적으로 굿맨은 '법칙적'이라는 용어를 라일의 것과 전혀 다른 뜻으로 사용한다는 것을 주목하라. 즉 굿맨은 거짓인 것이 가능한 경우를 제외하고 문장이 법칙의 모든 특징들을 가지고 있다고 본다(loc. cit., p. 27). 다른 방향으로 장황하게 빠지는 것을 피하기 위해서 우리는 여기서 라일이 제안한 중요한 구분에 대한 보다 적절한 해명을 제시할 것이다. 그리고 현재의 목적을 위해서 그것이 직관적으로 충분하다고 간주할 것이다.

       (C₁) 유리창이 시점 t_1에서 돌멩이와 심하게 부딪혔다.

(9. 1) (L₁) 모든 시점 t 에 대해, 만약 유리창이 시점 t 에서 심하게 부딪히면, 그것은 시점 t 에서 깨진다.

       (E₁) 유리창이 시점 t_1에서 깨졌다.

이러한 설명은 완벽한 일반법칙 대신에 법칙적 진술을 언급하는 것을 제외하면 연역-법칙적 설명이다. 일반법칙의 관점에서 보면 위의 논증에서 나타나는 법칙은 다른 법칙들과 마찬가지이다. 예를 들어 갈릴레오의 법칙과 케플러의 법칙은 분명히 설명적 목적으로 사용된다. 그러나 완전히 진술되었을 때 갈릴레오의 법칙은 지구 표면 가까운 곳에서의 자유낙하에 적용되며, 따라서 개별 대상을 언급한다. 반면에 케플러의 법칙은 원래 이해되듯이 하나의 특정한 대상, 즉 태양의 행성들의 운동을 언급한다. 분명히 이러한 법칙들은 완전히 일반적 형식을 취하는 뉴턴의 운동법칙들과 중력법칙 아래에 포섭된다. 비슷한 단계를 깨진 유리창의 예에서도 찾아볼 수 있는데, 그 경우에 "유리창은 깨지기 쉽다"는 진술은 설명적 논증에서 완벽하게 일반가설, "모든 유리는 (표준적 조건들에서) 깨지기 쉽다"와 단칭진술, "유리창은 유리로 만들어졌다(그리고 표준적 조건에 있었다)"에 의해서 대체될 수 있다.

그러나 우리는 현재 이용가능한 이론들을 가지고서는 모든 법칙적 진술, 특히 개인에게 심리적 경향을 귀속시키는 모든 진술을 엄밀한 일반법칙과 이론적 원리 아래에 포섭할 수 없다. 그러나 또 다른 단계는 이러한 경우들에도 수행될 수 있다. 우리는 설명적인 성향적 진술을 (9. 1)에서 L_1 방식으로 특정 개체를 언급하는 일반법칙의 형식으로 표현하는 대신에 그것을 두 가지 별도의 진술, 즉 주어진 개체가 문제의 성향적 성질 D를 갖는다고 주장하는 단칭진술과 성향 D를 규정하는 완전한 일반진술에 의해 표현할 수 있다. (9. 1)의 경우 이것은 다음의 두 진술에 의해 문장 L_1을 대체하는 것에 해당한다.

(C_2) 유리창은 시점 t_1에 깨지기 쉽다.

(L_2) 모든 깨지기 쉬운 대상은 만약 그것이 어떤 시점에서 심하게 부딪히면 그 순간에 깨진다.

(9. 1)을 수정한 결과인 L_2의 유일한 일반진술은 깨지기 쉬운 대상에 대한 **경험법칙**의 특징을 갖지 못하고 깨지기 쉬움에 대한 **정의**의 특징을 갖는다고 비판할 수 있다. 따라서 논증의 설명력은 계속하여 특정한 유리창의 깨지기 쉬움에 있고, 그 결과 논증의 설명력은 모든 깨지기 쉬운 대상들에 대한 일반법칙이 아니라 L_1과 같은 법칙적 진술에 존재한다고 비판할 수 있다.

성향적 특성이 특정한 충격 아래서의 깨짐과 같은 한 가지 종류의 법칙적 행동을 표현할 때 이러한 비판은 중요하다. 그러나 설명의 목적을 위해 언급된 종류의 성향적 특성 M은 일반적으로 상황에 의존하여 다양한 징후를 나타내는 방식으로 나타난다.[5] 예를 들어 쇠막대의 자성(磁性)은 그 자체로 쇳조각이 그 끝에 달라붙는다는 사실뿐만 아니라, 한쪽 끝은 나침반의 북극을 끌어당기고 다른 쪽 끝은 남극을 끌어당긴다는 사실에 의해서도 드러난다. 만약 쇠막대가 둘로 나뉘더라도 각각의 부분은 쇠막대 전체에 대해 기술한 것과 마찬가지로 두 가지 종류의 성향을 보일 것이라는 사실에 의해서도 쇠막대의 자성이 똑

---

5) 속성의 귀속이 보통 많은 가설적 명제들을 함축한다는 것은 Ryle(1949), pp. 43~44에서 강조되었다. 앞서 그러한 광범위한 성향적 개념의 논리에 대한 보다 풍부한 형식적 연구는 카르납의 다음 논문에서 찾아볼 수 있다. "Testability and Meaning"(1936~1937), 특히 2부. 특히 이것은 환원문장들의 집합을 이용해서 과학적 용어를 도입할 수 있는지를 논의한다. 개개의 환원문장은 우리의 의미에서 징후문장이다. 여기서 고려되고 있는 주제에 대한 보다 최근의 논의는 다음을 참조할 것. Carnap(1956).

같이 드러난다. M이 그 자체를 드러낼 수 있는 특이한 방식을 규정하는 많은 '징후진술'(symptom statement)은 M이 현존하기 위한 필요조건이나 충분조건을 표현하는 것으로 볼 수 있고, M 자체는 넓은 의미로 성향적 특성이라고 부를 수 있다. 이제 곧 나타나듯이, 현재의 비판은 이러한 특징들에 적용되지 않는다.

M에 대한 필요조건을 표현하는 징후문장은 다음의 형식을 갖는다.

(9. 2a) 어떤 대상이나 개체 x가 테스트 조건이나 자극 조건 S_1 아래에서 성질 M을 가질 때, x는 규칙적으로 R_1의 방식으로 반응할 것이다. 그리고 S_2 아래에서는 R_2의 방식으로 반응할 것이다 등등.

M에 대한 충분조건을 표현하는 징후문장은 다음의 형식을 갖는다.

(9. 2b) 만약 x가 종류 S_1 조건에 있을 때, x가 R_1의 방식으로 반응한다면 x는 성질 M을 가질 것이다. 그리고 만약 x가 종류 S_2 조건에 있을 때, x가 R_2의 방식으로 반응한다면 x는 성질 M을 가질 것이다 등등. [6]

두 가지 유형의 개별적 징후문장들은 용어 'M'에 대한 적용의 부분적 기준을 표현하는 것으로 간주할 수 있다.

징후문장을 M에 대한 엄밀한 필요조건이나 엄밀한 충분조건을 표현하는 것으로 해석하는 것은 과잉 단순화인 경우가 많다. 예를 들어 의료 징후문장이나 성격, 신념, 욕망 등에 대한 부분적 기준을 정식화함

---

6) 여기서 고려되는 징후문장, 혹은 적용의 부분적 기준들의 두 가지 유형은 카르납의 연구(1936~1937)에 나타나는 "환원문장"의 기초적 두 가지 유형에 대응된다. 환원문장에 대해서는 특히 8절을 참조할 것.

에 있어서 M과 그것의 징후적 현시 사이의 연결은 종종 성격상 확률적인 것으로 간주되어야 한다. 이러한 경우에 징후문장들은 다음의 통계적 형식을 취할 수 있는데, 그 형식은 위의 (9.2a)와 (9.2b)에 대응하는 형식이다.

(9.3a) 성질 M을 갖고 테스트 조건 S_1 $(S_2, \cdots)$ 아래에 있는 대상이나 개체에 대해서 R_1 $(R_2, \cdots)$의 방식으로 반응할 통계적 확률은 r_1 $(r_2, \cdots)$이다.

(9.3b) 테스트 조건 S^1 $(S^2, \cdots)$ 아래에 있고 R^1 $(R^2, \cdots)$의 방식으로 반응하는 대상이나 개체에 대하여 성질 M을 가질 통계적 확률은 r' $(r'', \cdots)$이다.

현재 논의 중인 기본주제들에 완전히 집중하기 위해서 당분간 우리의 관심을 형식 (9.2a)와 (9.2b)의 비확률적 징후문장에 의해 규정된 넓은 의미의 성향적 특성에 국한하기로 하자.

U를 M에 대한 모든 징후문장들의 집합이라고 하자. 이러한 집합은 명백히 형식 'R_1', 'S_1', 'R_2', 'S_2', $\cdots$, 'R^1', 'S^1', 'R^2', 'S^2' 등에 의해 표현가능한 하나의 문장을 함축하는데, 그것은 U에서 상술된 것처럼 M에 대한 충분조건 중의 하나를 충족하는 모든 x는 U에서 상술된 M에 대한 필요조건들 중 하나를 충족한다.[7] 곧 나타나듯이 이러한 진술은 보통 일반적인 경험법칙의 특징을 갖는다. 따라서 만약 M에 대한 징후진술들이 연합하여 경험적 함축을 갖는다면 우리는 그것들이 모두 분명히 단순히 정의적으로 허용하는 것에 의해 참이 된다고 주장할 수

---

7) 이 진술은 카르납이 M에 대한 환원문장들의 집합 U의 "표상문장"이라고 부른 것과 동치이다. 왜냐하면 그것은 "소위 U의 사실적 내용을 표상하기" 때문이다. Carnap(1936~1937), p. 451을 볼 것.

는 없다. 8)

앞의 예를 인용하여 설명하면, 쇠막대가 자성을 갖기 위한 필요조건 중 하나는 다음과 같을 것이다.

> (9.4a)   만약 쇠막대 x가 자성을 갖는다면, (조건 S_1에서) x에 가까 이 놓인 쇳조각은 쇠막대의 끝에 붙을 것이다(반응 R_1).

그리고 충분조건 중 하나는 다음과 같을 것이다.

> (9.4b)   만약 쇠막대 x가 나침반의 근처에 있고(조건 S^1), 쇠막대의 한쪽 끝은 나침반의 북극을 잡아당기고 남극을 밀어내지만 다른 끝은 반대의 작용을 보인다면(반응 R^1), 그 경우 x는 자석이다(성질 M을 갖는다).

그러나 연합적으로 이러한 두 가지 징후문장들은 나침반 조건을 충족하는 모든 쇠막대는 쇳조각 조건도 충족한다는 일반진술을 함축한다. 이것은 분명히 정의적 문장이 아니라 경험적 법칙의 특징을 갖는 문장이다.

따라서 대체로 넓은 의미로 성향적 용어에 대한 징후진술들의 집합 U는 경험적 귀결을 갖는다. 그렇다면 그러한 징후진술들 중 어떤 것은 분석적이고 정의적인 것으로 해석하고 나머지에는 경험적 법칙의 지위를 부여하는 것은 매우 임의적일 것이다. 9) 왜냐하면 이것은 경험적 증거가 집합 U에 의해 함축된 법칙들과 충돌한다는 점이 밝혀진다고 하더라도 분석적이고 정의적 진술들은 수정할 수 없다는 선언에 해

---

8) 이 점은 Brandt and Kim(1963), pp. 428~429에서 어떤 사태를 원하는 사람이라는 넓은 성향적 개념에 준하여 명쾌하게 논증되고 묘사된다.

9) 이 점에 대해서는 이 책의 1권 pp. 187~190을 볼 것.

당하기 때문이다. 경험과학에서는 논리적이고 수학적 진리를 제외한 어떤 진술도 그러한 무조건적인 면책권을 향유하는 것으로 간주될 수 없다. 따라서 징후진술들의 전체집합은 문제의 개념을 규제하는 일반법칙들 체계의 일부분으로 간주하는 것이 적절하다.

이제 어떤 특정한 대상이나 개체 i 가 어떤 R_3의 방식으로 행동하는지를 설명하기 위해서 i 가 종류 S_3의 상황에 있다는 점과 i 가 넓은 의미로 성향적 성질 M을 갖는다는 점이 지적되었다고 가정해 보자. 여기서 그 성질의 존재는 S_1에 대해서는 R_1의 방식으로, S_2에 대해서는 R_2의 방식으로, S_3에 대해서는 R_3의 방식으로 대응하는 성향에 의해 규정된다. 이러한 설명적 논증은 다음과 같이 도식화될 수 있다.

(C_1) i 는 종류 S_3의 상황에 있다.

(C_2) i 는 성질 M을 갖는다.

(9.5) (L) 성질 M을 갖는 모든 x는 종류 S_3의 상황에서 R_3의 방식으로 움직인다.

(E) i 는 R_3의 방식으로 움직였다.

이러한 설명은 분명히 연역-법칙적 형식이다. 왜냐하면 우리가 방금 지적했듯이 일반진술 L은 '한갓 정의'의 지위보다는 경험적 법칙의 지위를 갖기 때문이다.

그러나 '성향적 설명'에 대한 앞선 설명은 약간의 수정이 필요하다. 예를 들어 우리는 지금까지 말한 것이 의미하는 것은 다음과 같다고 제안할 수 있다. 즉 쇠막대에 자석이 되는 '넓은 의미에서의 성향적 성질'을 부여하는 것은 그것에 단순한 성향들의 집합을 부여하는 것에 해당한다는 것이다. 여기서 개개의 성향은 징후진술에 의해 반영된 의미에서 어떤 특정한 종류의 명백한 '반응'을 어떤 명백한 '자극조건'과 연합함으로써 규정된다. 그러나 이것은 지극히 단순한 견해일 것이다. 왜냐하면 자석이 되는 성질에 관련된 물리학적 일반진술은 그러한 징후진술들 이외에 어떠한 성향도 표현하지 않는 일반법칙들도 포함하기 때문인데, 그것은 적절한 징후진술에 못지않게 자석이 됨이라는 개념의 특징이다. 물리학적 일반진술 중에는 움직이는 자기장은 전기장을 산출한다는 법칙이 있는데, 그 법칙은 움직이는 자석 가까이에 있는 폐쇄회로에서 전류가 유도될 것이라는 점을 함축하는데 그 사실은 차례로 움직이는 자석 근처에 있는 폐쇄회로 안에 넣어진 전류계의 반응에 대한 일반진술을 함축한다. 마지막 진술은 자석이 되는 성질에 대한 또 다른 징후진술로 간주할 수 있다. 그러나 여기서 상술된 징후는 주어진 특징을 전기장과 자기장, 그것들의 상호작용과 같은 서로 다른 이론적 개념들에 연결하는 이론적 원리들에 의해 자석이 되는 성질과 연관된다. 따라서 자석의 개념과 같은 개념이 이론에 작용할 때 우리는 그것을 어떤 특정한 대상에 적용하면서 단순히 그 대상에 주어진 관찰가능한 자극조건 아래서, 아무리 광범위하더라도, 어떤 종류의 관찰가능한 반응을 보이는 성향들의 집합을 부여하지 않는다. 그러한 부여는 또한 다른 '넓은 의미에서의 성향적' 특징의 부여를 포함하는 다양한 이론적 함축을 갖는다.

넓은 의미에서의 성향적 개념들의 이론적 측면들에 대한 이러한 관찰은 동기가 된 이유의 설명적 역할을 분석하는 다음 절의 주제와도 관련된다는 점이 드러날 것이다.

10. 합리성 개념과 이유에 의한 설명의 논리

10.1 합리성 개념의 두 가지 측면

이 절에서 나는 동기가 된 이유(*motivating reason*)에 의해 인간의 의사결정과 행위를 설명하려는 친숙한 방법의 논리를 검토하고자 한다. 이 방법은 대개 자연과학의 설명과정과는 완전히 다르고, 포괄법칙 모형으로는 분석될 수 없는 것이라고 간주된다.

이유에 의한 설명에서는 보통 합리성(*rationality*)이란 개념이 큰 역할을 한다. 그러므로 이 개념을 논의하는 데에서 시작하기로 하겠다. 주어진 행위가 합리적이라고 말하는 것은 그에 대해 **경험적 가설**과 **비판적 평가**를 제시하는 셈이다. 그런 가설은 특정한 이유 때문에 그 행위를 했고, 그 행위는 그런 이유 때문이라고 **설명될 수 있다**는 것이다. 그런 이유에는 행위자가 얻고자 한 목적과 그 목적을 달성하기 위한 다른 수단들이 있었는지, 그것들이 얼마나 적절한지, 나아가 얼마나 효과적인지에 대해 그가 가졌던 믿음 등이 포함된다. 합리성을 부여한다는 것에 함축된 비판적 평가는, 행위자의 신념에 비추어 판단했을 때 그가 선택한 행위가 그 목적을 달성하는 **합당한** 또는 **적절한** 수단의 선택이었는지, 그 결과를 대상으로 한다. 합리적 행위라는 개념이 지닌 이런 두 측면을 이제 차례로 검토해 보기로 하자.

10.2 규범적-비판적 개념으로서의 합리성

합리적 행위라는 비판적 또는 규범적 개념을 분명히 하기 위해서는 합리성의 기준을 명확히 진술해야 한다. 그것이 특정 행위의 합리성을 평가하는 기준이 될 것이며, 우리가 합리적 결정을 내리는 데 안내자 역할을 할 것이다.

이런 의미의 합리성은 분명히 상대적 개념이다. 주어진 행위가 ─ 또는 그 행위를 하기로 한 결정이 ─ 합리적인지 여부는 그 행위가 성취하고자 한 목적과 그런 결정을 할 당시에 지녔던 관련된 경험적 정보에 달려 있다. 대략 주어진 정보에 비추어 어떤 행위가 목적을 달성할 최적의 전망을 제시해 준다면, 그것을 합리적 행위라 말할 수 있을 것이다. 이 규정에 쓰인 주요 개념, 즉 정보의 기초라는 개념, 행위의 목적이라는 개념, 주어진 기초와 주어진 목적에 상대적인 합리성이라는 개념을 더 자세히 살펴보기로 하자.

주어진 목적을 추구하기 위해 합리적 행위를 선택하려면, 이용가능한 모든 정보를 고려해야 할 것이다. 그런 정보에는 행위를 하게 되는 특정 상황, 그 상황에서 주어진 목적을 달성할 수 있는 방법, 다른 가능한 수단을 사용할 경우의 부작용과 여파 등이 포함될 것이다.

주어진 의사결정을 하는 데 이용할 수 있는 모든 경험적 정보는, 의사결정 또는 그에 상응하는 행위의 **정보의 기초** (*information-basis*) 라고 부를 수 있는 문장들의 집합에 의해서 표현된다고 생각해 볼 수 있다. 의사결정을 위한 경험적 기초를 이렇게 해석하는 이유는 분명하지만 아주 중요한 다음과 같은 점을 고려하였기 때문이다. 의사결정의 합리성을 판단하기 위해서는 결정된 행위의 성패와 실제로 관련된 경험적 사실 ─ 특정 사실뿐만 아니라 일반적인 법칙 ─ 이 무엇이냐가 아니라, 그와 같은 사실과 관련된 정보 가운데 어떤 것을 의사결정자가 가지고 있었느냐를 살펴보아야 한다. 어떤 의사결정은 불완전하거나 잘못된 경험적 가정에 기초해 있을지라도 분명히 합리적인 것일 수 있다. 예를 들어 역사적 인물의 행위를 합리적인 것으로 제시하기 위해 역사가는 그 행위자가 상관있는 경험적 문제를 불완전하게 알고 있었다거나 그에 대해 잘못된 믿음을 가지고 있었다고 가정해야 하는 경우도 있으며, 독립적인 근거에서 그렇다는 점을 보여줄 수 있는 경우도 있다.

합리적 행위를 위한 정보의 기초가 참일 필요는 없다 하더라도, 적어도 그것이 참이라고 믿을 만한 타당한 이유는 있어야 하지 않을까? 기초라고 하는 것은 적절한 증거에 의해 지지되어야 한다는 요건을 만족시켜야 하지 않을까? 몇몇 학자들은 이 점이 합리적 행위의 필요조건이라고 생각하는데, 이는 분명히 아주 그럴듯한 입장이다. 예를 들어 그와 같은 입장을 지지하는 최근 학자인 깁슨은 다음과 같이 말한다. "누군가가 아무런 증거도 없이 사다리 아래로 걸어가면 불행이 닥친다고 믿기 때문에 의도적으로 조심조심 사다리를 피해 둘러 간다면, 우리는 그가 비합리적으로 행위한다고 스스럼없이 말할 것이다."[1]

분명히 우리는 합리성을 이런 제한된 의미로 종종 이해한다. 그러나 합리적 행위라는 개념이 인간행위의 유형을 설명하는 데 쓸모가 있으려면, 합리적이기 위해서는 증거에 의해 지지되어야 한다는 요건을 첨가하지 않는 것이 좋을 것 같다. 왜냐하면 행위자의 이유에 의해 어떤 행위를 설명하기 위해서는, 그 행위자가 무엇을 믿고 있었는지를 알면 되지, 어떤 근거에서 그것을 믿었는지를 반드시 알 필요는 없기 때문이다. 예를 들어 깁슨이 든, 사다리를 피해 둘러 가는 사람의 행위를 이유에 의해 설명하기 위해서는 그 사람의 미신을 들면 되지, 어떤 근거에서 그런 믿음을 갖게 되었는지를 반드시 거론해야 하는 것은 아니다. 그 사람의 믿음에 비추어 본다면, 그 사람은 아주 합리적으로 행동하고 있다고 말할 수도 있다.

의사결정의 정보의 기초에서 넘어가 이제 목적을 살펴보기로 하자. 아주 간단한 경우에, 우리는 어떤 행위란 특정한 사태를 가져오기 위한 것이라고 해석할 수 있다. 나는 이 사태를 최종상태(*end state*)라 부를 것이다. 그러나 간단한 경우에도 정보의 기초에서 볼 때 가능한 행위이고 최종상태를 가져올 가능성이 높은 행위이지만, 어떤 도덕적

---

[1] Gibson (1960), p. 43. 이 책 4장과 14장에는 이 절에서 검토한 문제에 대한 여러 가지 흥미로운 관찰이 들어 있다.

또는 법적 규범이나 계약의 준수, 사회규범, 게임의 규칙 등과 같은 일반적인 제한원리를 어기기 때문에 배제되는 것들이 있을 수 있다. 그러므로 숙고된 행위라면 그런 것들을 위반하지 않고 최종상태를 얻고자 할 것이다. 그러면 우리는 이제 **전체 목적**(*total objective*)을 의도된 최종상태를 기술하는 문장들의 집합 E와 제한적 규범의 집합 N을 연언으로 결합한 것이라고 규정할 수 있을 것이다. *

경험적 기초의 경우와 마찬가지로, 나는 주어진 목적과 규범을 채택할 '타당한 이유'가 반드시 있어야 한다는 요건을 부과하지는 않을 것이다. 행위의 합리성은 철저하게 상대적인 의미로 이해될 것이다. 다시 말해 그것은 주어진 정보에 의해 판단했을 때, 그 행위가 특정 목적을 달성하는 데 적절했는지에 따라 평가될 것이다.

그와 같은 적절성을 어떻게 정의할 수 있을까? 방금 고려한 간단한 유형의 의사결정 상황이라면 그것을 쉽게 규정할 수 있다. 정보의 기초가 일반법칙을 포함하고 있고 그 법칙에 의해 당시에 가능한 어떤 행위들이 전체 목적을 달성할 수 있다고 하면, 그런 행위들은 모두 주어진 맥락에서 합리적인 것이라고 여겨질 것이다. 만약 정보의 기초를 통해서는 목적을 달성할 수 있는 충분한 수단이 될 행위를 전혀 골라낼 수 없다면, 여러 가지 가능한 행위들에 대해 그것이 성공할 수치상의 확률을 부여하는 방법도 있을 수 있다. 이 경우 행위의 성공확률이 다른 어떤 대안보다 작지 않다면, 그 행위는 합리적인 것으로 간주될 것이다.

그러나 합리적 결정을 해야 하는 경우들 가운데 많은 부분은 확보가 능한 정보나 목적 또는 합리성의 기준 등을 이처럼 간단하게 해석할 수 없다. 특히 제시된 행위의 목적이 구체적인 최종상태를 달성하는 것이 아닐 경우라면 이런 해석은 적용될 수 없다. 우리가 곧 보게 되

---

*   이렇게 규정함으로써 제한조건을 위반하지 않으면서 (이것이 연언성원을 이룬다) 원하는 최종상태를 얻는다는 것을 표현한다.

듯이 이런 경우도 아주 흔하다.

우선 특정한 최종상태를 얻는 것이 목표라 하더라도, 이용가능한 정보에 비추어 볼 때 그것을 분명히 달성할 수 있거나 달성할 가능성이 높은 다른 방법이 여럿 존재하는 경우도 있을 수 있다. 그때 그 방법들은 각각 그 방법 자체의 일부는 아니지만 서로 다른 부작용이나 여파를 지닐 수도 있다. 예상되는 이런 부수적 결과들 가운데 어떤 것은 어느 정도 바람직하다고 여겨질 것이며, 다른 것은 바람직하지 않다고 여겨질 것이다. 따라서 그런 결정상황의 이론모형에서는, 전체 목적을 드러내려면 바라는 최종상태를 단순히 기술만 해서는 안 되고, 여러 가지 행위를 했을 때 생기는 서로 다른 전체적인 결과가 상대적으로 얼마나 바람직한지도 구체적으로 보여야 한다.

수학적인 의사결정 이론에서는 합리적 선택의 다양한 모형들이 개발되었다. 거기에서는 이른바 서로 다른 전체 결과의 효용과 같이, 얼마나 바람직한지가 수치로 구체적으로 정해질 수 있다고 가정한다.

주어진 정보의 기초가 서로 다른 결과의 확률[2]을 구체적으로 결정짓는 경우를 우리는 **위험상황** 아래에서의 **의사결정**(*decision under risk*)이라고 부른다. 이 경우 한 가지 합리성 기준을 널리 받아들이고 있는데,

---

2) 여기서 말하는 확률과 효용은 일정한 수학적 요건을 만족시켜야 하는데, 이 글에서 이를 다룰 수는 없다. 고전적인 정식화는 Neumann and Morgenstern (1947)에 있다. 요건들을 분명하게 제시하고 그런 요건들을 규정하는 배경 이유는 Luce and Raiffa (1957)의 1~4장과 Baumol (1961), 17~18장에서 찾아볼 수 있다. 여기서 그냥 지나간 문제들 가운데 아주 중요한 것은 결과의 확률이란 개념을 의사결정 이론에서 어떻게 이해해야 하는가이다. 여러 문제들의 경우, 확률에 대한 잘 알려진 통계적 해석인 장기적인 상대빈도 해석이 실제로 충분할 것이며, 게임과 의사결정에 관한 현대의 수학적 이론도 큰 틀에서 이에 근거하고 있다. 하지만 다른 견해도 제시되었다. 이 가운데는 귀납적 또는 논리적 확률이라는 카르납(Carnap, 1950, 1962 참조)의 개념도 있고, 개인적 확률(Savage, 1954, 특히 3장과 4장 참조)이라는 개념도 있다.

그것은 기대효용 최대화(*maximizing expected utility*)의 원리이다. 주어진 정보에 기초해, 숙고된 행위가 갖는 기대효용은, 그 행위의 결과들 각각의 확률을 그 결과들의 효용과 곱해서 얻은 값을 모두 더해서 정해진다. 그 경우 어떤 행위 또는 그 행위를 하고자 하는 결정이 합리적이라고 분류되려면, 그 행위의 기대효용이 다른 어떤 행위의 기대효용보다도 적지 않다는 의미에서 기대효용이 최대이어야 한다.

수학적 연구의 주제가 되어 왔고, 철학적으로도 상당한 관심거리인 또 다른 의사결정 문제는 불확실성 아래에서의 의사결정(*decision under uncertainty*)의 문제이다. 이 경우 주어진 정보의 기초를 통해, 여러 가지 다른 행위들이 제시되고, 각각의 행위에 대해 그 행위의 결과들이 서로 배타적이면서 다 합하면 모든 경우를 망라하는 집합이 구체적으로 정해진다. 다만 이런 결과들의 확률은 부여되지 않는다.[3] 끝으로 각각의 가능한 결과들에 대해 효용이 부여된다고 가정된다. 예를 들어, 우리가 선물로 금속으로 만든 공을 하나 받게 되는데, 두 개의 항아리 가운데 당신 마음대로 하나를 골라 그 항아리에서 꺼낸 공을 갖게 된다고 하자. 우리에게 주어진 정보는 다음과 같다. 금속으로 만든 공은 모두 크기가 같고, 첫 번째 항아리에는 백금으로 만든 공과 납으로 만든 공이 알려지지 않은 비율로 들어 있고, 두 번째 항아리에는 금으로 만든 공과 은으로 만든 공이 역시 알려지지 않은 비율로 들어 있다. 우리가 백금, 금, 은 그리고 납에 대해 부여하는 효용은 1000:100:10:1의 비율이라고 하자. 이때 어떤 항아리에서 공을 꺼내는 것이 합리적일까? 최근의 의사결정 이론에서는, 이와 같은 불확실한 상황 아래에서의 합리적 의사결정에 대해 서로 다른 여러 가지 기

---

3) 엄밀하게 말해, 카르납의 이론과 같은 귀납논리의 이론에서는 이런 상황은 발생하지 않는다. 카르납의 이론에 따르면, 주어진 경험적 정보는 그것이 무엇이든 하나의 가능한 귀결을 기술하는 각각의 진술에 대해 일정한 논리적 확률을 언제나 부여할 수 있다.

준을 제시하였다. 아마도 그 중에서 가장 잘 알려진 것은 **최대최소의
규칙**(*maximin rule*)일 것이다. 그 규칙은 최소효용이 최대가 되도록 하
라고 말한다. 다시 말해 가능한 최악의 결과가 적어도 다른 어떤 대안
에서 가능한 최악의 결과만큼은 양호한 행위를 선택해야 한다는 것이
다. 우리의 예에 이를 적용하면, 이 규칙은 두 번째 항아리에서 공을
꺼내라고 한다. 왜냐하면 그 경우 최악의 결과에서도 은으로 만든 공을
얻게 되지만, 첫 번째 항아리로부터 공을 꺼냈을 때 최악의 결과는 납
으로 만든 공을 얻는 것이기 때문이다. 이 규칙은 우리의 행위로부터
가능한 최악의 결과가 나타나게 될 것이라는 가정 아래 행위하라는 비
관적인 격률을 반영하는 것으로, 분명히 매우 조심스러운 정책이다.

다른 정책은 소위 **최대최대의 규칙**(*maximax rule*)이라고 표현되는
것으로, 우리의 행위가 가능한 가장 좋은 결과를 가져올 것이라는 낙
관적 기대를 반영한다. 이 규칙에 따르면, 우리는 최선의 결과가 다른
어떤 행위의 최선의 결과만큼은 좋은 행위를 선택해야 한다. 우리의
예에서 볼 때 이 규칙에 따른 적절한 결정은 첫 번째 항아리에서 공을
꺼내는 것이다. 왜냐하면 가장 좋은 경우에 우리는 백금으로 만든 공
을 꺼낼 수 있는 데 반해, 두 번째 항아리로부터 공을 꺼낸다면 잘해
야 금으로 만든 공을 꺼낼 것이기 때문이다.

불확실성 아래에서의 의사결정의 경우와 관련해 여러 가지 서로 다
른 흥미로운 규칙들이 제시되었다. 하지만 여기서 그것들을 우리가 논
의할 필요는 없을 것이다. [4]

여기서 간단히 제시한 수학적 모형은 우리가 일상적인 사태에서 부
딪히는 심각하고 복잡한 의사결정 문제에 대한 합리적 해결책으로는
큰 도움이 되지 못한다. 왜냐하면 그 경우 우리는 대개 그 모형이 필
요로 하는 자료를 갖기 어렵기 때문이다. 우리는 가능한 행위들이 어

---

4) 그와 같은 규칙들에 대한 설명은 예를 들어 Luce and Raiffa(1957), 13장과
   Baumol, 19장에서 찾아볼 수 있다.

떤 것일지 분명히 알지 못하며, 그 결과의 확률이나 효용은 그만두고라도, 그 결과가 구체적으로 어떻게 될지도 알기 어렵기 때문이다. 그러나 그러한 정보를 얻을 수 있는 상황이라면, 수학적 의사결정 이론은 기업의 품질관리나 전략계획의 어떤 단계와 같은 꽤 복잡한 문제에도 아주 잘 적용된다.

수학 모형이 실질적으로 얼마나 성과가 있든지 간에, 이들 모형은 내 생각에 합리적 행위라는 개념을 분석적으로 명료화해 주는 역할을 한다. 특히 그것들은 합리적 행위라는 개념이 복잡하고, 여러 측면에서 상대적인 성격을 띠고 있다는 점을 보여준다. 또한 그것들은 철학책에 제시된 합리적 행위의 규정 가운데 일부는 지나치게 깔끔하고 단순하다는 점을 보여준다. 예를 들어 깁슨은 면밀하고 흥미로운 연구에서 다음과 같이 말하고 있다. "목적을 달성하는 다양한 대안적 방법들이 있을 수 있다. 합리적으로 행위한다는 것은 … 증거에 기초해 목적을 이루는 **최상의** 방법을 고른다는 것이다."[5] 그리고 그는 "일정한 증거가 주어져 있을 경우, 주어진 목적을 달성하는 최선의 방법이 무엇인지와 관련된 문제에는 오직 하나의 올바른 해결책만이 있을 수 있다는 것이 기본적인 논리적 사항"[6]이라고 말한다. 깁슨은 최상의 해결책의 기준이 무엇인지를 제시하지는 않았다. 하지만 그가 여기서 주장하는 것은 분명히 기본적인 논리적 사항도 아니며 사실 그것은 참도 아니다. 그 이유는 다음과 같다. 첫째, 합리적 선택에 대한 하나의 명백한 기준— 예를 들어 기대효용을 최대화하라는 원칙 —을 세울 수 있고, 그 기준에 대해 동의할 수 있는 의사결정 상황이라 하더라도, 그 기준에 따를 때 다른 행위들도 똑같이 합리적이라고 판단될 수도 있기 때문이다. 둘째, 이는 더욱 중요한 점인데, 불확실성 아래에서의 의사결정과 같이 의사결정에는 다양한 종류가 있는데, 이에 대해 일치

---

5) Gibson (1960), p. 160. 원저자의 강조.

6) Gibson (1960), p. 162.

된 합리성의 기준이 없기 때문이다. 불확실성 아래에서의 의사결정의 경우, 최대최소의 규칙은 최대최대의 규칙과 반대되며, 이 둘은 다양한 대안적 규칙과도 반대된다.

유념해야 할 점은 합리성의 서로 다른 경쟁적 기준들이, 주어진 정보 아래 얻을 수 있는 여러 가지 목적에 대한 평가의 차이를 반영하는 것은 아니라는 점이다. 여기서 말한 모든 경쟁하는 규칙들은 목적의 효용이 이미 정해져 있다고 전제한다. 오히려 서로 다른 의사결정 규칙 또는 합리성의 기준은 서로 다른 귀납적 태도를 반영한다. 그것은 몇몇 경우에는, 우리가 본 바와 같이, 세계에서 기대하는 바에 대한 서로 다른 정도의 낙관주의나 비관주의와, 행위를 선택할 때 서로 다른 정도의 대담성이나 조심성을 반영한다.

불확실성 아래에서의 의사결정에 대해 서로 상충하는 여러 규칙들이 제시되었다는 사실 때문에, 다음과 같은 물음을 제기하게 된다. 관점의 차이와 독립되어 있으면서도, 우리가 이미 본 경쟁하는 기준에 반영된 합리성의 개념보다 더 적절하다고 할 수 있는 합리성의 의미를 구체적으로 말하기란 불가능하지 않을까? 사실 그런 의미를 구체적으로 규정할 가능성은 낮다. 이 점은 수학적 의사결정 이론의 결과에 의해서도 드러난다. 구체적으로 말해, 제안된 의사결정 규칙이 요구하는 일반적 요건이나 적합성 조건의 집합을 형식화한 다음, 이런 요건들 각각은 아주 합당하고 이른바 합리적 선택에 '핵심이 되는' 것이라고 생각되지만, (i) 여러 문헌에 나오는 의사결정 규칙은 모두 한 가지 이상의 요건들을 위반하고 있으며, (ii) 직관적으로는 그럴듯해 보이지만 그 요건들은 논리적으로 양립불가능하다는 점을 보일 수 있다.[7] 이런 결과는 분명히 합리성의 개념이나 주어진 상황에서 최상의 방식으로 행위한다는 개념이 아주 분명하며, 그 개념을 명확히 해줄

기준을 설정하는 것은 지루한 작업일지는 몰라도 기본적으로 아주 사소한 해명작업이리라는 가정에 대한 경고라고 보아야 한다.

우리가 곧 보게 되듯이, 합리성의 비판적 또는 규범적 개념과 관련해 여기에서 간략히 논의한 사항들은 합리적 행위라는 개념을 설명에서 사용하는 것과 관련해서도 중요한 함축을 지닌다.

10.3 설명 개념으로서의 합리성

인간의 행위는 동기가 된 이유를 통해 종종 설명된다. 앞에서 고려한 바에 따를 때, 이와 같은 이유들을 완벽하게 진술하기 위해서는 행위자의 목적뿐만 아니라 그 사람이 생각한 가능한 수단과 이에 따른 가능한 결과들에 관한 그의 믿음도 제시해야 한다. 설명의 목적은 그와 같은 목적과 믿음에 비추어 볼 때, 그 행위가 예상되었다는 것을 보여주는 데 있다. 따라서 그런 설명은, 피터스가 말하듯이, "인간이 정보를 가지고 있고 목적을 이루고자 한다면, 그는 그 목적을 이룰 수단을 택하리라는 점에서 **인간은 합리적이다**"라고 하는 '숨은 가정'에 근거한다.[8] 여기에는 합리성 개념이 설명가설로 사용되고 있다. 이제 이와 같은 설명의 논리를 검토해 보기로 하자.

10.3.1 드레이의 합리적 설명 개념

이제 특히 역사적 탐구에서의 그런 설명의 역할[9]에 대해 고무적이고 시사하는 바가 많은 드레이의 연구를 우리의 출발점으로 잡아 보자. 드레이는 그 연구를 통해, "역사학에서 통상적으로 제시되는 형태의 개별적인 인간행위의 설명은 특히 포괄법칙 모형과는 맞지 않는 어

---

8) Peters (1958), p. 4. 헴펠의 강조. 합리성의 가정이 지닌 설명적이고 예측적인 용도에 관한 또 다른 진술로는 다음을 참조. Gibson (1960), p. 164.

9) 특히 Dray (1957) 5장과 Dray (1963) 참조.

떤 특징을 지니고 있다"[10]고 결론짓고 있다. 드레이는 여기에서 말한 그런 설명유형, 즉 동기가 된 이유에 의한 설명을 **합리적 설명** (*rational explanation*) 이라고 부른다. 그가 말하듯이, 그 설명은 "행위자가 처한 상황에서, 그가 선택한 목적을 위해 어떤 수단을 채택할지와 관련된 타산*을 재구성해 줌으로써 행위의 **합리적 근거**를 드러내 주기 때문이다. 행위를 설명하기 위해서는, 어떤 생각에서 그가 그렇게 행위해야 한다고 확신하게 되었는지를 알아야 한다".[11] 그러나 드레이는 합리적 설명에 또 다른 특징을 부여하는데, 이 특징 때문에 합리성이라는 평가적 또는 비판적 개념이 본질적 역할을 하게 된다. 드레이에 따르면, "그와 같은 설명의 목적은 어떤 행위가 주어진 이유 때문에 행해진 것임을 보이는 데 있지, 단지 그것이 어떤 법칙에 따라 그 경우에 행해진 것임을 보이는 데 있지 않다".[12] 따라서 "제시된 이유가 합리적인 방식으로 설명력을 지니려면, 그것은 행위자가 생각한 그런 상황이었다면 그 행위가 했어야 할 것이었다는 의미에서 적어도 **좋은 이유**여야 한다".[13] 그러므로 행위자가 좋은 이유가 있어서 그 행위를 했다는 것을 보이기 위해, 합리적 설명은 일반적인 경험법칙이 아니라 "다음과 같은 형태의 판단을 표현하는 '행위의 원리'에 의지해야 한다. C_1 … C_n이라는 유형의 상황에서 해야 할 일은 x이다".[14] 그래서 그런 설명은 "행위에 대한 **평가**라는 요소"[15]를 포함하게 마련이다. 이처럼 적절성이나 합리성의 기준을 표현하는 행위의 원리에 의존하고 있다는 점

---

10) Dray (1957), p. 118.

* 'calculation'을 여기서는 '타산'으로 옮긴다. 타산(打算)이란 '자신에게 도움이 되는지를 따져 헤아림'의 의미이다.

11) Dray (1957), pp. 124와 122. 원저자의 강조.

12) Dray (1957), p. 124.

13) Dray (1957), p. 126. 원저자의 강조.

14) Dray (1957), p. 132. 원저자의 강조.

15) Dray (1957), p. 124. 원저자의 강조.

에서 바로 드레이는 합리적 설명과, 일양성을 서술할 뿐 평가를 하지는
않는 포괄적인 일반법칙 아래 포섭하여 어떤 현상을 설명하는 방식 사
이에는 근본적인 차이가 있다고 본다.

드레이는 행위의 원리에 나오는 '상황'의 특징을 더 자세하게 규정하
지는 않는다. 하지만 그의 의도에 맞추려면, 그와 같은 상황에는 다음
과 같은 요소도 분명히 포함된다고 생각해야 한다. (i) 행위자가 성취
하고자 한 목적, (ii) 행위자가 행위해야 했던 경험적 상황에 관련된
행위자의 믿음과 행위자가 목적을 성취하기 위해 선택할 수 있는 수단
에 관한 행위자의 믿음, (iii) 행위자가 지켜야 하는 윤리적, 종교적
또는 다른 규범들. 왜냐하면 이러한 요소들이 구체적으로 규정되어야
만, 주어진 상황에서 행위자가 행한 것이 적절한지를 묻는 것이 의미
가 있기 때문이다.

드레이의 견해에 따를 때, 합리적 설명은 "왜 행위자 A가 X를 했는
가?"라는 형태의 질문에 대해 다음과 같은 종류의 설명항을 제시하여
답변한다고 할 수 있다(우리는 드레이의 '$C_1 \cdots C_n$' 대신 간단하게 'C'라
고 쓸 것이다. 이때 우리는 여기서 말하는 상황이 매우 복잡할 수 있다는
사실을 염두에 두어야 한다).

A는 C라는 유형의 상황에 있었다.
C라는 유형의 상황에서, 해야 할 적절한 일은 X이다.

그러나 합리적 설명에 대한 이런 해석은 합리성의 기준을 전제한다.
이런 기준을 통해, 주어진 유형의 상황에서 특정 행위를 바로 해야 할
유일한 행위로 골라낼 수 있다는 것이다. 그런데 우리가 이미 보았듯
이, 이런 전제는 의문의 여지가 많다.

하지만 더욱 중요한 점은, 그와 같은 기준을 마련할 수 있다고 하더
라도, 여기서 생각해 본 그런 형태의 설명으로는 왜 A가 X를 했는지

를 설명할 수 없다는 사실이다. 왜냐하면 이 논문의 2.4절에서 제시한 적합성 요건에 따를 때, 왜 주어진 사건이 발생했는가라는 물음에 대해 적절한 답변이 되려면, 참이라고 받아들일 경우 그 사건이 실제로 발생했다고 믿을 만한 좋은 근거가 되는 정보를 제공해야 하기 때문이다. 그런데 행위자 *A*가 *C*라는 유형의 상황에 있었고, 그와 같은 상황에서 합리적인 행위는 *x*를 하는 것이라는 정보는 A가 x를 하는 것이 **합리적이었을 것이다**라고 믿을 만한 근거를 제공할 뿐, *A*가 실제로 *x*를 했다고 믿을 만한 근거를 제공해 주는 것은 아니다.[16] 후자의 믿음을 정당화하기 위해서는, 하나의 설명적 가정이 추가로 필요하다. 그것은 적어도 문제의 시간에 *A*는 **합리적 행위자**였고, 따라서 그는 그 상황에서는 합리적인 것이면 무엇이든 할 **성향을 지녔**다는 것이다.

하지만 이런 가정을 추가할 경우, "왜 *A*는 *x*를 했는가?"라는 질문에 대한 대답은 다음과 같은 형태를 띠게 된다.

(도식 *R*)

*A*는 *C*라는 유형의 상황에 있었다.
*A*는 합리적 행위자였다.
*C*라는 유형의 상황에서, 합리적인 행위자라면 모두 *x*를 할 것이다.

따라서 *A*는 *x*를 하였다.

---

16) 드레이의 견해에 대한 다음 논평에서 패스모어가 사실 같은 비판을 한 바 있다. "… '행위의 원리'나 '좋은 이유'를 통한 설명은 그 자체로는 결코 설명이 아니다. … 왜냐하면 어떤 이유가 그에 호소해 어떤 사람의 행위를 정당화할 수 있는 원리라는 의미에서 '좋은 이유'일 수 있지만, 실제로는 우리에게 아무런 영향도 미치지 않을 것일 수 있기 때문이다." Passmore(1958), p. 275. 원저자의 강조.

합리적 설명에 대한 이런 도식은 내가 보기에 드레이의 해석과는 두 가지 점에서 다르다. 첫째, A가 합리적 행위자라는 가정이 명시적으로 추가되었다. 둘째, 상황 C에서 무엇을 해야 하는지를 규정하는 행위의 평가적 또는 감정적(鑑定的) 원리가 그런 종류의 상황에서 합리적 행위자라면 어떻게 행위할지를 진술하는 경험적 일반화로 대체되었다. 따라서 드레이가 배후의 이유에 의한 설명과 일반법칙 아래 포섭에 의한 설명 사이의 논리적 차이를 드러낸다고 한 바로 그 부분은 드레이의 해석과 맞지 않는다. 왜냐하면 합리적 설명이 설명력을 갖도록 하기 위해서는, 드레이가 말하는 행위의 규범적 원리를 일반법칙의 특징을 지닌 진술로 반드시 대체해야 한다는 사실이 드러났기 때문이다. 이렇게 되면 설명을 하는 데 포괄법칙 형태를 다시 들여오게 된다.

드레이가 합리적 행위의 핵심이라고 생각한 평가 기능이 설명에 있어 아무런 의미도 갖지 못한다는 점은 다음을 생각해 보아도 알 수 있다. 자세한 합리적 근거에 의해 설명을 제시했을 때, 이에 대한 의심은 "X가 그 상황에서 실제로 했어야 할 일인가?"라는 형태로 표현될 수는 없지만, "A는 X를 해야 할 일이라고 실제로 여겼을까?"라는 형태로 표현될 수는 있다. 이에 따라, 제시된 설명을 옹호하기 위해 X가 (합리성의 어떤 이론적 기준에 의할 때) '할 일'이었다고 주장하는 것은 아무런 관계가 없는 반면, 이와 달리 A는 일반적으로 규정된 종류의 상황 아래서 X를 할 성향이 있다는 것을 보여주는 것은 분명히 관계가 있다. 후자의 정보가 가지는 설명적 의미는 숙고된 행위가 설명자의 —또는 질문자의— 합리성 기준에 들어맞는가 여부와는 아무런 관련이 없다.

이처럼 합리적 설명에 대한 드레이의 분석에 동의하지는 않지만, 나는 동기가 된 이유에 의한 설명이 평가적 함축을 지닐 수도 있다는 점을 부정하고 싶지 않다. 내가 주장하고 싶은 바는 단지 비판적 평가가 주어진 설명에 포함되어 있거나 제시되어 있는지의 여부는 설명력과 무관하다는 점이다. 나아가 드레이가 행위의 원리라고 부르는 것에 의해 평가하는 것만으로는 왜 A가 실제로 X를 했는지를 전혀 설명할 수 없다는 점이다.

10.3.2 넓은 의미의 성향으로서의 이유에 의한 설명

위의 도식 R에 나오는 합리적 행위자라는 개념은 물론 객관적인 적용기준에 의해 지배되는 기술적-심리적 개념으로 이해되어야 한다. 합리적 행위자라는 개념이 지닐 수도 있는 규범적이거나 평가적 함의는 모두 설명의 용도와는 아무런 관련이 없다. 분명히 진정으로 합리적인 사람이라면 어떻게 행위해야 하는지에 관한 규범적인 견해가 합리적 행위자를 위한 기술적 기준의 선택에 영향을 끼칠 수 있다. 이는 마치 지능과 언어적 적성, 수리적 적성을 측정하는 시험의 구성과 이에 따른 객관적 기준의 선정이 체계 이전의 어떤 견해와 규범에 의해 영향을 받을 수 있다는 이치와 같다. 그러나 ('IQ', '언어적 적성', '수리적 적성' 등의 용어가 그렇듯이) '합리적 행위자'라는 용어의 기술적-심리적 용법은 채택된 객관적인 경험적 적용규칙의 지배를 받아야 한다. 그 규칙은 이 사람이나 저 사람(예를 들어 합리적 설명을 제시하는 사람이거나 합리적 설명의 대상이 되는 사람)이 그와 같은 객관적 규칙이 자신이 생각하는 합리성의 규범적 기준에 들어맞는다고 보는지와 무관하다.

어떤 특정한 경험적 기준에 의해 규정하더라도, 기술적-심리적 의미의 합리성은 넓게 말해 **성향적 특성**이다. 어떤 사람을 두고 그 사람이 합리적 행위자라고 말하는 것은 그 사람에게 여러 가지 성향을 부여한다는 사실을 함축한다. 각각의 성향은 주어진 종류의 조건 아래에서 — 일양적이거나 또는 어떤 확률값을 갖고 — 특정한 식으로 행동할 경향이라고 할 수 있다. 주어진 종류의 조건을 완벽하게 규정하려면 행위자의 목적과 믿음에 관한 정보, 행위자가 처해 있는 심리적, 생물학적 상태들 그리고 그의 환경에 관한 정보를 포함시켜야 한다. 따라서 행위자의 이유와 합리성에 의해 행위를 설명한다는 것은 그 행위가 일반적 경향에 들어맞는다거나 그런 경향을 드러낸 것이라고 말하는 것이다. 17) 문제의 경향을 표현하는 문장들이 엄밀하게 보편적 형식을 띠는지 또는 (9. 3a) 나 (9. 3b) 처럼 통계적 형식을 띠는지에 따라, 그 결과 제시되는 성향적 설명은 연역적이거나 귀납-확률적인 것이 된다. 그러나 어느 경우이든, 주어진 특정 사례를 일반적인 일양성 아래 포섭하게 될 것이다. 하지만 이와 같은 간략한 일반적 특성은 이제 확장되어야 하고 또 상세한 측면들에 의해 보완되어야 한다.

  우선 합리적 행위자라는 심리학적 개념이 함축하는 성향은 단순히 특정한 외부자극에 대해 어떤 특징적 양상을 지닌 외적 행동으로 반응하는 성향이 아니다. 이 점에서 이런 성향은 적어도 어떤 사람에 대해 그 사람이 꽃가루 알레르기가 있다고 말할 때 함축하는 그런 일부 성향과는 다르다. 왜냐하면 이렇게 말하는 것은 무엇보다도 꽃가루에 노출되었을 때 그 사람은 콧물을 흘리는 증상을 보일 것임을 함축하기 때문이다. 어떤 사람이 합리적 행위자라고 말할 때, 우리는 함축적으로 그 사람이 어떤 특정한 상황에 있다면 특정한 방식으로 행위할 것이라고 주장하는 것이다. 그렇지만 그와 같은 상황은 단순히 환경적 조건과 외부자극에 의해 기술될 수 없다. 왜냐하면 그 상황은 특징적으로 행위자의 목적과 관련된 행위자의 믿음을 포함하기 때문이다. 이러한 차이를 나타내기 위해, 어떤 사람이 합리적이라고 했을 때의 그 성향은 **고차성향**(*higher-order-dispositions*) 이라고 말할 수 있다. 왜냐하면 믿음과 목적 ― 합리적 행위자는 이에 반응하여 행위하게 된다 ―

---

17) 이와 같은 해석은 물론 Ryle (1949) 에 나오는 일반적 견해와 근본적으로 일치한다. 라일의 생각을 따라, 행위자의 바람, 의도, 계획을 거론하는 설명의 힘에 대한 명료한 규정으로는 Gardiner (1952) 4장 3절을 참조. 그리고 또한 Dray (1957) pp. 144 이하에도 이 문제에 대한 설명과 이에 대한 비판적 논의가 나와 있다.

은 밖으로 드러나는 외부자극이 아니라, 도리어 행위자가 지닌 넓은 의미의 성향적 특징이기 때문이다. 사실 어떤 사람이 특정한 믿음이나 목적을 가졌다고 말하는 것은 일정한 상황에서 행위자가 특정한 방식으로 행위할 성향이 있다는 것을 함축한다. 여기서 그 사람이 행위할 특정한 방식은 바로 그 사람이 그런 목적이나 믿음을 가지고 있음을 나타내는 징후나 징표이다.

하지만 행위자의 믿음이나 목적, 합리성을 너무 좁은 의미의 성향으로 해석하지 말아야 할 또 다른 이유가 있다. '넓은 의미에서 성향적'이라는 수식어가 의미하는 바는 다음과 같은 점을 깨닫게 하기 위해서이다. 어떤 사람이 일정한 목적이나 믿음 또는 합리적 행위자라는 성질을 지녔다는 진술은 그 사람이 일정한 여러 성향을 지녔다는 다른 진술들의 집합을 함축하지만 그 집합과 **동치**인 것은 아니다.

이 견해를 좀더 분명히 하고 이를 뒷받침하기 위해, 나는 먼저 물리학에 나오는 유사한 사례를 들기로 하겠다. 어떤 물체가 전기를 띠고 있다거나 자성을 띤다고 말하는 것은 그 대상이 다양한 테스트 과정에서 특징적이거나 전형적인 방식으로 반응할 성향을 지녔다는 점을 **함축**한다. 그렇지만 이것이 주장하려는 바의 전부는 아니다. 왜냐하면 전기를 띠고 있다거나 자성을 띤다는 개념은 물리적 개념들을 서로 연결하는 이론적 원리의 망에 의해 지배되기 때문이다. 이런 이론적 원리들에 따라 무한히 많은 경험적으로 테스트가능한 귀결들의 집합이 결정되며, 이 집합에는 주어진 물체가 전기를 띠는지 또는 자성을 띠는지 여부를 확인할 수 있는 조작적 기준이 될 다양한 성향적 진술들도 포함된다. 따라서 물리적 성질을 귀속시킬 때 그것이 무슨 주장인지와 관련해, 저변에 깔려 있는 이론적 가정이 핵심역할을 한다. 사실 주어진 물체가 전기를 띤다는 진술은 배후에 있는 이론적 가정과 함께 결합되었을 때에만 성향적 진술의 집합을 함축한다. 반면 성향적 진술의 집합 전체는 이론적 배경원리를 함축하지 않는 것은 물론이고, 전기를 띤다는 것에 관한 진술도 함축하지 않는다.

어떤 사람의 믿음, 목적, 도덕적 기준, 그리고 합리성 등을 나타내
는 데 쓰이는 심리적 개념은 전자기 이론의 개념들이 이론망에서 하는
역할과는 범위나 명료성 면에서 비교할 바가 되지 못한다. 그렇지만
우리는 분명히 그와 비슷한 어떤 연관성을 전제하고 그런 심리적 개념
을 사용한다. 우리는 그런 연관성을 유사 이론적 연관성(quasi-theore-
tical connection)[18]이라고 부를 수 있다. 예를 들어 우리는 특정 목적
을 추구하는 어떤 행위자가 보여주는 외적 행위는 그의 믿음에 의존한
다고 가정한다. 그리고 그 역도 또한 가정한다. 따라서 헨리에게 길이
질척하다고 하는 믿음의 귀속이 그가 장화를 신을 것임을 함축한다고
하려면, 그의 목적과 그의 다른 믿음,[19] 즉 그가 밖에 나가고 싶어 하
며, 발이 젖지 않기를 바라고, 장화를 신으면 그런 목적을 이룰 수 있
다고 믿으며, 장화를 신을 시간도 없을 만큼 다급한 상황이 아니었다
는 것 등을 적절히 가정해야만 한다. 여기에는 분명히 문제의 심리적
개념들 사이에는 복잡한 여러 가지 상호 의존성이 있다는 가정이 반영
되어 있다. 우리는 바로 이런 가정에 근거해 심리적 특성이 특정한 경
우에, 외적 행위를 포함해, 어떤 행동으로 구체적으로 나타날지를 예
상한다.

이와 같은 특징들을 단순히 행태적 성향의 다발로 해석하는 것을 부
정한다고 해서 기계 속의 귀신(the ghost in the machine)을 다시 끌어들

---

18) Brandt and Kim(1963), p. 427에 행위자가 일정한 목적이나 일정한 사태를
바란다는 개념에 대한 몇 가지 설득력 있는 유사 이론적 원리가 제시되어 있
다. 브란트와 김은 '바란다'는 개념을 이론적 구성물로 보는 것이 도움이 된
다고 제안한다. Tolman(1951)에는 심리학적인 모형의 행위이론이 대략 잠
정적으로 제시되어 있다. 이 이론에서는 '매개변수'로 행위자의 '믿음-가치
행렬'뿐만 아니라 '필요체계'가 포함되어 있고, 또한 행위가 발생하는 외적
조건에 대해서도 적절히 고려하고 있다.

19) 이 점에 대해서는 Chisholm(1962), pp. 513 이하와 특히 p. 517 참조.

이려는 것은 아니다. 이런 견해는 라일과, 이전에 기본적으로 같은 근거이지만 좀더 간단하게, 카르납의 논리적 행태주의에 의해 아주 잘 비판되었다.[20] 오히려 초점은 문제의 심리적 특성들을 특징짓기 위해서는, 성향적 함축─이것은 특정한 믿음, 목적 등을 귀속시킬 수 있는 조작적 기준이 된다─을 고려해야 할 뿐만 아니라 그것들을 서로 연결하는 유사 이론적 가정들을 고려해야 한다는 사실이다. 왜냐하면 유사 이론적 가정들 역시 그와 같은 개념들의 용법을 지배하고 있고, 그 가정들은 그것들과 연관된 성향적 진술들의 집합에 의해 논리적으로 함축되지 않기 때문이다.

10.3.3 믿음 귀속과 목표 귀속의 인식적 상호 의존성

방금 말한 유사 이론적 연관성은 한 가지 문제를 야기하는데, 이를 간략하게나마 논의할 필요가 있다. 우리로서는 연관성의 한 형태만을 검토해 보는 것으로 충분한데, 그 형태는 합리적 설명이라는 개념에서 아주 중요하다. 어떤 사람이 일정한 구체적 목적이나 믿음을 가졌다고 말할 때, 이 말은 그 사람에게 어떤 유형의 성향을 귀속시킨다는 뜻인가? 헨리가 물을 마시기를 원한다는 진술은 적어도 그가 자신에게 제공된 음료─그것이 마실 수 있는 물이라고 믿는다면(그리고 그가 그 음료를 거부할 다른 특별한 이유가 없다고 한다면)─를 마실 것이라는 점을 함축한다. 따라서 어떤 목적을 부여하는 것이 특징적인 외적 행위와 관련된 함축을 지니려면, 〔그와 관련된 다른〕믿음의 귀속도 함께 고려해야 한다. 마찬가지로 앞의 예에서도 헨리가 길이 질척댄다고 믿는다는 가설이 특징적인 외적 행위의 발생을 함축하는 경우란 헨리의 목적에 관한 적절한 가설들을 함께 고려했을 때뿐이다.

사실 행위자의 목적에 관한 가설이 특정한 외적 행위의 발생을 함축

---

20) Ryle(1949), Carnap(1938) 참조. 그리고 좀더 전문적인 설명으로는 Carnap (1936~1937) 참조.

한다고 할 수 있으려면, 그 행위자의 믿음에 관한 적절한 가설을 덧붙여야 하며, 그 역도 마찬가지인 것 같다. 따라서 엄밀하게 말해, 행위자의 행동을 테스트하는 것이 그 행위자의 믿음이나 목적에 관한 가정을 테스트하는 역할을 할 수는 있지만, 그것은 개별적으로 이루어질 수 있는 것이 아니라 적절한 쌍으로만 이루어질 수 있다. 다시 말해, 믿음의 귀속과 목표의 귀속은 **인식적으로 상호 의존되어** 있다.

하지만 이런 사실 때문에 어떤 사람의 믿음이나 목적을 확인할 수 없는 것은 아니다. 왜냐하면 서로 의존하는 항목들 가운데 한 항목에 대해 우리가 훌륭한 사전정보를 갖고 있는 경우도 종종 있고, 그 경우 일정한 상황에서 그 사람이 어떻게 행위하는지를 확인해 다른 한 가설을 테스트할 수도 있기 때문이다. 예를 들어, 어떤 사람이 정직하고 '진실을 말하려고' 애쓴다고 하는 가정을 받아들일 만한 근거가 우리에게 충분히 있다면, 우리의 질문에 대한 그 사람의 대답은 그의 신뢰성을 보여주는 믿을 만한 징표가 될 수 있다.

그러나 여기서 말하는 인식적 상호 의존성 때문에, 동기가 되는 이유에 의한 설명에서 행위자가 적어도 그 당시 합리적 행위자였다고 하는 설명상의 가정이 과연 필요한지의 문제가 제기된다. 이 물음이 어떻게 제기되는지를 알려면 믿음의 귀속과 목표의 귀속의 테스트 기준을 자세히 살펴보아야 한다.

우리가 행위자의 믿음을 알고 있다고 가정하고, 그 행위자는 목표 G를 얻고자 한다는 가설을 테스트하고자 한다고 하자. 이 가설이 함축하는 행위유형이란 도대체 어떤 것일까? 그 경우 사용되는 기준은 대략 다음과 같은 것이라고 할 수 있다. 만약 A가 실제로 G를 얻고자 한다면, 그는 자신의 믿음에 비추어 볼 때 성공할 가능성이 가장 큰 행위를 따를 것이다. 따라서 이전 논의의 용어로 한다면, 목표 귀속에 대한 테스트는 A가 자신의 목적과 믿음에 비추어 합리적 행위를 선택할 것이라는 가정을 전제하는 것으로 보인다. 이는 어떤 사람의 행위

를 증거로 삼아 그 사람의 목표를 파악하는 방식에는 이미 합리성이라
는 가정이 내재되어 있다는 의미이다. 이미 어떤 사람의 목적을 알고
있을 때 그 사람의 행위를 증거로 삼아 그 사람의 믿음을 파악하는 방
식에 대해서도 비슷한 식의 이야기를 할 수 있을 것이다.[21] 그런데 이
점은, 도식 R이 보여주는 바와 같이 합리적 설명에 문제의 사람이 합
리적 행위자라고 하는 설명가설이 들어 있다는 해석이 옳지 않음을 보
여주는 것 같다. 왜냐하면 방금 개략적으로 살펴본 바에 따르면, 동기
가 된 목적과 신념을 행위자에게 귀속시킬 때 쓰는 테스트 기준에 이
런 가설이 암암리에 들어 있다는 암묵적 규약 때문에 그 가설이 언제
나 참이 된다는 점이 드러났기 때문이다. 만약 이것이 일반적으로 사
실이라면, 합리성의 가정은 원리상 위반될 수 없을 것이다. 위반되는
것처럼 보이는 것은 행위자의 믿음이나 그 사람의 목적 또는 이 둘 모
두에 대한 우리의 추측이 잘못되었음을 보여준다고 여겨질 것이다. 물
론 이런 판단을 하는 경우도 종종 있다는 점은 사실이다.

　그러나 항상 그런가? 나는 행위자의 믿음과 목적에 대한 가정을 유
지하는 대신, 합리성의 가정을 버리는 다양한 종류의 상황이 있다고
생각한다. 첫째, 어떤 사람이 행위를 결정할 때, 그는 참이라고 믿는
정보 가운데 어떤 관련항목을 간과할 수도 있다. 이때 그 항목을 적절
히 고려했더라면, 그는 다른 행위를 할 수도 있었을 것이다. 둘째, 행
위자가 자신이 추구하는 전체 목표의 어떤 측면을 간과함으로써 자신
의 목적과 믿음에 의거해 판단해 볼 때 합리적이라고 할 수 없는 행위
를 하기로 결정하는 상황도 있을 수 있다. 셋째, 행위자가 자신이 지
닌 모든 관련정보뿐만 아니라 전체 목표의 모든 측면을 고려했고, '선
택한 목적을 이루기 위한 수단들에 대한 타산'(이는 앞에서 드레이로부
터 인용한 것을 반복한 것이다)이 정확했다고 하더라도, 그 사람의 타

---

21) 예를 들어, Churchman(1961), pp. 288~291에 나오는 논의가 이 점을 보
　　여준다.

산과정에 어떤 논리적 결함이 있어서 결과가 합리적 결정이 될 수 없는 경우도 있을 수 있다. 여기서 말한 여러 방식들 가운데 행위자가 합리성을 지니지 못했다고 볼 수 있는 강력한 증거가 있는 경우도 있을 것이다. 사실 행위자가 시간에 쫓기거나 격정에 휩싸이거나 피곤한 상태나 다른 어떤 방해요인이 있는 상황에서 결정을 했다면, 합리성과는 거리가 있을 가능성이 아주 높다고 할 수 있다. (이 점은 이유나 동기에 의한 설명에서 중요한 역할을 하는 여러 가지 심리적 개념들 사이의 또 다른 유사 이론적 연관성을 반영해 준다.)

요약하자면, 인간행위의 합리성은 인간행위자에게 목적과 믿음을 귀속시키는 기준에 암암리에 들어 있는 규약으로 보장되는 것이 아니다. 행위자에게 일정한 목표와 믿음을 귀속시키면서도 그의 행위가 이런 목표와 믿음에 의해 합리적으로 요청된 것이 아님을 인정할 만한 좋은 근거가 있는 경우도 있다.

10.3.4 설명모형 개념으로서의 합리적 행위

동기가 된 이유에 의한 설명에서 합리성의 가정이 어떤 역할을 하는지를 좀더 분명히 하기 위해, 합리적 행위자라는 개념을 가령 보일 샤를 법칙에 딱 맞는 기체인 이상기체(ideal gas)라는 설명 개념과 견줄 수 있는 이상화된 설명모형으로 볼 수 있을지를 따져 보는 것이 도움이 될 것 같다. 실제 기체는 이 법칙을 엄격하게 만족시키지는 않는다. 하지만 넓은 범위의 조건에서라면 온도, 압력, 부피 사이의 상호관계에 관해 이 모형이 제시하는 설명에 아주 근접하는 여러 기체가 있다. 게다가 반 데어 발스나 클라우지우스 등의 법칙과 같이 〔보일 샤를의 법칙보다〕 좀더 일반적이지만 좀더 복잡한 법칙이 있어서 이를 통해 실제 기체가 보이는 이상모형과의 편차를 설명하기도 한다.

아마도 합리적 행위자라는 개념도 행위자의 행위는 그 사람의 목적과 믿음에 비추어 (어떤 구체적인 기준에 따라) 엄밀하게 합리적이라고 하는 '이상적 법칙'으로 간주될 수도 있을 것이다. 이런 프로그램적인 개념을 어떻게 구체화할 수 있을까? 합리적 행위의 설명모형을 어떻게 하면 정확히 규정할 수 있고, 그것을 어떻게 적용하고 테스트할 수 있을까?

앞에서 이미 지적했듯이, 합리성이란 개념은 합리적 설명을 다루고 있는 문헌에서 가끔 여기듯이 분명하고 명확한 개념이 결코 아니다. 하지만 합리성 개념을 설명에 사용하고자 하는 경우는 비교적 간단한 형태의 것이어서, 합리성의 기준을 정확히 세울 수 있고 이를 모형 안에 들여올 수 있다고 가정하자.

그 경우 모형을 어떻게 구체적인 사례에 적용할 것인지, 그리고 주어진 행위가 모형이 말하는 합리성의 기준에 실제로 맞는지를 어떻게 테스트할지의 문제가 여전히 남는다. 그리고 이 때문에 아주 곤혹스런 문제가 야기된다. 이 문제는 단순히 행위자의 믿음과 행위를 어떻게 **확인**할 것인가라는 실천적인 문제가 아니라, 당시 행위자의 믿음과 목적을 어떻게 **이해**할 것이며, 어떤 논리적 수단을 통해 그것들을 규정할 것인가라는 개념적인 문제이다. 이 문제를 간략하게나마 좀더 살펴보기로 하자.

어떤 사람은 당시에 의식하지는 못하지만 여러 수단에 의해 그것을 드러낼 수 있는 여러 믿음을 지니고 있다고 말할 수 있다. 사실 어떤 사람은 여태껏 한 번도 생각해 본 적도 없고, 아마 앞으로도 전혀 생각해 보지 않을 많은 것들을 믿고 있다고 할 수 있다. 어떤 사람이 7 더하기 5는 12라고 믿고 있다면, 분명히 우리는 그가 7마리의 닭에 5마리를 더하면 12마리의 닭이 될 것이라는 것도 또한 믿고 있으리라고 여긴다. 비록 그가 특정한 이 믿음을 의식적으로 지니고 있지 않더라도 그렇다. 일반적으로 사람은 그가 믿는 것들의 귀결 가운데 어떤 것들을 믿는다고 할 수 있다. 하지만 사람은 분명히 그런 모든 귀결을 믿는다고 할 수는 없다. 한 가지 이유만 든다고 하더라도, 사람의 논리적 통찰력은 제한되어 있기 때문이다.

 따라서 합리적 의사결정이라는 규범적 또는 비판적 개념의 이론모형에서, 정보의 기초는 논리적 도출가능성이라는 적절한 관계 아래 닫혀 있는 진술들의 집합으로 해석될 수 있지만, 이런 가정을 합리적 의사결정의 설명모형에까지 확장할 수는 없다. * 특히 어떤 사람이 논리적으로 동치인 한 쌍의 진술들 가운데 어느 하나에 동의한다고 믿고 있지만 다른 하나에는 동의하지 않는 경우도 있을 수 있다. 이 두 진술이 동일한 명제를 표현하는데도 말이다. 따라서 사람의 믿음의 대상을 무한히 많은 서로 동치인 진술 가운데 어느 하나로 나타낼 수 있는 명제로 간주해서는 안 된다는 점이 분명해 보인다. 행위자의 믿음을 구체적으로 표현할 때, 정식화의 방식이 핵심적인 역할을 한다. (이런 특이성은 콰인이 믿음문장의 지시 불투명성(the referential opacity of belief sentence)이라고 부른 것과 아주 비슷해 보인다.) 22)

 그렇다면 아마도 합리적 행위의 설명적 모형 개념에서, 행위자의 믿음은 논리적 도출가능성 아래 닫혀 있지 않은 문장들의 어떤 집합으로 나타내어야 할 것이다. 하지만 정확히 어떤 집합으로 나타낼 수 있을까? 예를 들어, 어떤 사람의 믿음집합에는 적절한 질문과 논증에 의해서 동의를 이끌어 낼 수 있는 모든 문장 — 그런 문장의 수가 아무리 많고 복잡하더라고 — 이 포함되어야 하는가? 우리의 관심이 행위자가 한 행위를 설명할 때 동기가 된 요인이라 할 수 있는 믿음들의 집합이

---

 * 정보의 기초의 경우, 정보 K의 논리적 귀결도 모두 정보의 기초의 집합에 속해 있다고 할 수 있지만, 바로 앞에서 보았듯이 어떤 사람이 믿음 L을 가지고 있다고 해서 L의 논리적 귀결도 모두 믿고 있다고 할 수는 없다는 말이다.

22) Quine(1960), 30절 참조. 또한 35, 44, 45절도 참조. 여기서 믿음 부여를 논리적으로 어떻게 적절히 해석할지의 문제가 다루어지고 있다. 이러한 여러 문제와 목적 부여의 해석과 관련된 비슷한 문제들이 Scheffler(1963), 1부 8절에 철저하게 검토되고 있다.

무엇인지를 구체적으로 나타내는 데 있다고 한다면, 그런 해석은 분명히 정당화될 수 없다. 그냥 실천적으로가 아니라 개념적으로 믿음집합의 경계선을 어디에 그을 것인가* 하는 문제는 곤혹스럽고도 모호한 문제이다.

주어진 의사결정 상황에서 행위자의 전체 목표를 어떻게 규정할 것인가 하는 문제를 두고서도 비슷한 이야기를 할 수 있다.

결국 의사결정의 규범적-비판적 모형에서는 언제나 정보의 기초 전체와 구체화된 목적 전체에 의해 합리성이 판단된다. 하지만 그렇다 하더라도 합리적 행위자는 구체적인 기준에 의해 판단해 보았을 때 자신의 목적과 믿음의 전체집합에 기초해 최적으로 행위한다는 원리를 합리적 행위의 설명모형 안에 포함시키는 것은 자기파괴적이다. 그 개념은 그냥 너무 모호하다.

10.3.5 의식적인 합리적 행위자의 모형

이에 대한 해결책은 많은 설명에서 행위자가 의사결정을 할 때 아마 의식적으로 고려한 이유에 의해 행위가 결정된다고 본다는 점을 파악하는 데 있는 것 같다. 어떤 사람의 (그 당시) 행위가 그가 그런 결정을 하는 데 의식적으로 고려한 목적과 믿음에 비추어 (어떤 명확히 구체화된 기준의 의미에서) 합리적이라면, 그 사람을 (그 당시) **의식적으로 합리적인 행위자**라고 부르기로 하자.

의식적으로 합리적인 행위자라는 모형이 잠정적으로 어떻게 적용될 수 있을지를 알아보기 위해, 이른바 엠스 전보**를 비스마르크가 편

---

* 어떤 것을 믿음 안에 포함시키고 어떤 것을 포함시키지 말아야 할지를 정하는 문제라는 의미이다.
** 1870년에, 프랑스 대사 베네데티(Benedetti)가 엠스 온천장에 머물던 프로이센 왕 빌헬름 1세를 방문하고 에스파냐 왕위계승 문제에 대하여 회담한 일을 알린 전보내용을 비스마르크가 편집하여 발표한 사건. 양 국민을 격분시켜 프로이센-프랑스 전쟁의 직접적인 동기가 되었다.

집한 일을 생각해 보기로 하자. 이 일은 1870년에 프랑스와 프로이센 사이의 전쟁을 유발하는 데 중요한 역할을 하였다. 두 나라 사이의 정치적 관계는 호엔촐레른 공(公)이 에스파냐의 왕위를 이어받게 되리라는 전망 ─ 한동안 이럴 가능성이 높아 보였다 ─ 을 프랑스가 강력히 반대함에 따라 긴장국면으로 접어들게 되었다. 비스마르크는 이 문제가 프랑스에 대한 프로이센의 개전 이유가 될 수 있기를 바랐다. 하지만 대공은 왕위계승을 포기했고, 프랑스와의 군사적 충돌가능성도 사라진 것으로 보였다. 이 중대한 때에, 프랑스 대사가 엠스의 온천에 머물고 있던 프로이센의 빌헬름 왕을 찾아가, 앞으로도 왕위계승을 다시 받아들일 가능성이 없음을 밝혀 달라고 요청하였다. 왕은 이를 거절하였고, 이 일을 비스마르크에게 전보로 알렸다. 이 전보에서 왕은 불쾌한 느낌을 가졌다는 점을 전혀 나타낸 바 없고 다만 그런 요구를 거절한 자신의 이유를 전달하고자 했을 뿐이었다. 왕은 전보의 내용을 공개할지 여부를 비스마르크가 결정하도록 했다. 비스마르크는 그 기회를 이용해 프랑스가 전쟁을 일으키도록 하기 위해 전보의 내용을 편집하였다. 이런 행위의 배후이유에 대해서는 비스마르크 자신을 포함하여 많은 사람들이 논의한 바 있다.

　회고록에서[23] 비스마르크는 우선 프랑스와 전쟁을 하게 된 이유를 진술하고 있다. 이런 이유 가운데는 프로이센의 국가적 영예를 지키고자 하는 것도 있었고, 그렇게 하지 않아 결과적으로 국가의 존엄이 훼손되게 되면 프로이센 지도 하의 독일제국의 발전이 크게 방해를 받게 되리라는 그의 믿음도 있었고, 프랑스와의 국가적 전쟁이 비스마르크가 통일하고자 한 여러 독일국가들 사이의 분쟁을 해결해 주리라는 기대도 있었고, 프로이센의 군사적 준비상태에 비추어 볼 때 개전을 미루어서 얻을 수 있는 이득은 전혀 없다고 하는 참모총장이 제시한 정

---

23) Bismarck(1899), pp. 97 이하. 왕이 보낸 전보의 원문은 p. 97에 나와 있고, 편집한 것은 pp. 100~101에 나온다.

보도 있었다. 비스마르크는 이 부분에 대한 설명을 다음과 같은 말로 마무리하고 있다. "의식적이든 무의식적이든, 이런 모든 생각 때문에 나는 전쟁을 피한다면 프로이센의 영예와 프로이센에 대한 국가적 신뢰감을 대가로 지불할 수밖에 없다는 견해를 강하게 갖게 되었다. 이런 확신 아래, 나는 왕의 권위를 이용해 … 그 전보의 내용을 공개하였다. 그리고 … 나는 그 전보의 단어들을 삭제해 전보를 줄이기는 했지만, 추가하거나 바꾸지는 않았다."[24]

편집된 엠스 전보는 왕이 프랑스 대사를 모욕적으로 대했다는 인상을 주었다. 회고록에서 비스마르크는 자신의 목적을 달성하기 위해 왜 이런 수단을 선택했는지 그 이유를 솔직하게 진술하고 있다. 그는 편집된 전보가 "프랑스 소에게 붉은 헝겊을 보여주는 결과를 갖기를 바랐다. 우리는 싸워야 한다. … 하지만 전쟁의 기원이 우리에게 있느냐 남에게 있느냐 하는 인상에 근본적으로 [전쟁의] 성공이 달려 있다. 우리가 공격받는 쪽이어야 한다는 점이 중요하다. 프랑스의 이런 오만함과 과민함 때문에 유럽에 [이를] 공표한다면, … 우리는 프랑스의 공개적인 위협에 용감하게 대응할 수밖에 없게 될 것이다."[25] 편집된 전보를 공개함으로써 비스마르크가 예상한 결과가 나타났다. 파리에서는 그것을 국가적 모욕으로 받아들였고, 프랑스 행정부는 군대 동원령을 내렸다.

비스마르크 자신의 설명이나 또는 다른 역사가들이 제시한 설명이 설명력을 갖는지와 관련해, 우선 다음 사실을 주목해 두자. 동기가 된 이유에 대한 진술이 아무리 말해주는 바가 많다고 하더라도, 그 진술은 비스마르크 행위의 아주 중요한 한 측면, 즉 왜 무엇보다도 먼저 전보를 편집하겠다는 생각을 그가 하게 되었는지를 밝혀주지 못하며 밝혀줄 수도 없다는 점이다. 이유에 의한 설명의 맥락에서, 그런 생각

---

24) Bismarck (1899), p. 100.
25) Bismarck (1899), p. 101.

을 그가 하게 되었다는 진술은 설명자료로, 즉 행위자가 선택할 수 있다고 믿었던 행위가 무엇인지를 자세히 서술하는 데 필요한 것의 일부로 단순히 제공되고 있을 뿐이다. 따라서 우리가 살펴본 설명으로는 그럴 가능성이 비스마르크에게 떠올랐다고 할 때 왜 그가 그 행위를 선택했는가라는 질문에 기껏 대답할 수 있을 뿐이다.

이제 여기서 대략 살펴본 설명이 의식적인 합리적 행위의 모형에 어느 정도 부합하는지를 생각해 보기로 하자. 무엇보다도 먼저, 그 모형에 따르면 비스마르크의 결정은 프랑스를 자극해 전쟁을 벌이고자 하는 목적을 달성할 수 있는 최선의 방안을 면밀하게 고려한 결과이다. 또한 이 설명에 따르면, 주어진 상황에서 비스마르크에게는 여러 가지 행위, 가령, 편집된 전보를 공개한다거나 원래 전보를 공개한다거나 또는 아예 공개를 하지 않는 방안 등이 열려 있었다. 그가 보기에, 첫 번째 방안이 원하는 결과를 가져올 수 있었고, 그것만이 원하는 결과를 가져올 수 있었다. 따라서 동기가 된 고려사항들의 목록이 실제로 올바르고 비스마르크가 실제로 생각해 본 가능성 가운데는 어느 것도 빠트리지 않았다는 의미에서 완전하다면, 이 설명에 따를 때 그의 행위는 의식적인 합리적 행위자의 행위임이 드러나며, 그의 믿음과 목적에 비추어 볼 때, 그것은 10.2절에서 언급한 아주 간단한 기준의 의미에서 합리적 행위임이 드러나는 것이다.

그러나 실제로 그 설명은 엄밀한 의미에서는 완전한 것 같지 않다. 예를 들어 비스마르크는 아주 잠깐일지라도 어떤 다른 대안적 행위를 고려했음에 틀림없다. 그런 행위 가운데는 전보를 다른 방식으로 편집하는 것도 있을 것이며, 이는 비스마르크 자신의 진술이나 이 문제를 다룬 다른 여러 사람들이 제시한 설명에도 언급되어 있지 않은 것이다. 어떤 연구에 따르면, 비스마르크는 관련정보를 프로이센에 있는 모든 대사관에는 전달하지만 언론에는 공개하지 않는 방안을 아주 잠깐이나마 생각했을 수도 있다고 한다. 따라서 실제로 제시되는 설명이 비스마르크의 행위를 의식적인 합리적 행위로 보이도록 하는 데 반드시 필요한 만큼 완전할 수 있을지는 의문스럽다. 〔고려사항들 가운데 일부를〕 생략해도 된다는 주장을 옹호하기 위해, 다음과 같은 주장을 하려 할지도 모르겠다. 더 완전하게 만들게 되면 현학적이게 되고 그래서 그런 일은 불필요하다. 왜냐하면 비스마르크가 편집한 전보를 공개하기로 했다는 바로 그 사실은 그가 명시적으로 언급한 방안 이외의 다른 방안을 고려했다 하더라도 그는 그것들이 별 가망성이 없다고 보아 채택하지 않았다는 점을 보이기에 충분하다고 생각되기 때문이다. 이는 비스마르크가 고려한 모든 가능한 행위 가운데 그가 보기에 최적의 행위를 선택했다는 주장을 옹호해 주는 실제로 아주 그럴듯한 방안이다. 그렇지만 이 논증은 비스마르크의 예상을 우리가 해석할 때 비스마르크의 결정의 합리성을 암암리에 들여옴으로써 그의 결정의 합리성을 보장하고 있다. 즉 비스마르크는 다른 대안들에 대해서는 좋은 예상을 하지 않았거나 아니면〔즉 만약 대안들이 더 좋은 결과를 가져오리라고 예상했다면〕 그는 다르게 행위했을 것이라는 것이다.

따라서 엠스 전보의 경우, 동기가 된 이유와 관련해 아주 많은 양의 믿을 만해 보이는 정보가 있고 비스마르크의 결정이 냉정하고 면밀한 숙고를 통해 나온 것으로 보일지라도, 의식적으로 합리적인 행위라는 모형에서 요구하는 엄격한 요건이 완전히 만족되지는 않는다.

아마도 그 모형의 '이상'에 좀더 가까운 사례도 있을 것이다. 예를 들어 디자인 문제에 대해 최적의 해결책을 찾고자 하는 유능한 기술자를 생각해 보자. 이를 위해서는 허용가능한 해결책의 범위가 명확히 정해져 있고, 관련 확률과 효용도 구체적으로 정확히 정해져 있으며, 여기서 채택할 합리성의 기준(가령 기대효용 최대화의 원리)도 명시적으로 진술되어 있다고 하자. 이 경우 그 기술자의 결정을 좌우할 목적과 믿음은 그 문제에 대한 자세한 규정을 통해 완전하게 제시될 수 있다고 생각할 수 있다. 그 기술자에게 의식적인 합리적 행위자라는 모

형을 적용해 우리는 그가 이론적으로 최적의 해결책과 동일한 해결책
에 도달한다는 점을 설명하거나 예측할 수 있다.

의식적 합리성이 지닌 넓은 의미의 성향적 특성을 지속되는 성질로
볼 필요는 없으며 그렇게 볼 수도 없다. 어떤 사람이 어떤 때에는, 가
령 심리적이고 환경적인 조건이 좋은 경우에는 의식적으로 합리적으로
행위하는 성향을 지닐지라도, 다른 때에는 즉 혼란스러운 외부상황이
나 피로나 고통과 같은 요인이나 다른 문제에 정신이 팔려 엄격한 의
미에서 합리적 숙고를 할 수 없는 경우에는 의식적으로 합리적으로 행
위하는 성향을 지니지 않을 수도 있다. 이와 마찬가지로, 주어진 기체
도 어떤 때에는, 즉 온도는 높지만 압력은 낮은 경우에는 '이상적으로'
움직이지만, 다른 때에는 즉 상황이 그 반대인 경우에는 이상적으로
움직이지 않을 수도 있다.

기체의 경우에는 그 기체가 거의 이상적으로 움직일 수 있는 조건을
간단한 몇 가지의 양적인 매개변수들을 통해 상당히 정확하게 진술해
낼 수 있다. 하지만 어떤 개인이 의식적인 합리성에 아주 가깝게 행위
하게 되는 조건의 경우는 그것을 모호하게 나타낼 수 있을 뿐이고, 생
리적 요인이나 심리적 요인뿐만 아니라 환경적 요인까지 포함하는 무
한히 많은 긴 항목들을 이용해 나타낼 수밖에 없을 것이다. 아주 대략
말해, 의식적인 합리적 행위라는 설명모형이 적용될 수 있는 경우는
행위자가 찾고자 하는 결정 문제가 분명하게 구조화되어 있어서 비교
적 쉬운 해결책을 찾을 수 있는 경우이다. 이때 행위자는 해결책을 찾
아내기에 충분할 만큼의 지능을 갖추고 있고, 상황은 교란요인의 영향
을 받지 않고 면밀하게 숙고할 수 있는 경우이다.26)

의식적인 합리적 행위자라는 개념은 적용범위가 아주 제한되어 있
으며, 합리적 의사결정이라는 모형 개념이 설명이나 예측에 쓰일 수

---

26) 이 점과 연관된, Gibson (1960), pp. 160~168에 나오는 관찰 참조.

있는 유일한 방식도 아니다. 흥미로운 대안 하나가 데이비드슨, 수피즈 그리고 시걸의 연구에 의해 제시되었다.[27] 이 연구자들은 인간의 선택에 대한 하나의 경험적 이론을 제시하였다. 그 이론은 위험상황 아래에서의 의사결정이라는 수학적 모형에 기반을 두고 있고, 인간주체가 하는 선택은 기대효용을 최대화한다는 정확한 의미에서 합리적이라는 가정을 포함하고 있다.

예상할 수 있듯이, 이들의 이론이 엄격한 양적인 특성을 지니고 있기 때문에 그 이론은 엄격한 실험을 통해 통제할 수 있는 아주 단순한 유형에만 적용될 수 있다는 대가를 지불하게 된다. 그 이론을 저자들이 시험할 때, 피험자들은 두 가지 대안 사이에서 선택을 요청받는 연속적인 결정을 내려야만 한다. 각각의 대안은 규정된 일정한 양의 돈을 따거나 잃게 되는 전망을 나타내게 된다. 그것은 표면에 특정한 표시를 한 정상적인 주사위를 굴리는 것과 같은 어떤 무작위 실험의 결과에 달려 있다. 무작위 실험과 무작위 실험의 가능한 결과, 그리고 그에 따라 돈을 따거나 잃는다는 것을 피험자들에게 자세히 서술해 주고, 그런 다음 그는 자신의 결정을 한다.

이 실험의 결과는 피험자들이 **기대효용**이 더 큰 대안을 선택할 것이라는 가설에 매우 잘 들어맞았다. 이때 대안의 기대효용은 선택하는 사람이 서로 다른 결과들에 대해 갖게 되는, 이론적으로 상정된 **주관적 확률과 효용**에 근거해 계산되었다. 그 저자들이 제안한 이론은 주어진 행위자가 갖는 주관적 확률과 효용을 동시에 독립적으로 측정할 수 있는 객관적인 방법(그것이 간접적일지는 모르지만)을 제공하고 있다. 실험을 통해, 피험자가 규정된 결과에 부여하는 주관적 확률은 대개 객관적 확률과는 일치하지 않는다는 사실이 드러났다. 피험자가 객관적 확률을 알 수 있는 경우에도 그러했다. 더구나 주관적 효용도 상

27) Davidson, Suppes, and Siegel (1957).

응하는 금전상의 손실이나 이득에 비례하지 않았다. 이 이론에 따를 때, 사람들은 피험자가 가능한 결과에 대해 갖게 될 주관적 확률이나 효용을 대개 전혀 알 수 없다.

이 이론이 옳다면, 이 이론에서는 합리적 행위라는 개념이 아주 특이하게 꼬여 있다. 비록 피험자가 분명하게 구조화된 결정상황에서 사전에 숙고하고 심지어 면밀하게 타산할 기회가 충분한 상태에서 선택을 하더라도, 그들은 자신들이 알지 못한, 따라서 숙고할 때 고려했다고 할 수 없는 주관적 확률과 효용에 비추어 보았을 때 (정확하게 정의된 양적인 의미에서) 합리적으로 행위한 것이다. 그들 자신이 기대효용을 최대화하고자 한 것처럼 행위했다는 의미에서 그들은 합리적으로 행위한 것이다. 여기서 우리는 양적으로 정확한 무의식적으로 합리적인 의식적 결정의 유형을 갖게 되는 것 같다.

10.3.6 숙고하지 않은 행위의 '합리성'. 무의식적 동기에 의한 설명

의도적인 행위 가운데 많은 것들은 사전의 의식적인 숙고 없이 이루어진다. 즉 바라는 목적을 얻기 위해서는 어떤 수단을 선택할지를 타산하지 않고 이루어진다. 그런데 그런 행위들도 종종 동기가 된 이유에 의해 설명된다. 드레이는 특히 그런 설명을 자신의 분석범위에 포함시키고 있다. 그는 합리적 설명이라는 개념은 모든 의도적 행위에 적용될 수 있다고 주장하며, 다음과 같은 근거를 들고 있다. "우리가 어떤 수준의 의식적인 숙고인지와 무관하게 어떤 행위가 의도적이라고 말하는 한, 그것을 위해 구성해 볼 수 있는 타산이 있다. 그것은 행위자가 시간이 있었다면, 그가 무엇을 할지를 일순간에 안 것이 아니라면, 그 일 이후에 무엇을 했는지를 설명하라는 요구를 받았다면 등등의 경우 행위자가 했을 법한 생각이다. 우리가 그 행위를 설명할 수 있는 것은 바로 그런 타산 가운데 일부를 끌어낼 수 있기 때문이다."[28]

하지만 이런 식으로 구성되는 이유나 타산이 지니는 설명적인 의의는 납득하기 어렵다. 만약 행위자가 숙고를 통해서가 아니라 '일순간에' 그런 결정에 도달하였다면, 그 결정이 좀더 좋은 상황에서라면 그 사람이 거쳤을 수도 있거나 또는 만약 그의 행위를 설명하라는 요구를 받게 되었을 때 그가 이후에 제시할 수 있는 어떤 논증을 통해 그 행위가 설명될 수 있다고 말하는 것은 거짓으로 보인다. 왜냐하면 가정상 행위자가 그런 논증을 당시에 실제로 생각해 본 적이 없으며, 적절함이나 합리성의 고려가 그의 결정을 좌우하는 데 아무런 역할도 하지 않았고, 그런 숙고나 타산에 의한 설명은 허구일 뿐이기 때문이다.

그럼에도 불구하고 나는 드레이가 비의도적인 행위를 주의 깊은 숙고에 의해 결정된 행위와 유사한 행위로 보는 것은 일리가 있다고 생각한다. 왜냐하면 그런 행위에 대한 '합리적 설명'을 넓은 의미의 성향적 설명으로 볼 수도 있기 때문이다. 그런 성향적 설명은 행위자가 학습과정 — 이 과정의 초기 단계에서는 의식적인 반성과 숙고가 포함된다 — 을 통해 획득한 어떤 행위유형에 호소한다. 예를 들어, 혼잡한 도로에서 차를 운전하거나 재봉틀을 사용하거나 또는 수술을 하는 데 필요한 여러 가지 복잡한 기술을 생각해 보자. 이런 것들은 모두 처음에는 어느 정도 복잡한 숙고를 포함하는 훈련과정을 통해 학습된다. 그러나 나중에 행위자에게 그 문제를 적절히 생각할 수 있는 조건이 주어진다면 그가 선택했을 방식이기는 하지만 그것은 거의 혹은 전혀 의식하지 않은 채 자동적으로 수행된다. 따라서 이런 유형의 행위는 실제로 그 행위자가 거치지 않은 새로 구성된 타산을 통해서 설명될 수 있는 것이 아니라, 그 행위가 방금 말한 방식으로 행위자가 학습한 일반적인 행동성향을 나타내는 것임을 보여줌으로써 설명될 수 있다. 29)

---

28) Dray (1957), p. 123.
29) Scheffler (1963), pp. 115~116에도 비슷한 방식으로, 학습으로 해석하는 것이 인간행위에 관한 목적론적 진술의 일부 형태를 이해하는 데 도움이 된다는 점이 나와 있다. 이와 관련해서는 이와 밀접히 연관된 논문인 Suppes

주어진 행위를 동기가 된 이유에 의해 설명하려는 시도는 또 다른 잘 알려진 어려움에 봉착한다. 특히 행위자 자신이 든 이유에 설명이 근거해 있을 때, 그 설명은 종종 설명이라기보다는 합리화라는 결과를 낳게 된다. 왓슨이 말한 것처럼, "역사의 관점에서 제시된 동기는 이성의 시대의 심리학을 반영해, 대개 너무 단순하거나 직접적이다. … 이제 심리학은 행동을 하는 데 있어 비합리적이고 아주 개인적인 충동이 엄청나게 큰 비중을 차지한다는 점을 인식하게 되었다. 역사와 전기와 특히 대중적인 인물들의 자서전에서, '실제' 이유 대신 '좋은' 이유를 제시하려는 경향이 매우 강하다."[30] 따라서, 왓슨이 이어 지적하고 있듯이, 역사적 인물의 동기를 검토할 때는 반동형성,* 즉 "인색함을 관대함으로 숨긴다거나, 강력한 공격적 충동을 억누르기 위해 지나친 평화주의를 표방하는 것 등의 변증법적 동력"과 같은 심리적 기제의 중요성을 고려해야 한다.[31]

행위자가 의식하지 못한 요인들 때문에 행위가 상당 부분 촉발될 수도 있다는 점을 점차 깨닫게 됨에 따라, 일부 역사가들은 역사적 설명의 맥락에서 정신분석이나 이와 관련된 심층심리학적 이론을 좀더 체계적으로 이용할 것을 크게 강조하였다. 랑거의 1957년[32] 미국 역사학회 회장 취임 연설은 이런 흐름을 강력히 피력한 것이다.

(1961)과 Gibson(1960), pp. 157~158을 또한 참조. 후자에는 비의도적인 합리적 행위를 성향적으로 해석하는 견해가 제시되어 있다.

30) Watson(1940), p. 36.

* 반동형성(reaction formation). 사회적·도덕적으로 좋지 않은 욕구나 원망을 억제하기 위하여 이 욕구와는 반대방향의 독단적 행동을 취하는 무의식적 행위를 말함.

31) Ibid. 행위의 동기를 구체적으로 밝힐 때 '합리화'라는 개념을 정식분석학적 관점에서 다루고 있는 좋은 글로는 F. Alexander(1940)을 참조.

32) Langer(1958). 비슷한 견해로는 Hughes(1964)의 3장과 Mazlish(1963)에 나오는 마즐리시의 논문 소개를 참조. 여기에는 역사적 자료를 정신분석학적인 틀에서 해석하고 있는 여러 가지 구체적 사례가 나와 있다.

비슷한 생각 때문에 동기에 대해 관심을 가진 일부 철학자들은 사람의 행위를 설명할 때 그 사람이 그렇게 한 데 대한 '그 사람이 말한 이유'와 그 행동에 대한 '진정한 이유' 또는 '실제 이유'를 구분하게 되었다.[33] 역사적 설명에 대한 훌륭한 연구에서 가드너는 후자의 개념에 대해 다음과 같은 주장을 하고 있다. "일반적으로 어떤 사람의 '실제 이유'란 그 사람이 고백하더라도 아무런 불리한 결과를 낳지 않을 상황에서 그 사람이 제시할 법한 이유를 뜻한다고 말할 수 있다. 이에 대한 예외는 이 표현에 대한 정신분석학자들의 용법으로, 여기서는 서로 다른 기준들이 채택된다."[34] 하지만 행위자의 실제 이유가 일상적으로 어떻게 이해되는지에 대한 가드너의 규정이 올바르다면, 인간행위를 올바르게 설명해 줄 이유를 찾는 역사가는, 심리적 탐구나 다른 탐구를 통해 그 행위가 적절하지 않은 것으로 드러날 경우에는, 분명히 이런 통상적인 의미에서의 '실제 이유'에 의존하지 말아야 할 것이다. 실제로 그처럼 새롭게 방향을 설정할 필요가 있다는 입장을 랑거가 강력히 피력했다. "현대의 심층심리학에 비추어 볼 때, 과거 역사가들, 심지어 아주 유명한 일부 역사가들의 투박하고 상식적인 심리적 해석은 소박하다고 말할 수 없을지는 몰라도 아주 부적절해 보인다. 이제 분명히 우리가 가진 학문의 핵심에 아주 가까워 보이는 원리들을 통해 생각해야 할 때가 되었다."[35]

주어진 행위의 '실제 이유'라는 개념과 관련해 나는 다음과 같이 주장하고 싶다. 첫째, 심리적 설명이나 역사적 설명은 일상대화에서 쓰이는 그 개념의 용법에 구애될 필요가 없다. 하지만 둘째, 가드너가 아주 잠정적으로 제안한 규정이 우리가 그 행위를 하게 된 실제 이유

---

[33] 예를 들어 Peters(1958), pp. 3~9와 이하 곳곳을 참조.

[34] Gardiner(1952), p. 136.

[35] Langer(1958), p. 90. Peters(1958), p. 63에는 무의식적인 바람도 인간행위의 '진정한 이유'가 될 수 있다는 말이 분명히 나와 있다.

라고 말할 때 그것이 일상어에서 의미하는 바와 완전히 일치하는지를
두고서도 의문의 여지가 있다. 왜냐하면 잠재의식적 동기라는 개념도
우리 시대에 익숙한 개념이고, 따라서 일상대화에서 우리는, 행위자
가 한 진술은 주관적으로 정직한 것이고〔실제 이유를 말한다고 해서〕
불리한 결과가 생길 것이라고 예상할 아무런 근거가 없을지라도, 행위
자가 제시한 이유가 그의 행위의 '실제 이유'가 아닐 수도 있다는 말을
하는 경우도 있기 때문이다. 인간행위의 설명을 일상언어로 하든 아니
면 어떤 이론의 전문용어로 하든 상관없이, 무엇을 — 만약 그런 것이
있다면 — 주어진 행위의 실제 이유로, 그래서 설명적인 이유로 여길
지를 정하는 데 가장 중요한 기준은 '실제 이유'라는 용어가 지금까지
어떻게 쓰여 왔는지를 검토해 제시될 수 있는 것이 아니라, 어떤 개념
의 실제 이유가 인간행동에 대한 가장 만족스런 설명을 제공하게 될지
를 고려해 제시되어야 한다. 그러면 일상적 용법은 그에 따라 점차 바
뀔 것이다.

　잠재의식적 동기와 과정에 의한 설명의 논리적 구조도 우리가 앞에
서 본 의미에서 넓게 보아 성향적이다. 그런 동기를 귀속시킨다는 것
은 행위자에게 넓은 의미의 성향적 특성을 귀속시키는 것에 해당하며,
잠재의식적 기제나 정신역학적(psychodynamic) 과정을 거론한다는 것
은 이들 특성을 포함하는 법칙이나 이론적 원리를 가정하고 있다는 점
을 반영하고 있다. 하지만 이렇게 말한다고 해서 지금까지 실제로 제
시된 정식분석학적 해석이 모두 과학적으로 적절한 성향적 설명의 기
본요건을 충족한다고 하는 것은 아니다. 사실 정신분석학의 개념을 적
용하는 경험적 기준이나 조작적 기준과 이런 개념들이 기능하는 이론
적 원리는 객관적인 적용가능성과 테스트가능성을 지닐 만큼 아주 분
명하지 않은 경우가 많다.[36] 하지만 이 점에서는 상식적인 동기적 설

---

36) 이 점에 대해서는 예를 들어 Nagel(1959)에 나와 있는 비판을 참조. 또한
　　Hook(1959)에 실린 여러 논문에 정신분석학에 대한 비판과 옹호가 들어 있

명도 대개 부족한 점이 많다. 더구나 우리는 정신분석학적 개념이나 이와 유사한 개념들을 방법론적으로 더 만족스러운 형태로 만들기 위한 노력이 이루어지고 있다는 점도 잊지 말아야 할 것이다.

10.3.7 성향적 설명의 인과적 측면에 관한 주석

동기가 된 이유나 학습된 기술, 성격상의 특성 등에 의한 설명은 본성상 성향적이고, 바로 이 때문에 비인과적이라는 주장을 하는 경우를 종종 보게 된다. 하지만 이런 주장은 내가 보기에 오해의 소지가 있다. 왜냐하면, 우선 도식 (9.1)과 (9.5)에서 드러나듯이, 성향적 설명은 적절한 성향적 성질 M 이외에도 또한 성질 M이 어떤 증상 — 가령 설명해야 할 행위인 유형 R이라는 행동 — 으로 발현되는 상황, 가령 S의 존재에도 의존하기 때문이다. 예를 들어, 어떤 행위자가 매수되었다고 말하는 것이 그의 배신행위를 설명할 수 있으려면 그가 엄청난 뇌물을 받았고, 그 사람이 매수되기 쉬운 성향 때문에 그 행위를 하게 되었다와 같은 어떤 적절한 가정이 추가되어야 한다. 여기서 뇌물을 받았다는 것이, (9.1)에서 돌의 영향과 비슷하게, 일상어법으로는 피설명 사건을 야기했다고 말할 수도 있다. 따라서 이런 형태의 성향적 설명을 비인과적이라고 말할 수는 없다. 물론 성향적 성질 M을 가졌다는 것을 일상적으로는 원인이라고 여기지는 않을 것이다. 그도 그럴 것이 M을 가졌다는 것만으로는 주어진 사건을 설명할 수 없으니까 말이다.

따라서 가드너가 "x가 z를 원했기 때문에 y를 했다"는 형태의 설명은 두 사건 사이의 인과관계를 말하는 것이 아니라고 할 때,[37] 'x가 z를 원했다'는 진술은 하나의 사건을 기술하는 것이 아니라 넓게 보아 하나

다. 제시된 비판을 보라.
[37] Gardiner (1952), p. 127

의 성향적 성질을 x에게 귀속시키는 것이라는 의미에서 그는 옳다. 하지만 방금 말한 형태의 이유문장이 설명이 되려면, 그가 보기에 y를 하면 z가 되리라고 예상할 수 있는 상황에 x가 있었다고 하는 가정이 분명히 추가로 필요하다. 이런 진술을 추가하면, 그 설명은 (9.5)의 형태를 띠게 되고, 이는 비인과적이라고 말할 수 없다. "동기적 설명은 … 인과적 설명이 결코 아니다"[38] 라는 가드너의 주장은 외적 행위에 대한 유령 같은 원인으로서의 동기 개념에 대한 경고의 역할을 할 수는 있다. 또한 그 주장은 "역사학에서 우리는 '정신적 힘'의 세계를 다루어야 한다. 이 힘이 이로부터 떨어져 나온 물리적 육체와 행위의 세계 배후에 신비롭게 놓여 있으며, 그 세계를 통제하고 있다"[39] 고 하는 견해에 대한 경고의 역할을 할 수 있다. 하지만 가드너의 주장은 여기서 주목한 바 있는, 동기적 설명과 일반적으로 인과적으로 여겨지는 다른 일정한 설명 사이의 커다란 유사성을 흐릴 위험성이 있다. [40]

---

38) Gardiner(1952), pp. 133~134. 또한 다음과 같은 라일의 견해도 참조. "특정한 동기나 성향 때문에 어떤 행위를 했다고 설명하는 것은 그 행위를 규정된 원인의 결과라고 기술하는 것이 아니다. 동기란 사건이 아니며, 따라서 원인이 될 수 있는 형태의 것이 아니다"(Ryle(1949), p. 113).

39) Gardiner(1952), p. 51.

40) 이와 관련해서는 Dray(1957), pp. 150~155에 나오는 성향, 이유 및 원인에 대한 시사적인 논의를 참조. "사건과 과정만이 원인이 될 수 있다"라는 견해와는 대조적으로, 드레이는 성향적 특성은 '일종의 불변하는 조건이며', '갑작스런 조건뿐만 아니라 불변하는 조건도 원인이 될 수 있다'고 주장한다 (p. 152). Davidson(1963)에는, 흥미롭게도 이유에 의한 설명이 '통상적인 인과적 설명의 일종'이라는 논제가 여기서 나온 것과는 다른 근거에서 주장되고 있다. 거기에는 또한 다른 여러 비판도 검토되고 있다. 인과적 설명에 대한 일상적 개념은 꽤 좁고 애매하다는 점을 기억해야 될 것이다. 그리고 적어도 물리학에서는 결정론에 의해 더 일반적이고 정확한 설명 개념에 의해 대체되었다는 점을 기억해야 할 것이다. 그 점은, 2절에서 살펴본, 운동과 중력에 관한 뉴턴 이론이라는 경우를 통해 알 수 있다. 어떤 시간에 점질량이 닫힌 체계의 상태가 주어졌을 때, 그 이론은 다른 시간의 그 체계의 상태를 결정하며, 따라서 그것은 전자의 체계를 통해 그 체계의 특정 상태

11. 결 론

이 글 앞부분에서, 우리는 이유를 추구하는 왜-질문과 설명을 추구하는 왜-질문을 대비시켰다. 전자는 경험진술을 **신뢰할 수 있게** 해줄 근거를 찾는 것인 데 반해, 후자는 경험적 사실을 설명하고 이에 따라 그 사실을 **이해할 수 있게** 해줄 정보를 찾는 것이었다. 우리의 주요 관심사는 후자 유형의 왜 질문에 대해 과학이 어떤 방식으로 답변하는지를 검토하고, 그런 설명을 통해 얻게 되는 이해의 유형을 특징짓는 것이었다.

우리는 과학적 설명의 목적이 피설명항을 익숙하게 하는 데 있지 않음을 밝혔다. '익숙한 것으로의 환원'은 기껏 과학적 설명이 지닌 부수적인 측면일 뿐이다. 도리어 과학적 설명을 통해 얻게 되는 이해는 피설명항이 경험법칙이나 이론적 원리에 의해 표현되는 일양성의 체계에 잘 맞거나 이에 포섭될 수 있음을 알게 해준다는 점에서 나온다. 일양성의 논리적 특성에 따라, 그런 포섭은 우리가 두 기본모형을 통해 분명하게 하고자 한 의미에서, 연역적일 수도 있고 귀납적일 수도 있다.

나는 여기서 두 가지 설명방식의 논리적 차이가 크다는 점을 다시 한 번 강조하고 싶다. 그것은 통계적 설명에서는 피설명항 문장이 '아마도'나 '거의 확실하게'와 같은 양상어구를 통해 수식되고 있다는 점이 아니다. 피설명항은 연역-법칙적 설명이나 예측에서와 마찬가지로 비양상적 문장이다. 하지만 연역적 설명과 대조적으로, 귀납-통계적 설명에서는 설명항이 피설명항을 좀더 개연적이게 하거나 좀 덜 개연적이게 할 뿐, 연역적으로 확실하게 피설명항을 함축하는 것은 아니다. 지금까지 주목받지 못했던 것으로 보이는 또 한 가지 차이는, 내

를 설명할 수 있다. 여기에서 인과관계의 용어를 구성하는 것은 사건이 아니라 순간적인 체계의 **상태**이다. 그 체계의 상태는 문제의 순간의 질량위치 그리고 구성요소들의 속력에 의해 나타낼 수 있다.

가 확률적 설명의 인식적 상대성이라 부른 것, 즉 오직 특정한 지식상
황을 나타내는 진술들의 어떤 집합 K에 상대적인 의미에서만 확률적
설명 ─ 그것이 잠정적인 확률적 설명일지라도 ─ 이란 말을 의미 있게
할 수 있다는 사실이다. 연역-법칙적 설명이란 개념은 그런 상대화를
전혀 필요로 하지 않는다.

  법칙과 이론적 원리의 설명적 역할을 보여주고 이를 분명히 하기 위
해, 서로 다른 분야의 경험과학에서 제시된 다양한 유형의 설명을 분
석해 보았다. 이런 연구가 완전하다고 할 수는 없다. 유형론의 개념과
이론의 설명적 용도나 기능적 분석의 설명적 용도, 정신분석학적인 개
념의 설명적 용도 등을 검토해 이를 확장할 수도 있었을 것이다.[1]

  이 글의 중심주제는 간단히 말해 과학적 설명은 모두, 명시적으로든
함축적으로든, 일반적 일양성 아래 논의의 대상을 포섭하는 일을 포함
하게 된다는 것이다. 그리고 과학적 설명은 경험적 현상이 법칙적 연
결망 속에 들어맞는다는 점을 보여줌으로써 그 현상을 체계적으로 이
해하고자 한다는 것이다. 앞의 여러 절에서 자세히 제시된 이런 해석
이 경험과학에서 실제로 볼 수 있는 설명을 단순히 기술한 것이라고
주장하는 것은 아니다. 왜냐하면, 한 가지 이유만 언급하더라도, 무엇
을 과학적 설명으로 간주할지에 대해서도 명확하고 일반적으로 받아들
여지는 견해가 없기 때문이다. 여기에서 제시된 설명은 오히려 해명
(explication)의 성격을 띠는 것으로, 이는 익숙하지만 모호하고 애매한
개념을 좀더 정확하게 규정되고, 체계적으로 도움이 되고, 유익한 개
념으로 대체하기 위한 것이다. 사실, 우리의 해명적 분석이 과학적 설
명이라는 정확한 '피해명' 개념을 완전하게 정의하는 데까지 나아간 것

---

1) 이와 같은 주제들 가운데 앞의 두 가지는 이 책에 실린 다른 두 논문, "자연
   과학과 사회과학에서의 유형론적 방법"과 "기능적 분석의 논리"에서 다루었
   다. 물리학, 심리학, 생물학, 및 역사학에서의 설명 문제에 대한 흥미롭고
   유익한 논문 모음집으로는 Kahl(1963)이 있다.

은 아니다. 우리는 다만 그런 개념이 지닌 특히 중요한 몇 가지 성격을 분명히 하고자 했을 뿐이다.[2]

다른 해명작업도 그렇듯이, 여기서 제시한 해석은 적절한 논증을 통해 정당화되어야 한다. 우리 경우, 이런 논증을 통해 여기서 제시한 해석이 과학적 설명의 사례라고 일반적으로 동의되는 설명과 잘 맞으며, 그 해석이 경험과학에서 사용되는 설명절차를 논리적 및 방법론적으로 분석하는 데 체계적으로 유익한 토대가 된다는 점을 보여야 한다. 이 글에 제시된 논증을 통해 그런 목적이 달성되었기를 바란다.

---

2) 이 개념을 좀더 완전하게 규정하고 이에 따라 이 개념을 완전하게 규정하려면 또 다른 문제가 야기된다는 점을 "설명의 논리 연구" 6절과 이의 후기에서 분명히 하였다. 여기서 야기되는 또 한 가지 문제는 이 책에 재수록된 그 글의 각주 33에 언급되어 있다.

참고문헌

Alexander, F. "Psychology and the Interpretation of Historical Events." In Wave (1940), pp. 48~57.

Alexander, H. G. "General Statements as Rules of Inference" In Feigl, Scriven, and Maxwell (1958), pp. 308~329.

Arrow, K. J. "Mathematical Models in the Social Sciences." In Lerner, D. and H. D. Laswell (eds.) *The Policy Sciences*. Stanford: Stanford University Press, 1951, pp. 129~154.

Baernstein, H. D. and Hull, C. L. "A Mechanical Model of the Conditioned Reflex." *The Journal of General Psychology* 5: 99~106 (1931).

Barker, S. F. *Induction and Hypothesis*. Ithaca, N. Y.: Cornell University Press, 1957.

Barker, S. F. "The Role of Simplicity in Explanation in Science and History." *The British Journal for the Philosophy of Science* 13: 15~33 (1962).

Baumol, William J. *Economic Theory and Operations Analysis*. Englewood Cliffs, N. J.: Prentice-Hall, 1961.

Baumrin, B. (ed.) *Philosophy of Science. The Delaware Seminar*. Volume I, 1961~1962. New York: John Wiley & Sons, 1963.

Beale, H. K. "What Historians Have said About the Causes of the Civil War." In *Theory and Practice in Historical Study: A Report of the Committee on Historiography*, Social Science Research Council, Bulletin 54; New York: 1946, pp. 53~92.

Bertalanffy, L. von. *Modern Theories of Development*. London: Oxford University Press, 1933.

Bertalanffy, L. von. "Problems of General System Theory." *Human Biology* 23: 302~312 (1951).

Bertalanffy, L. von. "General System Theory." In Bertalanffy, L. von. and A. Rapoport, (eds.) *General Systems. Yearbook of the Society for the Advancement of General Systems Theory*. Volume I, 1956.

Bismarck, Otto von. *Bismarck. The Man and the Statesman: Being the*

Reflections and Reminiscences of Otto, Prince von Bismarck. Translated from the German under the supervision of A. J. Butler. Volume II. New York: Harper and Row, 1899.

Boehmer[Böhmer], H. *Luther and the Reformation in the Light of Modern Research.* Translated by E. S. G. Potter. New York: The Dial Press, 1930.

Boltzmann, L. *Vorlesungen über Maxwells Theorie der Elektrizität und des Lichtes.* I. Theil. Leipzig: Barth, 1891.

Boltzmann, L. *Populäre Schriften.* Leipzig: Barth, 1905.

Bonhoeffer, K. F. "Über physikalisch-chemische Modelle von Lebensvorgänge." *Studium Generale* 1: 137~143 (1948).

Bondi, H. *The Universe at Large.* London: Heinemann, 1961.

Braithwaite, R. B. *Scientific Explanation.* Cambridge, England: Cambridge University Press, 1953.

Brandt, R. and J. Kim. "Wants as Explanations of Actions." *The Journal of Philosophy* 60: 425~435 (1963).

Bridgman, P. W. *The Logic of Modern Physics.* New York: Macmillan, 1927.

Brodbeck, May. "Models, Meaning, and Theories." In Gross(1959), pp. 373~403.

Brodbeck, May. "Explanations, Predictions, and 'Imperfect' Knowledge." In Feigl and Maxwell(1962), pp. 231~272.

Bromberger, S. "The Concept of Explanation." Ph. D. thesis, Harvard University, 1960.

Bromberger, S. "An Approach to Explanation." In Butler, R. (ed.) *Studies in Analytical Philosophy.* Oxford: Blackwell, forthcoming.

Bush, R. R. and F. Mosteller. *Stochastic Models for Learning.* New York: John Wiley & Sons, 1955.

Campbell, N. R. *Physics: The Elements.* Cambridge, England: Cambridge University Press, 1920.

Campbell, N. R. *What is Science.* New York: Dover, 1952. (First published in 1921.)

Carington, W. *Matter, Mind and Meaning.* London: Methuen, 1949,

Carnap, R. "Testability and Meaning," *Philosophy of Science* 3, 1936 and 4, 1937. Reprinted in part in Feigl and Brodbeck (1953).

Carnap, R. *The Logical Syntax of Language.* New York: Harcourt, Brace and World, 1937.

Carnap, R. "Logical Foundations of the Unity of Science," In *International Encyclopedia of Unified Science*, Volume I, Number 1. Chicago: University of Chicago Press, 1938. Reprinted in Feigl and Sellars (1949), pp. 408~423.

Carnap, R. "On Inductive Logic." *Philosophy of Science* 12: 72~97 (1945).

Carnap, R. *Logical Foundations of Probability.* Chicago: University of Chicago Press 1950; second, revised, edition 1962. Cited in this essay as Carnap (1950).

Carnap, R. "Inductive Logic and Science." *Proceedings of the American Academy of Arts and Science*, volume 80: 187~197 (1951~1954).

Carnap, R. *The Continuum of Inductive Methods.* Chicago: University of Chicago Press, 1952.

Carnap, R. "The Methodological Character of Theoretical Terms," In Feigl and Scriven (1956), 38~76.

Carnap, R. "The Aim of Inductive Logic," In Nagel, Suppes, and Tarski (1962), pp. 303~318.

Chisholm, R. "Sentences about Believing," In Feigl, Scriven, and Maxwell (1958), pp. 510~520.

Churchman, C. W. *Prediction and Optimal Decision.* Englewood Cliffs, N. J.: Prentice-Hall, 1961.

Cohen, M. R. and E. Nagel. *An Introduction to Logic and Scientific Method.* New York: Harcourt, Brace & World, 1934.

Conant, James B. *Science and Common Sense.* New Haven: Yale University Press, 1951.

Craig, W. "Replacement of Auxiliary Expressions." *Philosophical Reviews* 65: 38~55 (1956).

Cramér, H. *Mathematical Methods of Statistics*, Princeton: Princeton University Press, 1946.

Danto, A. C. "On Explanations in History." *Philosophy of Science* 23: 15~30

(1956).

Davidson, D. "Actions, Reasons, and Causes." *The Journal of Philosophy* 60: 685~700 (1963)

Davidson, D., P. Suppes, and S. Siegel. *Decision Making: An Experimental Approach.* Stanford: Stanford University Press, 1957.

Dewey, John. *How We Think.* Boston: D.C. Heath & Co., 1910.

Donagan, A. "Explanation in History." *Mind* 66: 145~164 (1957). Reprinted in Gardiner (1959), pp. 428~443.

Dray, W. "Explanatory Narrative in History." *Philosophical Quarterly* 4: 15~27 (1954).

Dray, W. *Laws and Explanation in History.* Oxford: Oxford University Press, 1957.

Dray, W. "'Explaining What' in History," In Gardiner (1959), pp. 403~408.

Dray, W. "The Historical Explanation of Actions Reconsidered," In Hook (1963), pp. 105~135.

Duhem, P. *La Théorie Physique. Son Objet et Sa Structure.* Paris: Chevalier et Riviére, 1906. (Also translated by P.P. Wiener, under the title *The Aim and Structure of Physical Theory.* Princeton: Princeton University Press, 1954.)

Feigl, H. "Some Remarks on the Meaning of Scientific Explanation," In Feigl and Sellars (1949), pp. 510~514.

Feigl, H. "Notes on Causality," In Feigl and Brodbeck (1953), pp. 408~418.

Feigl, H. and M. Brodbeck (eds.) *Readings in the Philosophy of Science.* New York: Appleton-Century-Crofts, 1953.

Feigl, H. and G. Maxwell (eds.) *Current Issues in the Philosophy of Science.* New York: Holt, Rinehart & Winston, 1961.

Feigl, H. and G. Maxwell (eds.) *Minnesota Studies in the Philosophy of Science,* Volume III. Minneapolis: University of Minnesota Press, 1962.

Feigl, H. and M. Scriven (eds.) *Minnesota Studies in the Philosophy of Science,* Volume I. Minneapolis: University of Minnesota Press, 1956.

Feigl, H., M. Scriven, and G. Maxwell (eds.) *Minnesota Studies in the*

Philosophy of Science, Volume II. Minneapolis: University of Minnesota Press, 1958.

Feigl, H. and W. Sellars (eds.) *Readings in Philosophical Analysis*. New York: Appleton-Century-Crofts, 1949.

Feyerabend, P. K. "Explanation, Reduction, and Empiricism." In Feigl and Maxwell (1962), pp. 28~97.

Feyerabend, P. K. Review of Hanson (1963) in *Philosophical Review* 73: 264~266 (1964).

Frank, P. *Philosophy of Science*. Englewood Cliffs, N. J.: Prentice-Hall, 1957.

Frankel, C. "Explanation and Interpretation in History." In Gardiner (1959), pp. 408~427. Reprinted from *Philosophy of Science* 24: 137~155 (1957).

French, T. M. *The Integration of Behavior*, Volume I. *Basic Postulates*. Chicago: University of Chicago Press, 1952.

Freud, S. *Psychopathology of Everyday Life*. Translated by A. A. Brill, New York: The New American Library (Mentor Book Series), 1951.

Galilei, Galileo. *Dialogues Concerning Two New Sciences*. Translated by H. Crew and A. de Salvio. Evanston: Northwestern University, 1946.

Gallie, W. B. "Explanation in History and the Genetic Science." *Mind* 64: 1955. Reprinted in Gardiner (1959), pp. 386~402.

Gardiner, P. *The Nature of Historical Explanation*. Oxford University Press, 1952.

Gardiner, P. (ed.). *Theories of History*. New York: The Free Press, 1959.

Gasking, D. "Causation and Recipes." *Mind* 64: 479~487 (1955).

Gauss, C. F. "Allgemeine Lehrsaetze in Beziehung auf die im verkehrten Verhaeltnisse des Quadrats der Entfernung wirkenden Anziehungs- und Abstossungs-Kraefte." (Published 1840) Reprinted in *Ostwalds Klassiker der exacten Wissenschaften*, No. 2, Leipzig: Wilhelm Engelmann, 1889.

Gibson, Q. *The Logic of Social Enquiry*. London: Routledge and Kegan Paul; New York: Humanities Press, 1960.

Goldstein, L. J. "A Note on the Status of Historical Reconstructions." *The*

Journal of Philosophy 55: 473~479 (1958).

Goodman, Nelson. "The Problem of Counterfactual Conditionals." *The Journal of Philosophy* 44: 113~128 (1947). Reprinted, with minor changes, as the first chapter of Goodman (1955).

Goodman, Nelson. *Fact, Fiction, Forecast.* Cambridge, Mass.: Harvard University Press, 1955.

Goudge, T. A. "Causal Explanation in Natural History." *The British Journal for the Philosophy of Science* 9: 194~202 (1958).

Gross, L. (ed.) *Symposium on Sociological Theory*, New York: Harper & Row, 1959.

Grünbaum, A. "Temporally Asymmetric Principles, Parity between Explanation and Prediction, and Mechanism vs. Teleology." In Baumrin (1963), pp. 57~96.

Grünbaum, A. *Philosophical Problems of Space and Time.* New York: Knopf, 1963a.

Hanson, N. "On the Symmetry between Explanation and Prediction." *The Philosophical Review* 68: 349~358 (1959).

Hanson, N. R. *The Concept of the Position. A Philosophical Analysis.* Cambridge, England: Cambridge University Press, 1963.

Helmer, O. and P. Oppenheim. "A Syntactical Definition of Probability and of Degree of Confirmation." *The Journal of Symbolic Logic* 10: 25~60 (1945).

Helmer, O. and N. Rescher. "On the Epistemology of the Inexact Sciences." *Management Science* 6: 1959.

Hempel, C. G. "The Function of General Laws in History," *The Journal of Philosophy* 39: 35~48, 1942. 이 책에 재수록.

Hempel, C. G. "Studies in the Logic of Confirmation," *Mind* 54: 1~26 and 97~121 (1945). 이 책에 재수록.

Hempel, C. G. "A Note on the Paradoxes of Confirmation." *Mind* 55: 79~82 (1946).

Hempel, C. G. "Problems and Changes in the Empiricist Criterion of Meaning," *Revue Internationale de Philosophie*, No. 11: 41~63 (1950).

Hempel, C. G. "The Concept of Cognitive Significance: A Reconsideration,"

    Proceedings of the American Academy of Arts and Sciences, Vol. 80, No. 1: 61~77 (1951).

Hempel, C. G. "General System Theory and the Unity of Science," *Human Biology* 23: 313~327 (1951a).

Hempel, C. G. "The Theoretician's Dilemma," In Feigl, Scriven, and Maxwell (1958), pp. 37~98. 이 책에 재수록.

Hempel, C. G. "Empirical Statements and Falsifiability," *Philosophy* 33: 342~348 (1958a).

Hempel, C. G. "The Logic of Functional Analysis," In Gross (1959), pp. 271~307. 이 책에 재수록.

Hempel, C. G. "Inductive Inconsistencies," *Synthese* 12: 439~469 (1960). 이 책에 재수록.

Hempel, C. G. "Deductive-Nomological vs. Statistical Explanation," In Feigl and Maxwell (1962), pp. 98~169.

Hempel, C. G. and P. Oppenheim. "A Definition of 'Degree of Confirmation'," *Philosophy of Science* 12: 98~115 (1945).

Hempel, C. G. and P. Oppenheim. "Studies in the Logic of Explanation." *Philosophy of Science* 15: 135~175 (1948). 이 책에 재수록.

Henson, R. B. "Mr. Hanson on the Symmetry of Explanation and Prediction," *Philosophy of Science* 30: 60~61 (1963).

Hertz, H. *Die Prinzipien der Mechanik.* Leipzig: Johann Ambrosius Barth, 1894.

Hesse, Mary, B. *Models and Analogies in Science.* London and New York: Sheed and Ward, 1963.

Homans, George C. *Social Behavior. Its Elementary Forms.* New York: Harcourt, Brace & World, 1961.

Hook, S. (ed.). *Psychoanalysis, Scientific Method, and Philosophy.* New York: New York University Press, 1959.

Hook, S. (ed.). *Philosophy and History.* New York: New York University Press, 1963.

Hughes, H. S. *History as Art and Science.* New York: Harper & Row, 1964.

International Union of History and Philosophy of Sciences. *The Concept and the Role of the Model in Mathematics and Natural and Social Sciences.* Dordrecht, Holland: D. Reidel, 1961.

Kahl, R. (ed.). *Studies in Explanation. A Reader in the Philosophy of Science.* Englewood Cliffs, N. J.: Prentice-Hall, 1963.

Kemeny, J. G. and P. Oppenheim. "Degree of Factual Support," *Philosophy of Science* 19: 307~324 (1952).

Kemeny, J. G. and P. Oppenheim. "On Reduction," *Philosophical Studies* 7: 6~19 (1956).

Keynes, J. M. *A Treatise on Probability,* London: Macmillan, 1921.

Kim, J. "Explanation, Prediction, and Retrodiction: Some Logical and Pragmatic Considerations," Ph. D. thesis, Princeton University, 1962.

Körner, S. (ed.). *Observation and Interpretation: Proceedings of the Ninth Symposium of the Colston Research Society.* New York: Academic Press, and London: Butterworths Scientific Publications, 1957.

Kolmogoroff, A. *Grundbegriffe der Wahrscheinlichkeitsrechnung.* Berlin: Springer, 1933.

Krueger, R. G. and Hull, C. L. "An Electro-Chemical Parallel to the Conditioned Reflex," *The Journal of General Psychology* 5: 262~269 (1931).

Langer, W. L. "The Next Assignment," *The American Historical Review* 63: 283~304 (1958). Reprinted in Mazlish (1963), pp. 87~107. Page references are to reprinted text.

Lazarsfeld, P. F. "The American Soldier — An Expository Review," *Public Opinion Quarterly* 13: 377~404 (1949).

Lazarsfeld, P. F. *Mathematical Thinking in the Social Sciences.* New York: The Free Press, 1954.

Leduc, S. *The Mechanism of Life.* Translated by W. D. Butcher, New York: Rebman Co., 1911.

Leduc, S. *La Biologie Synthétique.* Paris, 1912.

Lewis, C. I. *An Analysis of Knowledge and Valuation.* La Salle, Ill.: Open Court Publishing Co., 1946.

Lodge, Sir O. *Modern Views of Electricity.* London: Macmillan, 1889.

Luce, R. D. and H. Raiffa. *Games and Decisions.* New York: John Wiley,

1957.

Mandelbaum, M. "Historical Explanation: The Problem of 'Covering Laws'," *History and Theory* 1: 229~242(1961).

Mandler, G. and W. Kessen. *The Language of Psychology.* New York: John Wiley & Sons, 1959.

Margenau, H. *The Nature of Physical Reality.* New York: McGraw-Hill, 1950.

Mazilsh, B (ed.). *Psychoanalysis and History.* Englewood Cliffs, N. J.: Prentice-Hall, 1963.

Maxwell, J. C. "On Faraday's Lines of Force," *Transactions of the Cambridge Philosophical Society,* 10: 27~83(1864).

Mendel, A. "Evidence and Explanation," In *Report of the Eighth Congress of the International Musicological Society, New York, 1961.* La Rue, Jan (ed.). Kassel: Bärenreiter-Verlag, 1962. Volume II, pp. 3~18.

Miller, N. E. "Comments on Theoretical Models. Illustrated by the Development of a Theory of Conflict Behavior," *Journal of Personality* 20: 82~190 (1951).

Mises, R. von. *Wahrscheinlichkeitsrechnung und ihre Anwendungen in der Statistik und theoretischen Physik.* Wien, 1931. Republished New York: M. S. Rosenberg, 1945.

Mises, R. von. *Probability, Statistics and Truth.* London: William Hodge & Co., 1939.

Mises, R. von. *Positivism. A Study in Human Understanding.* Cambridge, Mass.: Harvard University Press, 1951.

Moulton, F. R. and J. R. Schifferes. *The Autobiography of Science.* Garden City, N. Y.: Doubleday & Co., 1945.

Muir, R. *A Short History of the British Commonwealth.* Volume II. London: George Philip and Son, 1922.

Nagel, E. *Principles of the Theory of Probability.* Chicago: University of Chicago Press, 1939.

Nagel, E. *Logic without Metaphysics.* New York: The Free Press, 1956.

Nagel, E. "Methodological Issues in Psychoanalytic Theory," In Hook (1959), pp. 38~56.

Nagel, E. *The Structure of Science: Problems in the Logic of Scientific Explanation.* New York: Harcourt, Brace & World, Inc., 1961.

Nagel, E., P. Suppes, and A. Tarski (eds.). *Logic, Methodology, and Philosophy of Science: Proceedings of the 1960 International Congress.* Stanford: Stanford University Press, 1962.

Neumann, J. von and O. Morgenstern. *Theory of Games and Economic Behavior.* Princeton: Princeton University Press, 2d. ed., 1947.

Passmore, J. "Law and Explanation in History," *The Australian Journal of Politics and History* 76: 4~269(1958).

Passmore, J. "Explanation in Everyday Life, in Science, and in History," *History and Theory* 23: 2~105(1962).

Peters, R. S. *The Concept of Motivation.* London: Routledge and Kegan Paul; New York: Humanities Press, 1958.

Pitt, J. "Generalizations in Historical Explanation," *The Journal of Philosophy* 56: 578~586(1959).

Popper, K. R. *Logik der Forschung.* Vienna: Springer, 1935.

Popper, K. R. "The Propensity Interpretation of the Calculus of Probability, and the Quantum Theory," In Körner(1957), pp. 65~70.

Popper, K. R. "The Aim of Science," *Ratio* 1: 24~35(1957a).

Popper, K. R. *The Logic of Scientific Discovery.* London: Hutchinson, 1959.

Popper, K. R. *Conjectures and Refutations.* New York: Basic Books, 1962.

Price, H. H. "The Theory of Telepathy," *Horizon* 12: 45~63(1945).

Quine, W. V. O. *Word and Object.* Published jointly by Technology Press of the Massachusetts Institute of Technology and John Wiley and Sons, New York, 1960.

Ramsey, F. P. *The Foundations of Mathematics and Other Logical Essays.* London: Routledge and Kegan Paul; New York: Harcourt, Brace & World, 1931.

Reichenbach, H. *The Theory of Probability.* Berkeley and Los Angeles: The University of California Press, 1949.

Rescher, N. "A Theory of Evidence," *Philosophy of Science* 25: 83~94 (1958).

Rescher, N. "Discrete State Systems, Markov Chains, and Problems in the

Theory of Scientific Explanation and Prediction," *Philosophy of Science* 30: 325~345 (1963).

Russell, S. B. "A Practical Device to Simulate the Working of Nervous Discharges," *The Journal of Animal Behavior* 3: 15~35 (1913).

Ryle, G. *The Concept of Mind*. London: Hutchinson, 1949.

Ryle, G. "'If', 'So', and 'Because'," In Black, M. (ed.). *Philosophical Analysis*. Ithaca, N. Y.: Cornell University Press, 1950.

Savage, L. J. *The Foundations of Statistics*. New York: John Wiley & Sons, 1954.

Scheffler, I. "Explanation, Prediction, and Abstraction," *The British Journal for the Philosophy of Science* 7: 293~309 (1957).

Scheffler, I. *The Anatomy of Inquiry: Philosophical Studies in the Theory of Science*. New York: Alfred A. Knopf, 1963.

Schlick, M. "Die Kausalität in der gegenwärtigen Physik," *Die Naturwissenschaften* 19 (1931). Translated by D. Rynin, "Causality in Contemporary Physics," *The British Journal for the Philosophy of Science* 12: 177~193 and 281~298 (1962).

Schwiebert, E. G. *Luther and His Times*. St. Louis: Concordia Publishing House, 1950.

Sciama, D. W. *The Unity of the Universe*. Garden City, N. Y.: Doubleday and Co. (Anchor Books), 1961.

Scriven, M. "Definitions, Explanations, and Theories," In Feigl, Scriven, and Maxwell (1958), pp. 99~195.

Scriven, M. "Truisms as the Grounds for Historical Explanations," In Gardiner (1959), pp. 443~475.

Scriven, M. "Explanation and Prediction in Evolutionary Theory," *Science* 130: 477~482 (1959a).

Scriven, M. "Explanations, Predictions, and Laws," In Feigl and Maxwell (1962), pp. 170~230.

Scriven, M. "The Temporal Asymmetry between Explanations and Predictions," In Baumrin (1963), pp. 97~105.

Scriven, M. "New Issues in the Logic of Explanation," In Hook (1963a), pp. 339~361.

Seeliger, R. "Analogien und Modelle in der Physik," *Studium Generale* 1: 125~137(1948).

Sellars, W. "Inference and Meaning," *Mind* 62: 313~338(1953).

Sellars, W. "Counterfactuals, Dispositions, and the Causal Modalities," In Feigl, Scriven, and Maxwell(1958), pp. 225~308.

Society for Experimental Biology. *Models and Analogues in Biology: Symposia of the Society for Experimental Biology, Number XIV.* Cambridge, England: Cambridge University Press, 1960.

Suppes, P. "The Philosophical Relevance of Decision Theory," *The Journal of Philosophy* 58: 605~614(1961).

Svedberg, T. *Die Existenz der Moleküle.* Leipzig: Akademische Verlagsgesellschaft, 1912.

Thomson, Sir William. *Notes of Lectures on Molecular Dynamics and the Wave Theory of Light.* Baltimore: The Johns Hopkins University, 1884.

Tolman, E. C. "A Psychological Model" In Parsons, T. and E. A. Shils (eds.) *Toward a General Theory of Action.* Cambridge, Mass.: Harvard University Press, 1951; pp. 277~361.

Toulmin, S. *The Philosophy of Science.* London: Hutchinson, 1953.

Toulmin, S. *The Uses of Argument.* Cambridge, England: Cambridge University Press, 1958.

Toulmin, S. *Foresight and Understanding.* London: Hutchinson, 1961 ; New York: Harper & Row(Torchbook), 1963.

Toynbee, A. *The World and the West.* London: Oxford University Press, 1953.

Turner, J. "Maxwell on the Method of Physical Analogy," *The British Journal for the Philosophy of Science* 6: 226~238(1955).

Turner, J. "Maxwell on the Logic of Dynamical Explanation," *Philosophy of Science* 23: 36~47(1956).

Ware, C. F. (ed.). *The Cultural Approach to History.* New York: Columbia University Press, 1940.

Watkins, W. H. *On Understanding Physics.* Cambridge, England: Cambridge University Press, 1938.

Watson, G. "Clio and Psyche: Some Interrelations of Psychology and

History," In Ware (1940), pp. 34~47.

Weber, Max. *On the Methodology of the Social Sciences*. Translated and edited by Shils, E. A. and H. A. Finch, New York: The Free Press, 1949.

Weingartner, R. H. "The Quarrel about Historical Explanation," *The Journal of Philosophy* 58: 29~45 (1961).

Wiener, N. *Cybernetics*. New York: John Wiley & Sons, 1948.

Williams, D. C. *The Ground of Induction*. Cambridge, Mass.: Harvard University Press, 1947.

　헴펠의 학문적 업적을 꼽으라면 여러 가지를 들 수 있겠지만, 그 가운데서도 과학적 설명의 모형을 처음으로 제시했다는 점이 가장 큰 철학적 공헌이라는 데는 이론의 여지가 없을 것이다. 헴펠은 이 책을 내면서 설명에 관한 자신의 논의를 집대성한 글을 새로 썼고, 이를 이 책의 제목으로 삼고 있다.

　하지만 제목에서 알 수 있듯, 이 책에는 설명에 관한 글 외에 그가 쓴 다른 논문도 함께 실려 있다. 헴펠 자신의 말대로, 여기에 실린 논문들은 크게 보아 네 가지 주제, 즉 입증의 문제, 경험진술의 유의미성 문제, 과학적 실재론의 문제, 과학적 설명의 문제를 다루고 있다.

　이들 주제는 요즘의 과학철학에서도 여전히 논의되고 있는 주제이다. 누구든 이들 주제에 관한 논의에 새로이 가담하려면, 헴펠의 글을 참조하지 않을 수 없을 것이다. 바로 이 점에서 이 책은 현대 과학철학의 고전적 저작으로 평가된다.

　이 책은 애초에 각각 독립적으로 발표된 글을 묶은 논문 모음집의 형태를 띠고 있다. 이에 따라 우리는 각 장별로 간단히 해제를 붙이는 방식을 택하였다.

9장

9장부터 12장까지 모두 네 개의 글로 이루어진 제4부는 '과학적 설명'이라는 주제를 다루고 있다. 앞서 나온 다른 글들과 마찬가지로 9, 10, 11장은 이전에 발표한 것을 약간 수정하여 다시 실은 것이다. 반면 12장은 이 책의 제목이 되기도 한 논문으로 처음 발표된 것이다. 10장에는 이 책의 출판에 맞추어 새로 넣은 후기가 붙어 있을 뿐만 아니라, 새로 추가된 각주도 군데군데 들어 있다.

헴펠 스스로 밝히고 있듯이, 9장과 10장의 일부 내용은 12장과 약간 겹친다. 그럼에도 이들을 재수록한 이유는 이 글들이 학계에서 많이 논의되었을 뿐만 아니라, 12장에서 다루지 않은 것들을 다루고 있기 때문이다. 12장은 설명에 관한 헴펠의 견해를 집대성한 것이라고 할 수 있다. 이 책의 서문에서 헴펠이, 12장에 제시된 통계적 설명에 대한 분석은 헴펠의 또 다른 유명 논문, "Deductive-Nomological vs. Statistical Explanation"(1962)에 나오는 것과는 '중요한 점에서 다르다'고 말하고 있다는 점을 주목할 필요가 있다.

9장은 1942년에 처음 발표된 글이다. 제목이 시사해 주듯, 이 글에서 헴펠은 역사학, 좀더 정확히 말해 역사탐구에서 일반법칙이 어떤 기능을 담당하고 있는지를 논의하고 있다. 그의 대답은 역사탐구에서 일반법칙이 담당하는 기능은 자연과학에서 일반법칙이 담당하는 기능과 별로 다를 바 없다는 것이다. 그런데 자연과학에서 일반법칙의 주된 기능은 설명과 예측이라는 형태로 사건들을 연관 짓는 것이다. 결국 자연과학의 '설명'에서 일반법칙이 담당하는 기능은 역사적 '설명'에서 일반법칙이 담당하는 기능과 다를 바 없다는 것이 헴펠의 주장이다.

이 주장을 하기 위해 우선 헴펠은 자연과학에서 설명이 어떤 방식으로 이루어지는지를 밝힌다. 이 과정에서 그는 이른바 이후 '헴펠의 설명모형'이라고 널리 알려진 것을 처음으로 제시하게 된다. 이 글에는 설명이 일반법칙과 초기조건으로부터 피설명항을 연역하는 것으로 이루어진다는 것, 설명과 예측의 구조가 같다는 것, 연역-법칙적 설명모형 이외에 귀납-통계적 설명모형이 있다는 것 등 설명에 관한 헴펠의 중심논제들이 이미 등장하고 있다. 바로 이런 점에서 이 글은 설명에 관한 헴펠의 견해가 초기에 어떠했으며, 어떤 형태로 발전되고 변화해 나갔는지를 파악하는 데 아주 중요한 위치를 차지한다. 9장의 요지를 대략 소개하면 다음과 같다.

이 글은 8개의 작은 절로 나누어져 있다. 우선 1절에서 글의 목적을 서술하고, 아울러 일반법칙 및 보편가설이란 개념을 간단히 설명한다.

2절에서는 과학적 설명의 일반적 구조를 설명한다. 헴펠에 따르면, 초기조건과 일반법칙으로부터 설명되어야 할 사건이 발생했음을 주장하는 문장이 논리적으로 연역되는 것으로 설명이 이루어진다.

3절에서는 과학적 설명의 요건을 제시한다. 이에는 초기조건을 진술하는 문장과 일반법칙은 경험적으로 테스트가능해야 한다는 것이 포함된다. 그래서 예를 들어 '역사적 소명', '타고난 운명' 등에 의해 어떤 사람의 업적을 설명하는 것은 진정한 설명이 아니라 사이비 설명에 지나지 않는다고 본다. 왜냐하면 그런 설명에는 경험적으로 테스트가능한 가설이 설명원리로 사용되고 있지 않기 때문이다.

4절에서는 예측의 구조가 앞서 본 설명의 구조와 같다는 논제가 제시된다. 초기조건과 일반법칙으로부터 최종사건이 도출된다는 것을 보임으로써 설명이 이루어진다면, 실제로 그 사건이 일어나기 전에는 초기조건과 일반법칙을 근거로 그 사건을 예측할 수도 있을 것이기 때문이다. 그에 따를 때, 설명과 예측의 차이는 화용론적인 차이일 뿐이다. 물론 헴펠은 일상적인 설명은 완전한 설명이 아니라 생략된 설명인 경우가 많고, 이 점이 큰 문제가 아닐 수도 있다고 말한다. 하지만 그는 역사적 설명이나 사회과학의 일부 설명에서는 이 점이 큰 결함이 되기도 한다고 생각한다.

이상 2, 3, 4절의 내용을 다음에 나오는 10장의 해당 부분과 대비해서 읽는다면, 9장에 나온 생각들이 6년 후에 어떻게 확장되고 발전되는지를 잘 볼 수 있을 것이다.

5절은 이 글의 핵심부분이라고 할 수 있다. 여기서 헴펠은 이제 역사학에서의 설명 문제를 다룬다. 그는 역사학에서의 설명 또한 초기조건과 일반법칙에 의해 문제의 사건이 우연의 문제가 아니라 예상될 수 있었음을 보이는 데 목적이 있다고 생각한다. 결국 역사학에서의 설명도 과학에서의 설명과 다르지 않다는 것이다. 하지만 그에 따르면, 역사학이나 사회학 등에서 제시되는 설명에는 대개 일반법칙이 명시적으로 나와 있지 않다. 헴펠은 그 이유로 두 가지를 든다. 하나는 어떤 일반법칙이 전제되어 있는지가 아주 분명해서 굳이 말할 필요가 없기 때문이다. 다른 하나는 적절한 일반법칙을 제시하기가 어렵기 때문이다. 특히 역사적 설명은 대개 완전한 설명이라기보다는 '설명 스케치'인 경우가 많다. 이 경우 초기조건이나 일반법칙은 모호하게 제시되며, 완전한 설명이 되려면 보완이 필요하다.

6절에서 헴펠은 이 글의 목적이 "역사학에서의 과학적 설명도 적절한 일반가설이나 이론에 의해서만 이루어질 수 있음을 보여주는" 데 있다고 말한다. 헴펠의 이런 작업이 성공적이었다고 할 때, 자연과학과 대비되는 역사학 고유의 탐구방법으로 거론되곤 하는 '감정이입의 이해방법'은 사실 설명 스케치에서 설명원리로 쓰일 수 있는 일반가설을 고안해 내는 데 도움을 주는 발견의 방법일 뿐임이 드러난다. 더구나 감정이입의 방법은 역사적 설명의 필요조건도 아니다. 왜냐하면 그 방법에서 말하는 역사적 인물과의 상상적인 자기동일시가 없더라도 올바른 역사적 설명을 해낼 수 있기 때문이다. 결국 "경험과학의 다른 분야에서도 그렇지만, 역사학에서도 어떤 현상에 대한 설명은 그 현상을 일반적인 경험법칙 아래 포섭하는 것으로 이루어진다"는 것이다.

7절에서는 일반법칙이 역사학에서의 설명과 예측 이외의 작업, 가령 역사해석이나 역사적 사건의 의미부여 및 어떤 제도의 발달과정을 기술할 때에도 여전히 일정한 역할을 한다는 점을 말하고, 마지막 8절에서는 역사탐구에서도 일반법칙을 폭넓게 사용한다는 점이 경험과학의 방법론적 통일성과 연관이 있다는 주장을 하는 것으로 끝맺고 있다.

역사학에서의 설명 문제를 두고 헴펠은 이후 드레이(W. Dray) 등과 열띤 논쟁을 벌이기도 했다. 그와 관련된 논의 가운데 일부는 이 책 12장의 7, 8, 10절에 나와 있다.

10장

이 논문은 1948년 〈과학철학〉지에 처음 발표된 글을 약간 수정한 것이다. 원문은 40쪽에 달하는 비교적 긴 논문이며, 이 책에 재수록되면서 후기와 각주가 새로 첨가되었다. 이 점은 이 논문이 얼마나 영향력이 큰지를 잘 보여준다. 이 논문은 헴펠의 설명 관련 논문 가운데 단연 가장 많이 읽히는 대표적인 글이다. 설명에 관한 이후의 논의는 모두 헴펠의 이 논문을 출발점으로 삼고 있다고 할 수 있다.

이 논문의 구조는 다음과 같다. 우선 서론에서 논문의 목적과 논의 순서를 밝힌다. 헴펠에 따르면, 설명은 '왜 그 현상이 발생했는가?'라는 물음에 대답하는 일이다. 설명은 경험과학의 가장 중요한 과제 가운데 하나로, 이 논문의 목적은 바로 과학적 설명의 기능과 본질적 성격을 밝히는 데 있다. 이 논문은 모두 4개의 부로 나누어져 있다. 우선 1부에서는 과학적 설명의 기본구조를 밝히고, 2부에서는 창발 개념을 다룬다. 3부에서는 설명과 관련해 야기되는 몇 가지 난점들을 다루고, 4부에서는 이론의 설명력 문제를 다룬다. 후기에서는 3부에서 다룬 내용과 관련해 이후에 제기된 비판에 대한 해결책을 간단히 논의한다. 각 부의 요지를 소개하면 다음과 같다.

1부에서 헴펠은 과학적 설명의 기본구조를 다음 도식으로 간결하게 표현하고 있다.

$$
\text{논리적 연역}
\begin{cases}
\left.
\begin{array}{ll}
C_1,\ C_2,\ \cdots,\ C_k & \text{선행조건의 진술} \\[4pt]
L_1,\ L_2,\ \cdots,\ Lr & \text{일반법칙}
\end{array}
\right\} & \text{설명항} \\[8pt]
\hline \\[-6pt]
\left.
\begin{array}{ll}
\quad E & \text{설명해야 할 경험적 현상의 기술}
\end{array}
\right\} & \text{피설명항}
\end{cases}
$$

헴펠에 따를 때, 이런 설명의 구조는 특정 사건에 대한 설명뿐만 아니라 일반법칙의 경우에도 마찬가지이다. 즉 왜 어떤 일반법칙이 성립하는지에 대한 설명 또한 그 법칙을 더 포괄적인 일반법칙 아래 포섭하는 것으로 이루어진다. 헴펠은 과학적 설명의 구조는 과학적 예측의 구조와 동일하며, 이 둘의 차이는 화용론적인 차이라고 말한다. 즉 E로 기술된 현상이 이미 일어났음을 알고 있고, 선행조건의 진술과 일반법칙이 나중에 제시되었다면, 그것은 그 현상에 대한 설명이 된다. 반면 E의 발생에 앞서 선행조건의 진술과 일반법칙이 먼저 제시되고, 이로부터 E로 기술된 현상이 발생할 것임이 도출되었다면, 그것은 그 현상에 대한 예측이 된다.

헴펠은 설명이 적합하기 위해서는 지켜야 할 조건이 있다고 본다. 이에는 네 가지가 있다. 첫째, 피설명항은 설명항의 논리적 귀결이어야 한다. 둘째, 설명항에는 일반법칙이 포함되어야 한다. 셋째, 설명항은 경험적 증거에 의해 테스트가능해야 한다. 넷째, 설명항을 이루는 문장들은 참이어야 한다. 헴펠은 앞의 세 가지 조건을 논리적인 적합성 조건, 마지막 조건을 경험적인 적합성 조건이라 부른다.

헴펠은 1부에서 이런 설명방식 외에도 통계법칙을 이용하는 귀납-통계적 설명방식이 있다는 점을 인정한다. 하지만 그는 이를 자세히 다루지 않고 연역적 유형의 설명만을 검토한다. 귀납-통계적 설명에 관한 자세한 논의는 12장에 나온다.

2부에서는 창발 개념을 다룬다. 여기서 말하는 '창발'이란 개념의 의미를 헴펠은 다음과 같은 예를 통해 설명한다. 가령 상온과 대기압에서 투명하고 액체라고 하는 물의 특성이나 갈증을 해소시켜 준다는 물의 특성은 '창발적' 특성이다. 왜냐하면 이런 특성은 물의 화학성분인 수소와 산소의 성질에 관한 지식만으로 예측될 수 없기 때문이다. 헴펠은 이런 창발 개념의 배후에 있는 설명과 예측에 대한 견해는 여러 문제를 안고 있으며, 이에 따라 창발 개념도 다시 정의될 필요가 있다고 주장한다.

3부는 두 개의 절로 이루어져 있다. 전반부에서는 일반법칙이란 무엇인가라는 문제를 다루고, 이를 기초로 후반부에서는 모형언어에서 일반법칙과 설명을 정의하는 문제를 다룬다. 그는 우선 일반법칙은 보편진술이라는 점에서 논의를 시작한다. 그런데 "쇠는 모두 전도체이다"와 "시간 t에 바구니 b에 들어 있는 사과는 모두 빨갛다"는 둘 다 보편진술이다. 하지만 앞의 것은 일반법칙으로 여겨지지만, 뒤의 것은 일반법칙이 아닌 우연적 일반화라고 생각된다. 그러면 이런 구분의 기준은 무엇일까? 헴펠은 여러 가지 방안을 논의한 다음, 자연언어의 경우 이에 답할 수 있는 만족스런 방안을 마련하기가 쉽지 않음을 인정한다.

3부의 후반부에서는 모형언어에서 법칙과 설명이란 개념을 전문적으로 정의한다. 4부에서는 이론의 설명력 문제를 다루고 있다. 이 논의를 통해 헴펠은 자신이 제시하는 체계적 힘이라는 개념이 카르납이 제시한 논리적 확률이라는 개념과 짝을 이루는 것임을 보인다.

11장

1958년에 처음 발표된 이 글은 기능적 분석의 방법을 다룬다. 기능적 분석의 방법은 사회학이나 인류학, 심리학, 생물학 등에서 두루 사용되는 방법이다. 이 방법은 때로 물리과학에서 주로 사용되는 인과적 분석과 대비된다고 생각되며, 그 때문에 물리과학 또는 자연과학과 대비되는 사회과학의 독특한 방법으로 여겨지기도 한다. 헴펠은 이 글에서 이런 기능적 분석의 논리적 구조와 그것이 지닌 설명 및 예측의 의의를 살펴보고, 특히 이것과 과학적 설명의 구조를 비교한다.

이 글은 모두 8개의 절로 이루어져 있다. 서론에서 글의 목적을 밝힌 다음, 2절에서 헴펠은 자신의 설명이론을 개략적으로 서술한다. 서술방식은 앞에 나온 9장 및 10장의 방식과 거의 같다. 그는 먼저 일상적인 예를 제시하고, 그런 다음 그런 설명에 들어 있는 일반적 구조를 밝힌다. 그에 따르면, 설명의 의의는 피설명항에 기술된 결과가 설명항에 나열된 선행상황과 일반법칙에 비추어 예상되었던 것임을 보이는 데 있다. 즉 설명을 피설명항이 설명항으로부터 연역되는 하나의 논증으로 볼 수 있다는 것이다. 이런 설명을 그는 간단히 '연역-법칙적 설명'이라고 부른다. 또한 그는 개별 사건뿐만 아니라 일반법칙도 또 다른 법칙 아래 포섭하여 설명될 수 있다고 말한다. 나아가 인과적 설명은 연역-법칙적 설명의 한 유형이라고 말한다. 그리고 그는 이런 연역-법칙적 설명과 구분되는 또 다른 설명 유형, 즉 귀납-통계적 설명이 있다는 점을 예를 들어 설명하고 있다.

3절에서는 기능적 분석의 기본형태를 살펴본다. 그에 따르면, 기능적 분석은 목적론적 설명의 한 형태이다. 하지만 전통적인 형태의 목적론적 설명 가운데는 설명항에 나오는 진술들이 경험적으로 테스트될 수 없는 것이어서, 적절한 설명으로 여겨질 수 없는 것이 많다. 엔텔레키나 생명력을 거론하는 것들이 그런 예이다. 헴펠은 기능적 분석이 때로 목적론적 용어로 정식화되기도 하지만 그런 방식으로 꼭 정식화될 필요는 없다고 본다.

4절에서는 기능적 분석이 설명적 의의를 갖는가 하는 문제를 논의한다. 헴펠의 분석에 따르면, 어떤 체계 s에서 왜 특성 i가 발생하는지를 설명하기 위해 제시되는 기능적 분석의 일반적 구조는 다음과 같다.

(a) t에서 s는 c라는 유형의 여건(이는 특정한 내적·외적 조건에 의해 구체적으로 규정된다)에서 적절히 기능한다.

(b) 일정한 필요조건 n이 만족될 경우에만, s는 c라는 유형의 여건에서 적절히 기능한다.

(c) 만약 특성 i가 s에 존재한다면, 한 가지 결과로 조건 n이 만족될 것이다.

(d) (따라서) t에서 특성 i가 s에 존재한다.

간단한 예를 들어, s를 어떤 원시 부족사회라고 하고, i를 기우제를 지내는 일이라고 해보자(논의를 간단히 하기 위해 특정 여건 c와 시간 t는 생략하였다). 그리고 n을 그 사회의 통합 기능이라 하자. 그러면 이 도식에 따를 때, 왜 그 부족사회에서 기우제를 정기적으로 지내는가 하는 물음에 대한 대답은 다음과 같다.

(a′) 그 사회는 적절히 기능한다.

(b′) 그 사회가 통합이 이루어질 때에만, 그 사회는 적절히 기능한다.

(c´) 그 사회에서 기우제가 정기적으로 행해지면, 그 사회는 통합이
   이루어진다.
따라서 (d´) 그 사회에서 기우제가 정기적으로 행해진다.

 헴펠은 이 분석은 이른바 후건긍정의 오류를 범하고 있는 부당한 논
증임을 지적한다. 왜냐하면 (a´)와 (b´)로부터 도출할 수 있는 것은
(e) "그 사회는 통합이 이루어진다"는 것이고, 이 (e)와 (c´)로부터
(d´)를 도출하면 후건긍정의 오류에 빠지기 때문이다. 물론 (c´)를 수
정해 "그 사회에서 기우제가 정기적으로 행해져야만, 그 사회는 통합
이 이루어진다"로 바꾸면, 이 문제는 해결된다. 하지만 헴펠은 이런
식의 수정이 경험적으로 정당화될 수 있을지 의문을 표시한다. 도리어
'기능적 등가물'의 존재를 인정하는 사회학자도 많기 때문이다.
 헴펠은 위의 도식을 수정하는 몇 가지 방안을 고려한 후, "기능적
분석은 설명하고자 하는 특정 항목 i의 존재를 연역적인 논증방식으로
설명해 주지 못한다"고 결론 내린다. 나아가 이를 귀납적 설명으로 이
해하는 방안도 별로 가망성이 없다고 말한다.
 5절에서는 기능적 분석이 예측에 사용될 수 있는지를 살펴본다. 헴
펠이 주장하는 설명과 예측의 구조적 동일성 논제에 비추어 볼 때, 헴
펠이 이 문제에 대해 어떤 주장을 할지는 충분히 예상할 수 있다. "기
능적 분석을 통해서는 주어진 기능적 요건이 만족되었다고 해서〔기능
적 등가물들 가운데〕특정한 한 항목이 발생했다는 사실을 설명할 수
없듯이, 그 점을 예측할 수도 없다." 더구나 그에 따르면, 기능적 분
석에서 사용되는 일반원리들은 그 원리의 적용범위가 명확히 제시되어
있지 않다는 커다란 문제를 안고 있다. 이 때문에 그런 원리는 은연중
의 동어반복으로 이해되기도 하며, 이 경우 그것은 경험적 의미를 지
닐 수 없게 된다고 비판한다.

6절에서는 기능적 분석에서 사용되는 일반원리가 안고 있는 또 다른 문제, 즉 기능주의의 핵심용어가 비경험적으로 사용된다는 문제를 다룬다. 사회가 '제대로 기능한다'거나 '기능적 필수요건', '필요' 등의 용어가 바로 그런 예이다. 기능주의의 핵심개념을 상대화함으로써 그런 용어를 포함하는 진술이 경험적으로 테스트가능하게 될 수 있지만, 이 경우에도 기능주의의 가설이 지니게 될 설명적 의미와 예측적 의미는 여전히 아주 제한되어 있다는 것이 헴펠의 견해이다.

7절에서 헴펠은 기능적 분석과 목적론이 대개 연관이 있기는 하지만, 이런 연관은 본질적인 것이 아니며, 자동조절의 가설처럼 기능주의의 가설 가운데는 목적론적인 용어를 전혀 사용하지 않고 표현될 수 있는 것도 있다고 주장한다. 마지막 8절에서 그는 기능주의라는 입장을 도리어 하나의 탐구 프로그램으로 이해하는 것이 더 적절하다고 주장하고 있다.

12장

12장은 과학적 설명을 다루고 있다. 헴펠은 이미 과학적 설명이라는 주제를 앞의 여러 장에서 다루었는데, 특히 10장에서는 과학적 설명의 논리를 제시했었다. 그런데 10장이 연역-법칙적 (D-N) 모형만을 다루고 있는 데 비해 12장은 다양한 형태의 과학적 설명들을 다루고 있다는 데 차이가 있다. 이러한 이유로 12장의 분량은 원문으로만 165쪽에 이를 만큼 방대하고 내용 또한 한 편의 단행본이 되기에 손색이 없을 만큼 포괄적인 특징을 갖고 있다.

12장은 총 11개의 절로 구성되어 있다. 1절은 서론부분이다. 2절과 3절은 각각 연역-법칙적 설명과 통계적 설명을 다루고 있다. 4절은 포괄법칙 설명을 논의한다. 나머지 여섯 개의 절은 비판가들이 그동안 포괄법칙 모형과 잘 들어맞지 않는다고 간주해 왔던 설명의 유형들을 논의한다. 구체적으로 화용론적 설명(5절), 모형과 유비에 의한 설명(6절), 발생적 설명(7절), 개념에 의한 설명(8절), 성향적 설명(9절), 이유에 의한 설명(10절)이 논의된다. 마지막으로 11절은 결론이다.

12장에서 헴펠이 주장하는 것은 "사건들을 설명하는 것은 특정 법칙 아래에 그것들을 포섭하는 데 있다"는 포섭 논제이다. 법칙에는 두 종류의 법칙, 즉 일반법칙과 통계법칙이 있으므로 그에 대응하는 두 종류의 설명유형, 즉 연역-법칙적 설명과 통계적 설명이 있게 된다. 과학적 설명은 두 가지 기본요소로 구성되는데, 그 요소들은 설명되어야 할 현상을 진술하는 피설명항과 피설명항을 설명하기 위해서 도입된 문장들의 집합으로서의 설명항이다. 설명항은 다시 설명되어야 할 사건의 초기조건 C를 진술하는 문장들과 법칙 L을 표현하는 문장들로 구분된다.

D-N 설명의 경우 피설명항은 설명항에 제시된 전제들로부터 연역된다. 즉 성공적인 D-N 설명은 건전한 연역논증이다. 헴펠은 두 가지 종류의 통계적 설명을 구분한다. 그 하나는 연역-통계적 설명(D-S 설명)으로서 일반적인 통계법칙을 갖는 전제로부터 좁은 통계적 일양성을 연역하는 논증이다. 다른 하나는 귀납-통계적 설명(I-S 설명)으로서 통계법칙 아래에 개별 사건들을 포섭하는 논증이다. I-S 설명에서 설명항과 피설명항의 관계는 연역적이 아니라 귀납적이다. I-S 설명을 평가하는 기준에 대한 헴펠의 설명은 복잡하지만 기본 생각은 다음과 같다. 즉 I-S 설명은 설명항이 피설명항에 높은 확률을 전달하는 정도로 좋거나 성공적이라고 평가할 수 있다.

헴펠에 따르면 과학적 설명은 다음의 표에 나타나듯이 네 가지 유형으로 구분된다.

	연역논증	귀납논증
일반법칙	D-N	D-N
통계법칙	D-S	I-S

헴펠은 자신의 모형들이 설명에 대한 이론적 이상을 지시하기를 바랐지만, 일상적 삶이나 과학에서 관찰되는 일부 설명들은 위의 표에서 나타나는 형식들에 일치하지 않는다는 비판에 직면하게 된다. 이러한 문제와 관련하여 헴펠은 그러한 경우를 종종 완전한 설명의 생략적 형태로 볼 것을 제안한다. 예를 들어 우리는 버터가 녹는 현상을 단지 그 버터가 놓인 팬이 뜨겁다는 사실만을 지적함으로써 설명할 수 있다. 이 경우 우리는 관련된 법칙들이나 초기조건들을 번거롭게 모두 제시하는 것이 아니라 암묵적 이해를 전제하고 그것들을 생략한다. 헴펠은 또한 우리가 설명으로 종종 제시하는 것 중 상당수는 설명 스케치에 해당한다고 지적한다. 설명 스케치는 그것이 제시된 이후에 경험적 연구가 진행되면서 적절한 법칙들이 제시되고 그 결과 정교한 논증으로 발전할 수 있는 설명유형이다.

12장의 중요한 특징 중 하나는 헴펠의 초기 설명이론(10장)에 대해 그동안 제시된 다양한 논의와 비판을 검토한다는 점이다. 그러한 검토 과정을 통하여 헴펠과 비판가들 사이의 차이점이 분명히 드러나고 있다. 포괄법칙 모형을 처음부터 지속적으로 비판했던 스크라이븐은 일상적 담화에서 등장하는 용어 '설명'의 용법에 대한 상식적 분석을 제안하면서, 설명의 다양한 일상적 용법들은 본질적으로 통합될 수 있다고 주장했다. 그와 대조적으로 헴펠은 단순히 진술하는 것이 아니라 경험과학이 설명하는 다양한 방식의 논리적 구조와 근본원리를 보여주는 설명에 대한 합리적 재구성이 필요하다고 주장했다(4절). 헴펠은 스크라이븐이 사용하는 이해라는 개념은 과학적 설명의 맥락에서는 화용론적으로만 작용할 뿐 논리적으로는 작용하지 않는다고 주장했다.

헴펠은 이해의 문제는 스크라이븐이 지적하지 않은 또 다른 차원을 갖고 있다고 주장한다. 우리는 특정 사건에 대해 아무런 의문도 갖고 있지 않을 경우에도, 예를 들어 그 사건에 대한 진술이 완벽했기 때문에 그런 경우에도, 여전히 또 다른 종류의 이해를 추구할 수 있다. 즉 우리는 문제의 사건이 어떻게 발생했는지 또는 그것이 어떻게 특정 성질을 갖게 되었는지에 대해 의문을 품을 수 있다. 그러므로 헴펠은 인과적 주장은 종종 일상적 대화에서 단순한 진술로 간주된다는 스크라이븐의 주장은 또 다른 차원의 이해가 있다는 자신의 주장을 뒤엎기는 어렵다고 주장한다. 스크라이븐은 또한 설명과 설명에 대한 근거를 구분하면서 헴펠의 설명이론은 부분적으로 이러한 구분을 반영하지 못했다고 비판했다. 이와 관련하여 헴펠은 과학적 설명으로 언급된 예들이 실제로 모두 연역적 논증은 아니라는 점에 동의하지만, 그것들은 설명 스케치에 해당하며 설명 스케치는 필요한 정보가 채워지면 D-N 설명이나 통계적 설명으로 변환될 수 있다고 주장한다. 따라서 스크라이븐이 설명이라고 주장하는 예는 설명이 아니라 설명 스케치에 해당한다.

헴펠의 과학적 설명이론을 둘러싼 또 다른 논쟁은 헴펠이 주장한 설명과 예측의 구조적 동일성과 관련된다. 비판가들은 설명은 잠재적 예측이라는 헴펠의 주장과는 달리 잠재적 설명이 아닌 예측적 논증이 있다고 주장한다. 헴펠은 이러한 경우를 2.4절에서 다루고 있다. 예를 들어 홍역의 초기증세는 양 볼의 안쪽에 희끄무레한 작은 반점들이 출현하고 그 반점들의 출현에는 항상 다른 증세들이 뒤따른다. 이 경우 홍역의 나중 증세들을 예측하는 일반법칙들이 있는데 문제는 그 법칙들이 홍역의 나중 증세에 대한 설명을 제공한다고 생각하기 어렵다는 점이다. 헴펠은 반점의 출현을 설명이라고 인정하지 않으려는 우리의 성향은 "그 반점이 항상 홍역의 다른 나중 증세가 뒤따라 발생하는지의 여부에 대한 의구심을 반영한다. 아마도 작은 양의 홍역 바이러스를 국소적으로 주사하면 완전한 홍역이 발생하지 않고도 그런 반점이 나타날 것이다"라고 주장한다. 이 경우 최종 단계, 즉 반점의 출현은 일반법칙 아래에 포섭된다는 것이다.

우리는 설명과 예측의 대칭성을 또 다른 관점에서 분석할 수 있다. 만약 A가 B를 설명하는 경우 B는 A를 설명할 수 없다는 의미에서 설명은 반대칭적이다. 그러나 일정한 높이를 갖는 깃대가 일정한 길이의 그림자를 갖는 경우를 생각해 보자. 태양의 위치가 제시되면 깃대의 높이는 그림자의 길이를 설명한다. 우리는 이 경우를 D-N 모형으로 설명할 수 있다. 그러나 우리는 D-N 모형에 따라 그림자의 길이를 이용하여 깃대의 높이도 연역할 수 있다. 하지만 이 경우를 설명이라고 보기는 어려울 것이다. 왜 이러한 문제가 발생하는가? 많은 비판가들은 그 원인을 D-N 설명이 인과를 고려하지 않는다는 점에 있다고 보았다. 인과는 반대칭적이다. 만약 A가 B를 야기한다면, B는 A를 야기하지 못한다. 깃대의 경우 깃대(의 높이)가 그림자를 야기하기 때문에 깃대의 높이를 이용하여 그림자의 길이를 설명할 수 있다. 그렇다면 헴펠의 주장과는 달리 특정한 사건을 설명하는 것은 그 사건을 야기하는 데 인과적으로 관련된 사건을 제시하는 데 있다고 주장할 수 있다. 이러한 점에 주목하여 스크라이븐은 좋은 설명은 그것의 원인을 제공하는 것이라고 주장했고, 그의 접근은 종종 '인과적 모형'이라고 불린다.

헴펠의 설명이론에 대한 몇 가지 유력한 경쟁이론들이 등장했다. 우선 설명에서 인과가 차지하는 역할에 주목하는 새먼(Salmon)의 인과적 연관성 모형(causal relevance model)이 있다. 인과적 연관성 모형에 따르면, 설명의 본질은 논증을 제시하는 것이 아니라 설명하려는 사건이나 현상과 인과적으로 연관된 세계의 측면들을 제시하는 것이다. 이러한 접근은 경우에 따라서는 D-N 설명에 비해 설명 개념을 더 잘 해명하는 것처럼 보인다. 그러나 잘 알려져 있듯이 인과 개념은 많은 견해들이 첨예하게 대립하고 있는 형이상학적 개념이다. 철학자들은 기본적으로 인과가 무엇의 관계인지, 즉 사건인지 사실인지, 아니면 과정의 관계인지에 대해 의견의 일치를 보지 못하고 있다. 이러한 상황에서 과학적 설명을 해명하는 데 있어서 인과를 도입하는 것은 문제를 더 복잡하게 만들 수 있다.

설명에 대한 또 다른 경쟁이론은 설명을 통한 통합(unification)에 주목한다. 예를 들어, 우리는 뉴턴의 법칙들만을 이용하여 조수 현상, 진자 운동, 낙하 운동 등과 같은 다양한 현상뿐만 아니라 갈릴레오 법칙이나 케플러 법칙과 같은 다른 법칙들도 통합할 수 있다. 이러한 점에서 설명의 중요한 본질은 통합인 것처럼 보인다. 설명에 대한 이러한 접근을 지지하는 프리드먼(Friedman)에 따르면, 현상을 설명하는 데 필요한 가설의 수를 줄이는 만큼 우리는 세계를 더 잘 이해하게 된다. 마찬가지로 그런 접근을 지지하는 키처(Kitcher)에 따르면, 세계에 대한 이해가 증가하는 것은 논증패턴의 수를 줄이는 데 있다. 우리는 통합이 설명의 중요한 한 가지 측면이라는 점을 부인할 수는 없으며 그 접근은 다른 설명이론과 결합하여 발전할 수 있을 것이다. 예를 들어 새먼은 인과적 연관성 모형과 통합 모형이 상호경쟁적이 아니라 보완적이라고 보았다.

마지막으로 비교적 최근에 많이 논의되고 있는 화용론적 접근이 있다. 이러한 접근에 따르면, 설명이 만족스러운지의 여부는 그것이 추구되는 맥락의 특성에 의존한다. 예를 들어, 설명의 만족성은 누가 설명을 제시하는지, 설명을 듣는 사람은 누구인지, 특히 설명을 듣는 사람의 지적 수준이 어느 정도인지에 의존한다. 설명이 갖는 화용론적 측면에 주목하는 것은 헴펠의 모형이 갖는 단점을 극복하는 데 도움이 된다. 헴펠은 분명히 자신의 이론은 비화용론적이라는 견해를 표방했다. 그의 이론은 "수학적 증명의 개념이 그러하듯이 개인에 대한 상대화에 의존하지 않는다"고 주장했다(5절). 반 프라센(van Fraassen)은 설명에서 화용론적 요소를 강조하는 접근을 제안했는데 그의 이론의 핵심은 적합성(*relevance*)에 있다. '왜 질문'에 대한 설명적 대답은 적합해야 하지만, 적합성 자체는 맥락의 함수이므로 반 프라센은 이론의 설명력을 말하는 것은 무의미하다고 주장한다.

과학적 설명에 대해 위에서 언급한 이론들 외에도 다른 이론들이 있다. 이러한 다양한 설명이론들 중 어떤 특정한 이론이 좋은 과학적 설명을 망라하여 해명할 것이라고 기대한다면 그것은 무리한 요구일지도 모른다. 설명은 다양한 측면들을 갖고 있고 그러한 측면들을 각각 잘 해명하는 다양한 설명이론들이 있다고 보는 것이 좋을 것 같다. 이처럼 설명이론의 다양성을 인정하게 되면 헴펠이 제시한 설명모형들은 후속이론이 등장하는 출발점을 제공했다는 역사적 의의를 갖는다고 보아야 할 것이다.

찾아보기

(용어)

찾아보기

(인명)

436

칼 구스타프 헴펠(Carl Gustav Hempel: 1905~1997)

독일 베를린 근처 오라니엔부르크(Oranienburg)에서 태어났다. 괴팅겐 대학, 하이델베르크 대학, 베를린 대학, 빈 대학에서 수학, 물리학, 철학을 공부했고 베를린 대학에서 1934년 박사학위를 받았다. 그 후 나치를 피해 벨기에의 브뤼셀(1934~1937)을 거쳐 1937년 미국으로 이주하였다. 초기에는 시카고 대학(1937~1938), 뉴욕 시의 퀸즈 칼리지(1939~1948) 등에서 가르쳤고, 이후 예일 대학(1948~1955), 프린스턴 대학(1955~1975), 피츠버그 대학(1977~1985) 교수를 지냈다. 1975년부터 오랜 동안 학술저널 〈인식〉(Erkenntnis)지의 편집장을 맡기도 했다. 헴펠은 피츠버그 대학에서 은퇴 후 프린스턴 대학으로 돌아와 연구를 계속했고, 1997년 세상을 떠났다.

주요 저서로는 Beitraege zur logischen Analyse des Wahrscheinlichkeitsbegriffs(1934, 박사학위 논문), Der Typusbegriff im Lichte der Neuen Logik: Wissenschaftstheoretische Untersuchungen zur Konstitutionsforschung und Psychologie(1936, P. Oppenheim과 공저), Fundamentals of Concept Formation in Empirical Science(1952), Aspects of Scientific Explanation and Other Essays in the Philosophy of Science(1965), Philosophy of Natural Science(1966), Selected Philosophical Essays(2000, ed. R. Jeffrey), The Philosophy of Carl G. Hempel(2001, ed. J. H. Fetzer) 등이 있다.

440

옮긴이 약력

전 영 삼

고려대학교 철학과에서 과학철학 전공으로 박사학위를 받았다. 현재 고려
대학교 철학과 강사로 있다. 지은 책으로는《다시 과학에게 묻는다》등이
있고,《과학의 구조》등을 번역했으며, "헴펠의 역설과 밀의 차이법" 등의
논문을 썼다.

여 영 서

미국 미주리 대학(Columbia) 철학과에서 과학철학 전공으로 박사학위를
받았다. 현재 동덕여대 교양교직학부 교수 및 지식융합연구소장으로 있
다. 지은 책으로는《열린 사고 창의적 표현》(공저) 등이 있고, "베이즈주
의와 오래된 증거의 문제" 등의 논문을 썼다.

이 영 의

미국 뉴욕 주립대학(Binghamton) 철학과에서 인지과학철학 전공으로 박
사학위를 받았다. 현재 강원대학교 HK교수로 있다. 지은 책으로는《지식
의 이중주》(공저) 등이 있고,《과학적 추론의 이해》(공역) 등을 번역했으
며, "인과가 확률로 환원가능한가?" 등의 논문을 썼다.

최 원 배

영국 리즈 대학 철학과에서 논리학 전공으로 박사학위를 받았다. 현재 한
양대학교 정책학과 교수로 있다.《비판적 사고》와《산수의 기초》(공역)
등을 번역했으며, "조건부 확률과 조건문의 확률" 등의 논문을 썼다.